V. Die grosse Scharlach- oder Erdbeere von Bath.

Die gemeine Wald-Erdbeere mit rother Frucht.

XV.
Taf. 12.
Kleine Scharlach- oder Virginische Erdbeere.

Die Kirschpflaume

Taf. 6
I
II

B. XV.
Taf. 9.
II Die gemeine kultivirte Garten-Erdbeer

Helmut Pirc

Enzyklopädie der Wildobst- und seltenen Obstarten

Leopold Stocker Verlag
Graz – Stuttgart

Umschlaggestaltung:
DSR Werbeagentur Rypka GmbH, 8143 Dobl/Graz, www.rypka.at
Titelbild: Dr. Helmut Pirc

Vor- und Nachsatz: Die Abbildungen stammen aus „Der Teutsche Obstgärtner"; Gemeinnütziges Magazin des Obstbaues in Teutschlands sämmtlichen Kreisen; 1. 1794

Bibliografische Information der Deutschen Nationalbibliothek
Die Deutsche Nationalbibliothek verzeichnet diese Publikation in der Deutschen Nationalbibliografie; detaillierte bibliografische Daten sind im Internet unter http://dnb.d-nb.de abrufbar.

Hinweis: Dieses Buch wurde auf chlorfrei gebleichtem Papier gedruckt. Die zum Schutz vor Verschmutzung verwendete Einschweißfolie ist aus Polyethylen chlor- und schwefelfrei hergestellt. Diese umweltfreundliche Folie verhält sich grundwasserneutral, ist voll recyclingfähig und verbrennt in Müllverbrennungsanlagen völlig ungiftig.

Auf Wunsch senden wir Ihnen gerne kostenlos unser Verlagsverzeichnis zu:
Leopold Stocker Verlag GmbH
Hofgasse 5/Postfach 438
A-8011 Graz
Tel.: +43 (0)316/82 16 36
Fax: +43 (0)316/83 56 12
E-Mail: stocker-verlag@stocker-verlag.com
www.stocker-verlag.com

ISBN 978-3-7020-1935-8

Layout und Repro: DSR Werbeagentur Rypka GmbH, 8143 Dobl/Graz

INHALT

Zuallererst herzlichen Dank an meine liebe Frau Adele. Sie hat mich während der Arbeiten an diesem Buch mit Rat und Tat unterstützt. Aus den Früchten der Wildobstarten und seltenen Obstarten hat sie mit Hingabe und Begeisterung unzählige Produkte, wie Marmeladen, Liköre, Trockenfrüchte und vieles mehr, hergestellt und ausprobiert. Darüber hinaus hat sie mich die vielen Stunden, während derer ich am Buch arbeitete, entbehren müssen.

Zum Gelingen der vorliegenden „Enzyklopädie" haben nachfolgend angeführte Personen und Firmen quer durch ganz Europa sowie in den USA und Kanada beigetragen, bei welchen ich mich an dieser Stelle ganz herzlich bedanken möchte. Sie haben mir in großzügiger Weise ihr Spezialwissen und Bildmaterial zur Verfügung gestellt.

Österreich: Fritz Kummert hat mir dankenswerterweise in vielen persönlichen Gesprächen mit seinem Spezialwissen in vielen Wissensgebieten viele Informationen weitergegeben, Kontakte zu weiteren kompetenten Fachkollegen hergestellt und mir auch zahlreiche Bilder (Nüsse) zur Verfügung gestellt. Johannes Rabensteiner hat mir nicht nur mit großem Enthusiasmus seine ausgefallenen Wildobst- und seltenen Obstarten nähergebracht, sondern freundlicherweise auch das entsprechende Bildmaterial dazu zur Verfügung gestellt. Ursula Kujal und Harald Thiesz (Feigenhof) haben mir freundlicherweise Einblicke in die Welt der Feigen verschafft und Material zum Fotografieren und für die Verkostung zur Verfügung gestellt. Bei Familie Hromadnik bedanke ich mich für die Möglichkeit, die umfangreiche Kaki-Sammlung kennenzulernen und Kaki-Sorten fotografieren und verkosten zu dürfen. Paul Semikin ermöglichte mir, Aufnahmen in seiner Mini-Kiwi-Plantage in der Steiermark zu machen, Heinz Lackner (Steiermark) stellte seine Goji-Kultur für Aufnahmen zur Verfügung und die Bilder der Heidelbeerplantage stammen aus der Anlage der Familie Lenz, ebenfalls in der Steiermark. Johann Weiß (Cornus), Alois Wilfling (Hirschbirne) und Werner Voitech (Hunza-Marille) stellten wertvolle weiterführende Informationen und entsprechendes Bildmaterial zur Verfügung. Zu diversen seltenen Obstarten haben mir Martin Artner, Franz Praskac, Lothar Wurm, Wolf Stockinger ebenfalls Informationen zur Verfügung gestellt. Markus Auer (Stanzer Spänling), Christian Bisich (Waldviertler Kriecherl), Georg Innerhofer (Steirisches Kriecherl) und Christian Holler (Spenling & Speierling) haben mir freundlicherweise Bilder von den Wild-Zwetschken zur Verfügung gestellt. Der Verein Elsbeerreich (Norbert Mayer) hat ebenfalls Bilder (Elsbeere) für dieses Buch zur Verfügung gestellt, ebenso der Landes-Obst-, Wein- und Gartenbauverein für Steiermark (Kastaniengallwespe) und Thomas Ster (Sievers Apfel) vielen Dank.

Deutschland: Herrn Werner Merkel gebührt besonderer Dank für sein großes Engagement und die Informationen aus erster Hand zum Thema Mini-Kiwis (Kiwiberries), ebenso Hubert Siegler, der mir darüber hinaus auch Bilder von anderen seltenen Obstarten zur Verfügung gestellt hat. Hans-Roland Müller stellte wertvolle Informationen und umfangreiches Bildmaterial zu diversen seltenen Obstarten zur Verfügung. Andrea Hellmich hat freundlicherweise mit ihrem Wissen über die seltensten Wildobstarten und mit umfangreichem Bildmaterial dazu die vorliegende Enzyklopädie wesentlich bereichert. Hans-Joachim Albrecht (Sanddorn und diverse Wildobstarten), Sonja Dierking (Heidelbeeren & Co.) und Fa. Lubera (diverse seltene Obstarten) möchte ich ebenfalls für Ihre Kooperationsbereitschaft, die Informationen und das zur Verfügung gestellte Bildmaterial danken. Weitere Bilder haben freundlicherweise Monika Möhler, Christian Janz, P. A. Schmidt, Johann Laimer (Südtirol), und Brain Kabbes (Niederlande) sowie die Firmen Kordes Jungpflanzen, Aronia Original Naturprodukte GmbH und mk2 und „Cranberries aus den USA" zur Verfügung gestellt.

Schweiz: An dieser Stelle herzlichen Dank insbesondere an Frau Gertrude Schoop-Spiegler (Fa. Häberli Fruchtpflanzen AG) für die gute Zusammenarbeit sowie Häberli Fruchtpflanzen AG, Egnach CH) für Überlassung von Bildmaterial. Ebenfalls bedanken möchte ich mich bei der Firma Lubera AG für die Überlassung von Bildmaterial und entsprechenden Informationen zu den Vierbeeren, etc. Auch Frau Eva M. Kollmann möchte ich an dieser Stelle für die Überlassung von Bildern danken.

Frankreich: Frédéric Cochet (Maulbeeren und Feigen) und André Gayraud (*Cornus*) gebührt ebenfalls mein Dank für die Überlassung der Bilder.

Dänemark: Jens Olsen (Hyben Vital Int. ApS) hat ebenfalls freundlicherweise Bilder und Informationen (Rosen, Hagebutten) zur Verfügung gestellt.

Polen: Piotr Latocha hat als Züchter (Mini-Kiwi) und Wissenschaftler einen wichtigen Beitrag zur Enzyklopädie geleistet und sein umfangreiches Bildmaterial freundlicherweise zur Verfügung gestellt. Mein besonderer Dank gilt Sven Maksymiuk. Er hat mich von Beginn an mit Informationen und Bildern von diversen seltenen Obstarten versorgt, war immer zu einem Gedankenaustausch bereit und hat zahlreiche Kontakte in Polen vermittelt. Herrn Bronislaw Jan Szmit vielen Dank für die Überlassung des *Berberis koreana*-Bildes. Nicht zuletzt auch besten Dank an Narcys Piórecki für die Informationen und Bilder zur *Cornus mas*.

Ukraine: Svitlana Klimenko hat als Züchterin (*Cornus mas*, Mini-Kiwi etc.) mit ihren Informationen und Bildern ebenfalls einen wichtigen Beitrag zum Gelingen der Enzyklopädie geleistet, herzlichen Dank dafür. Volodymyr Mezhenskyj hat zu *Crataegus* und anderen Wildobstarten wertvolle Informationen beigesteuert und freundlicherweise auch Bildmaterial zur Verfügung gestellt.

England: Chris Sanders vielen Dank für die Informationen betreffend die Haselnüsse.

USA & Kanada: Kevin Cook (The Honey Tree Nursery, Kanada), Alan Branhagen (Powell Gardens, USA) sowie Bass Samaan (Trees of Joy) danke ich ebenfalls für die Erlaubnis zur Verwendung von Bildern von deren Homepage. Vielen Dank auch an Dale & Cindy Secher, Carandale Farm für die Bilder des Amerikanischen Holunders und des Highbush Cranberry.

Zahlreiche Bilder vom Wildobst und seltenen Obstarten konnte ich freundlicherweise auch in der Baumschule bzw. im Sortimentsgarten der HBLFA Schönbrunn in Wien anfertigen. Auch den Mitarbeitern der Abteilung Gehölzkunde/Baumschulwesen sei hier mein Dank ausgesprochen.

Kristin Lenhart hat dankenswerterweise den Informationsaustausch mit den französischen Kollegen ermöglicht, indem sie den Email-Verkehr aus und nach Frankreich laufend übersetzt hat.

Dank gebührt auch dem Leopold Stocker Verlag und dessen Team.

Besonders bedanken möchte ich mich bei Herrn DI Josef Pollhammer, der als Lektor die Enzyklopädie bearbeitet und das umfangreiche Datenmaterial in mühevoller Arbeit in die hier vorliegende Form gebracht hat. Sein persönlicher Einsatz hat wesentlich zum Gelingen dieses umfangreichen Werkes beigetragen. Ebenso gilt mein Dank Frau Heike Pekarz, sie hat sowohl für die 1., als auch für die 2. Auflage das Manuskript in vorbildlicher Weise lektoriert.

Als ich vor nunmehr achtundzwanzig Jahren damit begann, mich mit Wildobst (Kornelkirschen) und deren Auslesen zu beschäftigen, war „Wildobst" absolut kein Thema – die Zeit war noch nicht reif dafür. Nur einzelne Enthusiasten beschäftigten sich damit und sie wurden mitunter sogar belächelt. Was in anderen Ländern rund um dieses Thema passierte, war nicht bekannt. Erst etwa zehn Jahre später tauchten nach und nach die ersten Wildobstgehölze in den Baumschulkatalogen auf. Neben Kornelkirschen waren Sanddorn, Apfelbeere und die Nordische Zitrone (*Chaenomeles japonica* 'Cido') salonfähig geworden.

In den letzten zehn bis fünfzehn Jahren hat sich vieles verändert. Sukzessive entwickelte sich der Trend, wieder selbst im Garten Hand anzulegen. Sicher haben auch diverse Lebensmittelskandale das Ihre dazu beigetragen. Aber vielmehr möchten die Menschen, wie mir scheint, wieder natürliche unverfälschte Lebensmittel, eigenes Obst und Gemüse. Man besinnt sich wieder auf das „Geschmackserlebnis" bei den Speisen und möchte sich einfach gesund ernähren. Genau in dieses Schema fügen sich die zahlreichen neuen, alten und wiederentdeckten Wildobstarten ein. Sie warten mit neuen Geschmacksvarianten auf und ihre Inhaltsstoffe sind aus gesundheitlicher Sicht zumeist sehr wertvoll.

In der Zwischenzeit sind Züchtung und Forschung vorwiegend in den ost- und nordeuropäischen Ländern Polen, Ukraine, Dänemark etc. weiter fortgeschritten. Viele Sorten, wie zum Beispiel jene von Kornelkirschen, Mini-Kiwis und Apfelbeeren, die mittlerweile in Plantagen angebaut werden, stammen aus diesen Ländern. Zahlreiche weitere Sorten warten nur noch darauf, entdeckt zu werden.

So kann es sich heute keine Baumschule, kein Gartencenter und kein Pflanzenversand mehr leisten, „Wildobst" beziehungsweise „Seltene Obstarten" nicht anzubieten, ganz im Gegenteil – das sind genau die „Zugpferde" in den Werbekampagnen dieser Betriebe.

Bleibt vielleicht doch noch der Hinweis, dass nicht alles, was diesbezüglich angeboten wird, auch wohlschmeckend ist und auf Dauer bestehen kann. Allerdings haben sich in letzter Zeit mehr und mehr Starköche um diese „Wilden Früchte" angenommen. Und es ist abzusehen, dass sich einige dieser Wildobstarten neben den herkömmlichen Obstarten etablieren werden, einfach weil sie kaum Pflanzenschutzmaßnahmen benötigen und weitgehend biologisch produziert werden können.

Der Autor

Dr. Helmut Pirc war bis 2016 Leiter der Abteilung Gehölzkunde und Baumschulwesen an der Höheren Bundeslehr- und Forschungsanstalt für Gartenbau in Wien Schönbrunn. Er ist für seine Seminar- und Vortragstätigkeit im (deutschsprachigen) In- und Ausland bekannt. Seine vorwiegend dendrologischen Reisen führten ihn inzwischen quer durch alle Kontinente.

In diesem Buch hat er aus seiner langjährigen (mittlerweile 30-jährigen) Erfahrung die wichtigsten Fakten zu den Wildobst- und seltenen Obstarten zusammengestellt. Das vorliegende Buch dient dem Fachmann wie auch dem Wildobst-Liebhaber und Hobbygärtner gleichermaßen als Nachschlagewerk in nahezu allen Belangen zu diesem Thema.

ZU DIESEM BUCH

Eine „Enzyklopädie" zu verfassen, ist schon für ein Autorenteam eine große Herausforderung, für einen einzelnen Autor ist es praktisch unmöglich. Allerdings ist diese Enzyklopädie nicht als streng „wissenschaftliches Werk" zu betrachten, sondern ein Versuch, den aktuellen verfügbaren Wissensstand für all jene, die mit „Wildobst und seltenen Obstarten" befasst sind, zusammenzufassen. In Zusammenarbeit mit zahlreichen Züchtern, Wildobst-Spezialisten, Produzenten und Baumschulen ist es weitgehend gelungen, einen Überblick über das zur Zeit angebotene Wildobstsortiment und die „Seltenen Obstarten" zusammenzustellen. Vieles davon wird nur in Baumschulen angeboten, die sich intensiv mit diesen Spezialkulturen beschäftigen. Im letzten Jahrzehnt hat diese Pflanzengruppe aber derart an Bedeutung gewonnen, sodass viele der hier beschriebenen Arten und Sorten inzwischen auch in Baumschulen und Pflanzencentern usw. angeboten werden. Soweit es möglich war, wurden die Pflanzen vom Autor selbst kultiviert, deren Früchte getestet und beschrieben. Aus mehr als 30 Wildobstarten und seltenen Obstarten stellte der Autor gemeinsam mit seiner Frau zahlreiche Produkte her, um auch diesbezüglich Empfehlungen abgeben zu können. Insbesondere bei den zahlreichen Sorten stammen die Informationen entweder vom Züchter selbst oder von Produzenten, welche die Früchte und Produkte ebenfalls selbst getestet haben. Natürlich werden in der Enzyklopädie auch Arten und Sorten angeführt, welche dem Autor nicht zugänglich waren – in diesen Fällen wurden die Beschreibungen der Kataloge oder Websites übernommen.

Es war sehr schwierig, eine Gliederung der Wildobstarten zu finden, die allen Ansprüchen gerecht wird. Mir schien die Einteilung nach Familien (mit lat. Namen) am sinnvollsten, da die Gattungen und Arten innerhalb einer Familie doch gewisse Ähnlichkeiten aufweisen. So sind zum Beispiel Wild-Kirschen, Zwetschenverwandte und Marillen zusammen im Kapitel Rosaceae (Rosengewächse) beschrieben. Innerhalb der Familien sind dann die Wildobstarten mit deutschen und damit allgemein bekannten Bezeichnungen leicht zu finden.

Neben der Herkunft und der Pflanzenbeschreibung wird besonders auf die Früchte, deren Inhaltsstoffe und Verwertung eingegangen. Auch Standortansprüche, Vermehrung, Pflege- und Schnittmaßnahmen sowie allfällige Krankheiten und Schadinsekten werden erläutert. Die Sorten werden soweit bekannt, ebenfalls detailliert beschrieben.

In manchen Regionen spielt Wildobst eine wichtige Rolle im Leben der Menschen. Sofern möglich, wird auch auf diesen Aspekt hingewiesen, wenn es beispielsweise Festivals gibt oder eine ganze Region wirtschaftlich davon profitiert.

Einige Wildobstarten und seltene Obstarten werden inzwischen auch plantagenmäßig angebaut. Deshalb werden in der Enzyklopädie auch Angaben zu Pflanzweiten und der Kultur in Plantagen angeführt, sie dienen in erster Linie zur Orientierung. Dem professionellen Produzenten sei die entsprechende Fach- und Spezialliteratur zu den jeweiligen Obstarten empfohlen.

Die Links am Ende jeden Kapitels leiten den Leser zu detaillierten Informationen über die jeweilige Wildobstart weiter.

Seit der ersten Auflage hat sich die Familienzugehörigkeit von *Sambucus* und *Viburnum* geändert. Beide Gattungen werden nun nicht mehr zu den *Caprifoliaceae* (Geißblattgewächsen), sondern zu den *Adoxaceae* (Moschuskrautgewächsen) gestellt. In der 2. Auflage werden sie weiterhin zusammen mit den *Caprifoliaceae* behandelt.

Muggendorf, Steiermark, Oktober 2020

Rein botanisch betrachtet, sind „Wildobstarten" züchterisch nicht bearbeitete, durch Samen vermehrte Gehölzarten, deren Früchte gesammelt und vom Menschen genutzt werden. Rein botanisch betrachtet, ist also eine besonders gut schmeckende oder großfruchtige Auslese von einem Naturstandort, die vegetativ (z. B. durch Stecklinge oder Ausläufer) vermehrt wurde, nicht mehr als „Wildobst" einzustufen.

So betrachtet, sind zum Beispiel alle Auslesen von Kornelkirsche, Sanddorn und Co. keine „Wildobstarten" mehr, sondern als „Seltene Obstarten" zu bezeichnen. Natürlich sind die Übergänge zu „echten" Wildobstarten fließend und nicht klar abgrenzbar. Ein einzelner Holunderstrauch im Hausgarten wird in der Regel nicht als Obstbaum betrachtet, während die Holundersorte „Haschberg", in Plantagen angebaut, durchaus die Bezeichnung „Obst" verdient, weil sie auch wirtschaftlich in größeren Mengen verarbeitet wird.

Gelegentlich hört man auch die Meinung, dass Auslesen aus Wildobstbeständen weniger Inhaltsstoffe enthalten und damit weniger wertvoll sind als das am Naturstandort gesammelte Wildobst. Dies lässt sich sehr leicht am Beispiel des Holunders und des Sanddorns widerlegen: Die hier verwendeten Auslesen sind in erster Linie aufgrund wesentlich höherer Inhaltsstoffgehalte (und darüber hinaus auch höherer Erträge) aus Naturbeständen ausgelesen worden! Sie werden nun unter einem Sortennamen (beim Holunder z. B. „Haschberg") kultiviert!

Frisch verzehren oder verarbeiten?

Wildobstarten und seltene Obstarten kann man in zwei Kategorien einteilen. Einerseits gibt es Wildobstarten, wie Felsenbirne, Mini-Kiwi und Korea-Kirsche, die besonders bekömmliche Naschfrüchte für den Frischverzehr liefern. Andere wiederum, wie Mispeln und Schlehdorn-Früchte, sind erst nach Frosteinwirkung für den Rohgenuss geeignet. Allerdings wird man diese Arten auch dann nur selten oder in Ausnahmefällen roh verzehren.
Holunderbeeren und ihre Samen enthalten Sambunigrin und sind damit sogar leicht giftig, sie dürfen deshalb im rohen Zustand nicht genossen werden. Erst durch Erhitzen wird dieser Stoff zerstört, dann sind die Produkte gesundheitlich unbedenklich und von ausgezeichnetem Geschmack und bester Qualität.

Die meisten Wildobstarten lassen sich aber zu hervorragenden und wohlschmeckenden Produkten verwerten. Sie werden zu Saft, Marmelade, Gelee und Trockenfrüchten verarbeitet und sind auch als Likör, Schnaps und als Mischfruchtprodukte besonders bekömmlich.

Wildobst und seltene Obstarten im Hausgarten

Wildobst und Wildfrüchte bereichern den Speisezettel um viele Spezialitäten, die man in keinem Supermarkt kaufen kann. Es sind nicht nur die wertvollen Inhaltsstoffe, sondern auch die einzigartigen Geschmacksnoten, welche unseren Gaumen erfreuen. Allerdings sind unsere Gärten meist zu klein, um so viele Wildfruchtgehölze unterzubringen, dass man entsprechende Fruchtmengen zusammenbringt. Ich empfehle deshalb unbedingt, die reichfruchtenden Auslesen zu verwenden. Denn diese fruchten meist schon als junge Pflanzen, bringen wesentlich höhere Erträge und sind zumindest ebenso wertvoll, was ihre Inhaltsstoffe betrifft, wie ihre Verwandten am Naturstandort. Bei Bedarf lassen sich die regelmäßigen Erträge durch entsprechende Schnittmaßnahmen noch beträchtlich erhöhen.

Wildobstgehölze sind im Garten vielfältig einsetzbar. Ob als Solitärstrauch, wie beispielsweise der Holunder oder die Kornelkirsche, als geschnittene Hecke (z. B. die Kornelkirsche) oder als Elemente einer Blütenhecke (z. B. Wildrosen, Kornelkirsche, Felsenbirne oder Zierquitte), Wildobstgehölze sind immer eine Bereicherung für den Garten. Sie sind nicht nur schöne Blütensträucher, sondern auch ihre Nutzungsmöglichkeiten sind vielfältig. Neben attraktiven, oft auch duftenden Blüten und prächtigem

Fruchtschmuck zeichnen sich einige von Ihnen (z. B. die Felsenbirne) zusätzlich durch eine besonders brillante Herbstfärbung aus.

Wildobstgehölze sind aus ökologischer Sicht besonders wertvoll, denn sie tragen auch wesentlich zur Artenvielfalt bei. Früchte, die zu Boden fallen oder einfach nicht abgeerntet werden, dienen Igeln, Vögeln und zahlreichen anderen Tieren bis lange in den Winter hinein als Nahrungsquelle. Natürlich dienen sie allen möglichen Tierarten auch als Versteck, Brutplatz oder Lebensraum. In den artenreichen Hecken befinden sich auch viele Insekten, also Nahrung für andere Tiere. Es sind auch viele Nützlinge darunter, die wiederum für das ökologische Gleichgewicht im Garten sorgen.

Wildobstgehölze sind für den Hausgarten auch deshalb besonders interessant, weil sie anspruchslos bezüglich Standortansprüche und Pflege sind. Sie benötigen kaum zusätzlichen Dünger und werden nur selten von Schädlingen oder Krankheiten befallen. Damit sind sie auch für naturnahe Gärten und den biologischen Anbau hervorragend geeignet.

Neben den eigentlichen bei uns heimischen Wildobstarten und deren Auslesen, wie Sanddorn, Kornelkirsche, Holunder und Wildrosen, werden in diesem Buch auch bei uns nicht heimische, seltene und besondere Obstarten vorgestellt. Das Spektrum reicht hier von der bekannten Felsenbirne bis hin zu der beinahe subtropischen Indianerbanane (Pawpaw), die beide in Amerika beheimatet sind. Aber auch die ursprünglich aus Amerika stammende Schwarze Apfelbeere findet hier ihren Platz. Sie wurde in Russland und einigen nordeuropäischen Ländern züchterisch bearbeitet.

Dazu kommen noch Ebereschen-Hybriden, die eine besonders wertvolle Ergänzung des „Seltenen Obstarten"-Sortiments darstellen. Die ursprünglich in Asien (Japan bis Sibirien) beheimateten Mini-Kiwis (als „Bayern-Kiwi" besser bekannt) sind mittlerweile fester Bestandteil vieler Hausgärten. Auch ganz selten verwendete Arten, wie z. B. Persimone, Ölweide und Moltebeere, werden in der Enzyklopädie vorgestellt.

CHINESISCHE KIWI

Actinidia deliciosa (A. Chev.) C. F. Liang et A. R. Ferguson, Syn.: *Actinidia chinensis* hort. non. Planch. (*Actinidiaceae*, Strahlengriffelgewächse)

Die Erfolgsstory der „Kiwi" begann um 1904 mit der Einführung von Samen von *Actinidia chinensis* durch Alexander Allison aus China. Ein Ergebnis der Züchtungsarbeit war die heute weltweit kultivierte Sorte 'Hayward'. Sie ist als „Grüne Kiwi" wegen des grünen Fruchtfleisches allgemein bekannt. Etwa Mitte der 1980er-Jahre trennten die Pflanzensystematiker die aus Züchtungsarbeiten hervorgegangenen Sorten von *A. chinensis* var. *hispida*, bzw. *A. chinensis hort. non Planch.* von der ursprünglichen, reinen Art *A. chinensis* und gaben ihr innerhalb der Systematik den Rang einer eigenen Spezies *A. deliciosa*.

In den letzten Jahren wird auch immer häufiger die so genannte „Goldene Kiwi" angeboten. Hierbei handelt es sich um Nachkommen der Art *A. chinensis*. Auch hier ist die Züchtungsarbeit nicht abgeschlossen, mittlerweile werden gelbfruchtige Sorten mit rotviolettem, sich sternförmig ausbreitendem Kernbereich (Sämlingsselektionen von *A. chinensis* var. *rufopulda*) angeboten.

Weitere Namen

Kiwi, Kiwifrucht, Chinesische Stachelbeere, Affenpfirsich, Schafspfirsich; engl. Kiwifruit, Chinese gooseberry, 'Fuzzy' Kiwifruit; franz. Kiwi, Groseille de Chine, Saris; ital. Kiwi; span. Kiwi; niederl. Kiwi; norweg. Kiwifrukt.

Pflanzenmerkmale und Verbreitung

Die Kiwipflanze ist in Ostchina und Taiwan beheimatet, sie wächst dort in den hochgelegenen Waldgebieten sowie in den Auenwäldern des Jangtsekiang-Flusses. Sie wurde bereits vor mehr als 1.000 Jahren kultiviert. Um 1850 wurde sie von Fortune als Zierpflanze nach England gebracht. Etwa um die Wende des 20. Jahrhunderts gelangten Samen nach Neuseeland, wo man einige Jahrzehnte später (in den 1950er-Jahren) deren kommerziellen Wert als Obstart entdeckte.

Ursprünglich waren ihre Früchte als 'Chinese Gooseberries' bekannt, erst ein kalifornischer Früchteimporteur bezeichnete sie als 'Kiwi' (das ist eigentlich der Name des flugunfähigen neuseeländischen Laufvogels), um die Früchte besser auf dem amerikanischen Markt verkaufen zu können.

In verschiedenen Ländern, auch in zahlreichen Mittelmeerländern, wird diese subtropische Pflanze plantagenmäßig kultiviert, bei uns ist die Kultur wegen der hohen Wärmeansprüche jedoch nur für Liebhaber von Bedeutung.

Die Kiwipflanze ist eine starkwüchsige, bis 10 m hoch wachsende Kletterpflanze mit relativ großen (5–20 cm), dicken, herzförmigen, unterseits behaarten Blättern und dicht mit rötlichen Haaren bedeckten Jungtrieben. Die jungen

Actinidia deliciosa-Blüte weiblich

Actinidia chinensis 'Soreli'

Triebe sind sehr brüchig. Aus den unteren 7–8 Blattachseln der Neutriebe, die aus den einjährigen Trieben hervorgehen, entwickeln sich im Mai bis Juni die Blüten. Sie sind zweihäusig, männliche und weibliche Blüten getrennt und meist auf verschiedenen Pflanzen verteilt.

Eignung

Kiwipflanzen benötigen ein kräftiges Gerüst. Man kann sie an Hausmauern, Pergolen oder Zäunen ziehen, wichtig ist auf jeden Fall ein sehr geschützter Standort. Die Kiwipflanze ist nur in Gebieten mit Weinbauklima ausreichend winterhart.

Frucht

Die Früchte sind oval, etwa hühnereigroß und können bei Sorten ein Einzelfruchtgewicht von bis zu 80 (–120) g erreichen. Sie reifen in unserem Klimagebiet erst spät im Herbst (November). Die Haut der bräunlichen Früchte ist mit zahlreichen braunroten Härchen (pelzige Schale) besetzt. Das Fruchtfleisch der Kiwi ist intensiv grün gefärbt und schmeckt angenehm süß-säuerlich. In manchen Jahren können bis zu 70 kg pro Pflanze geerntet werden.

Die Kiwi ist reich an Vitaminen und Mineralstoffen (Kalium, Calcium, Eisen). Unter anderem beträgt der Vitamin-C-Gehalt 120–300 mg/100 g. Außerdem beinhaltet sie 10,1 g/100 g Kohlenhydrate, 1 g/100 g Eiweiß, 1,38 g/100 g Gesamtsäure und das eiweißspaltende Enzym Actinidin. Dieses Enzym verhindert das Festwerden von Gelatinespeisen, macht Fleisch zarter und ruft in Verbindung mit Milchprodukten einen bitteren Geschmack hervor.

Verwertung

Kiwis, mittlerweile als Obstart eingeführt, sind vorwiegend für den Frischverzehr geeignet und stellen eine delikate Bereicherung der bekannten Obstarten dar. Man schneidet die Frucht längs oder quer und löffelt sie aus. Oder man schält sie und serviert sie in Scheiben geschnitten. Auch für Obstsalate, als Kuchenbelag, für Konditoreiprodukte, zum Garnieren von Süßspeisen, Salaten, Käseplatten etc. kann man sie verwenden. Gerne wird die Kiwi auch für Liköre, Fruchtsäfte und Multivitaminsäfte verwendet, sogar Fruchtwein kann man daraus bereiten. Daneben kann sie zu Marmelade, Gelee und Kompott verarbeitet werden.

Actinidia deliciosa 'Hayward' Habitus

Standortansprüche und Pflege

Die wärmebedürftige Kletterpflanze benötigt einen geschützten Standort im Weinbauklima. Sie braucht einen humusreichen, lockeren Boden, wobei der pH-Wert im leicht sauren Bereich (unter 6,0) liegen sollte. Man benötigt für 6–8 weibliche zumindest 1 männliche Pflanze. Schnittmaßnahmen sind wichtig, denn die Blüten bzw. Früchte sitzen jeweils an der Basis der neugebildeten Triebe. Im Sommer sollten diese Triebe auf 6–8 Blätter nach der äußersten Frucht eingekürzt werden, auch zu dicht stehende oder konkurrierende Triebe werden entfernt. Nach einigen Jahren sollte das abgetragene Fruchtholz (welches bereits älter als 3 Jahre ist) ganz entfernt werden. Dies erfolgt im Spätwinter, etwa Mitte Februar bis Mitte März.

Krankheiten und Schädlinge

Sind kaum bekannt. In den letzten Jahren tritt verstärkt *Pseudomonas syrinyae* pv (PSa) auf. Bei zu hohem Kalkgehalt ist mit Chlorose zu rechnen, auch Früh- und Spätfröste verursachen Schäden. Windbruch kann an Jungtrieben Schaden anrichten.

Vermehrung und Anzucht

Am einfachsten durch Absenker. Man kann auch aus Wurzelschnittlingen von 1–2 cm Dicke und 5–6 cm Länge neue Pflanzen heranziehen. Eine Vermehrung durch Grünstecklinge setzt entsprechende Vermehrungseinrichtungen voraus. Auch eine Veredelung durch verschiedene Methoden (Augen- und Reiserveredelungen) ist möglich.

Plantagenmäßiger Anbau

Ein plantagenmäßiger Anbau von Kiwis erfolgt hauptsächlich in Neuseeland. Aber auch in Australien, Kalifornien, Südafrika, Chile, Japan, in den Ländern der ehemaligen UDSSR sowie in den Mittelmeerländern Spanien, Frankreich, Griechenland und Italien und sogar in den Niederlanden und in England werden Kiwis inzwischen angebaut. Für 1991 wurde für Italien eine Kiwi-Anbaufläche von 16.500 ha angegeben, die Produktion betrug 185.000 t. Die weltweite Kiwiproduktion betrug 160.000 t auf einer Fläche von 33.000 ha Anbaufläche.

Actinidia chinensis (li.) *Actinida deliciosa* (re.) Früchte aufgeschnitten

Sorten und Auslesen

'Hayward' (syn. 'California Chico'): Ist die bekannteste Sorte, die in Plantagen angebaut und auf dem Markt angeboten wird. Diese Sorte macht etwa 80 % der Weltproduktion aus. Sie bringt große Früchte mit braungrüner, sehr filzig behaarter Haut. Die Früchte wiegen etwa 75–100 (–120) g, die Reife erfolgt Mitte bis Ende November.

'Abbott' (von 'Allison' nicht unterscheidbar): Ist früher blühend und bringt zahlreiche mittelgroße, längliche Früchte. Sehr süß, kaum bitter, ausgeprägter Stachelbeergeschmack.

'Bruno': Eine Sorte mit großen Früchten und dunkler Haut, etwas süßer. Etwas winterhärter als 'Hayward'.

'Green Light'®: Eine weibliche, frühreife Sorte mit sehr großen und süßen Früchten. Geringes Frostrisiko durch späte Blütezeit.

'Monty': Spätblühende Sorte, reichfruchtend, aber kleinere Früchte, ein wenig bitter und sauer.

'Starella'®: Große, walzenförmige Früchte mit bräunlicher, dicht behaarter Schale. Mittelsüß, saftig und aromatisch duftend. Reifen von Ende Oktober bis Mitte November. Hoher Ertrag, Die Sorte ist anpassungsfähig, relativ gut winterhart, chloroseempfindlich.

'Jenny': Trägt weibliche und männliche Blüten und ist selbstfruchtbar. Geschmack fein süßsäuerlich, ähnlich'Hayward', die Früchte sind jedoch kleiner. Erntezeit ab Mitte November. Eignet sich nicht als Befruchtersorte. Wird sogar noch in Finnland verkauft.

'Soreli'(S) (Goldkiwi Soreli, *A. chinensis*)**:** Geschützte Sorte. Früchte sind mittelgroß bis groß, braunschalig und weniger stark behaart. Gelbfleischige Kiwi. Früh reifend (ab September bis November), trotzdem weisen die Früchte ein gutes Zucker-Säure-Verhältnis auf.

'Green Light'® (GREEN LIGHT® convi(S))**:** Geschützte Sorte. Bringt sehr große und süße Früchte hervor, früh reifend (ab September bis November).

'Solissimo'® (SOLISSIMO® renact(S), Frankreich)**:** Geschützte Sorte. Selbstfruchtbare Kiwi mit großen Früchten, frischgrünem Fruchtfleisch, süßer, würziger Geschmack. Früchte sind 30 % kleiner als jene von 'Hayward'. Fruchtet bereits als junge Pflanze. Benötigt einen geschützten Standort. Reife Ende Oktober bis Anfang November.

'Xixuan': Gelbe Kiwi. Sommergrüne windende Kiwi. Erreicht eine Höhe bis 6 m. Junge Zweige sind braunrot behaart, Blüten weiß bis ockergelb, Blütezeit Juni. Es werden gelbe, nach Banane duftende Früchte gebildet. Zur besseren Fruchtbildung sollte auch eine männliche Sorte gepflanzt werden. Sonnige Standorte an Gerüsten oder Mauern werden bevorzugt. Zum guten Gedeihen ist ein lockerer Boden erforderlich.

Zespri® SunGold (*Actinidia chinensis* Planch. var. *chinensis* 'Zesy002'. KIWIGOLD)**:** Große, wenig behaarte gelblich braune Früchte, Fruchtfleisch hell goldgelb, kann (zumindest theoretisch) mit der Schale gegessen werden. Geschmack süß und saftig. Eine Lagerung der Früchte im Keller bis etwa Januar soll möglich sein. Weitere Sorten von Zespri: Zespri® Gold, Zespri® Green und Zespri® Organic.

ENZAGold™: Ist eine weitere Sorte mit gelbem Fruchtfleisch.

ENZARed™: Sorte mit gelbem Fruchtfleisch mit sich strahlenförmig ausbreitendem Kernbereich.

Weitere Sorten von Enza-Kiwifruit mit grünem Fruchtfleisch: ENZAGreen™, Megakiwi™ mit doppelt so großen Früchten und Summer Kiwi™, eine früh reifende Sorte mit grünem Fruchtfleisch.

'Hongyang': (Sämlingsselektion von *A. chinensis* var. *rufopulda*) grüngelb-braun, leicht behaart, Fruchtfleisch grün mit violettrotem,

'Starella'

ENZARed (Kiwirot) mit gelb-rotem Fruchtfleisch (J. Rabensteiner)

Zespri SunGold mit gelbem Fruchtfleisch (J. Rabensteiner)

'Hayward'

'Hayward'-Frucht aufgeschnitten

Actinidia chinensis 'Soreli'

Früchte verschiedener *Actinidia*–Arten (P. Lachota)

sich strahlenförmig ausbreitendem Kernbereich, süß, aromatisch
'Matua' und 'Tumori': Männliche Befruchtersorten für alle weiblichen Kiwisorten, eignen sich auch als Befruchter für *Actinidia-arguta*-Sorten.

In den USA werden noch folgende Sorten kultiviert: **'Blake'**, **'ChicoMale'**, **'Dexter'**, **'Elmwood'**, **'Gracie'**, **'Jintao'**, **'Koryoku'**, **'Tewi'** und **'Vincent'**.

MINI-KIWI, KIWIBERRY

(Co-Autor Piotr Latocha)

Allgemeines

Unter diesem Titel werden hier alle Auslesen, Sorten, Klone und Hybriden, nicht nur jene von *Actinidia arguta*, sondern auch die der verschiedenen anderen *Actinidia*-Arten zusammengefasst. Es ist wohl die 'jüngste' Obstart, die in den letzten 30 Jahren rapide Steigerungsraten für den Fruchthandel verzeichnete.

Die Bedeutung der Mini-Kiwis (man könnte sie sogar als 'Wellnessbeere' bezeichnen), wird in Zukunft noch deutlich zunehmen, handelt es sich doch um eine absolut gesunde Frucht, die dem Zeitgeist entspricht und darüber hinaus bislang zumindest keinen Pflanzenschutz benötigt.

Kiwiberry

Actinidia arguta (Siebold et. Zucc.) Planch. ex. Miq. 1867 (*Actinidiaceae*, Strahlengriffelgewächse)

Weitere Namen

Mini-Kiwi, Bayernkiwi, Kiwiberry (engl.), Kiwibeere, Strahlengriffel, Japanische Honigbeere, Kleine Kiwi, Kahle Kiwi, Traubenkiwi, Chinesische Kiwi, Babykiwi; engl. Hardy Kiwifruit; belg. Kiwibes; franz. Kiwai; poln. Aktinidia ostrolistna.

Heimat

Diese Arten stammen aus Nord- und Ostasien (China, Korea und Japan). Sie sind in unseren Breiten sehr gut winterhart.

Pflanzenmerkmale und Verbreitung

Natürliche Vorkommen der Mini-Kiwis gibt es in Nordjapan, Korea, Nordostchina bis in den Osthimalaja, Sibirien (Südliche Kurilen, Sachalin).

Mini-Kiwis sind starkwüchsige, linkswindende Kletterpflanzen mit einer Wuchshöhe von 10–15 m, mitunter sogar bis 25 m. Die jungen Triebe sind leicht behaart, die älteren Triebe braun oder grau und glatt. Die wechselständig angeordneten Blätter sind scharf gezähnt, etwa 8–12 cm lang, breit eiförmig bis elliptisch und besonders durch die roten Blattstiele leicht erkennbar. Die Oberseite ist glatt und glänzend, die Achseln der Blattnerven an der Unterseite sind leicht behaart. Im Herbst verfärben sich die Blätter leuchtend gelb.

Von Anfang bis Mitte Juni erscheinen die duftenden Blüten in achselständigen Trugdolden, wobei die Einzelblüte etwa 2–2,5 cm groß und weiß bis cremefarben ist. Üblicherweise sind die Blüten zweihäusig, gelegentlich kommen aber auch Typen mit zwittrigen Blüten vor. Die Trugdolden der weiblichen Blüten bestehen aus 1–3 (–5), den männlichen aus bis zu 10 Einzelblüten. Die meisten Sorten haben zwittrig erscheinende Blüten, sind aber selbstunfruchtbar und auf männliche Befruchtersorten angewiesen. Männliche Blüten enthalten ausschließlich schwarze Staubgefäße, während bei den weiblichen Blüten neben den zahlreichen strahlenförmig angeordneten Griffeln und Narben auch Staubblätter vorhanden sein können. Zur Blütezeit unbedingt für Bienen oder Hummeln sorgen!

Eignung

Junge Pflanzen der Mini-Kiwis sind etwas frostempfindlich und benötigen Winterschutz. Etablierte Pflanzen hingegen sind besonders frostharte, jedoch starkwüchsige Kletterpflanzen mit geringen Ansprüchen, einer schönen reingelben Herbstfärbung und schmackhaften Früchten. Die Pflanzen eignen sich im privaten Bereich zur Begrünung von Hauswänden, Mauern oder Pergolen. Sie werden inzwischen aber auch professionell in Plantagen angebaut.

Actinidia arguta weibliche Blüte

Frucht

Die Früchte selbst sind vielsamige Beeren, die ein wenig an Stachelbeeren erinnern und deswegen gelegentlich auch als 'Mandschurische Stachelbeeren' bezeichnet werden. Die Form der Frucht ist sehr variabel, sie reicht von länglich zylindrisch bis nahezu kugelförmig. Ihre Größe variiert von etwa 2,5–4,5 cm Länge und 2–3 cm Breite, Einzel-Fruchtgewicht zwischen 6–14(18) g. Im Gegensatz zu den 'echten' Kiwis aber haben sie eine grüne oder bräunlich grüne, gelegentlich auch rötliche glatte Schale. Mini-Kiwis reifen ab September/Oktober. Hervorzuheben ist der feine, etwas an Stachelbeeren erinnernde Geschmack. Pro Strauch kann man – abhängig von Sorte, Klima und

Actinidia arguta männliche Blüte

Actinidia arguta Fruchtbehang der Sorte 'Weiki'

Anbaubedingungen – mit einer Ausbeute zwischen 13 und 30 (max. 45) kg rechnen.

Die Früchte sind süß (10–18 g/100 g Zucker), der Vitamin-C-Gehalt beträgt 60–300 mg/100 g (bei den neueren Auslesen sogar 200–400 mg/100 g) und ist bei *A. kolomikta* mit mehr als 1.000 mg/100 g sehr hoch. Erwähnenswert sind noch ein hoher Vitamin-E-Gehalt, Vitamin B_2, Vitamin A, Vitamin B_6 sowie hohe Gehalte an Calcium, Kalium, Magnesium, Mangan, Eisen und Folsäure sowie Ballaststoffen. Die Früchte sind reich an bioaktiven, gesundheitsfördernden Stoffen (Phenole mit antioxidantiver Wirkung). Einige Sorten neigen zu Alternanz.

Verwertung

Die Früchte der Mini-Kiwis sind recht vielseitig verwendbar. Zum einen eignen sie sich als Naschfrüchte für den Rohverzehr, da sie im reifen Zustand (wenn die Früchte beginnen, weich zu werden) angenehm süß schmecken und somit als Dessertfrüchte interessant sind. Im Gegensatz zu den großen Kiwis werden sie mit der glatten, dünnen Schale gegessen. Bei manchen Typen kann beim Verzehr größerer Mengen ein leichtes Brennen auf der Zunge festgestellt werden. Größere Mengen von frisch verzehrten Früchten können bei empfindlichen Personen unter Umständen abführend wirken, jedenfalls sind Mini-Kiwis verdauungsfördernd. Andererseits nutzen Köche diese Eigenschaft von Mini-Kiwis, indem sie ihren Saft auf Fleisch einwirken lassen, um es zarter zu machen.

Actinidia arguta Sorten

Obwohl sich die Mini-Kiwis für eine längere Lagerung nicht eignen, kann man sie für einige Tage kühl aufbewahren. Ihre Verwertungsmöglichkeiten sind darüber hinaus noch vielfältig: Sie eignen sich zur Herstellung von Marmelade und Gelee, Kompott, auch Saft und Wein lassen sich daraus bereiten. Sogar Kiwi-Likör, Kiwi-Brand und Kiwi-Schokolade wird mittlerweile angeboten. Man kann die Früchte auch tieffrieren und trocknen.

Standortansprüche und Pflege

Spätfrostgefährdete Lagen sind ungünstig, deshalb keine Spätfrostlagen und Kaltluftse-

Actinidia arguta Plantage bei Ilz

Actinidia arguta Plantage bei Grójec (P. Latocha)

en. Doch vertragen die Pflanzen je nach Art bei völliger Winterruhe Tiefsttemperaturen von –30 bis –40 °C. Die Pflanzen benötigen vor allem gut durchlüftete, nicht allzu schwere, sandig-humose, tiefgründige Lehmböden und ausreichende Bodenfeuchte. Staunässe und Bodenverdichtung werden nicht toleriert. Kalkarme oder leicht saure Böden (pH-Wert 5,5–6,5) sind optimal, doch die Pflanzen gedeihen auch auf Böden mit pH-Werten über 7 noch problemlos (hier besonders auf Eisen- und Magnesiummangel achten). Der 'Fuß' der Pflanzen sollte abgedeckt sein. Es sind überwiegend flachwurzelnde Pflanzen, deshalb ist eine mechanische Bodenbearbeitung ungünstig. Mulchen wäre günstig, dann besteht aber eine erhöhte Mäusegefahr. Wichtig ist eine ausreichende Bodenfeuchte im Sommer, da die Früchte ansonsten klein bleiben. Durch den hohen Wasserbedarf ist bei der plantagenförmigen Kultur eine Zusatzbewässerung erforderlich. Aufgrund der Zweihäusigkeit der Pflanzen (es gibt auch Ausnahmen) sollte zur ausreichenden Bestäubung unbedingt eine männliche Pflanze (reicht für sechs bis acht weibliche Pflanzen) vorhanden sein. Auch männliche Pflanzen der echten Kiwi (Actinidia deliciosa) eignen sich als Befruchtungspartner, dies ist aber im professionellen Anbau wegen der geringen Frosthärte nicht relevant.

Abgesehen davon ist die Blütezeit beider Pflanzen etwas unterschiedlich. Optimal wäre, dass die männlichen Pflanzen bereits etwas früher zu blühen beginnen, da diese ohnehin wesentlich länger blühen als die weiblichen Pflanzen. Bei vollsonnigem Standort können Erträge von 10–30 kg je Pflanze erzielt werden. Erträge zwischen 5,0 kg und 14,0 kg sind regelmäßig zu erwarten.

Gerüst, Erziehung und Schnitt

Mini-Kiwis sind starkwüchsige Pflanzen und benötigen entsprechend große Standweiten. Bei einem Pflanzabstand von 2,5–3 m sowie ein Reihenabstand von 3–3,5 m (je nach Kultursystem bis 4 m), ergibt das ca. 1.100–1.300 Pflanzen je ha. Man lässt sie in der Regel eintriebig (im Hausgarten aus mehreren Trieben aus dem Boden) als Spalier oder an einem Pergola-System (mit 4 Drähten) hochranken. Der Haupttrieb und die Seitenverzweigungen sollen sich nicht um die Drähte schlingen, son-

Spaliererziehung (H. Siegler)

dern gerade gezogen werden. Sobald sich auf den flach gestellten Ästen Seitenverzweigungen entwickeln, werden diese im Sommer auf 5–7 Augen eingekürzt. Triebe, die gefruchtet haben, werden auf 3–5 Augen zurückgeschnitten (sofern dies nicht schon bei der Ernte erfolgte). Abgetragene Triebe sollten in etwa dreijährigem Rhythmus entfernt werden. Zu dicht oder ungünstig stehende Triebe werden ebenfalls entfernt. Einjährige Kurztriebe sind oft schon mit etwas erhöht stehenden Knospen besetzt, aus welchen sich im Folgejahr die blütenbildenden Austriebe entwickeln.

Sind die Pflanzen bereits älter, so muss das mehrjährige, verzweigte alte, abgetragene Fruchtholz auf junges Fruchtholz zurückgeschnitten werden (Fruchtholzerneuerung). Dadurch werden die Fruchtgröße und -qualität erhöht. Diese Schnittmaßnahmen sollen entweder im Sommer oder aber während der absoluten Winterruhe durchgeführt werden. Schneidet man zu spät, etwa im März oder April, dann kommt es an den Schnittstellen zu starkem Bluten, da die Pflanzen während dieser Zeit bereits unter sehr hohem Saftdruck stehen. Im Mai gebildete Wasserschosse und lange Peitschentriebe entfernt man im Juni ganz, spätere Triebe sind meist kürzer und werden am besten Mitte August auf 5–7 Knospen eingekürzt. In großen Anlagen wird dieser Schnitt auch maschinell oder mit Heckenscheren durchgeführt.

Ernte

Die Früchte der Mini-Kiwis bleiben relativ lange fest. Fruchtreife und Ausfärbung der Früchte erfolgt erst relativ spät gegen Ende September bis Oktober (je nach Sorte). Im Hausgarten setzt die Pflückreife dann ein, wenn die Früchte weicher und damit auch geschmackvoller werden. Kühle Nachttemperaturen im Oktober beschleunigen den Reifeprozess. Die Reife setzt ein, wenn sich das Laub von Grün nach Gelb umfärbt bzw. abzufallen beginnt. Die Früchte müssen unbedingt vor den ersten Nachtfrösten geerntet werden. Sind die Früchte bei Eintreten der ersten Nachtfröste nicht gepflückt, dann werden sie glasig und schmecken leicht vergoren. Und sind somit als Tafelobst nicht mehr verwertbar.

Krankheiten und Schädlinge

Bislang sind weder tierische noch pilzliche Schaderreger aufgetreten. Deshalb sind Mini-Kiwis für den Bio-Anbau geeignet. Laut Literatur sind Fraßschäden durch Mäuse und Wild möglich, selten können Schildläuse auftreten. Phytophtora/Verticillium könnten im Wurzelbereich und

Actinidia arguta links vor, rechts nach Sommerschnitt (H. Siegler)

Actinidia arguta Sonnenbrand an Blättern und Früchten

an der Stammbasis auftreten. Laut neuesten Beobachtungen könnte die Kirschessigfliege – *Drosophila suzukii* – auch bei Mini-Kiwis in Zukunft durchaus ein Problem werden.

Ein Nachbau nach Apfel oder Beerenobst sollte vermieden werden. Vorteilhaft sind jungfräuliche Böden. Es wurde berichtet, dass in Neuseeland innerhalb von Anlagen großfrüchtiger *Actinida deliciosa* Krebsbefall aufgetreten ist, der durch das Bakterium *Pseudomonas syringae* pv. *actinidae* (Psa) ausgelöst wurde. Dieser Erreger wurde auch bereits in Italien an großfruchtigen Kiwis festgestellt.

An nichtparasitären Schäden können Frostschäden an jungen Trieben/Blüten und Früchten auftreten. Sonnenbrand kann bei extremer Witterung (z. B. mit hoher Trockenheit) auftreten, allerdings tritt dies nicht bei allen Sorten auf, da das Blattwerk hier oft einen gewissen Schutz bietet. Auch Fegeschäden durch Rotwild wurden bereits beobachtet. Im Hausgartenbereich können Beschädigungen durch Katzen durch Kratzen an der Rinde auftreten (evtl. Anbringen einer Drahtmanschette).

Bewässerung und Düngung

In trockenen Sommern sollte aufgrund der großen Blattmasse und damit der hohen Verdunstung etwa 2–3 x pro Woche mit 10–15 l pro Gabe bewässert werden. Bei der Düngung sollte man in den ersten drei Standjahren sehr zurückhaltend sein. Im Vollertrag kann man chloridarme Dünger verwenden: 50 g N, 20–30 kg P_2O_5, 80–100 kg K_2O, 15 (–20) kg Mg. Die Düngergaben sollen zu etwa 2/3 Anfang/Mitte April, das restliche 1/3 bis Mitte Juni ausgebracht werden.

Da bei pflückreifen Sorten der Fruchtstiel beim Pflücken ausreißen kann, ist für Tafelware und die Haltbarkeit das Ernten mit Fruchtstiel unerlässlich. Im professionellen Anbau müssen die Früchte aber bereits vor der 'Pflückreife' geerntet werden. Sie sollten sofort kühl gelagert und so weiter konfektioniert werden. Die Nachreife erfolgt auch noch während des Transportweges bis zum Konsumenten. Die so (evtl. mit einer Rebschere) geernteten Früchte werden direkt in Schälchen etc. oder in flachen Steigen für den Sofortabsatz gelegt. Die Pflückleistung kann (in Abhängigkeit vom Behang und der Fruchtgröße) 7–8 kg/Akh betragen.

Mini-Kiwis können auch als ganze Traube (der ganze aus der Trugdolde entstandene Fruchtstand) geschnitten werden. Dadurch wird zwar die Pflückleistung erhöht, allerdings

Actinidia arguta Verkauf im Gartencenter

Actinidia aguta Sorten

wird in diesem Fall für die weitere Aufbereitung/Konfektionierung in entsprechende Schälchen mehr Zeit in Anspruch genommen. Für eine Lagerung ist die Rispenernte natürlich von Vorteil. Erträge von 8–10 Tonnen pro ha, mitunter auch 12–15 t/ha möglich.

Vermehrung und Anzucht

Kurz-Steckholz im Container, Ablegen, Grünstecklinge unter Folie. Eine Vermehrung durch Samen ergibt etwa 45 % weibliche und 55 % männliche Nachkommen.

Weitere Arten

Purpur-Strahlengriffel

Actinidia arguta var. *purpurea* (nach Huang Hongwen – The genus Actinidia. A World Monograph 2014), *Actinidia purpurea* Rheder 1915 (*Actinidiaceae*, Strahlengriffelgewächse)

Heimat

Westchina. Die Früchte sind außen und innen von kräftig roter Farbe, Fruchtgewicht 10–12 g, sie sind weniger süß und haben mehr Säure als *A. arguta*. Es gibt zahlreiche Hybriden mit *A. arguta*, diese scheinen etwas weniger frosthart zu sein als reine *A. arguta*-Sorten.

Kolomikta-Strahlengriffel

Actinidia kolomikta (Rupr. et. Maxim.) Maxim. 1859 (*Actinidiaceae*, Strahlengriffelgewächse)

Weitere Namen

franz. Kiwi d'ornement, engl. Super hardy Kiwi, poln. Aktinidia pstrolistna

Heimat

Japan, Korea und China, Züchtungspflanzen stammen meist aus Sibirien, diese Art ist bis –40 °C winterhart.

Mitschurin führte erste Selektionen mit sibirischen Herkünften von *A. kolomikta* durch. Die Selektionen von Mitschurin aus sibirischen Herkünften, **'Pozdnaja'** (spät reifende Aktinidie), **'Rannaja'** (früh reifende Aktinidie) und **'Uroshainaja'** (fruchtbare Aktinidie) sowie die *A. kolomikta*-Sorten **'Klara Zetkin'** und **'Ananasnaja'** (Mitschurins Ananas-Aktinidie), sind nicht in mitteleuropäischen Baumschulen erhältlich.

In Mitteleuropa ist vor allem der männliche Klon mit anfangs weiß, später rosa panaschierten Blättern als attraktive Zierpflanze bekannt. Ihre kleinen weißen Blüten duften nach Zitronen. Die Früchte reifen im September und damit etwas früher als jene von *A. arguta*. Die Fruchtschale ist grün, häufig gestreift bis leicht

Actinidia purpurea Früchte (P. Latocha)

Actinidia kolomikta Früchte (P. Latocha)

Actinidia kolomikta weibliche Blüte (P. Latocha)

gerippt und kann sonnseitig rötlich gefärbt sein. Das Fruchtgewicht beträgt 3–5 g (bei Sorten 6–10 g). Ein Nachteil dieser Art ist, dass die Früchte bei der Reife sofort abfallen. Ihre Früchte zeichnen sich durch extrem hohe Gehalte an Vitalstoffen, vor allem Vitamin C (bis 1.200 mg/100 g, bei den Auslesen bis 2.200 mg/100 g) und Polyphenole (Radikalfänger), aus. Dies ist auch der Grund, warum in der Volksmedizin des Fernen Ostens die Früchte von *A. kolomikta* als prophylaktisches Heilmittel gegen Skorbut, bei Blutungen, TBC, Keuchhusten und Karies angewandt wird.

Die Pflanzen verlangen kühle, aber helle, absonnige Standorte, sie sind schwachwüchsig und erreichen Wuchshöhen von 2–4 m. *A. kolomikta* wurde bereits von J. W. Mitschurin zur Züchtung verwendet, es gibt zahlreiche russische Sorten. In Litauen wurden im Rahmen der Züchtungsarbeit aus der Sorte **'Klara Zetkin'** die Sorte **'Paukotes Dakarva'**, aus der Sorte **'Ananasnaja'** die Sorten **'Laiba'**, **'Lanke'** und **'Lande'** ausgelesen. Zurzeit werden in Polen einige Sorten angeboten, wie **'Dr. Szymanowski'** und **'Sentyabraskaya'** (weiblich) sowie **'Adam'** (männlich).

Es gab und gibt einige Verwirrungen bezüglich der Sorte **'Ananasnaja'**. Mitschurin beschreibt in seinem Buch 'I. W. Mitschurin – Ausgewählte Werke' diese Sorte ausführlich. Die Samen der von Mitschurin gezüchteten Sorten (er beschreibt sie als die neuen großfrüchtigen Abarten der Actinidia, als *Actinidia arguta*) stammen aus der ostsibirischen Taiga, dem Flusslauf des Kabani kljutsch, auf Seehöhen von 325–350 m, wo sie Fröste bis –45 °C ausgehalten haben. Die beiden Sorten bezeichnet er als Actinidia **'Rannaja'** und Actinidia **'Posdnaja'**. Auf Grundlage der Abbildungen handelt es sich hierbei definitiv nicht um *A. arguta*, sondern um *A. kolomikta*. Möglicherweise sind hier Fehler bzw. Verwechslungen bei der Übersetzung ins Deutsche passiert?

Die Sorte **'Ananasnaja'** beschreibt er nämlich, dass sie aus einer Selektion aus der dritten Generation der *Actinidia kolomikta* Max. gezogen wurde. Die Früchte sind breit oval bis länglich und mit tiefen Seitenfurchen, sodass eine leichte Rippung entsteht. Das Fruchtfleisch ist 'hellgrün, fest, saftig und süß, von einer leichten erfrischenden und pikanten Säure'. Die Reifezeit tritt in Russland in den ersten Augusttagen, bei spät einsetzendem Frühling Mitte August ein.

Damit ist eindeutig erwiesen, dass die in den USA gehandelte Sorte **'Ananasnaja'** (syn. **'Ananasnaya'**, **'Anantasia'**, **'Anna'**) nichts mit der von Mitschurin gezüchteten Sorte gleichen Namens zu tun hat!

'Klara Zetkin' ist eine weitere Züchtung Mitschurins aus der *A. kolomikta*-Gruppe. Die Früchte sind länglich bis elliptisch, hellgrün mit weißlichen Längsstreifen, Fruchtgröße 34 mm lang und 14 mm breit, Fruchtgewicht 3,8 g. Das Fruchtfleisch ist blassgrün, saftig, sehr süß, mit einem starken, spezifischen Aroma. Bei überreifen Beeren wird das Fruchtfleisch durchsichtig. Reifezeit (in Russland) Mitte August. Toleriert Winterkälte bis –40 °C.

An der Pawlowsker Versuchsstation des VIR bei St. Petersburg wurde eine größere Anzahl *Actinida kolomikta*-Sorten gezüchtet und zur Vermehrung und Verwendung empfohlen:

Actinidia kolomikta Blätter

'VIR 1', **'Leningrader Großfrüchtige'**, **'Dostojnaja'** (= 'Würdige'), **'Leningrader Frühe'**, **'Matowaja'** (= 'Matte'), **'Pamjatjutschitelja'** (= 'Gedächtnis des Lehrers'), **'Aromatnaja'** (= 'Aromatische').

Von der Moskauer Abteilung des VNIIR-MOVIR wurden folgende Sorten gezüchtet: **'Lakoma'** (= 'Leckermaul'), **'Marmeladka'**, **'Narodnaja'**, **'Nesnakomka'** (= 'Unbekannte'), **'Prasdnitschnaja'** (= 'Feiertag'), **'Slastena'** (= 'Leckermaul'), **'Fantasia Sadow'** (= 'Gartenfreude').

Schwarzmänniger Strahlengriffel

Actinidia melanandra Franch. 1894 (*Actinidiaceae*, Strahlengriffelgewächse),

Heimat

China. Diese Art ist in ihrem Aussehen und den Wuchseigenschaften *A. arguta* sehr ähnlich, besitzt aber hellere weißliche Blattunterseiten, blüht etwas früher und ist weniger fruchtbar. Sie bringt ebenfalls mittelgroße Früchte hervor und hat ein dunkelrotes aromatisches Fruchtfleisch. Die Farbe der Schale ist graurot. Sie wird in den USA als 'Cherrybomb' gehandelt und zu Züchtungszwecken (vor allem mit *A. arguta*) verwendet.

Actinidia melanandra Detail mit Frucht (P. Latocha)

Silberrebe, Silverwine

Actinidia polygama (Siebold et. Zucc.) Planch. et. Maxim. 1859 (*Actinidiaceae*, Strahlengriffelgewächse)

Heimat

Japan, Korea, Sachalin, Mandschurei, Westchina. *A. polygama* ist in ihren Wuchseigenschaften *A. kolomikta* ähnlich, sie besitzt ebenfalls teils weiße Blattspreiten. Sie wird deshalb auch als 'Silverwine' oder 'Silberblattaprikose' bezeichnet. Die kleinen Früchte erscheinen erst Ende Juni/Anfang Juli. Die Früchte sind kleiner als jene von *A. arguta*, länglich (ähnlich jenen der Sorte 'Issai') und orange gefärbt. Sie schmecken deutlich bitter. In Russland gibt es einige schmackhafte Sorten dieser Art.

'Vera's Pride' (USA)**:** Enthält keine Bitterstoffe. Schmeckt interessant, aber nicht vergleichbar mit anderen Mini-Kiwi-Sorten.

'Abrikosowaja' (VNIRR MOVIR Moskau)**:** Mittelstark wachsend, späte Reifezeit, Fruchtgewicht 2,9 g, zylindrische Form, zugespitzt mit 'Schnabel', gleichmäßig gelborange Farbe; Inhaltsstoffe sind 14,2 % Zucker, 0,5 % Säure und 268 mg/100 g Vitamin C. Die Beeren schmecken wie süßer Paprika, ohne Bitterkeit, mit Paprika-Aroma. Ähnlich, nur etwas größer ist 'Muster 1'.

'Vera's Pride' (A. Hellmich)

Actinidia polygama Frucht aufgeschnitten (J. Rabensteiner)

Macrosperma-Strahlengriffel

Actinidia macrosperma C. F. Liang (*Actinidiaceae*, Strahlengriffelgewächse)

Diese Art wächst stärker als *A. kolomikta* und *A. polygama*. Ihre Blätter verfärben sich im Sommer ebenfalls weißlich. Sie bringt im späten Juni etwa 3–3,5 cm große weiße, stark duftende Blüten hervor. Ihre Früchte sind recht originell, sie sind rund und sehen aus wie Mandarinen. Sie sind orange gefärbt

Actinidia macrosperma Frucht (P. Latocha)

Sorten und Auslesen

Die Art selbst ist seit 1874 in Kultur.

Züchtungsarbeiten der Mini-Kiwi

Grasew (2005) berichtet noch von einer Kiwi-Art aus dem Fernöstlichen Russland (*Primorskij krai*) und dem ostasiatischen Raum (China und Korea) mit der lat. Bezeichnung *Actinidia jiraldi*. Diese Kletterpflanze erreicht eine Höhe von bis zu 25 m und eine Stammdicke von 17 cm. Ansonsten ist sie *A. arguta* sehr ähnlich. Die Früchte sind 4 cm lang und 2 cm breit. Das Fruchtfleisch ist süß, saftig und aromatisch. Die Früchte einer Auslese dieser Art (**'Muster 75'**) haben ein mittleres Fruchtgewicht von 10,8 g, sie sind 3,3 cm lang und 2,4 cm bzw. 3,3 cm dick. Die Form ist fässchenartig gedrungen und seitlich abgeplattet. Die Oberfläche uneben und braungrün gefärbt. Der Geschmack der Beeren ist angenehm süß-säuerlich, mit starkem Ananas-Apfel-Aroma. Die Früchte enthalten etwa 200 mg/100 g Vitamin C, 11 % Zucker und 2 % Organische Säuren.

An der LWG Veitshöchheim wurden unter anderem auch zahlreiche Klone des Züchters W. Merkel (W. Merkel ist ein privater Mini-Kiwi Züchter in Chemnitz) getestet und die Erfahrungen dazu auch publiziert. Folgende Klone wurden getestet: 'W1' ('Warzawa 1'), 'W10' ('Warzawa 10'), 'W12' ('Warzawea 12'), 'W14' ('Warzawa 14'), 'Ananaskaja-Sämling 10', 'Honig 1', 'Honig 2', 'Honig 3', 'Honig 4', 'Issau-Japan-Sämling', 'Multi 1' und 'Klon 74-49".

Sorten von *A. arguta*

'Ambrosia'® (Häberli, CH)**:** identisch mit 'Ambrosia® Grande', 'Ananaskaja' und 'Jumbo Verde': Die Früchte sind flach-zylindrisch, 4–5 cm lang, Fruchtgewicht 10–18 g, hellgrün, süß-aromatisch mit leichter Säure; Reife ab Anfang Oktober, regelmäßiger guter Fruchtertrag bis 10 kg/Jahr.

'Ananaskaya': steht seit mehr als 30 Jahren im Botanischen Garten in Prag, wurde bis 1995 in Italien unter diesem Namen angeboten, danach von F. Ambrogia als 'Jumbo Verde' verkauft. Häberli (CH) bietet diese Sorte unter dem Namen 'Ambrosia' an. In den USA wurde diese Sorte weiter unter dem Namen 'Ananaskya' angeboten, die Sorten 'MSU' (USA) und 'Mafil' (CZ) dürften weitgehend idente Sämlinge von 'Ananaskaya' sein (siehe auch 'Kiwino').

'Ananasnaya' (Synonym: 'Anna', 'Ananasnaja', 'Anantasia'; ist jedoch nicht ident mit der Sorte 'Ananasnaja' von Mitschurin, denn diese zählt zu *A. kolomikta*!): stammt aus den USA; in den Vereinigten Staaten in Plantagen angebaut (2007 ca. 40 ha); Pflanzen sind starkwüchsig und resistent gegen Trockenheit. Früchte sind walzenförmig, seitlich leicht abgeflacht, mit hellziegelroter Fruchtschale, Länge bis 3,5 cm, Breite 2,5 cm, Fruchtgewicht 7–12 g, hohe Erträge; Reifezeit Anfang Oktober.

'Ananas': stammt aus den USA, ist angeblich eine alte Züchtung russischer Herkunft unter dem Namen 'Anansnaja', aber nicht die 'Ananasnja' von Mitschurin! Wird in den USA als gute Plantagensorte beschrieben, nimmt bei Vollreife einen lila Farbton an.

'Ambrosia'

'Ananasnaja' ('Anna') (P. Latocha)

'Ananasnaja' ('Ananas') (W. Merkel)

'Miss Green' (P. Latocha)

'Geneva' (P. Latocha)

'Kiwino' (W. Merkel)

'Maki'

'Molli '(H.-R. Müller)

'Meader' (P. Latocha)

'National Arboretum' (P. Latocha)

'Red Beauty' (P. Latocha)

'Rogow' (P. Latocha)

'Sentiabrskaya' (P. Latocha)

'Super Jumbo' (H.-R. Müller)

'Tanny' (P. Latocha)

'Verde' (P. Latocha)

'Verde' (P. Latocha)

'Vitikiwi', Blüte

'Vitikiwi'

'Weiki' (P. Latocha)

'Weiki'

'Weiki'

'Weiki', Früchte aufgeschnitten

'74-49' (P. Latocha)

'Domino' (Züchtungscode L1; Züchter P. Latocha, Warsaw University of Life Sciences – SGGW, Polen)**:** Sämling von *A. arguta* mit großen, rundlichen (apfelartigen) Früchten. Fruchtschale ist hellgrün mit braunrotem Anflug; Fruchtfleisch grün, angenehm im Geschmack, süß-säuerlich mit honigartigem Geschmack; Fruchtreife Ende September/Anfang Oktober. Ertragreiche Sorte für den Anbau in Hausgärten.

'Miss Green' (syn. 'Fräulein Grün')**:** Ähnlich den Sorten 'Weiki' und 'Ananasnaja', länglich kugelig abgeflachte Frucht mit leicht rötlich braunem Anflug, sehr ertragreiche Sorte.

'Geneva': kugelige bis länglich kugelige Frucht, gegen den Kelch hin verjüngt, hellgrün mit etwas rötlich brauner Deckfarbe, Reifezeit September/Oktober; Fruchtgewicht 10 g, süß-aromatisch mit merklich säuerlicher Haut, sehr guter Ertrag.

'Genf' (USA, Forschungsstation Genf)**:** Rundlich abgeflachte Frucht, grün mit rötlich braunen Backen, Fruchtgewicht 7–12 g, Pflanzen sind etwas trockenheitsempfindlicher.

'Kiwino' (Sämling von *Actinidia arguta*, ca. 1980 an der Eidgenössischen Forschungsanstalt Wädenswil [FAW] durch Obergärtner Max Steck ausgesät)**:** Früchte ähnlich wie 'Ambrosia', regelmäßig hellgrün, flach-zylindrisch, 3–4 cm lang, Fruchtgewicht 10–18 g, regelmäßiger, reicher Fruchtertrag, süß-aromatischer Geschmack mit leichter Säure. War an der FAW Wädenswil die beste aller geprüften Sorten.

'Maki'® 'Amdue'(S) (Häberli, CH, stammt aus Italien)**:** Früchte länglich kugelig, 2–3 cm lang, Fruchtgewicht 6–8 g, grünlich braun bis schön rot ausgefärbte Früchte, reichfruchtend, bis 10 kg; Reife ab Anfang Oktober; wohlschmeckend, süß mit Säure, fein fruchtig.

'Molli' (= 'WA 14', Züchter W. Merkel, Dt.)**:** Starkwüchsige Sorte mit rundlich ovalen bis breit herzförmigen Früchten, gutem Geschmack, Fruchtgewicht ca. 9 g, hoher Ertrag, Reifezeit Anfang /Mitte Oktober.

'Meader': früheste Sorte von *A. arguta*, Fruchtreife September.

'National Arboretum 7' (USA)**:** Rundlich leicht abgeflachte Frucht, grün mit leicht rötlich braunen Backen, sehr hoher Fruchtertrag.

'Red Beauty' (syn. 'Verona'. Herkunft: Bsch. Ambrogia, Italien)**:** ähnlich wie 'Maki'® und 'Weiki'. Mittelgroße Früchte mit roter Schale, Fruchtfleisch grün. Fruchtreife Anfang bis Mitte Oktober. Früchte sind etwas größer als jene von 'Weiki", fest und wahrscheinlich auch gut lagerfähig, Geschmack ausgewogen, süßsäuerlich, Erträge regelmäßig und hoch.

'Rogów' (Polnische Selektion der University of Life Sciences – SGGW, Warschau, Arboretum Rogów)**:** Früchte oval, 3,0 cm lang und 2,5 cm breit, Schale grün, Reifezeit Ende September bis Oktober; außergewöhnlich guter Geschmack.

'Sentiabrskaya': Ukrainische Sorte. Die Früchte dieser eher kugeligen bis ovalen Sorte sind 3,5 cm lang und 2,3 cm breit, das Fruchtgewicht beträgt 7–8 g; die Früchte sind grün, ebenso das Fruchtfleisch. Fruchtertrag 9–12 kg.

'Rossana': Stammt aus den USA, Frucht rauschalig, graugrün, walzenförmig, sehr groß, guter Geschmack, Früchte werden einzeln 'wie aufgefädelt' produziert.

'Rote Potsdamer': Schöne rosarote Fruchtausfärbung, wächst auch auf Kalkböden gut und färbt dort gut aus.

'Super-Jumbo' (= 'WA 1', Züchter W. Merkel, Dt.)**:** Walzenförmige (flach zylindrische) Frucht, 4 cm lang, 2,2 cm breit, 10–12 g; mittelgrün, mittleres Aroma, saftig, (sehr) süß, Fruchtertrag 6–12 kg, Reife (Anfang) Mitte Oktober.

'Tanny': Belgische Sorte, die in Hogeschool, Gent, selektiert wurde. Sämling von 'Ken's Red'; Blätter länglich schmal, ähnlich jenen von 'Ken's Red'; Früchte sind groß, etwas zugespitzt, Fruchtgewicht durchschnittlich 12–13 g (max. 14 g). Schale und Fruchtfleisch sind grün; Früchte sind süß-säuerlich und von gutem Geschmack. Reifezeit Ende September/ Anfang Oktober (in Polen).

'Urodnaya' (Mitschurin, Russland): Sorte mit beinahe kugeligen Früchten, diese sind sonnseits rötlich gefärbt. Sehr reichtragende Sorte.

'Verde' (Züchter P. Latocha, Warsaw University of Life Sciences – SGGW, Polen): Sämling von *A. arguta*. Früchte apfelförmig, mittelgroß bis groß, Fruchtgewicht durchschnittlich 9–10 g (max. 14 g). Schale und Fruchtfleisch sind grün. Die Sorte ist ertragreich, die Früchte angenehm im Geschmack und von attraktivem Aussehen. Reifezeit Ende September/Anfang Oktober (in Polen)

'VITIKIWI'® (Japanische Züchtung, in Polen vermarktet *A. arguta* Sorte)**:** sind selbstfruchtbar und samenlos parthenocarp, der Geschmack ist gut.

'Weiki' (Züchter Schimmelpfeng, TU München, Weihenstephan, 'Bayernkiwi')**:** Früchte länglich kugelig, 2,5–3,0 cm lang, Fruchtgewicht 6–10 g, grün mit rötlich braunen Backen, sehr reichtragend, ca. 10 kg und mehr, Reifezeit Anfang bis Mitte Oktober; sehr guter Geschmack, süß-aromatisch. Diese 'Sorte' bzw. die Pflanze, auf welche die obige Beschreibung zutrifft, wurde bereits vor mehr als zwanzig Jahren in den Handel gebracht. Inzwischen sind aber mehrere unterschiedliche Klone der 'Sorte' 'Weiki' im Umlauf. Darunter ein Typ mit einer schönen rötlichen Ausfärbung, sowie ein weiterer Typ mit unterseits zugespitzten, fast tropfenförmigen Früchten.

'74-49' (USA, Chico, Kalifornien)**:** Kugelig-apfelförmige Früchte, 7–9 (–12) g, süß, gut, sehr aromatisch, fahlgrün, Fruchtfleisch grün mit leicht braunrotem Anflug, bei Vollreife im mittleren Bereich rot, Fruchtertrag 5–6 kg, Reife Ende September bis Anfang Oktober, sehr gute Sorte, sieht 'Geneva' ähnlich, wird in den USA oft kultiviert.

'74-8' (USA, Chico, Kalifornien)**:** Früchte zylindrisch abgeflacht, grün, sehr schmackhaft.

Hybriden von *A. arguta* × *A. purpurea*

'Hardy Red' (USA, *A. purpurea*)**:** ähnlich wie 'Kiwai Rouge', Frucht länglich oval, leicht abgeflacht, kirschrot, bis 3,5 cm lang; Fruchtfleisch ist rot, säuerlich, guter Geschmack, Wuchs ähnlich wie *A. arguta*, reift früher, im September.

'Kiwai Rouge' (Selektion von *A. arguta* var. *purpurea*)**:** länglich kugelig, 3 cm lang, bis 2 cm breit, Fruchtgewicht 7–8 g, Fruchtreife Anfang bis Mitte Oktober, vollreif leuchtend rot, Fruchtfleisch, rötlich bis braunrot, Geschmack säuerlich bis mild-süß (vollreif), fein aromatisch, Früchte werden schnell weich, Fruchtertrag hoch, ca. 10 kg, regelmäßig.

'Peterman' (*A. purpurea*, Frankreich): Auslese aus Sämlingen der Plantage Peterman in Frankreich. Purpurrote Fruchtschale und rotes Fruchtfleisch, sehr reichtragend.

'Purpurna Sadowa' (*A. purpurea*, Purpur-Kiwi 'Sadowa', Ukrainische Züchtung): starkwüchsig, Früchte mittelgroß, walzenförmig, 3,5 cm lang und 2,5 cm breit, 8–11 g, Fruchtfleisch und Schale (bei vollsonnigem Standort) bei Vollreife kirschrot, Reifezeit September bis Oktober; guter Geschmack, süß-säuerlich, leicht würziges Aroma; sehr ertragreiche Sorte mit 20–25 kg pro Pflanze.

'Red Jumbo' (= Sämling von 'Kiwai Rouge' Nr. 3, Züchter W. Merkel, Dt.): rotfrüchtig, Frucht länglich, mittelgroß bis groß, 5–7 g, rotfleischig, Ertrag sehr hoch und regelmäßig.

Hybriden von *A. arguta* var. *purpurea* × *A. arguta*

'Bingo' (Züchtungscode D14, Züchter P. Latocha, Warsaw University of Life Sciences – SGGW, Polen)**:** Eine Hybride zwischen *A. purpurea* 'Purpurna Sadowa' und *A. arguta*. Pflanzen sind starkwüchsig und gut frosthart; Früchte sind zylindrisch, seitlich leicht abgeflacht, Länge bis 3,5 cm, Breite 2,5 cm, Fruchtgewicht 8–13 g, grünlich gelbe Haut mit starkem rosarötlichem Anflug (auch im Schatten), Fruchtfleisch ist hellgrün; wohlschmeckend, süß-säuerlich mit angenehmem Aroma, Reifezeit Ende September/Anfang Oktober. Ertragreiche Sorte, ähnlich wie 'Weiki' und 'Geneva'. Vielversprechende Sorte für den professionellen Anbau (sieht attraktiver als andere Sorten aus).

'Kievskaya Krupnoplodnaya' ('Kijewskaja Krupnoplodnaja', Ukrainische Züchtung, Kiew 1981)**:** Kreuzung zwischen *A. arguta* und *A. purpurea*. Starkwüchsige Pflanzen; Früchte sind groß, walzenförmig, leicht abgeflacht, 12–19 (22) g, Schale und Fruchtfleisch sind hellgrün; hoher Ertrag. Fruchtreife September.

'Karavaiesvskaya Urozhainaya' ('Karawajewskaja Urozajnaja', Ukrainische Züchtung)**:**

'Bingo' (P. Latocha)

'Domino' (P. Latocha)

'Hardy Red' (P. Latocha)

'Kijewskaja Krupnopłodnaja' (P. Latocha)

'Karavaievskaya Urozhainaya' (S. Klimenko)

'Kiwai Rouge' (W. Merkel)

'Lucy' (P. Latocha)

'Originalnaya' (S. Klimenko)

'Pupurna Sadova' (S. Klimenko)

'Red Jumbo' (H.-R. Müller)

'Rima' (P. Latocha)

'Z 1-1' (P. Latocha)

Kreuzung zwischen *A. purpurea* 'Purpurna Sadowa' und *A. arguta*. Starkwüchsige Pflanzen; Früchte sind mittelgroß, walzenförmig, leicht abgeflacht, 6–8 g, Schale ist hellgrün, Fruchtreife September, Früchte fallen bei Reife ab; ertragreiche Sorte mit 20–25 kg pro Pflanze.

'Lucy' (Züchtungscode E 15; Züchter P. Latocha, Warsaw University of Life Sciences – SGGW, Polen)**:** Kreuzung aus *A. purpurea* 'Purpurna Sadova' und *A. arguta*. Die Früchte sind groß, walzenförmig und stark abgeflacht. Die Fruchtschale ist grün, aber das Fruchtfleisch wird zur Vollreife hellrot. Geschmack ist angenehm süß, Fruchtreife September. Ertragreiche Sorte für die Verwendung im Hausgarten.

'Original' ('Originalnaya', Ukrainische Züchtung, 'Sentiabrskaya' x *A. purpurea*)**:** Früchte flach zylindrisch, ca. 3,5 cm lang, ca. 2,5 cm breit, Fruchtgewicht 9–11 g, Fruchtschale und Fruchtfleisch grün, Ertrag 10–15 (–20) kg, Fruchtreife September.

'Rima' (Ukrainische Züchtung, 'Sentiabrskaya' x *A. purpurea*)**:** Frucht länglich oval, Länge ca. 2,5 cm, Breite ca. 2 cm, Fruchtgewicht 6–8 g, Frucht grün, Fruchtfleisch grün, Ertrag 10–15 (–20) kg.

'Ruby' ('Rubinova', Ukrainische Züchtung, 'Purpurna Sadowa' x *A. arguta*)**:** Länglich ovale Früchte, 3 cm lang, 2 cm breit, Fruchtgewicht 5–7 g, Fruchtfarbe rötlich, Fruchtertrag 8–10 (–13) kg.

'Z 1' (Züchtungscode Z 1; Züchter P. Latocha, Warsaw University of Life Sciences – SGGW, Polen; Polen)**:** Kreuzung aus *A. purpurea* und *A. arguta*. Früchte mittelgroß, durchschnittlich 7–8 g (max. 12 g), walzenförmig. Schale und Fruchtfleisch sind weinrot. Diese Selektion unterscheidet sich von anderen roten Sorten durch die rote Schalenfarbe der noch unreifen Früchte. Angenehmer Geschmack. Reifezeit Ende September.

Weitere Hybriden

'Cinderella' (= 'Multi 1': ('Julia' x *A. arguta*), Züchter W. Merkel, Dt.): unterschiedliche Fruchtformen, zylindrisch bis apfelförmig, traubenförmig angeordnet, 5–7 g, grün, gering berostet, süß-säuerlich, gut – mittel, ausgeprägtes Aroma, hoher Vitamin-C-Gehalt, Fruchtertrag hoch mit 15 kg, Reife Mitte bis Ende Oktober.

'Fresh Jumbo' (= HO 2, Züchter W. Merkel, Dt.)**:** Rundlich breite Frucht, 2,3–2,8 cm lang, bis 2,6 cm breit, traubenartig angeordnet, Fruchtgewicht 7–8 g; grünlich-bräunlich-beige Backen, leicht berostet, Geschmack gut mit erfrischender Säure, Ertrag 18 kg, sehr hoch, Reife Anfang bis Mitte (Ende) Oktober.

'Issai': Ist eine weitere aus Japan stammende Sorte, die selbstfruchtbar (?) ist. Es handelt sich hierbei (nach neuesten Untersuchungen) um eine schwachwüchsige Hybride aus *A. polygama* × *A. arguta*). Fremdbestäubung bringt deutlich bessere Erträge. Früchte mittel- bis dunkelgrün mit feinen weißen Punkten, glattschalig, ungleich in der Größe, gedruckt kugelig bis walzenförmig, insgesamt aber (sehr) klein, 1,7–2,5 cm, Fruchtgewicht 3,0–4,5 g, mäßig aromatisch, eher säuerlich bzw. sehr reich an Vitamin C; Ertrag regelmäßig und hoch, ca. 10 kg, Fruchtreife Anfang bis Mitte Oktober.

'Cinderella' (H.-R. Müller)

'Fresh Jumbo' (H.-R. Müller)

'Ken's Red'

'Issai'

'Kokuwa' (Sorte der Bsch. Praskac)

'Jumbo Verde' X 'Ananasnaja' Sämling

'Ken's Red' (syn. 'Red Princess'; 'Cordifolia' x *A. melanandra*)**:** Mini-Kiwi mit mittelgroßen Früchten mit grünbräunlich bis rotvioletter Schale und intensiv dunkelstachelbeerrotem Fruchtfleisch, Geschmack mittel, säuerlich, Fruchtgewicht 10–12 (–16) g, mittlere Erträge (Neuseeländische Züchtung).

'Kokuwa': Japanische Honigbeere. Sorte aus Japan mit honigartigem Geschmack (deswegen die Bezeichnung 'Honigbeere'). Früchte länglich kugelig, 2,2–2,8 cm, 1,5 cm breit, Fruchtgewicht 8–10 g, mattgrün mit rötlichem Anflug, reichfruchtend, Reife ab Mitte Oktober; sehr wohlschmeckend.

'Julia' (Julie, Sachsenkiwi): Eine Hybride, die aus einer Kreuzung der Sorte 'Issai' × *A. kolomikta* entstanden ist. Die Sorte wächst kompakt, und bringt traubenartige Fruchtstände hervor. Früher Fruchtansatz bereits im 2.–3. Standjahr, keine Alternanz, Fruchtertrag etwa 10 kg, Die Früchte sind zwar klein, aber sie weisen ein intensives Fruchtaroma auf; der Vitamin-C-Gehalt beträgt über 500 mg/100 g.

Sorten von *A. kolomikta*

'Dr. Szymanowski' (Polen)**:** Mittelstark wachsend mit rosa-weiß panaschierten Blättern, die kleinen Blüten duften nach Zitrone, mittelgroße Früchte, sonnseits gerötet, Früchte reifen sukzessive ab August und fallen nach der Reife ab.

'Sentiabrskaya' (syn. 'September Sun', Ukrainische Sorte)**:** Mittelstark wachsend (3–4 m) mit grünen bis grünweißen, rosa überhauchten Blättern, die kleinen Blüten im Mai duften leicht nach Zitrone, Früchte reifen sukzessive ab Ende August bis Anfang September und fallen nach der Reife ab. Früchte sind mittelgroß bis groß, Zuckergehalt 18 %, mittlerer Vitamin-C-Gehalt, gute Fruchtqualität. Attraktive Blätter.

'Vitakola' (Züchter John Kola, CZ)**:** Sehr große, längliche (gurkenähnliche) Früchte, sehr originell, bis 4 cm lang, Fruchtgewicht –5 g, Geschmack mittel, Früchte fallen zur Reifezeit ab, für Hausgärten interessant.

'Anniki' (Botanischer Garten Finnland)**:** Selbstfruchtbare Sorte von *A. kolomikta*. Sorte mit mittelgroßen, hellgrünen, sehr schmackhaften Früchten.

'Aromatnaya' (Sorte von Mitschurin, Russland)**:** Mittelgroße Früchte, Fruchtgewicht 5,5 g, sonnseits rötlich gefärbt, sehr aromatisch und süß, Zuckergehalt 20 %, mittlerer Vitamin-C-Gehalt, reift ab Mitte August.

'Krupnoplodnaya' (übersetzt: Großfrüchtige, Mitschurin, Russland): Sorte mit sehr großen Früchten, gerillter Haut, Zuckergehalt 14 %, Vitamin-C-Gehalt 915 mg/100 g; Geschmack sehr gut, Reifezeit Ende August.

'Mantovaya' (Russland)**:** Sorte mit mittelgroßen, süßen Früchten, Zuckergalt 16 %, Vitamin-C-Gehalt 1.135 mg/100 g; Früchte zylindrisch, abgerundet, Fruchtgewicht 3,3 g, Ertrag bis 3,8 kg pro Strauch.

'Nahodka' (Russland)**:** Sorte mit mittelgroßen bis großen Früchten, süßer Geschmack, Zuckergehalt 16 %; Fruchtreife Mitte August, sehr ertragreich.

'Pautske' (Litauen)**:** Sorte mit großen Früchten und gutem Geschmack, sehr starkwüchsig.

'Perloskaya': Sorte mit rundlichen bis tropfenförmigen Früchten.

'Paukotĕs Dakarva': Auslese aus 'Klara Zetkin' (*A. kolomikta*), Frucht zylindrisch, leicht

'Dr. Szymanowski' (A. Hellmich)

'Sentiabrskaya' ('September Sun') (A. Hellmich)

'Vitakola' (Kola)

'Annikki' (A. Hellmich)

'Aromatnaya' (A. Hellmich)

'Krupnoplodnaja' (A. Hellmich)

'Matovaya' (A. Hellmich)

'Nahodka' (A. Hellmich)

'Pautske' (A. Hellmich)

'Perloskaya' (A. Hellmich)

'Meader' (P. Latocha)

'Kokuwa' (Sorte der Bsch. Praskac)

abgeflacht, Fruchtschale grün, leicht bräunlich bei direkter Sonneneinstrahlung, Fruchtgewicht 3,5 g, Ertrag pro Pflanze ca. 4,5 kg.
'Laiba': Auslese aus 'Ananasnaja' (*A. kolomikta*), Frucht zylindrisch, oberes Ende leicht eingebuchtet, Fruchtschale grün, dunkelt zur Fruchtreife nach, Fruchtgewicht 2 g, Ertrag pro Pflanze ca. 3,5 kg.
'Lankë': Auslese aus 'Ananasnaja' (*A. kolomikta*), Frucht zylindrisch, oberes Ende leicht zugespitzt, Fruchtschale grün, mattgrün zur Reife, Fruchtgewicht 2 g, Ertrag pro Pflanze ca. 1,2 kg.
'Landë': Auslese aus 'Ananasnaja' (*A. kolomikta*), Frucht zylindrisch, leicht abgeflacht, oberes Ende leicht eingebuchtet, Fruchtschale grün, mattgrün zur Reife, Fruchtgewicht 3 g, Ertrag pro Pflanze ca. 6,0 kg.

A. arguta Sorten Vergleich - 'Prag' 'Weiki' 'Kokuwa' 'Maki' 'Issai-Sämling' 'Ambrosia'

Männliche Befruchtersorten

'Nostino' (*A. arguta*) (Züchter Häberli, CH)**:** Männliche Befruchtersorte, starkwüchsig.
'Weiki' (*A. arguta*) (Züchter Schimmelpfeng, TU München, Weihenstephan, männlich, 'Bayernkiwi')**:** Männliche Befruchtersorte, starkwüchsig.
'Adam' (*A. kolomikta*)**:** Männliche Befruchtersorte, schwachwüchsig! Weiß panaschierte Blätter verfärben sich im Juni rosaweiß.
'Maeder' und **'74-46'** (*A. arguta*) aus den USA sowie weitere Sorten.

Kommerzieller Anbau von Kiwiberries

USA: 55 ha, Neuseeland 44 ha, vorwiegend die Sorten **'Takaka Green'**, **'K2D4'** und **'Marju Red'**, kleinere Pflanzungen in Chile, Deutschland, Frankreich (Sofruileg als NERGI Babykiwi), Italien, Polen, Belgien (25 ha) und der Schweiz (ca. 20 Mini-Kiwi-Produzenten, Ertrag von ca. 17 t pro Jahr, Tendenz steigend).

Literatur

CALVEZ, E., NEUBERGER, S., & WAGNER, K., 2012: Charakterisierung der Obstart *Actinidia arguta* (Minikiwi). Batchelorarbeit, Universität für Bodenkultur, 139 S.
COSSIO, F., 2013: *Actinidia arguta*. Ferdinando Cossio, plant breeder, Verona, Roma, Italy, 45 S.
DEBERSAQUE, F., 2012: Mini-Kiwi: Frucht mit Zukunft?; Besseres Obst 1/2012, S. 10–14.
DRESSLER, S., Entdeckung und Kultur der Kiwi-Pflanze, S. 136–143.
GÖBEL, T., 2013: Erfassung und Bewertung von Frucht- und Pflanzeneigenschaften des Sortiments an Kiwibeeren-Pflanzen (Actinidiaspec.) an der Landesanstalt für Weinbau und Gartenbau Veitshöchheim. Diplomarbeit an der Hochschule Weihenstephan-Triesdorf, 133 S.
GRJASEW, W. A., 2005: Kiwi und andere Kulturen für gesunde Ernährung. Altrussisches wissenschaftliches Forschungsinstitut für Blumenzucht und subtropische Kulturen, 175 S.

Jahresheft des Pomologenvereins 2014, 12 S.
LATOCHA, P., & JANKOWSKI., P., 2011: Genotypic difference in postharvest characteristics of hardy kiwifruit (*Actinidia arguta* and its hybrids), as a new commercial crop Part II. Consumer acceptability and its main drivers. Food Research International 44 (2011), S. 1946–1955.
LATOCHA, P., & KRUPA, T., 2008: Effect of CPPU application on fruit development and qualitiy of different Actinidia genotypes. Biostimulators in modern agriculture: Fruit Crops, S. 60–67. Editor Andrzej Sadowski.
LATOCHA, P., et. al., 2010: Antioxidant activity and chemical difference in fruit of different Actinidia sp. International Journal of Food Sciences and Nutrition, June 2010; 61(4), S. 381–394.
LATOCHA, P., et. al., 2011: Changes of physicochemical quality, phenolics and vitamin C content in hardy kiwifruit (*Actinidia arguta* and its hybrid) during storage. Scientia Horticulturae 130 (2011), S. 410–417.
LATOCHA, P., et. al., 2011: Genotypic difference in postharvest characteristics of hardy kiwifruit (*Actinidia arguta* and its hybrids), as a new commercial crop Part I. Sensory profiling and physicochemical differences. Food Research International 44 (2011), S. 1936–1945.
LATOCHA, P., 2007: Morphological, chemical and sensory analyses of promising genotypes of hardy kiwifruit (Actinidia Lindl.) obtained in the breeding programme at WULS. Annals of Warsaw University of Life Sciences – SGGW Horticulture and Landscape Architecture No 28, 2007, S. 111–119.
LATOCHA, P., 2007: The comparison of some biological features of *Actinidia arguta* cultivars fruit. Annals of Warsaw University of Life Sciences – SGGW Horticulture and Landscape Architecture No 28, 2007, S. 105–109.
LATOCHA, P., 2008: Frost resistance and spring frost sensibility of a few cultivars of Actinidia grown in Central Poland. Annals of Warsaw University of Life Sciences – SGGW Horticulture and Landscape Architecture No 29, 2008, S. 111–120.
LATOCHA, P., 2008: The mineral composition of new genotypes of hardy kiwifruit (Actinidia Lindl.) bred at POMOLOGEN-Verein e. V., 2014: Jahresheft 2014, Themenschwerpunkt „Kiwibeeren & Minikiwi", S. 4–58.
SGGW. Annals of Warsaw University of Life Sciences – SGGW Horticulture and Landscape Architecture No 29, 2008, S. 105–110.
LATOCHA, P., 2012: Some morphological and biological features of „Bingo' – a new hardy kiwifruit cultivar from Warsaw University of Life Sciences (WULS) in Poland.
MERKEL, W., 2013: Die kleinen Schwestern der Kiwi. Garten und Haus 4/2013, S. 62–64.
MERKEL, W., 2014: Ziel der Sortenwahl und der Züchtung der beerenartigen Actinidien 'KiwiBerry'.
ROCZNIK POLSKIEGO PELZMANN, H., 1987: Kiwi-Kultur, Leopold Stocker Verlag, Graz
RUSTERHOLZ, P., HUSISTEIN, A., 2000: Minikiwis – Aroma in Grün Schweiz. Z. Obst-Weinbau Nr. 13/00.
SIEGLER, H., 2013: Anbau von Kiwibeeren – Teil 1 9/2013
SIEGLER, H., 2013: Anbau von Kiwibeeren – Teil 2 Heft 10/2013
SIEGLER, H., 2013: Erfahrungen im Anbau von Minikiwis an der LWG Veitshöchheim. Ökö-Obstbau 1/2013, S. 20–26.
STRIK, B., 2004: Growing Kiwifruit; A Pacific Northwest Extension Publication, 25 S.
TOWARZYSTWA DENDROLOGICZNEGO Vol. 60 – 2012, S. 61–67.
WILLGING, C., 2011: Die Kultur von groß- und kleinfrüchtigen Kiwis. Vortrag am 'Vorarlberger Obstbautag 2012'.
WILLGING, C., & KONRAD, P., 2009: Kulturblatt Mini-Kiwi; Bildungs- und Beratungszentrum Arenenberg, 9 S.
MERKEL, W. (D), 2013, persönliche Mitteilung & Infomarterial zu Mini-Kiwis (Züchter)

Internetseiten

http://www.kiwiberry.com/index.html
http://www.minikiwi.eu/de/
http://www.mini-kiwi.de/
http://www.nzkiwiberry.com/about_kiwiberry.html
http://theglobalfruit.com/blog/2013/02/13/france-nergi-a-new-benchmark-in-the-world-of-fruits/
http://wedrowski.pl
http://www.freshplaza.com/article/93011/New-fruit-mixes-kiwis-with-berries
http://www.nergi.info/en
http://obstbau.wzw.tum.de/shop/index.php?p=productsMore&iProduct=2
http://www.deaflora.de/Shop/Kiwi/?XTCsid=c48b3fe787084d0e9286949db970c25e
http://translate.google.at/translate?hl=de&sl=pl&u=http://aktinidia.pl/&prev=/search%3Fq%3DDr.%2BPiotr%2BLatocha%26biw%3D1920%26bih%3D892
http://www.clematis.com.pl/en/encyklopedia?nazwa=actinidia
http://www.minikiwi.de/
http://kiwifruitsalsa.wordpress.com/kiwifruitsalsa-formerly-kiwifruitsalad/
http://www.baumschule-newgarden.de/Obst-Fruechte/Kiwi-Actinidia:::26_980.html
http://translate.google.at/translate?hl=de&sl=pl&u=http://aktinidia.pl/&prev=/search%3Fq%3DDr.%2BPiotr%2BLatocha%26biw%3D1920%26bih%3D892
http://ediblelandscaping.com/buyPlants.php?func=cats&catID=8&catSubID=ALL
http://www.lwg.bayern.de/gartenbau/obstbau/065861/index.php
www.baumschule-walsetal.de
http://www.ribanjou.com
http://www.drzewa.com.pl
http://slovplant.sk
http://www.shop.zahradnictvolimbach.sk
http://www.thefruitnursery.co.uk
http://wildobstschnecke.de

***Actinidia arguta* – Ukrainische Sorten – (Daten S. Klymenko)**

Sorte	Herkunft	Frucht gewicht in g	Länge in cm	Breite in cm	Ertrag in kg	Frucht-form	Frucht-farbe	Farbe Frucht-fleisch
Pupurnaya sadovaya	A. purpurea	8–11	3,50	2,30	20–25	länglich oval	kirschrot	kirschrot
Sentiabrskaya	A. arguta	7–8	2,70	2,40	9–12	kugelig	grün	grün
Krasunia	A. arguta	13–14	2,60	2,90	9–12	kugelig gerippt	grün	grün
Kievskaya gibridnaya	A. arguta x A. purpurea	8–10	2,80	2,50	10–18	kugelig gerippt	grün	?
Kievskaya krupnoplodnaya	A. arguta x A. purpurea	17–19	3,50	3,00	20–25	länglich oval	grün	grün
Figurnaya	A. arguta x A. purpurea	5–8	2,70	2,20	20–25	kugelig–tropfen–förmig	grün	grün
Rimaw	Sentiabrskaya x A. purpurea	6–8	2,60	2,10	15–20	länglich oval	grün	grün
Zagadkova	Sentiabrskaya x A. purpurea	9–11	2,70	2,70	15–20	kugelig	lilarot	grün–rot
Originalnaya	Sentiabrskaya x A. purpurea	9–11	3,30	2,30	15–20	flach zylindrisch	grün	grün
Don Juan	Sentiabrskaya x A. purpurea	männl.	–	–	–	–	–	–
Lasunka	Sentiabrskaya x A. purpurea	8,5	3,20	2,10	10–11	länglich oval	grün	?
Karavaievskaya urozhainaya	Pupurnaya sadovaya x A. arguta	5–6	2,60	1,80	10–12	länglich oval	bräun-lichrot	?
Nadyia	Pupurnaya sadovaya x A. arguta	9–10	3,50	2,20	15–20	länglich oval	lilarot	rot
Rubinovaya	Pupurnaya sadovaya x A. arguta	5–7	3,00	1,90	10–13	länglich oval	rötlich	–
Perlyna sadu	Pupurnaya sadovaya x A. arguta	5–7	2,50	2,20	12–15	kugelig oval	grün	grün–rot
Juvileyna	Kievskaya krupnoplodnaya (Pupurnaya sadovaya x A. arguta)	14–15	3,60	2,50	12–15	länglich oval	lilarot	?
Smaragdova	Sentiabrskaya x Don Juan	10–11	3,20	1,90	12–15	flach zylindrisch	grün	grün
Pomaranchevaya	A. polygama	5,5	3,60	1,70	3–5	länglich zugespitzt	gelbbraun	?

INDIANERBANANE

Asimina triloba (L.). Dunal (*Annonaceae*, Sauersackgewächse)

Weitere Namen

Indianerbanane, Dreilappiger Papau; engl. Papau, Papaw, Pawpaw, Paw Paw, Poor Man's Banana, Hoosier Banana, Mich Banana.

Pflanzenmerkmale und Verbreitung

Der Pawpaw ist im südöstlichen Nordamerika beheimatet. In den USA gibt es unter anderem Plätze, Schulen, Flüsse und Seen, ja sogar Städte, die Paw Paw heißen. In Ohio gibt es sogar ein eigenes Pawpaw-Festival. Neben Asimina triloba wachsen in den südöstlichen USA noch weitere acht Asimina-Arten: *A. incarna, A. longifolia, A. obovata, A. parviflora, A. pygmaea, A. reticulata, A. tetramera* sowie *A. X nashii*. In Europa ist allerdings ausschließlich *A. triloba* in Verwendung.

Die nächsten Verwandten der Indianerbanane sind in der Familie der Sauersackgewächse anzutreffen: Cherimoya (*Annona cherimola*), Stachelannone oder Sauersack (*A. muricata*), Netzannone, Ochsenherz oder Custard Apple (*A. reticulata*) sowie die Schuppenannone, auch Rahmapfel oder Zimtapfel genannt (*A. squamosa*). Es handelt sich hierbei um die Früchte von tropischen oder subtropischen Bäumen, die unter mitteleuropäischen Bedingungen nicht winterhart sind.

Fossilfunde belegen, dass *Asimina triloba* in Amerika heimisch ist. Der natürliche Standort des Pawpaw sind die temperierten Wälder in den östlichen USA. Von hier aus wurde er von den amerikanischen Indianern bis in das östliche Kansas, Texas, und bis zum Großen Seengebiet verbreitet. Er ist gut an das feuchte kontinentale Klima angepasst und wächst meist im Unterwuchs der Wälder entlang der Flüsse auf nährstoffreichen, feuchten und sauren bis neutralen Böden. Diese bei uns noch kaum bekannte Pflanze ist der einzige bei uns winterharte Vertreter einer subtropischen bis tropischen Gehölzgruppe, die insbesondere wegen ihrer essbaren Früchte angebaut wird.

Der Pawpaw entwickelt sich zu einem sommergrünen Großstrauch von etwa 3–5 m Höhe. Mitunter kann er auch zu einem kleineren Baum bis 8 m Höhe heranwachsen. Veredelte Pflanzen entwickeln sich fast immer baumförmig mit einem geraden durchgehenden Leittrieb. Sie entwickeln eine geschlossene, anfangs schmal kegelige, später breit rundliche bis ovale Krone. Allerdings tendieren die Pflanzen dazu, in einiger Entfernung vom Stamm Wurzelausläufer zu bilden. Dies ist nicht nur bei Sämlingen der Fall, auch an veredelten Pflanzen kann das beobachtet werden. Die dekorativen großen Blätter mit 12–25 cm Länge sind wechselständig angeordnet und geben den Pflanzen ein tropisches Aussehen. Sie verfärben sich im Herbst leuchtend gelb. Der neue Austrieb erfolgt erst sehr spät im Frühjahr nach der Blüte. Ebenso relativ spät,

Asimina triloba Blüte

Asimina triloba Früchte aufgeschnitten

Asimina triloba Habitus

nämlich Ende April/Anfang Mai, öffnen sich die etwa 3–4 (–5) cm großen, rot- bis kastanienbraunen glockigen Blüten. Sie sitzen in den Blattachseln vorjähriger Triebe. Die Blüten sind bereits im Herbst als schlafende Blütenknospen entwickelt. Die Blühperiode beträgt je nach Sorte, geografischer Breite und Höhenlage etwa sechs Wochen, sie kann ab März beginnen und bis in den Mai hineinreichen. Sie bestehen aus drei Kelchblättern und zwei Reihen mit je drei Kronblättern. Jede einzelne Blüte besitzt mehrere Ovarien. Das erklärt auch, warum sich aus einer einzelnen Blüte mehrere Früchte (clusters) entwickeln. Die Blüten selbst werden nicht von Bienen, sondern vorwiegend von Fliegen, Käfern und durch den Wind bestäubt. Für einen guten Fruchtansatz sind mehrere Klone oder Sorten notwendig, da die Blüten selbststeril sind. Außerdem sind die weiblichen Blütenanteile (Narben) für den Blütenpollen bereits aufnahmefähig, wenn die eigenen Staubblätter noch nicht voll entwickelt sind. Entlassen diese dann ihren Pollen, dann sind die Narben bereits verwelkt. In Amerika wird auch die Bestäubung per Hand mit dem

Asimina triloba Frucht (Fruchtstand)

Pinsel empfohlen. Versuche in Deutschland zeigten jedoch, dass dies keine wesentlich bessere Bestäubung bzw. Befruchtung zur Folge hat. Nach Informationen aus der Schweiz wird eine Bestäubung per Hand empfohlen, da hier ein großer Unterschied zwischen den natürlich bestäubten und den handbestäubten Pflanzen festgestellt wurde. Die Früchte handbestäubter Pflanzen enthielten demnach allerdings mehr Samen. Inzwischen sind jedoch auch selbstfruchtbare Sorten im Handel.

Eignung

Neben der Verwendung als Obstbaum kommt der Pawpaw als attraktives laubzierendes Solitärgehölz mit tropischem Flair, prächtiger Herbstfärbung und Fruchtnutzung für den Garten in Frage. Er lässt sich mit Stauden kombinieren und kann auch als Gruppengehölz Verwendung finden.

Asimina triloba Fruchtansatz

Frucht

Die Indianerbanane ist die größte, in Amerika heimische Frucht. Jene der Wildform sind 7–9 (–15) cm lange und 3–5 cm breite, ovale bis wurstförmige, grünliche und zur Reife gelbliche Beerenfrüchte. Entweder entwickeln sie einzelne Früchte, sie können aber auch in Fruchtverbänden (Clusters) von bis zu 9 Einzelfrüchten zusammengefasst sein. Auslesen und Sorten können bis zu 15 cm groß werden. Ihr Fruchtgewicht liegt zwischen 60 und 240 g und sie können ein maximales Gewicht von bis zu 470 g erreichen. Sie enthalten 1,3–3,0 cm große schwarze Samen. Während die Früchte der Wildpflanzen 10–14 Samen in zwei Reihen enthalten, finden sich in den Fruchtsorten meist nur 8–10 bohnengroße Samen. Das Fruchtfleisch reifer Pawpaws ist weich und zart, es wird von einer dünnen Fruchtschale eingeschlossen. Die Konsistenz des cremeweißen bis gelblichen Fruchtfleisches ist ähnlich jenem einer Banane oder einer reifen Avocado. Vom Geschmack erinnert es ein wenig an das süßliche Fruchtfleisch reifer Bananen. Genauer gesagt, erinnert der Geschmack an einen Cocktail tropischer Früchte aus Banane, Mango, Ananas und Vanille.

Pawpaw-Früchte reifen über einen Zeitraum von etwa vier Wochen von Mitte September bis Mitte Oktober. Die Frucht ist reif, wenn sich ihre Haut durch sanften Druck mit den Fingern (ähnlich den Pfirsichen) leicht eindrücken lässt. Zur Reifezeit verströmen sie einen sehr charakteristischen süßlichen Duft tropischer Früchte. Reife Früchte lassen sich zwei bis drei Tage lagern. Knapp vor der Vollreife geerntete (oder abgefallene) Früchte reifen innerhalb weniger Tage gut nach. Es sind wegen der langen Reifezeit der Früchte drei bis vier Pflückdurchgänge durchzuführen. Der beste Reifezeitpunkt ist dann, wenn sich die Schale von Frischgrün ins leicht Gelbliche verfärbt. An vollreifen Früchten können sich (unter anderem auch durch Druckstellen, die beim Ernten verursacht werden) braune oder schwarze Flecken auf der Schale entwickeln. Diese beeinträchtigen den Geschmack zwar keineswegs, machen die Frucht aber etwas unansehnlicher. Dies ist für den Verkauf der Pawpaws natürlich sehr hinderlich.

Asimina triloba, 13 verschiedene Sorten im Versuch

Asimina triloba Frucht

Der Fruchtertrag setzt nach etwa fünf bis sechs Jahren ein. Am LFZ Schönbrunn wurden im 5. Standjahr (in Abhängigkeit von der Sorte) zwischen 1 und 54 Früchten beziehungsweise zwischen 0,35 und 6,00 kg pro Baum geerntet. Das durchschnittliche Fruchtgewicht betrug zwischen 92 g und 155 g/Frucht, das Maximalgewicht pro Frucht betrug 365 g.

Wegen der Übersiedlung der Baumschule wurden auch die *Asimina*-Pflanzen 2009 mit Ballen gerodet und auf der neuen Baumschulfläche ausgepflanzt. Nach dem Verpflanzen dauerte es drei Jahre, bis die Pflanzen wieder fruchteten. 2012 lag der Fruchtertrag in Abhängigkeit von der jeweiligen Sorte zwischen 6,0 und 14 kg pro Baum, die Anzahl der Früchte bei 50–135. Im Folgejahr 2013 lagen diese Werte aufgrund ungünstiger Wetterverhältnisse zur Blütezeit deutlich darunter: Fruchterträge von 1,0–17 kg wurden gemessen, die Anzahl der Früchte pro Baum lag in diesem Jahr zwischen 4 und 98. Allerdings lagen sowohl das durchschnittliche als auch das maximale Fruchtgewicht aufgrund der geringeren Fruchtanzahl 2013 deutlich über jenem von 2012. Im folgenden Jahr 2014 erhöhten sich die Erträge wahrscheinlich aufgrund der günstigen Witterung zur Blütezeit im Frühjahr deutlich. Erträge zwischen 19 kg und 40 kg wurden gemessen. Die Anzahl der Früchte stieg auf 95 bis 300, daher war auch das durchschnittliche Einzelfruchtgewicht etwas geringer und lag zwischen 97 g und 214 g. Das Maximalgewicht einzelner Früchte lag bei 395 g.

An der Bayrischen Landesanstalt für Wein- und Gartenbau Veitshöchheim wurden an den Sorten 'Overleese' und 'Sunflower' im 9. Standjahr 7–9 (–11) kg pro Baum geerntet.

An Bäumen im Vollertrag (Kentucky State University) wurden zwischen 30 und 100 Früchte gezählt.

Inhaltsstoffe

Die Inhaltsstoffe der Pawpaw-Früchte sind ähnlich wie jene der Banane. Sie enthalten 1,2 % Protein, 1,2 % Fett (mit der Schale), 18,8 % Kohlenhydrate, 18,3 mg/100 g Vitamin C. Daneben sind noch die hohen Mineralstoff- und Aminosäuregehalte nennenswert, denn diese sind im Vergleich mit Apfel, Orange oder Banane weitaus höher. Mit 80 kcal pro 100 g Fruchtfleisch besitzt die Pawpaw-Frucht auch einen hohen Nährwert.

Verwertung

Die Frucht ist für den Rohverzehr geeignet. Man isst sie, indem man sie halbiert und ähnlich wie bei der Kiwifrucht das weiche, cremige Fruchtfleisch mit einem kleinen Löffel auslöffelt. Die Kerne entnimmt man am besten während des Auslöffelns. Die Früchte kann man aber auch (ähnlich wie die Banane) pürieren

Asimina triloba Zweig mit Blüten und Blattknospen

oder zu Mus verarbeiten und daraus Fruchtcocktails, Speiseeis, Milchshakes, Mischsäfte etc. (ähnlich wie Bananen) bereiten. Auch alkoholische Getränke lassen sich daraus bereiten. Indianerbananen lassen sich auch einfrieren und anschließend wie frische Früchte zu Mus bzw. für Cocktails etc. verarbeiten.

Manche Menschen vertragen Pawpaw-Früchte nicht gut (wie auch beim Genuss von Mini-Kiwis festgestellt wurde), sie reagieren mit Hautausschlägen, Übelkeit oder Durchfall. Angeblich enthalten Pawpaws auch einen krebshemmenden Stoff.

Asimina triloba - Ausläufer

Standortansprüche und Pflege

Der Pawpaw bevorzugt mäßig feuchte, nährstoffreiche und leicht saure Böden. Allerdings konnten wir bisher keine Probleme auf stark kalkhaltigen Böden des LFZ Schönbrunn feststellen! Auch in Veitshöchheim gedeihen die Pawpaws auf Böden mit einem pH-Wert von 7,2–7,3. Allerdings wurde auf dem sommertrockenen Standort 2005 eine Tröpfchenbewässerung installiert. Wichtig ist, dass der Boden durchlässig ist, da Staunässe nicht vertragen wird. Am geeignetsten sind Gebiete mit begünstigter Klimalage (Weinbauklima), damit die Früchte auch rechtzeitig vor den ersten Frösten ausreifen. Trotzdem benötigt der Pawpaw ein Minimum von 400 Stunden (etwa 16–20 Tage) Winterkälte und zumindest 160 frostfreie Tage. Allerdings sind die Pflanzen aufgrund der tiefen Winterruhe sehr gut frosthart und tolerieren bis –25 °C. Andererseits tolerieren sie noch Temperaturen von +35 °C. Sie sind aber empfindlich gegenüber hoher Lufttrockenheit, trockenen Winden und kühlen feuchten Sommern.

Eine Fläche von etwa 4 x 2 m oder 4 x 3 m (4,0–4,5 m x 2,0–2,5 m) sollte pro Baum zur Verfügung stehen. Die Seitentriebe wachsen jährlich etwa 15–30 cm. Abgesehen von der Zusatzbewässerung sind keine weiteren Pflegearbeiten notwendig. Schnittmaßnahmen sind

Asimina triloba Ernte

Asimina triloba Samen

Asimina triloba Veredelung

in der Regel nicht notwendig und beschränken sich auf das Entfernen verletzter oder zurückgefrorener Pflanzenteile. Eventuell sollte man Konkurrenztriebe bei Spindelbäumen entfernen und steilere Äste ableiten. Um die Bäume niedrig zu halten, kann die Krone ausgelichtet werden, an älteren Pflanzen ist ebenfalls ein leichter Auslichtungsschnitt empfehlenswert.

Es gibt derzeit keine Plantagen von *Asimina triloba*. Allerdings gibt es Versuchspflanzungen in Italien, Deutschland, Österreich und Australien. Die Früchte auf den lokalen Märkten stammen aus Hausgärten bzw. in Amerika auch von Wildstandorten. Auch in Südafrika kann man gelegentlich auf lokalen Bauernmärkten Pawpaw-Produkte finden.

Krankheiten und Schädlinge

Die Blüten werden gelegentlich von Rosenkäfern abgefressen. In Amerika sind die Blätter des Pawpaw Futter für die Larven des Zebra-Schwalbenschwanzes. Zweige und Blätter enthalten auch insektizide Wirkstoffe.

Vermehrung und Anzucht

Lassen sich durch Samen vermehren, und zwar durch Aussaat im Frühjahr nach einer Kaltstratifikation, diese Samen keimen aber erst im Sommer. Eine Herbstaussaat in Kistchen ist ebenfalls möglich. Die Samen dürfen nicht austrocknen, danach Kältebehandlung (3 Monate bei 0–4 °C stratifizieren) und dann im warmen Haus bei Bodenwärme aufstellen. Aber nicht alle aus Samen gezogenen Pflanzen bringen wohlschmeckende Früchte hervor, manche haben einen unangenehmen Bei- oder Nachgeschmack. Man sollte deshalb die mittlerweile in Baumschulen und Gartencentern erhältlichen Sorten pflanzen.

Es können (von geeigneten wurzelechten Fruchtauslesen interessant) auch Wurzelschnittlinge entnommen und diese ebenfalls

Asimina triloba Sämlinge

im Warmhaus aufgestellt werden. Üblicherweise werden aber die Sorten veredelt. Außer der Okulation scheinen alle Veredelungsmethoden zu funktionieren. Als verlässlichste Methode wird das Chip-Budding zu Beginn des Austriebes im zeitigen Frühjahr empfohlen. Indianerbananen entwickeln eine Pfahlwurzel und reagieren sehr empfindlich, wenn diese verletzt werden. Deshalb sollten ausschließlich Containerpflanzen für die Auspflanzung am endgültigen Standort verwendet werden. Die Anzuchtgefäße (Container) sollten sehr tief sein, so wie jene, die gelegentlich bei der Containerkultur von Rosen verwendet werden.

Junge Pflanzen wachsen sehr langsam und benötigen einen beschatteten Standort, ansonsten stellen sie ihr Wachstum ein. Wenn sie allerdings unter optimalen Glashausbedingungen kultiviert werden, wobei ein 16 Stundentag anzustreben ist, dann kann ein Zuwachs von etwa 1,5 m in drei Monaten erreicht werden.

Paw-Paw-Aktivitäten

Seit mehr als 15 Jahren wird in Albany, Ohio (USA) das Ohio Paw-Paw-Festival veranstaltet.

Sorten und Auslesen

Es gibt in den USA mehr als 50 Auslesen, aber nur etwa 15–20 davon werden kommerziell genutzt. **'Sunflower'**, **'Overleese'**, **'Prima'** und gelegentlich noch **'Davis'** werden in europäischen Baumschulen und Gartencentern angeboten, da diese Sorten (mit Ausnahme von 'Davis') selbstfruchtbar sind.

Die folgenden Angaben beziehen sich auf den Standort HBLFA für Gartenbau Wien Schönbrunn und auf die Jahre 2012 und 2014.

Angaben zum Fruchtgewicht: durchschnittliches/maximales Gewicht in g;
Ertrag: in kg/Baum vom 8–9. Standjahr (bzw. 10. Standjahr, 2014);
Reifezeit: *früh:* Mitte September bis Ende September; *mittel:* Ende September/Anfang Oktober; *spät:* Anfang bis Mitte Oktober.

'Overleese': Selbstfruchtbare Sorte mit großen Früchten (200–250/390 g) und mittlerem Fruchtertrag (7,5–11,0 kg (27,5 kg)/Baum); 30–65 Früchte pro Baum. Geschmack sehr gut, fruchtig. Reifezeit früh bis mittel.

'Sunflower': Selbstfruchtbare Sorte mit sehr großen Früchten (160–200/325 g) und sehr hohem Fruchtertrag (8,5–12,0 kg (39,5 kg)/Baum); 45–75 Früchte pro Baum. Geschmack sehr gut, war bei Verkostungen die beliebteste Sorte. Reifezeit mittel bis spät.

'Prima 1216-60': Selbstfruchtbare Sorte mit großen Früchten (120–220/360 g) und hohem Fruchtertrag (6,5–16,5 kg (24,6 kg)/Baum); 60–85 Früchte pro Baum. Geschmack sehr gut, cremig, Fruchtfleisch leicht faserig. Reifezeit früh bis mittel.

'Prolific': Sorte mit mittelgroßen Früchten (90–130/210 g) und hohem Fruchtertrag (4,5–12,0 kg (27,0 kg)/Baum); 40–135 Früchte pro Baum. Geschmack sehr gut, cremig, intensiver Fruchtgeschmack. Reifezeit mittel bis spät.

'Rebecca's Gold': Sorte mit kleinen bis mittelgroßen Früchten (90–180/280 g) und geringerem Fruchtertrag (1,55–5,5 kg (25,6 kg)/Baum); 12–40 Früchte pro Baum. Geschmack mittel, leicht wässrig. Reifezeit mittel bis spät.

'Mary Foos Johnson': Sorte mit großen Früchten (145–190/313 g) und hohem Fruchtertrag (7,5–14 kg (40,5 kg)/Baum); 40–96 Früchte pro Baum. Geschmack: noch keine Bewertung. Reifezeit spät.

'Davis': Wurde bereits 1960 in den USA ausgelesen. Sorte mit großen Früchten (130–250/365 g) und wechselhaftem Fruchtertrag (2,75–13 kg (33,2 kg)/Baum); 4–100 Früchte pro Baum. Geschmack sehr geschmackvoll, cremig-fruchtig. Reifezeit früh.

'Ithaca': Sorte mit mittelgroßen Früchten (115–155/250 g) und hohem Fruchtertrag (8,5–14,0 kg (36,7 kg)/Baum); 50–125 Früchte pro Baum. Geschmack mittel, süß, weniger fruchtig. Reifezeit früh bis mittel.

'Mango': Sorte mit mittelgroßen Früchten (160–195/260 g) und wechselhaftem Fruchtertrag (3,0–11,5 kg (25,2 kg)/Baum); 20–90 Früchte pro Baum. Geschmack mittel, leicht wässrig, wurde bei der Verkostung als sehr geschmackvoll eingestuft. Reifezeit spät.

'NC1' (Kreuzung aus **'Taylor'** x **'Overleese', 1976):** Sorte mit großen Früchten (150–250/360 g) und geringerem Fruchtertrag

'Davis'

'Prima'

'Overleese'

'Sunflower'

'Prolific'

'Rebecca's Gold'

'Mary Foos Johnson'

'Ithaca'

'Mango'

'Taylor'

'Taytoo'

'Pennsylvania Golden' (H.-R.Müller)

(2,0–5,7 kg (20,0 kg)/Baum); 8–40 Früchte pro Baum. Geschmack sehr gut, cremig fruchtig und süß. Zählt zu den geschmackvollsten Sorten. Reifezeit mittel bis spät.

'Taylor': Sorte mit kleinen Früchten (80–90/155 g) und geringerem bis mittlerem Fruchtertrag (3,0–7,5 kg (20,9 kg)/Baum); 30–95 Früchte pro Baum. Geschmack sehr gut. Reifezeit früh bis mittel bis spät.

'Taytwo' (syn. 'Taylor 2', 'Tay Two' und 'Taytoo'): Sorte mit kleinen Früchten (75–115/230 g) und geringerem Fruchtertrag (1,0–3,5 kg (20,9 kg)/Baum); 20–32 Früchte pro Baum. Geschmack gut. Reifezeit spät.

'Wells': Sorte mit mittelgroßen bis großen Früchten (120–215/300 g) und mittlerem Fruchtertrag (6,0–10,0 kg (19,2 kg)/Baum); 50–80 Früchte pro Baum. Geschmack sehr gut. Reifezeit mittel bis spät.

'Mitchell': Sorte mit mittelgroßen Früchten. Geschmack sehr gut. Reifezeit früh (Info: Flora Toskana).

'Wilson': 1985 selektiert. Sorte mit kleinen bis mittelgroßen Früchten (90 g), Geschmack sehr gut. Reifezeit mittel (Info: Flora Toskana).

'Sweet Alice': Sorte mit mittelgroßen Früchten und gutem Fruchtertrag. Geschmack gut (Info: Pawpaw fruit facts).

'Pennsylvania Golden': Sorte aus dem Nordwesten der USA, mit sehr früher Reifezeit und hohem Ertrag, Früchte sind sehr süß.

Folgende Sorten aus den USA von Peterson werden in den nächsten Jahren auf den europäischen Markt kommen.

'Shenandoah': Sämling von 'Overleese'; sehr gute Fruchteigenschaften, wohlschmeckend, wenig Samen (6 % des Fruchtgewichtes), Früchte einzeln.

'Susquehanna': Süßes, sehr aromatisches Fruchtfleisch, feine Konsistenz, wenige Samen (3 % des Fruchtgewichtes), Fruchtgewicht bis 0,5 kg.

'Rappahannock': Die Früchte dieser Sorte färben sich zur Reifezeit gelblich grün, sind groß, der Geschmack ist sehr gut, süß und erfrischend.

'Allegheny': Das Fruchtfleisch ist süß, schmeckt etwas zitronig und ist gelblich. Produziert zahlreiche, jedoch kleinere Früchte.

'Potomac': Fruchtfleisch süß und reich im Aroma, mittelgelb, Früchte mittelgroß.

'Wabash': Fruchtfleisch cremig, gelblich bis hellorange, süß und intensiver Geschmack, wenige Samen (6 % des Fruchtgewichtes), die Früchte sind klein bis mittelgroß.

Unter Sammlern von Pawpaws werden unter anderem noch folgende Sorten erwähnt: **'Convis'**, **'Ford Amend'**, **'Georga'**, **'Green River Bell'**, **'Golden 1-4'**; **'Hoberg'**, **'Kentucky Wonder'**, **'Lady Di'**, **'Lynn's Favourite'**, **'Marla'**, **'PA-Golden'**, **'Ruby Keenan'**, **'Rusterholz'**, **'SAA Zimmermann'**, **'Sibley'**, **'Sunflower Klon 2'**, **'Sunglo'**, **'Sweet Virginia'**, **'Tollgate'** etc.

Literatur

JUDD, M., 2019: For the Love of Paw Paws: A Mini Manual for Growing and Caring for Paw Paws- From Seed to Table. Herausgeber Wendy Hoover, USA.

PIRC, H., 2008: Fruchtsorten der Indianerbanane, Gartenpraxis, 01/2008, S. 24–27.

PIRC, H., 2014: Banane des armen Mannes. Gärtner & Florist, 7/2014, S. 26–29.

REICH, L., 1992: Pawpaws have Potential, Fruit Grower, 4/1992, S. 30–31.

Internetseiten

http://www.pawpaw.kysu.edu/default.htm
http://www.petersonpawpaws.com/Wabash.php
http://www.pawpaw.kysu.edu/
http://www.crfg.org/pubs/ff/pawpaw.html
http://www.hort.purdue.edu/newcrop/proceedings1993/V2-644.html
http://www.uni-protokolle.de/nachrichten/id/16693/
http://www.easywildflowers.com/quality/asi.tri.htm
http://pawpaw-info.de/rezepte/rezepte-mit-der-indianer-banane--5-0057.html
http://www.tillandsia.at/asimina.htm
https://www.rollingrivernursery.com/component/virtuemart/fruit-trees/paw-paws-asimina-triloba
http://www.pawpaw.kysu.edu/pplinks.htm
http://www.lwg.bayern.de/gartenbau/baumschule/079522/index.php

Berberitzen sind dornige, sommergrüne oder immergrüne Sträucher mit etwa 450 Arten. Diese sind von Ost- und Südostasien über Europa bis Nord- und Südamerika verbreitet. Zur Fruchtnutzung sind aber nur wenige Arten geeignet.

GEWÖHNLICHE BERBERITZE, SAUERDORN

Berberis vulgaris L. (*Berberidaceae*, Berberitzengewächse)

Weitere Namen

Essigbeere, Sauerdornbeere, Essibei, Poaßlpei, Baißelbeere, Weinscharln, Dreidorn, Dreidornbeere, Spießdorn, Hageldorn, Hageldornbeere, Sandholzbeere, Spitzbeere, Erbsele, Reißbeere, Saurach, Schwiderholzbeere; engl. Common Barberry; franz. Berbéris commune, Épine-vinettc, Oseille des bois; ital. Berbero, Trespino; span. Agracejo común.

Berberis vulgaris Blüte

Pflanzenmerkmale und Verbreitung

Das natürliche Verbreitungsgebiet der Gemeinen oder Gewöhnlichen Berberitze erstreckt sich von Süd-, West- und Mitteleuropa bis nach Kleinasien. Sie kommt von den Niederungen bis in 2.500 m Höhe vor, meist wächst sie an sonnigen Waldrändern, in Hecken oder freistehenden Strauchgruppen.

Berberis vulgaris Habitus mit Blüten

Berberitzen sind sommergrüne, etwa 2,5–3 m hohe, dichttriebige Sträucher mit bogig nach außen überhängenden Zweigen. Ausläuferbildung, dadurch im Alter zu Dickichten heranwachsend. An den Langtrieben befinden sich bis zu 2 cm lange, meist dreiteilige Blattdornen und an der Basis wechselständig oder büschelig angeordnete Blätter. Diese sind verkehrteiförmig bis länglich, 3–6 cm lang, derb. Die Blattränder sind stachelig gezähnt und weisen im Herbst eine gelblich orangerote Färbung auf. Die 8 mm breiten, leuchtend gelben, stark duftenden Blüten erscheinen im Mai/Juni in bis 4–7 cm langen hängenden Trauben. Eine biologische Besonderheit sind die leicht reizbaren Staubblätter, die bei geringfügiger Berührung nach innen zur Narbe hin schnellen.

Holz und Wurzeln sind gelb, sie sind ebenso wie die Rinde giftig! Sie enthalten die schwach giftigen Alkaloide Berberin (gelber Farbstoff), Oxyberberin und Bervulcin und wurden früher zum Gelbfärben von Leder, Wolle, Seide und Holz benutzt. Die Berberitze ist auch Zwischenwirt des Getreiderostes (*Puccinia graminis*).

Eignung

Berberitzen sind insgesamt anspruchslose, anpassungsfähige Sträucher, die auch für Böschungen und Extremstandorte verwendet werden können. Als Gruppen- und Heckensträucher, auch für geschnittene Hecken, sind sie verwendbar. Darüber hinaus sind sie ökologisch sehr wertvoll, denn sie sind ein wichtiges Vogelschutzgehölz sowie Vogelnähr- und -nistgehölz. Aber auch als Insektenweide sind Berberitzen gefragt.

Frucht

Die Sauerdornfrüchte sind länglich ovale, 8–12 mm lange, walzenförmige, leuchtend rote Beeren mit 2–3 Samen. Diese reifen etwa ab September und sind essbar. Das Fruchtfleisch ist jedoch sehr säuerlich, wobei die Säure durch Frosteinwirkung etwas gemildert wird. Die Früchte enthalten Fruchtsäuren (Zitronen-, Weinstein- und Apfelsäure, etwa 3,1 g/100 g), Zucker (5,5 g/100 g) und 20 mg/100 g Vitamin C. Wegen der dornigen Triebe sind die Früchte jedoch schwer zu ernten.

Verwertung

Im 'Teutschen Gärtner', 6. Band von 1796 ist nachzulesen: *„Der Berberitzenstrauch wird in unseren Obstgärten in Hecken gepflanzt, und dient, wenn er alt ist, mit seinen scharfen Stacheln zu einer guten Befriedigung. Die gute und starke Säure welche die Beeren haben, nebst ihrem rothfarbenen Safte, macht, daß sie in der Küche und bey den Zuckerbäckern gesucht werden. Der Strauch läßt sich sehr leicht pflanzen und verträgt jeden Boden. Bey Lyon und Rouen in Frankreich wächst eine Spielart von Berberitzen, die keine Samen oder Kerne in den Beeren hat, und welche durch Ableger bey uns gepflanzt werden müsste“.* Noch um 1876 rechnete sie Karl Koch zu den deutschen Obstgehölzen.

Berberis koreana Vewertung

Man kann die sehr säuerlichen Früchte nach Frosteinwirkung roh (mit Zucker) verzehren, die Samen sollten nicht gegessen werden, die Früchte sollte man – wenn man sie verwertet – also passieren. Meist werden die Früchte jedoch als Säure- und Aromaträger in Gelees, Mehrfruchtmarmeladen und Süßmost aus Süßfrüchten (z. B. Birne, bestimmte Apfelsorten und Südfrüchte) verwendet. Auch Honigwein, Essig und Branntwein lassen sich aus den Früchten herstellen. Reinen Berberitzensaft kann man auch als Zitronenersatz in Salaten und Fleischspeisen verwenden. Besonders die aus den Beeren gewonnenen Säfte wirken erfrischend. Sie dienten früher in der Volksheilkunde als Erfrischungsmittel für Fieberkranke und sollen darüber hinaus bei Lungen-, Leber- und Darmerkrankungen helfen. In Persien und Indien wird die Berberitze seit mehr als 2.500 Jahren medizinisch genutzt. Neben den oben erwähnten Einsatzmöglichkeiten wird die Berberitze in diesen Ländern auch gegen Hautkrankheiten, wie Hautpilze, eingesetzt und zur Behandlung von Psoriasis verwendet.

In Persien werden leicht getrocknete, scheinbar samenlose Berberitzenfrüchte überall auf den Märkten verkauft, sie sind wichtiger Bestandteil der persischen Küche. Diese Früchte schmecken fein säuerlich und weisen ein sehr gutes Aroma auf.

Standortansprüche und Pflege

Berberitzen sind nicht sehr wählerisch, was den Standort betrifft. Sie kommen noch mit sehr trockenen, stark kalkhaltigen Böden gut zurecht. Ihr Wurzelsystem ist dicht, flach ausgebreitet und weitreichend, der Feinwurzelanteil ist hoch. Damit eignet sich die Berberitze auch für sonst schwer bepflanzbare Pionierstandorte. Als Schnittmaßnahme ist die Entfernung älterer Triebe an der Basis empfehlenswert, damit ständig eine Trieberneuerung erfolgt

Berberis vulgaris am Naturstandort mit Herbstfärbung

und die jungen Triebe eine gute Blüten- und Fruchtentwicklung ermöglichen.

Krankheiten und Schädlinge

Getreiderost, dessen Zwischenwirt die Berberitze ist. Deshalb sollte sie in Getreideanbaugebieten nicht verwendet werden. Mitunter tritt Echter Mehltau auf. Es treten auch gelegentlich Raupen der Berberitzen-Blattwespe (Juni) auf, die einen Kahlfraß an Blättern verursachen können.

Vermehrung und Anzucht

Berberitzen lassen sich leicht durch Samen vermehren. Dazu müssen die Samen ausgewaschen und anschließend stratifiziert werden. Benötigt man nur einzelne Pflanzen, kann man auch Wurzelausläufer oder Absenker verwenden. Auch die Vermehrung durch Grünstecklinge im Juni/Juli ist möglich.

Plantagenmäßiger Anbau

In Mitteleuropa hat der plantagenmäßige Anbau von Berberitzen so gut wie keine Bedeutung. Anders ist die Situation im Iran. Iran ist der weltgrößte Produzent von Berberitzen. Sie werden hier seit etwa 200 Jahren in größerem Stil kultiviert. Der kurdische und persische Name für die getrockneten Berberitzen ist 'Zereshek' oder 'Sherehk'.

Das Hauptanbaugebiet liegt in der Provinz Khorasan. Sie werden hier neben Safran, Pistazien und Mandeln kultiviert. Sehr geringe Niederschlagsmengen (170–190 mm/Jahr) und extreme Temperaturen (–38 °C bis +41 °C bzw. –15 °C bis +44 °C) sind typisch für dieses Gebiet. Aufgrund der hohen Nachfrage stieg hier die Anbaufläche von etwa 700 ha (1981)

Samenlose Berberitzen aus dem Iran, getrocknet

auf mehr als 8.000 (bis 11.000) ha (2012), die Berberitzen-Produktion stieg im selben Zeitraum von 940 t auf mehr als 9.000 t. Für die Pflanzung wird eine Pflanzweite von 2 m x 3 m empfohlen, bislang erfolgt die Vermehrung für die Obstanlagen ausschließlich über Ausläufer.

Die Berberitzen, es handelt sich hierbei um die samenlose Sorte *Berberis vulgaris* var. *asperma* bzw. *Berberis integerrima* 'Bidaneh'. Sie toleriert noch kalte Winter und wächst hier in Höhenlagen über 1.500 m. Trockenheit während der Fruchtentwicklung, des Wachstums und der Fruchtreife mindert den Ertrag. Die Sträucher können 3–6 m hoch werden, sie sind extrem reichfruchtend. Für die Ernte werden die fruchttragenden Triebe mit einer Schere abgeschnitten (ähnlich der Ernte beim Sanddorn) und so für die weitere Verarbeitung abtransportiert. Dadurch können sie allerdings nur in zweijährigem Turnus geerntet werden. Danach werden sie getrocknet. Berberitzen sind sehr wichtige Früchte in der iranischen Küche, sie werden aber auch zum Färben von Lebensmitteln sowie für pharmazeutische Zwecke genutzt.

Sorten und Auslesen

'Dulcis': Die Früchte dieser Sorte sind nur wenig sauer bis süß.

'Asperma': Hierbei handelt es sich um eine samenlose Sorte. Aus ihren Früchten wird in Frankreich die 'Confiture d'épine vinette' hergestellt. Es war leider bislang nicht möglich, Standorte oder Produktionsbetriebe ausfindig zu machen, wo diese Sorte erhältlich ist.

KOREA-BERBERITZE

Berberis koreana Palib. (*Berberidaceae*, Berberitzengewächse)

Die Heimat dieser Berberitze ist Korea. Sie ähnelt unserer heimischen Berberitze, wird bis zu 2,5 m hoch und ebenso breit, besitzt etwas größere (7–9 cm) Blätter und weist ebenfalls eine gelborange Herbstfärbung auf. Blütenfarbe gelb, etwas größere Blütentrauben, reich blühend. Früchte leuchtend rubinrot, glänzend, elliptisch bis walzenförmig, in bis zu 8 cm langen Trauben angeordnet. Sie bleiben bis lange in den Winter hinein (nach dem Laubfall) an den Sträuchern und sind leichter zu beernten als die heimische Berberitze. Auch ihre Früchte weisen einen hohen Vitamin-C- und Fruchtsäuregehalt (bis 11 %) auf. Von dieser Art gibt es zwei Sorten (Baumschule Berlin – Baumschulenweg, **'Rubin'** und **'Azisa'**):

'Rubin' (Züchter H.-J. Albrecht, Zuchtstation Berlin Baumschulenweg): Wurde aus einem Sämlingsbestand, dessen Samen aus dem *Arboretum Kornik* in Polen stammte, ausgelesen. Möglicherweise ist es eine Hybride. Aufrechter Strauch mit leicht bogig überhängenden Triebenden, etwa 2 m hoch. Blätter sind 6–9 cm lang und 2,7–4 cm breit, fein borstig gezähnt, der Austrieb ist braunrot. Herbstfärbung spät, anfangs gelborange, später kupfer- bis wein-

Berberis koreana (Bronisław Jan Szmit)

Berberis koreana Früchte (wahrscheinlich Hybride!)

Berberis koreana Früchte (wahrscheinlich Hybride!)

rot. Die leuchtend gelben Blüten erscheinen in hängenden Trauben von Mitte bis Ende Mai. Diese Sorte ist selbstfruchtbar.

Die Früchte sind elliptisch bis walzenförmig, 10–12 mm lang und 7–9 mm breit, in 6–8 cm langen hängenden Trauben, dunkelrot gefärbt. Diese Sorte ist sehr reichfruchtend, die Früchte bleiben bis tief in den Winter hinein am Strauch. An Inhaltsstoffen sind etwa 9 % Gesamtzucker, 8 % Gesamtfruchtsäure, sowie 18 mg/100 g Vitamin C zu nennen.

'Azisa' (Züchter H.-J. Albrecht, Zuchtstation Berlin Baumschulenweg): Strauch bis 2 m Wuchshöhe. Früchte orange bis lachsrot, länglich, in bis zu 5 cm langen hängenden Trauben. Ertragreiche Sorte, ist im Oktober reifend. Die Früchte weisen einen hohen (11 %) Säuregehalt auf.

Die Sträucher bevorzugen sonnige bis halbschattige Standorte, leicht saure bis neutrale Bodenverhältnisse, sind ansonsten aber anspruchslos und gut winterhart.

Anbau und Ernte

Als Zierstrauch in Hecken und Randstreifen verwendbar. Ein Pflanzabstand von 1,5–2 m ist empfehlenswert, ebenso regelmäßiges Auslichten, damit junge Triebe und die Fruchtbildung gefördert werden. Die Ernte erfolgt durch Pflücken, ein Abrütteln geschnittener Fruchtzweige ist ebenfalls möglich. Diese Sorte ist resistent gegen Getreide-Rostpilze.

Anmerkung: Die in Mitteleuropa als *B. koreana* kultivierten Pflanzen/Sorten (siehe Abbildungen oben) entsprechen nicht der botanischen Beschreibung, da die ursprüngliche Art eher rundliche Früchte hervorbringt und auch nicht so starkwüchsig ist.

CALAFATE-STRAUCH, BUCHSBAUMBLÄTTRIGE BERBERITZE

Berberis buxifolia Lam. *Ex Poir (Berberidaceae,* Berberitzengewächse*)*

Weitere Namen

engl. Magellan barberry; franz. Berbéris à feuilles de buis; pol. Berberys bukszpanolistny

Chile und Argentinien (Patagonien) sind die Heimatländer des Calafate-Strauches. Von diesem sagt man, dass jeder, der davon nascht, wieder zurückkommt. *Berberis buxifolia* ist ein immergrüner, bis etwa 3 m hoher aufrecht wachsender, dichttriebiger Strauch mit ein- oder dreiteiligen kurzen Blattdornen. Die kleinen, wechselständig angeordneten Blätter sind etwa 1–12,5 cm lang und elliptisch bis eiförmig. Aus den etwa 1 cm breiten orangegelben Blüten entwickeln sich 6–8 mm große kugelige purpurblaue bereifte Beeren. Sie schmecken weniger sauer als die Früchte der heimischen Berberitze.

Berberis buxifolia 'Nana'

Berberis buxifolia 'Nana' Detail mit Blüte

In deren Heimat wird aus den Früchten Saft, Likör und Marmelade bereitet. Man kann die Früchte auch roh essen, sie schmecken leicht sauer und etwas adstringierend. Dass in den Früchten enthaltene Berberin soll eine antibakterielle Wirkung aufweisen. Die Pflanzen sind bedingt – bis etwa –15 °C winterhart.

Weitere (in Mitteleuropa nicht verfügbare) Arten und Sorten

Die Früchte anderer Berberitzenarten bzw. deren Zierformen sind für den Rohgenuss und für Verwertungszwecke nicht zu empfehlen. Allerdings gibt es in der Ukraine einige Auslesen, die zur Fruchtnutzung empfohlen werden. Darüber hinaus gibt es in Kasachstan eine Reihe weiterer Wildformen, deren Früchte teilweise als 'Wildobst' genutzt werden bzw. die in der Volksheilkunde Verwendung finden.

'Cervonyj Veleten' (Übersetzt 'Roter Gigant', Züchter: V. Mezhenskyj, Ukraine): Dies ist eine Hybride (*Berberis* sp.) von unbekannten Elternarten. Die Sträucher werden etwa 2 m hoch, bringen längliche, purpurrote, süß-saure Früchte hervor. Das Einzelfruchtgewicht be-

Berberis buxifolia Likör

'Beznassinevyj Czervonyj' (V. Mezhenskyj)

'Czervonyj Veleten' (V. Mezhenskyj)

trägt 0,6–0,7 g, Fruchtertrag 8–12 kg. Reifezeit ist September.

'Lichtaryk' (Übersetzt 'Laterne', Züchter: V. Mezhenskyj, Ukraine): Dies ist eine Hybride (*Berberis* sp.) von unbekannten Elternarten. Die Sträucher werden etwa 2 m hoch, bringen flach rundliche, rote, süß-säuerliche Früchte hervor. Das Einzelfruchtgewicht beträgt 0,4 (–0,8) g, Fruchtertrag 6–8 kg. Reifezeit ist September.

'Tzukerka' (Übersetzt 'Süßigkeit', Züchter: V. Mezhenskyj, Ukraine): Hierbei handelt es sich um eine Auslese von *Berberis nummularia*. Die Sträucher werden etwa 2 m hoch, bringen beinahe kugelige, gelblich rote, säuerlich-süße Früchte hervor. Das Einzelfruchtgewicht beträgt 0,2 g, Fruchtertrag 6–8 kg. Reifezeit ist September.

'Beznassinevyj Chervonyj' (Übersetzt 'Samenlos', Züchter: V. Mezhenskyj, Ukraine): Dies ist eine Sämlingsauslese einer nicht bekannten Berberis-Art, wahrscheinlich handelt es sich hierbei um eine Hybride. Die Sträucher werden etwa 2 m hoch, bringen länglich ovale, gelblich rote, säuerlich-süße Früchte hervor. Das Einzelfruchtgewicht beträgt 0,2 g; Fruchtertrag 0,5 kg. Reifezeit ist September.

'Beznassinevyj Zhovtyj' (Übersetzt 'Gelbe Samenlos', Züchter: V. Mezhenskyj, Ukraine): Dies ist eine Auslese von *Berberis vulgaris*. Die Sträucher werden etwa 2 m hoch, bringen länglichovale, gelblich, rote säuerliche-süße Früchte hervor. Das Einzelfruchtgewicht beträgt 0,2 g; Fruchtertrag 1,0 kg. Reifezeit ist September.

'Lichtaryk' (V. Mezhenskyj)

'Tzukerka' (V. Mezhenskyj)

Literatur

ALBRECHT, H.-J., Persönliche Information

JAVADZADEH, S. M., 2012: Effect of different methods harvesting, dryong an harvesting time on losses seedless barberry (Berberis vulgaris L). Internat. Journal of Farming and Allired Sciences, 1(1), S. 20–25.

Internetseiten

http://www.payvand.com/news/10/oct/1143.html
http://www.payvand.com/news/08/nov/1235.html
http://ijfas.com/wp-content/uploads/2013/01/20-25.pdf
http://www.sciencedirect.com/science/article/pii/S0926669013003981

GEWÖHNLICHE MAHONIE

Mahonia aquifolium (Pursh.) Nutt. (*Berberidaceae*, Berberitzengewächse)

Weitere Namen

Gemeine Mahonie, Gewöhnliche Mahonie, Fieder-Berberitze; engl. Oregon Grape; Holly Leaved Berbery; franz. Mahonia, Mahonie à feuilles de Houx; ital. Maonia; span. Mahonia; niederl. Mahonia; poln. Mahonia pospolira.

Pflanzenmerkmale und Verbreitung

Die Mahonie ist im westlichen Nordamerika beheimatet und wächst dort im Unterholz der Wälder auf feuchten, nährstoffreichen Böden. Sie ist in Europa teilweise verwildert.

Dieser immergrüne Strauch kann etwa 1,5 m hoch werden, bildet wenige Ausläufer und hat wechselständige, unpaarig gefiederte, oberseits glänzende Blätter mit buchtig-dornig gezähnten Blatträndern. Im Herbst bzw. durch die Wintersonne können sich die Blätter purpurn bis violettbraun verfärben. Das Holz der Triebe und auch der Wurzel ist auffällig safrangelb gefärbt.

Blüte

Die 0,6–1,0 cm großen, duftenden Blüten – es sind kleine goldgelbe Blüten in vielblütigen rispenartig zusammengedrängten Trauben – öffnen sich im April/Mai.

Eignung

Die Mahonie ist ein robustes Zier- und Fruchtgehölz für den Garten, mit vielen Verwendungsmöglichkeiten. Besonders zur Unterpflanzung von schattigen Baumpartien, für Einfassungen und Hecken, aber auch für Kübel, Tröge und Dachgärten eignet sie sich sehr gut. Es werden sowohl schattige als auch sonnige Standorte vertragen, die Pflanze ist anpassungsfähig an den Boden und stadtklimafest. Gute Bienenweide und Vogelnährgehölz.

Frucht

Bis etwa 1 cm dicke, kugelige bis ovale schwarze Beeren mit hellblauer Bereifung. Fruchtfleisch mit stark färbendem, dunkelpurpurnem Saft. Ab August/September reifen die Beeren, sie bleiben jedoch oft bis in den Winter hinein auf den Pflanzen.

An Inhaltsstoffen in den Früchten sind vor allem Zucker (9,8 g/100 ml), Fruchtsäuren (48,7 g/l), Vitamin C und andere Vitamine sowie Mineralstoffe zu nennen. Rinde und Wurzeln enthalten die schwach giftigen Alkaloide Berberin (gelber Farbstoff), Oxyberin und Bervulcin.

Verwertung

Die Beeren sind zwar nicht giftig, aber der Verzehr größerer Mengen roher Beeren kann zu Magenverstimmungen führen! Bei der Verwertung sollte man die Samen entfernen (passieren). Die Verwendung besteht vorwiegend in

Mahonia aquifolium Habitus und Blüte

Mahonia aquifolium 'Smaragd'

der Mischung mit anderen säurearmen Fruchtarten und als Farbkomponente, wobei vor allem Gelees, Süßmost, Kompotte sowie Weine und Liköre daraus bereitet werden können. In Amerika wird auch heute noch daraus Wein bereitet. Andere Gerichte wie Topfen-(Quark-) Speisen sowie Joghurt erhalten durch die Beimengung von Mahoniensaft geschmacklich eine besondere Note.

Standortansprüche und Pflege

Am besten wachsen Mahonien auf nährstoffreichen, mittelschweren Böden mit ausreichender Bodenfeuchte; Trockenheit und hoher Kalkgehalt sind ungünstig. Der Standort kann vollsonnig bis halbschattig sein, die Pflanzen sollten jedoch im Winter nicht intensiver Sonneneinstrahlung und sehr strengen Frösten ausgesetzt sein. Sie regenerieren sich nach dem Rückschnitt oder nach Frostschäden jedoch recht gut.

Krankheiten und Schädlinge

Gelegentlich kann Mehltau auftreten, bei manchen Sorten auch Rost.

Vermehrung und Anzucht

Vermehrung durch Samen, Sorten werden durch Stecklinge vermehrt.

Sorten und Auslesen

Die folgenden drei Sorten, welche reich fruchten und gute Verarbeitungseigenschaften (dunkelroter Saft mit zitronenähnlichem Geschmack) aufweisen, wurden von der Baumschule Berlin-Baumschulenweg ausgelesen.

'Jupiter': Breit aufrechter Wuchs bis 1,5 m, keine Ausläufer, Blüte hellgelb in aufrechten Blütenständen an den Triebspitzen und zum Teil einzeln entlang der Triebe, Früchte elliptisch bis eiförmig; die Sorte ist etwas mehltauanfällig.
'Mirena': Straff aufrechter Wuchs bis 1,3 m, dichttriebig, keine Ausläufer, Blätter stark dornig gezähnt, rötliche Herbstfärbung. Blüte schwefelgelb, in dichten rundlichen Blütenständen an den Triebenden und entlang der Triebe, Früchte eiförmig. Sehr ertragreiche Sorte, die sich als widerstandsfähig gegenüber Mehltau und Rost erwiesen hat.
'Pamina': Ist aus einer Kreuzung von *M. aquifolium* x *Mahonia repens* hervorgegangen. Wuchs breit, bis 0,8 m hoch, mit Ausläuferbildung. Blüten kräftiggelb, in langen, gehäuft stehenden Trauben, blüht reich und früh; Früchte rundlich, mattblau bereift. Diese Sorte zeichnet sich durch gute Winterhärte und hohe Resistenz gegen Mehltau aus.

Es gibt natürlich noch weitere Sorten, die vor allem als Ziersträucher Verwendung finden. Diese wurden jedoch noch nicht auf eine mögliche Eignung für die Fruchtverwertung untersucht.

Mahonia aquifolium 'Mirena' (H.-R. Müller)

JAPANISCHE MAHONIE

Mahonia japonica (Thunberg ex Murray) DC. (*Berberidaceae*, Berberitzengewächse)

Weitere Namen
engl. Japanese Mahonia; franz. Mahonia du Japon; poln. Mahonia japońska

Bis 3 m hoher, straff aufrechter, wenig verzweigter Strauch mit 50–70 cm langen Fiederblättern, die 7–19 Fiederblättchen sind dornig gezähnt, glänzend. Ihre stark duftenden schwefelgelben Blüten sind in 10–25 cm lockeren, aufrechten bis überhängenden Trauben vereint, Blütezeit Februar bis März. Die Früchte sind dunkelpurpurn bereift, 6–7 mm lang, eiförmig und werden sehr zahlreich gebildet. Winterfrostempfindlich.

Mahonia x *media* 'Wintersun' Blüte

Mahonia japonica Früchte

KALIFORNISCHE MAHONIE

Mahonia piperiana Abrams. (*Berberidaceae*, Berberitzengewächse)

Bis 2 m hoher Strauch mit etwa 20 cm langen Fiederblättern. Blüten in 4–10 cm langen aufrechten, endständigen und seitenständigen Trauben, Blütezeit März/April. Früchte 6 mm lang, rundlichellipsoid, blauschwarz.

Mahonia piperiana

GEWÖHNLICHE HASELNUSS

Corylus avellana L. (*Betulaceae*, Birkengewächse)

Weitere Namen

Haselstrauch, Nussstrauch, Gemeine Hasel, Gewöhnliche Hasel; engl. Hazelnut, Hazel, Cob; franz. Coudrier, Noisetier commun, Noisette Aveline; ital. Nocciola Avellana; niederl. Hazelnoot; norweg. Hasselnött; span. Avellana; türk. Findik; poln. Leszczyna pospolita.

Die Hasel war in der Nacheiszeit sehr weit verbreitet. Man spricht deshalb von der 'Haselzeit', die zeitlich etwa mit der mittleren Steinzeit zusammenfällt. Damals stellte die Hasel eine wichtige Frucht für die Menschen dar. Ihr Name *Corylus* wurde schon von vielen antiken Autoren verwendet. Der Artname *avellana* hingegen bezieht sich auf Abelo (Avello), die wegen ihrer guten Nüsse weithin bekannt war.

Pflanzenmerkmale und Verbreitung

Die Hasel ist eine Gehölzart, welche von Europa bis Westasien und bis zum Kaukasus

Corylus avellana Habitus, Blätter und Früchte

Corylus 'Rote Zellernuss' männliche Blüten

Corylus avellana männliche Blüten

verbreitet ist. Sie kommt vom Tiefland bis in Höhenlagen von 1.400 m vor. Sie wächst oftmals bestandsbildend in Laubmischwäldern im Unterwuchs, an Waldrändern sowie in Gebüschsäumen, Hecken und Böschungen. Sie können ein Alter von 100 Jahren erreichen.

Der Haselnussstrauch ist ein vom Grunde an vielstämmiger breit-aufrechter Großstrauch von 3–5 (–7) m Wuchshöhe. Im Alter kann sich die Krone breit ausladend entwickeln. Die graubraune Rinde ist mit zerstreuten, hellen Korkwarzen (Lentizellen) bedeckt. Charakteristisch sind auch die wechselständig angeordneten, bis 15 cm großen, rundlichen, mitunter leicht dreilappigen, weichhaarigen Blätter.

Blüte

Die Blüten sind einhäusig und getrenntgeschlechtlich, was bedeutet, dass sich sowohl die männlichen als auch die weiblichen Blüten an ein und demselben Strauch befinden. Die männlichen Blüten sind in auffälligen gelben Kätzchen am Ende der vorjährigen Zweige angeordnet. Die weiblichen sind bis auf die roten, fädigen Narben unscheinbar in Knospen verpackt. Sie können bereits ab Jänner blühen, meist erfolgt die Blüte aber im Februar/März. Die Blüten werden vom Wind bestäubt. Interessant ist dabei, dass die Bestäubung sehr zeitig erfolgt, die tatsächliche Befruchtung aber erst Wochen bzw. Monate später erfolgt und meist erst im Juli abgeschlossen ist. Die meisten Haselnüsse sind selbstunfruchtbar, benötigen also eine Bestäubersorte.

Eignung

Die Hasel ist ein wichtiges heimisches Gehölz für hohe Hecken, Abpflanzungen, Böschungen, als Unterpflanzung unter großen Bäumen, in Gruppen und als Einzelstrauch. Sie lässt sich auch gut 'auf den Stock setzen' bzw. gut mit Stauden unterpflanzen. Haselsträucher sind Vogelnist- und Nährgehölze. Die Früchte werden von vielen Vögeln und Kleinsäugern gefressen, die Blätter dienen als Futter für zahlreiche Insekten und Schmetterlinge und die Bienen sammeln den Pollen der männlichen Blüten (bestäuben die Blüten allerdings nicht!).

Als Fruchtgehölz ist die Hasel für den Hausgarten interessant. Allerdings muss man den Platzbedarf berücksichtigen bzw. für einen guten Fruchtertrag eine Bestäubersorte mit einplanen. Die Früchte werden von den Pflanzen geerntet bzw. vom Boden aufgelesen, von den Hüllen befreit und in flachen Holz- oder Kunststoffsteigen in der Sonne getrocknet. So

Corylus avellana Nüsse beim Trocknen (F. Kummert)

Corylus avellana Früchte

Corylus avellana 'Rote Zellernuss'

Corylus avellana 'Fuscorubra' (S. Laine)

aufbereitet, können sie ein Jahr (gut getrocknet sogar 3–4 Jahre) gelagert werden.

Frucht

Die Nussfrüchte sitzen zu 1–4 (oder mehr) in zerschlitzten Becherhüllen. Es sind etwa 1,5–2,5 cm große, kugelige bis länglichovale, braune, essbare Nüsse mit einer harten Schale, die ab September reifen. Der essbare Kern (Kernanteil etwa 40 %) ist kugelig-rundlich, von einer bräunlichen Haut umschlossen, hartfleischig und wohlschmeckend. Die Erntezeit erstreckt sich je nach Sorte von August bis Oktober.

Haselnüsse sind nahrhaft und kalorienreich, der Fettanteil liegt bei etwa 60 %, ca. 14 % Eiweiß, 14 % Kohlenhydrate und 3 mg/100 g Vitamin C sind enthalten. Daneben sind aber auch wertvolle Mineralstoffe (Kalium, Calcium, Phosphor und Eisen) sowie weitere Vitamine enthalten.

Verwertung

Haselnüsse finden vielseitig Verwendung: Man kann sie roh essen, geröstet zum Knabbern oder pastenförmig als Brotaufstrich. Natürlich werden Haselnüsse in der Schokoladeproduktion sowie zum Backen und für Lebkuchen verwendet. Auch Honignüsse, Nusskaros, Nuss-Käsestangen und andere süße Leckereien werden daraus hergestellt. Es wird auch

Corylus avellana Haselnuss-Anlage naturnah

ein wertvolles Speiseöl (Haselnussöl) daraus gewonnen. Letzteres dient auch als Ausgangsmaterial für Nougat und nougatähnliche Aufstriche, Schokoladen, Nussbutter und vieles mehr.

In der Kosmetikherstellung werden sie wegen ihrer Eigenschaft, aromatische Essenzen zu binden und zu konservieren, verwendet. Haselnüsse wirken auch blutstillend, gefäßverengend und adstringierend. Das Holz der Haselnusssträucher wird in der Korbflechterei, Fassbinderei und zur Herstellung von Werkzeugstielen verwendet.

Standortansprüche und Pflege

Die Hasel ist ein sehr gut frosthartes Gehölz mit hohem Ausschlagvermögen. Die Standort- und Lichtansprüche der Haselnuss sind relativ hoch. Ideal sind windgeschützte, spät austreibende, hohe Lagen. Der Standort kann mäßig trocken bis feucht und schwach sauer bis alkalisch sein. Sie gedeihen jedoch besonders gut in der Nähe großer Gewässer sowie auf tiefgründigen Böden mit ausgeglichenem Wasserhaushalt. Es werden alle Bodenarten, abgesehen von nährstoffarmen Sandböden, toleriert, der pH-Wert spielt keine große Rolle. Die Wurzeln sind salzempfindlich und auch empfindlich gegen Bodenverdichtung.

Krankheiten und Schädlinge

Der wichtigste Schädling ist sicherlich der Haselnussbohrer (*Balaninus nucum*). Die beinlosen Rüsselkäferlarven verlassen die ausgefressene Nuss durch ein kreisrundes Loch, manchmal bereits auf dem Strauch, manchmal erst, wenn die Nüsse bereits abgefallen sind. Unter Umständen kann in sehr feuchten Jahren an jungen Früchten im Juni auch Grauschimmel (*Botrytis cinerea*) oder Monilia (*Monilinia fructigena*) auftreten. Abgesehen davon wird es im Hausgarten kaum zu nennenswerten Problemen kommen. In den USA gibt es seit einigen Jahren große Probleme mit einer Pilzkrankheit, die als 'Eastern Filbert Blight' (*Anisogramma anomala*) bezeichnet wird. Natürlich können auch Eichkätzchen, Eichelhäher und Tannenhäher einen guten Teil der Nüsse verschleppen, sodass für die Ernte beinahe keine Früchte mehr übrigbleiben.

Vermehrung und Anzucht

Die einfachste Vermehrungsmethode erfolgt durch Aussaat. Dazu sollten die Früchte kurz vor der Vollreife geerntet und sofort ausgesät werden. Damit bekommt man allerdings nicht die bewährten Sorten, sondern nur Wildpflanzen, die zur Fruchtgewinnung nicht geeignet

Corylus avellana Haselnussanlage (H.Siegler)

Corylus avellana Haselnussanlage Spindel (H.Siegler)

Eine Vermehrung durch Stecklinge sowie Steckholzvermehrung ist nur unter besonderen Bedingungen in Fachbetrieben möglich. Fruchtsorten können aber auch durch Veredelung (Kopulation und Geißfuß im Winter im Glashaus) auf *C. avellana* bzw. auf *C. colurna* (Baumhasel) vermehrt werden. Bei der Veredelung auf Sämlinge der Baumhasel entfällt der lästige Durchtrieb der Unterlage.

Haselnusssträucher wachsen in den ersten Jahren nur sehr langsam.

Zierformen der Gemeinen Hasel sind unter anderem die gelblaubige Hasel **'Aurea'**, die Geschlitztblättrige Hasel **'Heterophylla'**, die Hänge-Hasel **'Pendula'** sowie die Korkenzieher-Hasel **'Contorta'**. Daneben gibt es inzwischen auch eine zwergige rotblättrige Sorte der Korkenzieher-Hasel: **'Anny's Red Dwarf'**.

sind. Benötigt man nur wenige Pflanzen, so kann man diese durch das Abnehmen von Wurzelausläufern gewinnen. Üblicherweise werden die Sorten der Hasel durch Absenken und Anhäufeln bzw. Abrisse vermehrt. Letztgenannte Methoden dienen auch zur Vermehrung der Fruchtsorten und rotblättriger Formen von *C. avellana* und *C. maxima*. Dies hat allerdings den Nachteil, dass die so gewonnenen Pflanzen – auch wenn sie eintriebig erzogen werden – sich gerne an der Basis verzweigen bzw. Wurzelausläufer treiben. Diese müssen ständig entfernt werden.

Corylus avellana 'Heterophylla' und Corylus avellana

PONTISCHE HASELNUSS

Corylus avellana var. *pontica* (K. Koch) Winkler, *C. pontica* K. Koch, (*C. imeretica* Kemul.-Natadze, *C. byzantina* hort.– in Mansfeld's Encyclopedia of Agricultural and Horticultural Crops, Springer Verlag, 2001).

Weitere Namen

Pontische Hasel, Römische Hasel, Trapezunter Kaiser-Hasel; russ. Oresnik pontijskij.

Diese Unterart der Gewöhnlichen Haselnuss ist im westlichen Transkaukasus und im Pontischen Gebirge (Türkei) beheimatet. Sie unterscheidet sich von der gewöhnlichen Haselnuss dadurch, dass die Fruchthüllen etwas länger sind und zur Reifezeit geschlossen bleiben. Dadurch fallen die Nüsse zur Reifezeit nicht aus den Fruchthüllen heraus.

Sie müssen händisch geerntet, getrocknet und anschließend aus den Hüllen herausgelöst werden. Die Nüsse sind wie bei der Gewöhnlichen Hasel rundlich.

LAMBERTSNUSS

Corylus maxima Mill. (*Betulaceae*, Birkengewächse)

Weitere Namen

Große Hasel, Lamberts Hasel; engl. Filbert; franz. Noisetier franc; poln. Leszczyna poludniowa

Corylus maxima 'Purpurea' Frucht

Der östliche Vertreter der heimischen Haselnuss ist bezüglich Wuchs und Aussehen unserer heimischen Hasel sehr ähnlich. Sie ist etwas frostempfindlicher und benötigt mehr Wärme und Feuchtigkeit. Außerdem unterscheidet sie sich vor allem hinsichtlich der Früchte: die 2–4 cm großen Nüsse werden von einer langen, röhrigen Fruchthülle umgeben und sind ebenfalls essbar. Im Gegensatz zu unserer heimischen Hasel ist der Fruchtbecher bei der Lambertshasel oberhalb der Nuss so verengt, dass die Früchte bei der Reife nicht ausfallen können. Häufig wird die rotlaubige Zierform *Corylus maxima* 'Purpurea' verwendet, auch die Früchte dieser Hasel, die allgemein als Bluthasel bezeichnet wird, sind essbar.

Corylus maxima 'Purpurea' Habitus

BAUM-HASEL ODER TÜRKISCHE HASEL

Corylus colurna L. (*Betulaceae*, Birkengewächse)

Weitere Namen

engl. Turkish Hazel; franz. Noisetier de Byzance; poln. Leszczyna turecka
Die Baumhasel ist von Südosteuropa über Kleinasien und den Kaukasus bis zum Himalaja verbreitet. Der sommergrüne, trockenheitsresistente, bis 20 m hohe Baum wird vorwiegend als Parkbaum, gelegentlich als Straßenbaum und als Unterlage für Fruchtsorten der Haselnuss verwendet. Die Nüsse der Baumhasel sind von einer tief zerschlitzten, drüsigen Hülle umgeben und ebenfalls essbar. Sie sind allerdings geschmacklich nicht so gut. Die rotlaubige Sorte der Türkischen Hasel ist unter dem Sortennamen 'Granat' bekannt.

Weitere Arten

Es gibt auch Kreuzungen zwischen der Baumhasel (*Corylus colurna*) und der amerikanischen Haselnuss (*Corylus americana*). Diese werden als 'Trazels' bezeichnet und sind gegenüber der 'Eastern Filbert Blight' hochgradig resistent. Hybriden zwischen der Baumhasel und der Gemeinen Hasel sind seit etwa 150 Jahren bekannt und werden als *Corylus* x *colurnoides* (*Corylus* x *intermedia*) bezeichnet.

Plantagenmäßiger Anbau

Aufgrund der zeitlichen Blüte im Erwerbsobstbau nicht wirtschaftlich. Pflanzabstände sollten in der Reihe 3–4 m, zwischen den Reihen 5–6 m sein (besser 6 x 6 m). Die Erträge schwanken nach Sorte, Standort und Pflegemaßnahmen erheblich. Man kann ab dem 3.–4. Standjahr mit Erträgen rechnen, aber erst im 12. Standjahr setzt der Vollertrag ein. Im Vollertrag können 4–5 kg (bis 10 kg) je Pflanze geerntet werden. Vollerträge sind jedoch nur alle vier bis fünf Jahre zu erwarten.

Seit 2000 werden auch in Bayern (274 ha, Stand 2010) und Baden Württemberg Haselnüsse in Plantagen angebaut. Die Haselnüsse können auch maschinell mit Erntegeräten (Kehrmaschinen) aufgesammelt werden.

Ein erwerbsmäßiger Anbau erfolgt entlang des Schwarzen Meeres in der Türkei (Türkische oder Levantiner Nüsse **'Tombul'**, **'Samsun'** etc.), an der Westküste Italiens (Sizilhaselnüsse, Giovanni, Neapolitaner, Römische Nüsse, Piemonteser), Spanien (**'Negretas'**, **'Comunas'**) sowie an der Atlantikküste Frankreichs (**'Segorbe'**, **'Fertile de Contard'**), Zy-

Corylus colurna 'Granat' Detail

Corylus colurna Habitus mit Herbstfärbung

Corylus colurna Früchte

pern (**'Mandolini'**) und Nordamerika (**'Barcelonas'**, **'Royals'** und Oregon-Haselnüsse). Größere Plantagen gibt es vor allem in der Türkei im Pontischen Gebirge an der Schwarzmeerküste. Die Türkei ist mit etwa 600.000 t (1999) der Hauptproduzent von Haselnüssen.

Sorten und Auslesen

Die Kultursorten der Haselnuss stammen vorwiegend von den beiden Arten *Corylus avellana* und *Corylus maxima* ab. Die Sorten von *C. avellana* erkennt man an den rundlichen Nüssen und dem 2–3-blättrigen kurzen Fruchtbecher, der vorne offen ist, die Früchte fallen heraus und sind deshalb auch leichter zu ernten. Sie werden als 'Zellernüsse' bezeichnet. Die Abkömmlinge von *C. maxima* werden hingegen als 'Lambertsnüsse' bezeichnet und sind geschmacklich besser. Sie haben eher längliche Nüsse sowie einen einblättrigen langen Fruchtbecher, der zur Reifezeit geschlossen bleibt.

Es gibt zahlreiche vegetativ vermehrte Fruchtsorten, die allerdings als Obstgehölze im engeren Sinne gehandelt werden. Um einen guten Fruchtertrag zu erzielen, sollten immer

Corylus colurna Nüsse

Corylus colurna 'Granat' Früchte und Nüsse

mehrere unterschiedliche Sorten gepflanzt werden. Es gibt aber zahlreiche Hybriden. Wenn sie mehr Eigenschaften der Zellernuss haben, werden sie als 'Zeller-Hybriden' bezeichnet, überwiegen die Eigenschaften der Lambertsnuss, dann spricht man von 'Lamberts-Hybriden'.

Zellernüsse

'Hallesche Riesennuss' (syn. **'Halle'sche Riesen'**, **'Pfundnuss'**, **'Riesennuss'**, **'G'eant de Halle'**, **'Große Runde'**, **'Runde Spanische'**, **'Große Zellernuss'** (Züchter: Büttner, Halle/Saale, 1788, Sämling aus **'Gunslebener Zeller'**): Stark wachsend, breit aufrecht, Fruchtstand mit 3–4 Nüssen; Nuss sehr groß, 2,2 cm, unregelmäßig breit bis kegelförmig mit großer Schildfläche, gerieft, hell- bis dunkelbraun, mit großer flacher Schildfläche. Eine tief eingeschnittene Hülle umschließt die Nuss, Kernanteil 43 %. Mittelspät reifend, Reifezeit Mitte bis Ende September. Ertrag mittelhoch.

'Römische Zeller' (syn. **'Römische Nuss'**, **'Atlas-Nuss'**): Diese Sorte war die meist kultivierte Sorte im Mittelmeergebiet. Mittelstark wachsend, breitkronig, mittelfrüh reifend, Ertrag hoch. Nuss etwa 2 cm groß, breiter als hoch, typische Plattnuss, kantig, dunkelbraun, nach unten heller, Kernanteil 43 %.

'Wunder aus Bollweiler' (syn. **'Wunder von Bollweiler'**, **'Weißmann Zeller'**, **'Bollwiller'**. Züchter: Baumann in Bollweiler, Elsass; soll ein Sämling von 'Hallesche Reisen' sein): Wuchs mittel bis stark, breit aufrecht, Kätzchen im Winter rotbraun. Sehr ähnlich der 'Halleschen Riesennuss', wurde früher öfter mit dieser verwechselt. Nuss groß bis sehr groß, kugelig bis breit kegelförmig, flaches Schild, 2,5 cm, die Fruchthülle umschließt die Frucht nur zu zwei Dritteln; Reifezeit Mitte bis Ende September, wertvolle, ertragreiche Sorte. Bestäubersorte für 'Ennis'.

'Ennis': Früchte rundlich, sehr groß, 3 cm.

'Bergers Zellernuss' (syn. **'La Bergeri'**, **'Luis Berger'**, wurde um das Jahr 1860 durch eine Baumschule in Lüttich eingeführt): Mittelstark wachsend, hochwachsend, Nuss bis 2,5 cm, länglich eiförmig, hellbraun mit schwach sichtbaren Längsrillen, Reifezeit mittelspät.

'Barcelloner Eckige' (syn. **'Eckige Barcelloner'**, **'Eckige Zellernuss'**, **'Loddiges Barcelona'**, **'Rund Cob'**): Eine der ältesten Kultursorten, Herkunft nicht gesichert, entweder aus Spanien oder aus Sizilien. Mittelstark hochwachsend, mittelfrüh reifend. Nuss etwa 2 cm groß, umgekehrt eiförmig, oft unregelmäßig eckig und beulig, kastanienbraun, dunkelgestreift, wohlschmeckend. Ertrag hoch.

'Gubener Zellernuss' (syn. **'Gubener Zeller'**, **'Gubener Barcelloner'**, Herkunft Guben): Breit aufrechter sparriger Wuchs, starkwüchsig, Nuss groß, hellbraun, rundlich, etwas breitgedrückt, kleine Spitze, Schild sehr groß. Kern schmal, glatt, auf beiden Seiten schwach gefurcht, wohlschmeckend, Kern füllt Schale vollständig aus. Ertrag hoch, gut lagerfähig, Reife Mitte September. Sehr frosthart, deshalb besonders für frostgefährdete Lagen zu empfehlen.

'Gunslebener Zellernuss' (syn. **'Gunsleber Zeller'**, **'Gunslebener Riesennuss'**. Züchter: Pastor Henne in Gunsleben, Sachsen, 1757 entstanden): Mittelstark wachsend, Nuss ist groß, umgekehrt eiförmig bis länglich, 25 mm lang, 17 mm breit, im Umkreis der Basis unrund, manchmal fast vierkantig, hell bräunlich, mit dunklen Längsstreifen, Kern groß, mandelförmig, füllt die Schale nicht immer aus, sehr gut schmeckend, Schale dünn, Reife spät, Mitte bis Ende September. Ertrag früh und reich. Büttner verwendete sie zur Weiterzucht und es entstand daraus die Sorte 'Hallesche Riesen".

Zeller-Hybriden

'Englische Zeller' (von dem Obstzüchter Rivers aus Nordafrika nach England eingeführt):

Corylus avellana Haselnussspindel 'Hallesche Riesen' (M. Möhler)

'Halle'sche Riesen' (H.-R. Müller)

'Barcelloner Eckige' (H.-R. Müller)

'Gunslebener Zellernuss' (H.-R. Müller)

'Englische Riesen' (H.-R. Müller)

'Rote Zellernuss' (H.-R. Müller)

'Samsun' (H.-R. Müller)

'Webb's Preisnuss' (H.-R. Müller)

'Corabel' (H.-R. Müller)

'Daria' (H.-R. Müller)

Schwach bis mittelstark wachsend, breitkronig, früh reifend, Ertrag hoch. Nuss oval rund bis umgekehrt eiförmig, etwas breitgedrückt, hellbraun mit dunklen Längsstreifen, Kernanteil 51 %.

'Cosford' (erstmals 1816 in Kultur genommen, nach dem Bezirk Cosford in Suffolk, England, woher sie stammt, benannt. Wurde erstmals 1898 beschrieben): Mittelstark bis stark wachsend, breitkronig, mittelspät reifend, Ertrag mittelhoch. Nuss groß, hellbraun, länglich oval, nach unten breit zugespitzt, Kernanteil 52 %; Reifezeit Mitte bis Ende September.

'Daviana' (syn. **'Duchess of Edinburgh'**, Züchter: R. Webb, nach Sir Humphrey Davy benannt): Mittelstark wachsend, breitpyramidal, mittelfrüh reifend, Ertrag sehr hoch. Nuss wohlschmeckend, breit oval, nach unten breit zugespitzt, hellbraun, Kernanteil 53 %.

'Rotblättrige Zellernuss' (syn. **'Rote Zeller'**,

'Rote Lambertsnuss', wurde wahrscheinlich zwischen 1915 und 1926 von der Baumschule Herman A. Hesse in Weener eingeführt): Schwach wachsend, breit bis flachkronig, roter Austrieb. Frucht mittelgroß, länglich eiförmig bis kugelig, 1,8 cm, dünnschalig, dunkelbraune Schale, Nuss wird vollständig vom Kern ausgefüllt, Geschmack angenehm mandelartig, süß, Fruchthülle um die Schale auffallend lang. Auch wertvolle Ziersorte mit dunkelroten Blättern. Reifezeit August bis Mitte September, Ertrag hoch.

'Fuscorubra': Rotblättrige Wald-Hasel. Nur mehr selten kultivierte Sorte der Gewöhnlichen Haselnuss. Unterscheidet sich von der 'Rotblättrigen Zellernuss' durch die kurze Fruchthülle, welche die Frucht nur bis zur Mitte einschließt, und die 4–5 cm kurzen, eirundlichen Kätzchen. Die Blätter sind grün, nur die Samenschale ist rot.

Lambertsnüsse

'Lambert Filbert' (Züchter: Lambert, Goudhurst, England 1830): Mittelstark wachsend, breitkronig, mittelspät reifend, Ertrag hoch. Nuss länglich eiförmig bis oval, hell- bis dunkelbraun, Kernanteil 42 %.

'Rotblättrige Lambert' (syn. Blutnuss, *C. maxima* var. *atropurpurea*): Rotlaubige Sorte, besonders im Frühjahr dunkelrote leuchtende Laubfärbung, später mehr braunrot. Schwach wachsend, breit- bis flachkronig, mittelfrüh reifend, Ertrag hoch; Nuss länglich eiförmig, mittelbauchig, braun bis dunkelbraun, nach unten heller, Kernanteil 48 %.

'Weiße Lambertsnuss': Bereits seit dem Mittelalter in Kultur. Mittelstark und breit wachsend, Nuss mittelgroß, 2,5 cm, eiförmig bis walzenförmig, lang zugespitzt, hellbraun mit dunkleren Streifen, dünnschalig, früh reifend.

Lamberts-Hybriden

'Frühe Nottingham' (syn: **'Nottinghams Fruchtbare'**, **'Nottingham Prolific'**; kommt aus Newark, Notts, England, eingeführt von Pearson & Co. aus Chilwell, England): Schwachwachsende, breitkugelig dicht wachsende Sorte, mittelspät reifend, Ertrag hoch. Nuss 2 cm lang, länglich eiförmig bis oval, etwas kantig, braun bis dunkelbraun, nach unten heller gefärbt, Kernanteil 42 %.

'Webb's Preisnuss' (syn. **'Webbs Price Cob'**, **'Lambert Filbert'**, **'Kentish Cob'**, **'Filbert Cop'**; Züchter R. Webb, Calcot, England): Mittelstark wachsend, breitkronig, Kätzchen im Winter graugrün. Fruchtstand mit 2–4 Nüssen, oft bis 10, Nuss 3 cm lang, länglich eiförmig bis länglich oval, hellbraun, sehr guter Geschmack, Kernanteil 46 %, Hülle sehr lang, tief geschlitzt, einseitig eingeschnitten; Mitte bis Ende September reifend, reift sehr einheitlich, Ertrag setzt sehr früh ein und ist hoch.

'Samsun': Im Aussehen ähnlich der 'Webb's Preisnuss'.

Literatur

KUMMERT, F., 2005: Nüsse in Garten & Küche. Leopold Stocker Verlag, Graz.
LANGETHAL, L. E. [Hrsg.]: 1860: Deutsches Obstcabinet in naturgetreuen fein colorirten Abbildungen und Fruchtdurchschnitten, Mauke, Jena.
ERICH SCHNEIDERS Erfolgreicher Haselnußanbau für den Eigenbedarf und Erwerb. In Grundlagen und Fortschritte im Garten- und Weinbau, Hrsg. Prof. Dr. E. F. Rudloff, Verlag E. Ulmer.
2. BAYRISCHER HASELNUSSTAG, Cadolzburg, 19. 02. 2009: Erste Ergebnisse der Haselnussversuche an der LVG Erfurt. Monika Möhler, Lehr- und Versuchsanstalt Gartenbau Erfurt, FB Obstbau.
SCHNEIDERS, E.: Erfolgreicher Haselnußanbau, Grundlagen und Fortschritte im Garten- und Weinbau, Heft 70; Hrsg. Prof. Dr. C. F. Rudloff, Geißenheim am Rhein
DE JONG, P. C., 2011: Corylus – Overzicht van het sortiment, Dendroflora Nr. 48, S. 72–86.
GOESCHKE , F., 1887: Die Haselnuss, ihre Arten und ihre Kultur. Parey, Berlin.
DIPPEL, L., 1892: Handbuch der Laubholzkunde, S. 127–138.
BEIJERINCK, Dr. W., 1950: De Hazelnotenteelt“. In Mededelingen Van De Tuinbouwvoorlichtingdienst 47.
Mansfeld's Encyclopedia of Agricultural and Horticultural Crops, Springer Verlag, 2001

Internetseiten

http://edoc.hu-berlin.de/ebind/hdok/h274_obstcabinet_5/PDF/h274_obstcabinet_5.pdf
http://www.haselnussanbauverein.de/index.html
http://www.aelf-fu.bayern.de/gartenbau/34563/linkurl_0_3.pdf
http://www.haselnussanbau-verein.de/mediapool/71/714618/data/Vortrag_6_Haselnusstag_Welche_Sorte_fuer_welchen_Absatz.pdf
http://www.iva.de/profil-online/umwelt-verbraucher/haselnussanbau-erfolg-mit-wissen-erfahrung-und-mechanisierung
http://www.haselnussanbauverein.de/

BLAUE HECKENKIRSCHE

Lonicera caerulea L., Blaue Heckenkirsche

Vorkommen der Art in Europa, in den Alpen bis 2.000 m, in den nordosteuropäischen Ländern und Kaukasien. Sie kommt auch bis Mittel- und Ostasien sowie in Japan vor. Soll auch in Nordamerika beheimatet sein.

Die Blaue Heckenkirsche ist ein sommergrüner, etwa 1,0–2,0 m hoher, sparriger, dichtverzweigter Strauch. Knospen sind waagrecht abstehend, oft mit 3–4 Beiknospen. Die Blätter sind 2–8 cm lang, rundlich eiförmig bis länglich, oberseits glänzend grün. Der Blattaustrieb erfolgt sehr früh. Die gelblich weißen, 1,5 cm langen, röhrig-trichterförmigen Blüten sitzen achselständig paarweise auf einem etwa 1 cm langen Stiel. Die Blaue Heckenkirsche blüht im April/Mai, etwa ab Mitte/Ende Mai bis Anfang Juni reifen die Früchte. Sie sind als Doppelbeeren ausgebildet (zwei Beeren sind deutlich sichtbar miteinander verwachsen), schwarz und hellblau bereift, kugelig bis ellipsoid und 0,6–1,2 cm lang. Der Geschmack der saftigen Beeren ist süßlich bitter und wird unterschiedlich beurteilt, von essbar, aber nicht wohlschmeckend (angeblich kann der Genuss roher Beeren Übelkeit hervorrufen) bis wohlschmeckend reichen die Aussagen. In einigen Regionen Asiens wird die Blaue Heckenkirsche (in der Form *L. caerulea* var. *kamtschatica*) dem Obst zugeordnet.

Die Blaue Heckenkirsche ist ein anspruchsloses und schattentolerantes, frosthartes Zier- und Wildgehölz für die Unterpflanzung un-

Lonicera caerulea Hecke und Früchte

ter größeren Bäumen geeignet, verträgt auch Wurzel- und Schattendruck. Allerdings ist sie trockenheitsempfindlich. Auch für sonnige Standorte, z. B. in Hecken, Gruppenpflanzungen oder als Einzelpflanze mit niedrigen Stauden geeignet. Die Heckenkirsche ist kalkmeidend, deshalb nur auf kalkarmen oder leicht sauren Standorten mit mäßig hohem Nährstoffgehalt (normaler Gartenboden) zu verwenden. In einigen Ländern Nordeuropas wird sie auch als Hecken- und Gruppenpflanze im öffentlichen Grün verwendet.

KAMTSCHATKA-HECKENKIRSCHE

Lonicera kamtschatica (SEVAST.) POJARK.; *Lonicera caerulea* L. var. *kamtschatica*; *Lonicera caerulea* L. ssp. *kamtschatica*; *Lonicera caerulea* L. var. *edulis*, (*Caprifoliaceae*, Geißblattgewächse)

Die Kamtschatka-Heckenkirsche ist als Unterart der heimischen Blauen Heckenkirsche (*Lonicera caerulea* L.) anzusehen und wird von einigen Autoren als eigene Art (L. *kamtschatica*) betrachtet.

Weitere Namen

Sibirische Blaubeere, Lenzbeere, Honigbeere, Blaue Honigbeere, Maibeere® (Häberli, Schweiz); engl. Honeyberry, Borealis Honeyberry, Blue Honeysuckle, Haskap; franz. Camérisier bleu, Camérisier du Kamtschatca; schwed. Blåbärstry.

Pflanzenmerkmale und Verbreitung

Reichverzweigter, 1–2 m hoher Strauch, ähnlich der heimischen Blauen Heckenkirsche. Die Zweige sind rotbraun mit vollem Mark, junge Triebe grün und behaart. Die 4–10 cm langen Blätter sind elliptisch bis länglich elliptisch, anfangs samtig behaart und am Rand bewimpert. 1,1–1,6 cm lange, röhrig glockige Blüten in kurzen gestielten achselständigen Paaren erscheinen bereits im April und sind gelblich bis grünlich gelb, schwach duftend, allerdings selbstunfruchtbar. Blühende Sträucher widerstehen Blütenfrösten bis zu –8 °C.

Eignung

Die Kamtschatka-Heckenkirsche ist ein interessantes, in Europa relativ neues und noch nicht allgemein bekanntes Frucht- oder Obstgehölz. Die Sträucher eignen sich aufgrund ihrer Größe auch für kleinere Gärten, können in Gefäßen oder auf Terrassen kultiviert werden und sind wegen ihrer wohlschmeckenden

Lonicera kamtschatica 'Morena' (H. R. Müller)

Lonicera kamtschatica Beiknospen

Lonicera kamtschatica Blüte

Früchte eine Bereicherung des 'Naschfrucht'-Sortiments.

Frucht

Die Früchte sind 0,8–3,1 cm (Fruchtsorten bis 4 cm) lang, unregelmäßig walzenförmig bis ei- oder birnenförmig. Das mittlere Fruchtgewicht beträgt 0,56 g. Für die kanadischen Sorten wird ein Fruchtgewicht von 1,4–1,6 g angegeben, für die russischen Sorten 0,5–0,8 g. Die schwarzblauen Früchte sind hellblau bereift, essbar und wohlschmeckend. Sie reifen bereits Ende Mai bis Mitte Juni und werden deshalb als 'Mai- oder Lenzbeeren' bezeichnet. Ein Fruchtertrag von 2–6 kg pro Strauch soll möglich sein.

An Inhaltsstoffen sind Zucker (6–8 %), Fruchtsäuren (2–4 %), Vitamin C (45–120 (–170) mg/100 g) sowie Anthocyan, Rutin und Flavonoide zu erwähnen.

Verwertung

Frischverzehr, angenehm schmeckend und erinnern im Geschmack an Heidelbeeren. Es lassen sich auch Säfte, Kompott, Mus und Marmelade herstellen, auch in Mischung mit anderen Obstarten. In Russland dienen die Früchte, die mit Zuckersirup verarbeitet werden, zur Herstellung von 'Warenje'.

Standortansprüche und Pflege

Die Kamtschatka-Heckenkirsche ist ein anspruchsloses Gehölz für sonnige bis schattige Standorte. Sie bevorzugt leichte bis mittelschwere Böden. Allerdings benötigt sie leicht saure bis leicht alkalische, nicht zu trockene, gut mit Nährstoffen versorgte Böden. Der Austrieb ist empfindlich für Spätfrost. Besondere Pflege- oder Schnittmaßnahmen sind nicht notwendig. Ein Auslichten in mehrjährigem

Lonicera kamtschatica Haskap

Turnus ist allerdings vorteilhaft. Es ist günstig, zumindest zwei Sorten zu pflanzen, weil sie durch die gegenseitige Bestäubung deutlich mehr Früchte hervorbringen.

Krankheiten und Schädlinge

Weil sie bisher nur sehr selten kultiviert wird, gibt es bislang kaum Krankheiten oder Schädlinge. Es können eventuell Schäden durch Frostspanner auftreten. Die Früchte können durch Vogelfraß gefährdet sein.

Vermehrung und Anzucht

Die Art lässt sich durch Samen vermehren, Auslesen und Sorten werden durch Ableger und Absenker bzw. durch Grünstecklinge vermehrt.

Plantagenmäßiger Anbau

Die Produktion von *Lonicera kamtschatica*-Früchten könnte für den einen oder anderen direktabsetzenden Betrieb als Nischenprodukt interessant sein und eine Besonderheit in einem abwechslungsreichen Sortiment darstellen. Die Verkaufspreise sollten aufgrund der geringeren Pflückleistung und der geringeren Haltbarkeit über denen von Kulturheidelbeeren liegen.

Da die Pflanzen relativ langsam und zudem aufrecht wachsen, können sie zur Strauchererziehung im Abstand von 1,25–1,50 m gepflanzt werden. Zur besseren Befruchtung sollten dabei zwei verschiedene Sorten gewählt werden.

Zusatzbewässerung ist aufgrund der frühen Reifezeit, wo sich die Frühjahrsniederschläge noch auswirken, nicht zwingend erforderlich; kann aber auf sehr leichten Böden und in sehr trockenen Gebieten nützlich sein.

Der Schnitt gestaltet sich ähnlich wie jener der Johannisbeersträucher. Ältere, zu dichte Triebe im Inneren werden (am besten gleich nach der Ernte) bodennah abgeschnitten. Dabei werden jährlich drei neue Bodentriebe belassen; überzählige Neutriebe werden entfernt. Zu viele Triebe beeinflussen die Fruchtqualität, vor allem die Fruchtgröße, negativ, was besonders bei den kleinen Früchten problematisch sein kann. Um eine Verbesserung der Fruchtgröße bzw. eine höhere Pflückleistung zu erreichen, wird im Versuchsgelände Stutel der Bayerischen Landesanstalt für Weinbau und Gartenbau Veitshöchheim versucht – in Anlehnung an die Hecken-(Spindel-)Erziehung bei Johannis- und Stachelbeeren – einige Jungpflanzen eintriebig (Pflanzabstand: 50 cm) zu kultivieren.

Lonicera kamtschatica – Sortenvergleich

Lonicera kamtschatica Doppelbeere

Um die Früchte vor Vogelfraß zu schützen, sollten Schutznetze schon vor der Reife um die Sträucher angebracht werden!

Die Sträucher schließen früh ab. Das Laub wird Ende August/September fahl bis gräulich (das ist arttypisch und kein Pilzbefall) und fällt auch früh ab. In milden Wintern können vereinzelte Blüten vorab erscheinen.

Sorten und Auslesen

Die Kamtschatka-Heckenkirsche oder 'Maibeere' stammt aus Ostsibirien. Sie ist nach russischen Angaben für den Frischverzehr geeignet, wird aber auch zur Herstellung von Säften und Marmeladen verwendet. Es werden inzwischen zahlreiche Sorten und Auslesen angeboten. Pflanzen aus dem Formenkreis *L. kamtschatica* und *L. turczaninowii* werden in Osteuropa züchterisch bearbeitet.

Im Vallée-de-la-Gatineau in Kanada wurde zwischen 2008 und 2011 eine Sichtung von mehreren *Lonicera kamtschatica*-Sorten durchgeführt (**'Blue Belle'**, **'Berry Blue'**, **'Dimka'**, **'Tominchka'** und **'Ognennyi Opal'**) Als Ergebnis hat sich unter anderem gezeigt, dass die Pflanzen bereits im zweiten Jahr fruchten (7–88 g/Pflanze), und im dritten Jahr produzierten die Sträucher 0,4–1,2 kg pro Pflanze.

An der Universität von Saskatchewan (Kanada) gibt es seit Jahren ein groß angelegtes Forschungsprojekt zur Züchtung neuer Kamtschatka-Beeren-Sorten.

'Balalaika'®: Reichtragende Ertragsselektion, Früchte süß, bis 2–3 cm lang und 1,5 cm dick. Geschmack süßlich, weniger intensiv.

'Eisbär'®: Ertragssorte mit 2–3 (–4) cm langen und 1,5 cm dicken Früchten, süß-säuerlicher Geschmack.

'Kalinka'®: Reichfruchtende Sorte, Früchte ca. 1,5 cm groß. Geschmack eher säuerlich.

'Maistar' (MAIBEERE® MAISTAR, Häberli, Schweiz): Hellblau bereifte, 2,5 cm große, längliche, vorne leicht glockenförmig verbreiterte Früchte, guter Geschmack. Das mittlere Fruchtgewicht beträgt etwa 0,8–1,2 g. Sehr reichfruchtend. Fruchtertrag etwa 2,1 kg pro Strauch (6. Standjahr).

'Mailon' (MAIBEERE® MAILON(S) Häberli, Schweiz): Hellblau bereifte, länglich ovale Früchte, 2,0 cm, guter Geschmack, süßlich-würzig. Das mittlere Fruchtgewicht beträgt etwa 0,80–0,96 g. Sehr reichfruchtend. Fruchtertrag etwa 2,0 kg pro Strauch (6. Standjahr).

'Maitop' (MAIBEERE® MAITOP(S) Häberli, Schweiz): Hellblau bereifte, breit rundlich ovale Früchte,1,9 cm lang, Fruchtgewicht 1,1 g, sehr guter, süßlich-würziger Geschmack, hat bei der Verkostung am besten abgeschnitten.

'Amur'(S) (MAIBEERE® AMUR(S) Häberli, Schweiz): Hellblau bereifte, länglich ovale, vorne verschmälerte Früchte, 1,5 cm lang, Fruchtgewicht 0,80 g, guter Geschmack.

'Blue Belle' (ursprünglich Russland, Baumschule Jim Gilbert, Oregon, USA): War in der kanadischen Sichtung die ertragreichste Sorte (mit **'Berry Blue'**). Fruchtgewicht 0,60 g. Fruchtreife sehr früh. Geschmack mittelmäßig.

'Berry Blue' (ursprünglich Russland, Baumschule Jim Gilbert, Oregon, USA): War in der kanadischen Sichtung die ertragreichste Sorte (mit **'Blue Belle'**). Fruchtgewicht 0,50 g. Fruchtreife sehr spät. Guter Geschmack.

'Blue Velvet' ('Myberry® Blue Velvet'): 1 m hoher, kompakt wachsender Strauch mit bläulich bereiften Blättern. Die dunkelblau bereiften Früchte sind rundlich oval, klein, 1,5 cm lang, Fruchtgewicht 0,60 g, mit leichter Behaarung an der Vorderseite der Früchte, Geschmack leicht säuerlich. Selbstunfruchtbar, benötigt Befruchtungspartner.

An der Universität von Saskatchewan wurden Kreuzungen von **'Blue Velvet'** mit **'Blue Belle'** durchgeführt. Die daraus entstandenen

'Balalaika'

'Eisbär'

'Kalinka'

'Maistar'

'Mailon'

'Maitop'

'Amur' (H. R. Müller)

'Berry Blue' (H. R. Müller)

'Blue Belle' (H. R. Müller)

'Blue Velvet'

'Fialka'

'Morena' (H. R. Müller)

Varietäten werden unter folgenden Sortennamen vermarktet, sie zeichnen sich durch bessere Fruchtqualität und größere Früchte aus.
'Tundra' (Kanadische Sorte, Züchter: Universität von Saskatchewan): Wird als die beste Sorte für den kommerziellen Anbau empfohlen. Die Früchte schmecken sehr gut (würzig-süß), sind etwa um 50 % größer als die bis dato bekannten Sibirischen Heckenkirschen (Kanada, 2007). Fruchtgewicht 1,50 g. Die Früchte 'bluten' nicht, wenn sie geerntet werden, und können auch gut eingefroren werden.
'Borealis' ('Myberry® Sweet'. Kanadische Sorte, Züchter: Universität von Saskatchewan, 2007): Wird als die beste Sorte aus dem Züchtungsprogramm bezeichnet. Wird 1,2–1,5 m hoch. Früchte sind doppelt so groß wie die 35 Auslesen aus Russland. Fruchtgröße 2,5 cm, Fruchtgewicht 1,60 g. Sie werden aber nach der Ernte (Mitte bis Ende Juni) leicht matschig, wenn sie maschinell geerntet werden. Sie gelten aber als die beste Fruchtsorte für den Hausgarten, wenn sie als Naschfrucht frisch von den Sträuchern geerntet werden. Sie hatten den besten Geschmack (süßlich-herb) von insgesamt 43 in Japan getesteten Sorten. Blüten überstehen Fröste bis –7 °C.
'Honey Bee' ('Myberry® Bee'), Kanadische Sorte, Züchter: Universität von Saskatchewan): Diese Sorte wurde als Befruchtungspartner für **'Borealis'**, **'Tundra'** und die **'Indigo'**-Serie ausgelesen. **'Honey Bee'** kann 4–8 Pflanzen der oben genannten Sorten bestäuben. Sie ist eine Hybride aus einer russischen Sorte (**'Suvenir'**) und einer Sorte von den Kurilen (**'Blue Pacific'**). Die Sträucher wachsen stärker (1,75–2,25 m) als die übrigen Fruchtsorten. Die Früchte sind bis zu 3 cm groß, den russischen Sorten ähnlich und lassen sich nicht maschinell beernten. Ihr Geschmack weist auch einen leichten bitteren bis adstringierenden Unterton auf.
'Aurora' (Kanadische Sorte, Züchter: Universität von Saskatchewan, 2012): Sie entstand aus einer Kreuzung zweier Hybriden ((russische x japanische Sorte) x (kurilische x russische Sorte)). Diese neue Sorte ist der Sorte **'Tundra'** ähnlich, sie wächst jedoch stärker. Deren Früchte sind leichter zu ernten, sie schmecken besser (süßer) und sie bringt bessere Erträge. Die Früchte sind eher von birnenförmiger Gestalt, das Fruchtgewicht beträgt 1,9 g. Sie ist auch gegen Mehltau weitgehend resistent (gilt für Kanada).
'Indigo Gem' (Myberry® Farm, kanadische Sorte, Züchter: Universität von Saskatchewan, 2012): Rasch wachsensender, 1,5–2 m hoher Strauch. Früchte bis 3 cm, länglich oval, etwa 1,3 g. Früchte sind süß und für den Rohverzehr gut geeignet, auch für Marmeladen und Gelees. Bringt hohe Erträge
'Indigo Treat' und **'Indigo Yum'** sind weitere Sorten aus dem Züchtungsprogramm der Universität von Saskatchewan.

In Amerika/Kanada befinden sich weitere Selektionen im Handel, welche sich durch besonders große Früchte und guten Frucht-

'Zielona' (A. Hellmich)

'Czelabinka' (A. Hellmich)

'Siniglaskaya' (A. Hellmich)

'Leningradskij Velikan' (A. Hellmich)

geschmack auszeichnen: **'Berry Blue'**, **'Blue Belle'** und **'Blue Bird'** Diese Sorten stammen ursprünglich aus Russland, werden aber in den USA (Ohio) verkauft.
Weitere Sorten: **'Blue Pacific'** und **'Blue Moon'**.

'Fialka': Strauch bis 1,5 m Wuchshöhe. Hellblau bereifte, länglich zylindrische bis spindelförmige, 3–4 cm große Beeren. Fruchtgewicht 1,0 g. Fruchtertrag bis 1,8 kg pro Strauch. Enthält hohen Vitamin-C-Gehalt, ist extrem frosthart. Reifezeit Mai bis Juni. Früchte lassen sich für einige Tage gut lagern.
'Morena' (Russische Sorte, 1992, Züchter M. N. Plehanowa, A. W. Kondrikow): Wuchshöhe bis 1,5 m. Die Früchte sind spindelförmig, blau bereift, groß, sie schmecken süß-säuerlich, weniger Geschmack haben und enthalten viel Vitamin C. Das mittlere Fruchtgewicht beträgt etwa 1,5 g. Sehr reichfruchtend. Fruchtertrag etwa 2,70 kg pro Strauch (6. Standjahr). Diese Sorte zeigt mäßige Tendenz zum Abfallen der Früchte.
'Siniczka' (Russische Sorte, 1998): Rundlicher Strauch mit bis zu 1,5 m Wuchshöhe. Reichfruchtend, Frucht tonnenförmig, oval oder eiförmig, mit einer ringartigen Verdickung in der Mitte, ungewöhnliche Furchtform; mittleres Fruchtgewicht 0,8 g. Die blau bereiften Früchte schmecken süßsauer, eher säuerlich und aromatisch und reifen Anfang Juni.
'Tomiczka' (Russische Sorte, 1987): Diese Sorte wurde im fernöstlichen Küstengebiet Russlands an der Grenze zu China und Nordkorea selektiert. Mittelgroßer, breit wachsender Strauch. Extrem reichfruchtend, die Früchte sind groß, schmal oval bis spindelförmig, dunkelblau, schwach bereift, mit ungleichmäßiger Oberfläche. Mittleres Fruchtgewicht von 0,8–1,0 g, nach kanadischen Angaben 0,4 g. Zuckergehalt 7,5 %, Vitamin-C-Gehalt 45 mg/100g. Der Geschmack ist sehr gut, angenehm süßsauer, gilt als eine der schmackhaftesten, reift spät, etwa Mitte Juni. Fruchtertrag bis zu 2,6 kg pro Strauch.
'Nymphe' (Züchter Nikolai Wawilow (russischer Botaniker)): Breit kugelförmiger Wuchs, Strauch erreicht eine Wuchshöhe von 1,5 m. Sehr reichfruchtend, Früchte von spindelförmiger Gestalt, blauviolett, mit Wachsüberzug. Sie schmecken süß und aromatisch. Das mittlere Fruchtgewicht beträgt 1,3 g. Sie reifen relativ zeitig, Ende Mai. Sorte mit mittelmäßiger Tendenz zum Abfallen der Früchte.
'Atut': Polnische Sorte. Wuchshöhe bis 1,5 m. Früchte sind zylindrisch bis keulenförmig, vorne ohne starke Einstülpung, 2,0–2,5 cm lang und 0,8 cm dick, Fruchtgewicht 0,8–1,3 g. Früchte von süßem aromatischem Geschmack. Vitamin-C-Gehalt 45 mg/100 g, Säuregehalt 8,3 %, Zuckergehalt 8,3 % sowie hoher Anthocyan-Gehalt. Fruchtertrag von 0,25–1,00 kg pro Strauch. Mittelfrühe Sorte, Früchte haben Tendenz zum Abfallen.
'Brązowa': Polnische Sorte. Einzige Sorte mit runden, lilablauen Früchten. Sie besitzt breite Blätter, der Austrieb sehr weich. 2,7 mg Säure

je 100 g. Säuregehalt nimmt ab, je länger die Früchte am Strauch ausreifen. Das Fruchtgewicht beträgt 1,2 g, der Fruchtertrag liegt bei ca. 2 kg pro Pflanze. Es ist eine frühreifende Sorte, die Beeren sind anfangs fest, mit zunehmender Reife werden sie weicher.

'Czarna': Polnische Sorte. Blätter sehr breit. Die Früchte sind vorne stark eingestülpt, sehr dunkel gefärbt. Auch der Fruchtsaft ist von dunkler Farbe. Die Früchte sind sehr saftig. Vitamin-C-Gehalt 35–98 mg/100 g. Spät reifende Sorte, die Früchte halten sich sehr lange am Strauch.

'Duet': Polnische Sorte, Wuchshöhe bis 1,5 m. Früchte sind sehr groß, bis 3 cm lang, oval bis birnenförmig, 1,8 cm lang, Fruchtgewicht 1,6–1,9 g. Der Zuckergehalt beträgt 8,0 %, der Säuregehalt ist niedrig, der Vitamin-C-Gehalt beträgt 45 mg/100 g. Früchte von süßem aromatischem Geschmack, es ist eine der 'süßesten' Kamtschatka-Beeren. Fruchtertrag von 0,35–1,25 kg pro Strauch. Fruchtreife erfolgt sehr früh.

'Sibirnaya' (Russische Sorte, Sämlingspflanze aus Russland): Die Blätter sind eher rundlich, aber klein und weich und rötlich angehaucht. Eher langsam und kompakt wachsender Strauch. Die Früchte sind im Vergleich zu den anderen Sorten eher klein, jedoch aromatisch. Konsistenz ist eher fest. Sie sind lange haltbar.

'Wojtek': Polnische Sorte. Fällt durch längliche, relativ glatte Blätter auf; der Blattaustrieb ist rot, die Stängel rötlich angehaucht. Früchte sind umgedreht tropfenförmig. Geringer Säuregehalt. Das Fruchtgewicht beträgt 1,0 g, der Fruchtertrag pro Pflanze etwa 1,8 kg. Die sehr aromatischen Beeren reifen nicht einheitlich, deshalb kann man über einen langen Zeitraum ernten. Zweige sind dicht mit Früchten behangen, auffällig ist auch die Anordnung der Früchte in Büscheln.

'Wolozsebnica': Besitzt die länglichsten Blätter von allen Sorten, sie sind dunkelgrün, der Austrieb (Stängel) ist rot gefärbt. Die Früchte dieser Sorte weisen einen leicht bitteren, jedoch nicht unangenehmen Nachgeschmack auf. Es ist die früheste Sorte innerhalb der Kamtschatkabeeren, die bereits im Mai reift.

'Schilka': Auslese aus Wildbeständen. Die Blätter sind weich und auffällig spitz. Beeren 1,5 cm lang, früh reifende Sorte.

'Rebeka': Wuchshöhe der starkwüchsigen Sträucher bis 2 m, rosa angehauchte Stängel. Die Früchte sind sehr groß und von ovaler Gestalt.

'Zielona': Polnische Sorte. Die dunkelgrünen Blätter sind länglich, vorne rundlich zugespitzt. Der Gesamtsäuregehalt beträgt etwa 3,0.

'Czelabinka' ('Čeljabinka') (Russische Sorte 1994): Ist eine Selektion aus Sämlingen. Sehr fruchtbare Sorte. Blütezeit Mitte Mai, Ernte etwa um den 20. Juni. Hoch wachsende Sträucher mit mittelgroßen länglichen, grünen Blättern. Die großen Blüten sind hellgelb. Früchte sind sehr stark bereift. Früchte mittelgroß, Fruchtgewicht 0,7–1,0 g. Die Früchte selbst sind birnenförmig bis länglich und besitzen eine dünne Haut. Der Geschmack ist ausgeglichen süßsauer, nicht bitter (4,2 Punkte auf einer Skala bis 5). Früchte enthalten bis zu 15 % Feststoffe, 7,9 % Zucker, 2,5–3,7 % Säure, 37 mg/100 g Vitamin C, bis 900 mg/100 g L-Wirkstoffe. Der Fruchtertrag liegt zwischen 2,0 und 5,0 kg pro Pflanze.

'Sinigłaska' (Russische Sorte, 1994): Selektion aus offen abgeblühten Sämlingen. Strauch von mittlerer Wuchshöhe mit gerade wachsenden dicken Ästen, Stängelfarbe hellgrün. Die Blätter sind mittelgroß und mattgrün. Die Früchte sind rund bis länglich, leicht geknautscht, dunkelblau mit leicht lila Farbton auf der dünnen Fruchtschale. Die Sorte bringt große Früchte mit einem Gewicht von 1,0–1,4 g hervor. Beeren mit süßem Geschmack (4,9 Punkte bei Verkostungen auf einer Skala von 5), enthalten keine Bitterstoffe und weisen ein sehr gutes Aroma auf. An Inhaltsstoffen sind 6,3 % Zucker, 3 % Säure, 28 mg/100 g Vitamin C, 800 mg/100 g L-Wirkstoffen enthalten. Die Früchte sind für den Frischverzehr und zur Verarbeitung geeignet. Fruchtertrag pro Strauch etwa 1,3–1,9 kg, ab dem fünften Standjahr Massenträger.

'Leningradskij Velikan': Diese Sorte stammt aus Kamtschatka. Der Strauch erreicht eine Wuchshöhe von 1,7–2,0 m. Die Früchte sind groß, zylinderförmig oder schmal oval, oft

'Siniczka'

'Tomiczka' (A. Hellmich)

'Nymphe'

'Atut' (A. Hellmich)

'Brazowa' (A. Hellmich)

'Czarna' (A. Hellmich)

'Duet' (A. Hellmich)

'Sibirnaya' (A. Hellmich)

'Wojtek' (A. Hellmich)

'Wolosebnica' (A. Hellmich)

'Schilka' (A. Hellmich)

'Rebeka' (A. Hellmich)

'Blue Velvet'

'Fialka'

'Fialka'

geschwollen an der Spitze. Der Geschmack ist sehr süß (eine der süßesten Sorten der Kamtschatka-Beere), der Zuckergehalt liegt bei 10 %. Fruchtertrag pro Strauch 2,5–5,0 kg. Reifezeit Mitte Juni, geringe Neigung zum Fruchtfall.
'Zoluschka': Länglich walzenförmige Frucht. Es gibt auch osteuropäische Sorten der Kamtschatkabeere: **'Czelabinka'**, **'Czerniczka'**, **'Izjuminka'**, **'Smolinska'** und **'Leningradzkij Wielikan'**

Eine polnische Baumschule bietet weitere Sorten unter folgenden Namen an:

L. caerulea var chinensis
'Ka-Bluey': Beeren größer als 4 cm.
'CHen Li': Beeren groß, spät reifende Sorte.
'Chen Xi': Beeren bis 4 cm lang, späte Sorte.
'Chen Ye': Beeren länglich, 4 cm lang, mittelspät reifend.
'Chen Yu': Beeren groß, tiefblau, sehr früh reifende Sorte.

In den USA werden noch folgende Sorten angeboten:
frühblühend: **'Blue Bird'**™, **'Blue Lightning'**™, **'Blue Nova'**™, **'Blue Sky'**™, **'Smokey Blue'**™.
spätblühend: **'Blue Forest'**™, **'Blue Hokkaido'**™, **'Blue Mist'**™, **'Blue Moon'**™, **'Blue Pacific'**™, **'Blue Sea'**™, **'Kamtschatka'**™.

Weitere Sorten: **'Jugana'**, **'Tundra'**, **'Vostorg'**, **'Doc Velikana'**, **'Jugana'**, laufend kommen weitere neue Sorten hinzu.

Literatur

MAŁODOBRY, M., BIENIASZ, M., DZIEDZIC, E.: Evaluation of the yield and some components in the fruit of blue honeysuckle (Lonicera caerulea var. edulisTurcz. Freyn.). Folia Horticulturae Ann. 22/1 (2010), S. 45–50.

Internetseiten

http://www.deaflora.de/
http://www.lahaveforests.com/assets/files/ResultatsEssaisCamerise.pdf
http://davesgarden.com
http://www.lwg.bayern.de/gartenbau/obstbau/27599/
http://www.fruit.usask.ca/haskap.html
http://www.gimolost.de/product_info.php?info=p40_Gimolost-Zoluschka.html
http://thehoneytreenursery.com/Home.php
http://www.lwg.bayern.de/gartenbau/baumschule/079788/index.php
http://garden_of_dreams.fm.interia.pl/owocowe.htm

SCHWARZER HOLUNDER

Sambucus nigra (*Adoxaceae*, Moschuskrautgewächse, früher *Caprifoliaceae*, Geißblattgewächse)

Weitere Namen

Gemeiner Holunder, Holunderbusch, Holunderstrauch, Holder, 'Flieder'; engl. Common Elder, Elderberry, Europaean Elder; franz. Sureau commun, Sureau Noir, Grand Sureau, Seu, Sus; ital. Sambuco, Zambuco, Sambiig, Sambuco Nero; span. Saúco; niederl. Vlierbes, Vlier; norweg. Swarthyll; poln. Bez czarny, Bez Lekarsky.

Der Holunder wurde schon seit Jahrtausenden genutzt. Wie Funde belegen, nutzten bereits die Bewohner der Pfahlbauten in der Stein- und Bronzezeit die Früchte zum Färben und zur Bereitung von Mus.

Pflanzenmerkmale und Verbreitung

Der Schwarze Holunder ist in Europa, Westasien und Nordafrika verbreitet und kommt an Naturstandorten vom Tiefland bis in Höhenlagen von 1.500 m vor. Er ist ein rasch wachsender Großstrauch oder kleiner Baum bis 7 m Höhe, mitunter kann er am Naturstandort auch eine Wuchshöhe von 10 m erreichen und eine breit ausladende Krone entwickeln. Seine Äste mit den deutlich sichtbaren Lentizellen sind sehr auffällig, sie besitzen einen hohen Markanteil.

Die unpaarig fünfzählig gefiederten Blätter sind oberseits dunkelgrün, unterseits heller blaugrün und können 10–30 cm lang werden. Sie verbreiten beim Zerreiben (wie auch die übrigen Pflanzenteile) einen etwas unangenehmen Geruch.

Blüte

Ab Ende Mai bis Juni, in Höhenlagen auch später, erscheinen nach dem Blattaustrieb die gelblich weißen, intensiv duftenden Blüten. Sie sind in endständigen flachen Schirmris-

Sambucus nigra 'Haschberg' (unten) und Blüte von *S. nigra* (oben)

Sambucus nigra 'Haschberg' Blüte

Sambucus nigra 'Haschberg' Früchte

pen (Trugdolden) zusammengefasst und können etwa 10–20 (–30) cm im Durchmesser erreichen und aus bis zu 100 Einzelblüten zusammengesetzt sein. Sie verströmen einen intensiven, charakteristischen Duft. Es wird reichlich Pollen, aber kaum Nektar produziert, die Bestäubung erfolgt vorwiegend durch Fliegen und Hautflügler.

Eignung

Der Schwarze Holunder ist eine alte Kulturpflanze, die bereits seit Jahrhunderten in Bauerngärten als Nutz- und Heilpflanze kultiviert wird. Er ist als Solitärstrauch oder -baum, als Großstrauch für freiwachsende Hecken und als Gruppenstrauch in größeren, naturnahen Gärten interessant. Auch kann er zur Begrünung von Böschungen, Schuttplätzen und als Sichtschutz verwendet werden. Da er sehr anspruchslos, robust und frosthart ist und auch im Halbschatten noch gut gedeiht, kann er universell eingesetzt werden. Der Holunder ist eine gute Bienenweide und dient Vögeln als Nahrungsquelle und Nistgelegenheit, daneben bietet er noch einer großen Anzahl von Schmetterlingen und Insekten Futter.

Holunderblüten sind selbstfruchtbar, manche Selektionen ('Rubin') können jedoch auf Fremdbestäubung angewiesen sein. Insgesamt gilt jedoch eine Fremdbestäubung als ertragssteigernd.

Frucht

Die Früchte sind 5–7 mm große kugelige, schwarz glänzende, beerenartige Steinfrüchte und enthalten einen sehr stark färbenden Saft von tiefroter Farbe. Der reife Fruchtstand ist überhängend, die einzelnen Früchte innerhalb des Fruchtstandes reifen bei Wildvorkommen oft unregelmäßig und bei Kultursorten gleichmäßig. Bei letzteren sind die Fruchtstiele rötlich, grünlich oder weißlich gefärbt. Ab etwa Mitte August bis September setzt die Fruchtreife ein.

Holunderbeeren sind recht reich an Inhaltsstoffen: Fruchtzucker (14 % der Frischsubstanz), Vitamin C (20–100 mg/100 g), Provitamine (A, B_1, B_2 und P), Fruchtsäuren, vor allem

Sambucus nigra BLACK BEAUTY Blüten

Sambucus nigra BLACK BEAUTY Saftproduktion

Apfel- und Weinsäure (2,8 %), und Mineralstoffe (Calcium, Phosphor und Kalium; 6–10 g/l Presssaft). Die Samen enthalten das giftige Glycosid 'Sambunigrin'. Dieses kann, wenn die Früchte roh verzehrt werden, Brechreiz und Verdauungsstörungen hervorrufen.

Verwertung

Sprichwörter wie „Vor dem Holunder muss man den Hut ziehen" oder „Vor dem Holunder den Hut herunter" weisen schon darauf hin, dass der Holunder schon immer sehr wichtig war und auch heute noch bzw. wieder sehr wertvoll ist. Holunder ist für den Rohgenuss nicht geeignet, beim Erhitzen wird jedoch das giftige Sambunigrin zerstört. Bei der Gewinnung des Saftes muss man die Samen entfernen (z. B. durch Passieren). Der Saft ist stark färbend und eignet sich sehr gut als biologischer Färbesaft für die verschiedensten Verarbeitungsprodukte wie Saft, Wein und Mehrfrucht-Nektare. Man kann daraus Marmelade, Gelee, Saft, Nektar, Wein, Likör, Branntwein, Bonbons, Punsch und Suppen bereiten. Holunder eignet sich auch für die Beimengung zu Milchprodukten. Die frischen Blüten werden für „Holundersekt" verwendet oder man bereitet daraus „Gebackene Holunderblüten" (Hollerstrauben), indem man sie in Teig frittiert; auch Wein, Schaumwein und Branntwein lassen sich daraus bereiten.

Getrocknete Holunderblüten werden zu gesundheitsfördernden Tees und zur Herstellung homöopathischer Mittel verwendet. Blüten, Früchte, Blätter und die Rinde finden auch in der Pharmazie Verwendung. Früher hat man aus den Holunderbeeren sogar eine Tinte (Sambucin-Tinte) hergestellt.

Standortansprüche und Pflege

An sich ist der Holunderstrauch anspruchslos, industriefest und mäßig salztolerant. Er ist ein Licht- bis Halbschattengehölz und gilt als Stickstoffzeiger. Legt man jedoch Wert auf einen guten Fruchtertrag, dann sollte der Boden mäßig frisch, stickstoff- und humusreich sein und die Niederschlagssumme sollte bei etwa 700 mm/Jahr liegen. Er benötigt zwar viel Wasser, reagiert jedoch empfindlich auf Staunässe. Der pH-Wert sollte im neutralen bis leicht sauren Bereich liegen.

Zwar ist er sehr frostunempfindlich, allerdings können hohe Sommertemperaturen von mehr als +30 °C in Kombination mit hoher

Sambucus nigra 'Haschberg' Plantage

Sambucus nigra Plantage Herbstfärbung

Sonneneinstrahlung Sonnenbrandschäden an den Früchten verursachen. Dies wiederum kann zur Folge haben, dass die Fruchtdolden von Pilzkrankheiten befallen werden.

Man muss den Holunder (im Hausgarten) nicht unbedingt schneiden, aber ein Zurückschneiden der abgetragenen Fruchtäste auf nahe der Basis wachsende Jungäste (Fruchtasterneuerung) fördert den Fruchtertrag beträchtlich. An den Enden von Kurztrieben, die sich an vorjährigen Langtrieben entwickeln, werden die Blütendolden gebildet.

Krankheiten und Schädlinge

Holunderblattläuse sind die häufigsten Schädlinge beim Holunder, sie verursachen verdrehte und später verkrüppelte Triebe. Auch Gallmilben, Virosen, Doldenwelke (*Phoma* und *Fusarium*), Stiellähme und Botrytis können auftreten. Ein größeres Problem können Wühlmäuse verursachen.

Vermehrung und Anzucht

Holunder lässt sich einfach durch Steckholz, Abrisse oder Stecklinge vermehren. Es sollte allerdings nur virusfreies Pflanzenmaterial verwendet werden – die Wildvorkommen sind stark virusverseucht.

Plantagenmäßiger Anbau

Bereits in den 1960er-Jahren wurden an der Höheren Bundeslehranstalt und Bundesamt für Obst- und Weinbau in Klosterneuburg durch Strauß und Novak Sortenselektionen durchgeführt sowie deren Vermehrungstechnik, Pflege und Verarbeitungsmaßnahmen herausgearbeitet. Sie haben damit den Intensivanbau des Holunders in Österreich wesentlich mitgeprägt. Mittlerweile sind es mehr als 1.200 ha Anbaufläche, Tendenz steigend. Ein plantagenmäßiger Holunderanbau ist (zumindest in der Steiermark) bis in Höhenlagen von 1.000 m möglich. In Österreich werden etwa 7.000 t Holunderfrüchte produziert. Die obstbaulich genutzte Anbaufläche in Ungarn beträgt auch etwa 1.000 ha.

Im Plantagenanbau wird eine Pflanzweite von etwa 5–6 zwischen den Reihen und 3,5–4 m Pflanzabstand empfohlen. Die Pflanzen benötigen in den ersten Standjahren eine Einzelpfahlunterstützung. Der Kronenansatz wird bei etwa 1m angesetzt. Beim Winterschnitt werden nur 12–15 kräftige, jedoch nicht zu starke (mastige) Jungtriebe belassen. Abgetragene, schwache, flach angesetzte und steil aufrechte Triebe werden entfernt. Der Vollertrag kann ab dem 4. Standjahr einsetzen und 20–25 kg pro Baum betragen.

Sorten und Auslesen

Mittlerweile gibt es zahlreiche Holundersorten, die auch plantagenmäßig angebaut werden. Einige Sorten sollen hier kurz vorgestellt werden.

'Haschberg' (Selektion der HBLA Klosterneuburg): Stark wachsende Sorte mit guter Eignung zur Stammerziehung, mittelgroße Blätter, Blüte Anfang Juni, Fruchtreife Anfang bis Mitte September, sehr große Dolden mit kleinen, blauschwarzen, glänzenden Früchten, regelmäßiger Ertrag und hoher Farbstoffgehalt.

'Donau': Stark aufrecht wachsende Sorte mit großen Blättern, Blüte Anfang Juni und Reife Ende August bis Anfang September, große Fruchtdolden mit mittelgroßen Früchten, gleichmäßige Reife.

'Erfurt': Auslese aus der Sorte 'Haschberg', LLV Anstalt Erfurt, M. Möhler.

'Mammut': Starkwüchsig, eher aufrecht, mittelgroße Dolden mit gleichmäßig reifenden Früchten, rotstielig, Fruchtsaft sehr farbintensiv und dunkelviolettrot.

'Sampo': Mittelstarker, straff-aufrechter Wuchs, hohe Erträge (bis 32 kg/Pflanze), Reife sehr früh (ab Mitte August bis September), mittlerer bis hoher Farbstoffgehalt, besonders intensives Aroma, neigt etwas zum 'Rieseln'. Auch für die Verwendung im Garten geeignet.
Sambucus nigra var. *albida*: Weißer Holunder, Varietät mit grüngelben, fruchtigen Beeren, Verwertung wie beim Schwarzen Holunder.
'Goldbeere' (Wurde als Zufallssämling in einem S. nigra-Bestand von einem privaten Holunderanbauer in Schleswig ausgelesen): Wuchs stark, mit großen, hellgelb-grünen fruchtigen Beeren mit hellem Fruchtsaft, große Traubendolden.
BLACK BEAUTY® (syn. **'Gerda'**(S)): Diese Kulturform stammt aus England. Obwohl Zierform, wird sie hier deshalb erwähnt, weil sie im Hausgartenbereich mit ihrer dunkelrotbraunen Belaubung und den großen rosa Blütenständen ein attraktives Ziergehölz darstellt. Aus den Blüten lassen sich rotgefärbte Säfte etc. herstellen. Die Früchte können zwar verwendet werden, aber der Fruchtertrag ist gering.

Es gibt noch zahlreiche weitere Auslesen und Sorten aus Österreich (**'Prägarten'**, **'Haidegg'** mit den **Klonen 13, 14, 17** und **25**; **'Rubin'** und **'Tattin'**), Dänemark (**'Alesoe'**, **'Hamburg'**, **'Korsör'**, **'Sambu'**, **'Samdal'**, **'Sampo'**, **'Samyl'**, **'Samidan'**), Deutschland (**'Bergmann'**, **'Mammut'**, **'Weihenstephan'**, **'Riese aus Vossloch'**), der Schweiz, den Niederlanden, Belgien, der Slowakei, Rumänien, Ungarn und Nordamerika (**'Adams 1'**, **'Adams 2'**, **'John'**, **'Scotia'**, **'Kent'**, **'Nova'** und **'Victoria'**).

Es lassen sich auch die Früchte der Zierformen (**'Laciniata'**, **'Variegata'** und **'Purpurea'**, **BLACK LACE®** (syn. **'Eva'**(S)) etc.) verwerten, allerdings ist der Ertrag bei diesen Sorten gering. Auch die Inhaltsstoffe sind nicht in dem Ausmaß vorhanden wie bei den Fruchtsorten. Weitere Ziersorten sind **'Aurea'**, **'Madonna'**, **'Monstrosa'**, **'Pulverulenta'**, **BLACK TOWER®** (syn. **'Eiffel 1'**(S)), **'Guincho Purple'**, **'Naomi'**, **'Thundercloud'** etc. Auch **'Fructo Lutea'** sowie S. *nigra* var. *viridis* werden ebenfalls angeboten.

'Haschberg'

'Sampo' (H.-R. Müller)

Sambucus nigra var. *alba* (Häberli)

BLACK BEAUTY

BLACK BEAUTY

BLACK LACE

ROTER HOLUNDER

Sambucus racemosa L. (*Caprifoliaceae*, Geißblattgewächse)

Weitere Namen

Trauben-Holunder, Wilder Holunder, Hirsch-Holunder; engl. Red Berried Elder, Red Elderberry; franz. Sureau à grappes, Sureau rouge.

Pflanzenmerkmale und Verbreitung

Der Rote Holunder ist von Europa bis Westasien heimisch.

Er entwickelt sich zu einem 1–4 m hohen Strauch mit bräunlichem Mark in den Trieben. Seine gegenständig, unpaarig gefiederten, 10–25 cm langen Blätter sind meist aus fünf Fiederblättchen zusammengesetzt.

Blüte

Die zwittrigen Blüten sind in ovalen bis kegelförmigen, 5–10 cm langen Rispen angeordnet und sitzen am Ende junger Triebe. Die Blütenfarbe ist gelblich grün, die Blüten öffnen sich während des Austriebes ab April. Sie werden durch Käfer, Fliegen und Hautflügler bestäubt.

Frucht

Die auffällig leuchtend roten, in Trauben angeordneten Beeren reifen ab Juli/August. Das Fruchtfleisch ist reich an Vitaminen und enthält bis zu 5 % fettes Öl. Die Früchte sind roh ungenießbar, können aber (nach Entfernung der Samen) für Marmeladen, Gelees, Säfte, vorwiegend in Mischung mit anderen Fruchtarten, verarbeitet und zum Verschnitt von Rhabarber- und Birnensaft verwendet werden.

Eignung

Der Rote Holunder kann in Hecken oder Gruppenpflanzungen eingebracht oder zur Bodenbefestigung auf Böschungen ausgepflanzt werden.

Standortansprüche und Pflege

Wichtig ist der Hinweis, dass diese Art (im Gegensatz zum Schwarzen Holunder) kalkmeidend sowie empfindlich gegenüber Trockenheit, Hitze und Salzbelastungen ist. Bevorzugt luftfeuchte Lagen.

Sorten und Auslesen

Keine Fruchtauslesen bekannt, '**Plumosa Aurea**' ist eine Zierform mit gelbgrünem, geschlitztem Laub, fruchtet auch.

Sambucus racemosa Habitus und Früchte

KANADISCHER HOLUNDER

Sambucus canadensis L. (*Caprifoliaceae*, Geißblattgewächse)

Weitere Namen

engl. American Elder; franz. Sureau du Kanada.

Pflanzenmerkmale und Verbreitung

Der aus dem östlichen Nordamerika stammende Kanadische Holunder wächst zu einem 3–4 m hohen, breitwüchsigen Strauch heran. Er bildet Ausläufer. Zweige mit wenigen Lentizellen, Fiederblätter mit 7–11, meist aber 7 Fiederblättchen. Blüten hellgelblich, in 20–25 cm breiten Trugdolden im Juni/Juli. Die Früchte sind 4–5 mm dick, purpurschwarz, mit 4 Steinkernen.

Sorten und Auslesen (USA)

In Europa werden die Ziersorten **'Aurea'** (gelblaubig) und **'Maxima'** (starkwüchsige Sorte mit großen Blättern und 30–45 cm breiten Fruchtständen) angeboten.

'Adams Elderberry': Sehr große Blütenstände, spät reifend. Früchte sehr saftig, purpurne Beeren. Guter Ertrag. Sehr gut geeignet für Sirup, Wein, Strudel etc.

'Johns Elderberry': Sehr früh und reichfruchtende Selektion mit mittelgroßen Beeren. Starkwüchsige Sorte. Fremdbestäubung (**'Adams'**).

'Nova Elderberry': Selektion aus der Vineland Fruit Station, Ontario, Kanada. Schwachwüchsig, fruchtet ohne Fremdbestäubung gut, Fruchtgewicht pro Fruchtstand überdurchschnittlich.

'York Elderberry': Ähnlich der Sorte **'Nova'**, allerdings reifen die Früchte einige Wochen früher. Fremdbestäubung (Wildform).

American Elderberry *S. canadensis* Blüten
(D. D. Secher, Carandale Farm)

American Elderberry *S. canadensis* Früchte
(D. D. Secher, Carandale Farm)

Literatur

FUNKE, W., 1997: Holunder für den Garten entdeckt, Eipeldauers Gartenmagazin, 10/97, S. 38–40.
SCHRAMAYER G. & Wanninger, K., 2011: Der Schwarze Holler *Sambucus nigra* L. Herausgeber: Amt der NÖ Landesregierung. 3109 St. Pölten.

Internetseite

http://www.lwg.bayern.de/gartenakademie/gartendokumente/infoschriften/085865/index.php

GEWÖHNLICHER SCHNEEBALL

Viburnum opulus (*Adoxaceae*, Moschuskrautgewächse, früher *Caprifoliaceae*, Geißblattgewächse)

Weitere Namen

engl. Europaean Cranberrybush, Guelder Rose; franz. Viorne.

Pflanzenmerkmale und Verbreitung

Der Gemeine Schneeball ist von Europa bis nach Sibirien und Zentralasien verbreitet. Es ist ein sommergrüner, schnellwüchsiger, bis 4 m hoher Strauch mit überhängenden Zweigen. Die 3–5-lappigen Blätter sind gegenständig, 8–12 cm lang und bis 8 cm breit.

Blüte

Die 5-zähligen Blüten sind in endständigen, bis 10 cm breiten Schirmrispen zusammengefasst, die sich an jungen Kurztrieben entwickeln. Die Randblüten sind unfruchtbar und vergrößert. Die Einzelblüten sind 4–5 mm groß, weiß. Blütezeit ist Mai/Juni. Die Blüten werden von Fliegen, Käfern und Schmetterlingen bestäubt.

Frucht

Die Früchte sind kleine kugelige Steinfrüchte, die leuchtend scharlachrot gefärbt sind. Sie sind ungenießbar und außerordentlich sauer.

Verwertung

In Europa gelten die Früchte des Gewöhnlichen Schneeballs als giftverdächtig! Der Verzehr größerer Mengen kann Durchfall und Erbrechen sowie Magen- und Darmentzündungen hervorrufen. Inhaltsstoffe sind unter anderem Saponin, Gerbstoffe und Viburnin, sie sind für den bitteren Geschmack der Früchte verantwortlich.

Umso erstaunlicher ist es, dass *Viburnum opulus* bzw. deren Auslesen in Russland und den ehemaligen russischen Staaten, wie der Ukraine, als beliebtes Fruchtgehölz bekannt ist und dort auch in Sorten kultiviert wird. *Viburnum opulus* ist ein Symbol für die Ukraine.

In der Ukraine wird dieser Schneeball häufig als Fruchtstrauch verwendet. Die mehrstämmigen Sträucher werden 2,0–2,5 m hoch. Das Fruchtgewicht der roten Einzelfrüchte beträgt 1,0–1,5 g, das Erntegewicht pro Pflanze wird mit 5,0–15,0 kg angegeben und die Pflanzen fruchten regelmäßig. Die Früchte selbst sind entweder bittersüß oder es fehlt der bittere Beigeschmack überhaupt. Er wird sowohl als Fruchtstrauch (Nahrungsmittel) als auch für medizinische Zwecke verwendet. Er wird auch zum Belegen von Kuchen verwendet. Sowohl die rohen Früchte als auch der Saft der Früchte werden bei Krankheiten sowie gegen niedrigen Blutdruck verwendet. Kühl gelagert (z. B. am Balkon, auf dem Dachboden oder in der Scheune), bleiben die Früchte den ganzen Winter frisch.

Viburnum opulus 'Ulgień' (S.Maksymiuk)

Standortansprüche und Pflege

Der Schneeball kommt mit allen Bodenarten und auch mit unterschiedlichen Klima-Situationen gut zurecht. Der heimische Schneeball wächst vom Tiefland bis in Höhenlagen von 1.700 m in den Alpen. Meist wächst er auf nährstoff- und basenreichen, schwach sauren, humosen Lehm- und Tonböden. Er toleriert auch noch halbschattige Standorte.

Krankheiten und Schädlinge

Mitunter kann der Schneeballblattkäfer (*Pyrrhalta viburni*) größere Probleme verursachen

Sorten und Auslesen

In Russland werden mehrere Sorten angeboten bzw. sind dort in den Gärten verbreitet. Die Fruchtgröße der Sorten beträgt 0,5–1,0 g, die

Viburnum opulus 'Tajeżnyje Rubiny' (S. Maksymiuk)

Viburnum opulus 'Kievskaja sadovaja №1' (S. Klymenko)

Fruchterträge pro Strauch liegen je nach Sorte zwischen 3 und 10 kg, einzelne Sorten produzieren sogar bis 15 kg. An Inhaltsstoffen wurden vor allem Vitamin-C-Gehalte zwischen 50 mg und 130 mg/100 g, sowie 10–14 % Zucker gemessen. Die Früchte werden als „bitter und sauer", „süßsauer mit Bitterkeit" sowie „süß" (Sorte **'Ulgen'** = 'Guter Geist') beschrieben. Sie werden allerdings meist zu 'slabogorkogo' verarbeitet.
An Sorten werden angeführt (als Übersetzungen!): **'Wetterleuchten'**, **'Ulgen'**, **'Rubina Taiga'**, **'Vigorovskaya'**, **'Maria'**, **'Roter Haufen'**, **'Shukshin'**, **'Granat-Armband'**, **'Souzga'**, **'Zholobovskaya'** und **'Elixier'**. Für die Sorte **'Elixier'** wird ein Ertrag von 152 kg/ha angegeben.
'Kievskaya sadovaja No1': (Kiew, Ukraine)
'Ukraine' (stammt aus der Ukraine, möglicherweise ident mit **'Kievskaya sadovaja No1'**): Wird in den USA unter dem Sortennamen **'Ukraine'** verkauft. Früh- und reichfruchtende Sorte des Gewöhnlichen Schneeballs.

Internetseite

http://www.greeninfo.ru/fruits/viburnum.html/Article/_/aID/5694

HIGHBUSH CRANBERRY

Viburnum opulus var. *americanum*, syn. *V. trilobum* (*Adoxaceae*, Moschuskrautgewächse, früher *Caprifoliaceae*, Geißblattgewächse)

Weitere Namen

engl. American Cranberrybush.

Pflanzenmerkmale und Verbreitung

Der Amerikanische Schneeball ist dem europäischen, Gewöhnlichen Schneeball sehr ähnlich. Er unterscheidet sich durch etwas weniger gelappte Blätter. Die leuchtend roten Früchte bleiben auch nach dem Frost an den Sträuchern. Wenn man die Früchte (nach amerikanischen Angaben) im Spätsommer oder Frühherbst erntet, dann sind diese angeblich nicht adstringierend. Man kann aus ihnen Marmeladen machen oder sie zu Saucen verarbeiten.

Internetseite

http://www.fruit.cornell.edu/mfruit/cranberries.html

Sorten und Auslesen

'Wentworth', **'Andrews'** und **'Hahs'** sind Auslesen mit höherer Fruchtqualität.

American Highbush Cranberry (D. D. Secher, Carandale Farm)

KORNELKIRSCHE, DIRNDL, DIRLITZE

Cornus mas L. (*Cornaceae*, Hartriegelgewächse)

Weitere Namen

Herlitze, Dirlitze, Krakebeere, Korlesbeere, Dürlitze, Welsche Kirsche, Ruhrkirsche, Beinholz, Tierlibaum, Gelber Hartriegel; engl. Cornelian cherry; franz. Cornoullier male; ital. Corniolo; span. Cornejo macho; kroat. Tvrdi drijen, drenj; poln. Derén wlasciwy, Derén jadalny; slowen. Dren; serb. Drenjina; bulg. Drjan obiknoven; griech. Kránaia, Krános; türk. Kizilcik; georg. Svindi; ukr. Deren sprvncnij; russ. Kisil obyknovjennij, deren s'edobnij.

Der Name Kornelkirsche bezieht sich – unabhängig von der jeweiligen Sprache – auf das ungemein harte Holz von *Cornus mas*. Dessen Nutzung lässt sich bis ins Altertum verfolgen. Schon die Griechen nutzten das zähe Holz zur Anfertigung von Lanzen und Wurfspießen. Man entdeckte Kerne der Kornelkirschen in Tongefäßen aus der Hallstattzeit (etwa 6. Jh. v. Chr.). Im Mittelalter zählten sie bereits zu den Obstgehölzen, gerieten später jedoch wieder in Vergessenheit. Das Holz wurde zur Herstellung von Radnaben für Holzräder, aber auch für Drechsel- und Einlegearbeiten verwendet.

Cornus mas 'Jolico' Habitus mit Früchten

Pflanzenmerkmale und Verbreitung

Die Heimat der Kornelkirsche erstreckt sich von Mittel- und Südeuropa über Klein- und Mittelasien. Größere natürliche Vorkommen befinden sich im Kaukasusgebiet, hier befindet sich auch heute noch deren Mannigfaltigkeitszentrum. In Österreich ist 'die Dirndl' vor allem im östlichen und südlichen Niederösterreich, im nördlichen Burgenland sowie in Oberösterreich im Voralpengebiet südlich von Linz verbreitet. Das Pielachtal im Mostviertel ist ja bekannt als das 'Dirndltal' schlechthin. Aufgrund der reichen Dirndlvorkommen und der professionellen Vermarktung der Dirndlprodukte stellt dieser Aspekt mittlerweile auch einen wichtigen wirtschaftlichen Faktor für die Region dar.

Auf die Höhenlage bezogen reicht die Verbreitung der Kornelkirsche von der Ebene bis in das Hügelland, sie wächst meist in lichten Laubmischwäldern, an sommerwarmen Waldrändern sowie in Gebüschen, Hecken und an trockenen Hängen. Gemeinsam mit Liguster, Wolligem Schneeball, Mehlbeeren, Weißdorn, Berberitze u. v. a. bildet sie oft dichte Bestände.

Die Kornelkirsche wächst zu einem baumartigen Strauch oder Kleinbaum von 6–8 m heran. Sie tendiert eher dazu, mehrstämmig als einstämmig zu wachsen, dabei ist die Krone meist deutlich breiter als die Höhe des Strauches. Da ihr Holz sehr dicht ist und die Pflanzen kaum von Krankheiten befallen werden, erreichen sie normalerweise ein Alter von 100 Jahren und mehr. So trifft man in den niederösterreichischen Voralpen auf Individuen, die bereits zu Zeiten Maria Theresias (1717–1780) wuchsen, die somit ein Lebensalter von etwa 200–300 Jahren aufweisen.

Ihre eiförmig bis elliptisch zugespitzten Blätter werden etwa 4–10 cm groß, sind gegenständig angeordnet, glänzend grün und beiderseits leicht behaart. Während die Blattknospen schmal und spitz sind, sind die Blütenknospen dick und rundlich. Sie werden an

Cornus mas am Wildstandort Pielachtal (o.), Detail Knospen (u.l.), Detail Blüte (u.r.)

den Verzweigungen älterer Triebe, aber auch an einjährigen Trieben gebildet.

Blüte

Wegen der frühzeitigen Blüte sind die Blütenknospen für das folgende Jahr bereits im Spätsommer bzw. im Herbst voll ausdifferenziert. Die Blüten selbst sind gelb gefärbt, in kleinen kugeligen Trugdolden angeordnet, die aus bis zu 20 vierzähligen Einzelblüten zusammengesetzt sind. Sie öffnen sich, je nach Witterung, bereits ab Ende Februar bis März. In den Jahren 2003–2009 war der früheste Blühtermin im Wienerwald um den 20. Februar (2007), der späteste um den 3. April (2006). Setzt die Blüte früh ein, dann ist die durchschnittliche Blühdauer sehr lang und kann bis zu 30 Tagen betragen. Umgekehrt ist die Blühdauer bei sehr spätem Blühbeginn meist nur sehr kurz und beläuft sich auf etwa 12 Tage. In manchen Jahren kann es wegen der frühen Blüte und damit dem einhergehenden Fehlen der Bienen und anderen Insekten zu Problemen bei der Bestäubung der Blüten kommen.

Eignung

Die Kornelkirsche ist ein Universalgehölz mit vielen guten Eigenschaften. Als Baum oder

Cornus mas Fruchtvergleich Wildform (li) 'Yellow' (re)

mehrstämmiger Einzelstrauch stellt sie ein besonders attraktives Gestaltungselement dar. Als Gruppen- oder Heckengehölz leistet dieser robuste, attraktive Vorfrühlingsblüher gute Dienste. Da sie sehr gut schnittverträglich ist, bietet sie sich als geschnittene Hecke ebenso an wie als extravagantes Formgehölz. Es sei hier nur auf die Dirndl-Wendegänge im Hofgarten Würzburg bzw. auf die Boskette in den Potsdamer Schlössern hingewiesen. Sogar in höheren Lagen wächst sie noch sehr gut, allerdings reifen hier die Früchte nicht mehr aus. Frostlagen sind in Bezug auf die Fruchtentwicklung ebenfalls ungünstig. Als Kuriosität sei vielleicht noch die besonders gute Eignung der Kornelkirschpflanzen als Ausgangsmaterial für Bonsais erwähnt.

Die Früchte sind vielseitig verwendbar, die Blüten werden gerne von Bienen, Wildbienen, Hummeln und Schwebfliegen besucht. Darüber hinaus sind die Sträucher gute Vogelnähr- und Schutzgehölze. Die Früchte werden unter anderem auch gerne von Haselmaus, Siebenschläfer, Kernbeißer und Dompfaff gefressen.

Frucht

Die Früchte sind glänzend rote, etwa 2 cm lange, ovale, beerenartige, essbare Steinfrüchte. Ganz selten findet man auch Formen mit gelben oder fast schwarzen Früchten. Sie reifen folgernd, je nach Sorte ab etwa Mitte August bis Ende September. Das bedeutet, dass die Früchte nicht alle gleichzeitig, sondern über einen längeren Zeitraum hindurch sukzessive reifen. Im reifen Zustand sind die Früchte dunkelrot, falls nötig, ist eine Nachreife von einigen Tagen möglich. Allerdings sind sie nicht lagerfähig. Pro Strauch können mindestens 20–40 kg (von alten Pflanzen bis 70 kg und deutlich mehr) Früchte geerntet werden.

Kornelkirschen sind – außer in vollreifem Zustand – für den Rohgenuss nicht geeignet, da sie herb-säuerlich schmecken. Inzwischen gibt es aber auch Auslesen, die durchaus angenehm schmecken und auch für den Rohverzehr geeignet sind. Die Früchte enthalten jedoch wertvolle Inhaltsstoffe, unter anderem ist der Vitamin-C-Gehalt mit 70–125 (–200) mg/100 g sehr hoch, aber auch Zucker (7,5–10,4 [–20] g/100 g), Fruchtsäuren (3,8–7,2 g/100 g), Pektin sowie Duft und Farbstoffe (Anthocyane) sind enthalten.

Verwertung

Die vollreifen Früchte schmecken süß und sind als Vitamin-C-reiche Naschfrüchte interessant. Man kann sie bei Bedarf auch tieffrieren und erst im Winter verarbeiten. Vor allem lassen

Cornus mas Fruchtsorten

Kornelkirschen entkernen

sich daraus sehr schmackhafte Marmeladen (entweder nur Kornelkirsche oder zusammen mit säurearmen Früchten wie Birne, Apfel, Holunder, Zwetschke, Melone und Kürbis), Gelees und Konfitüren bereiten. Zur Marmeladeherstellung gibt es verschiedene Möglichkeiten. Man kann die Früchte mit etwas Wasser kurz aufkochen und dann durch ein Sieb passieren (ist mühsam!). Oder man trennt Kerne und Fruchtfleisch mit Hilfe einer Zentrifuge. Für kleine Mengen kann man die Früchte (der großfrüchtigen Sorten!) auch mit einem Oliven-Entkerner entsteinen; dies ist zwar am aufwändigsten, man erhält dadurch aber die beste Fruchtmarmelade! Gelee kann man sehr einfach mit dem Entsafter herstellen. Kornelkirschfrüchte eignen sich auch zur Herstellung von Kompott und, süßsauer eingelegt, können sie wie Preiselbeeren zu Wildgerichten gereicht werden. Halbreife Früchte, mit Gewürzen versetzt und in Weinessig eingelegt, dienen als schmackhafter Olivenersatz ('Falsche Oliven'). Auch halbreife, aber schon rot gefärbte Früchte lassen sich nach einem Rezept der Olivenzubereitung zu einer besonders fein schmeckenden Spezialität verarbeiten. Die Früchte lassen sich (ebenfalls sehr arbeitsaufwändig) kandieren oder einfach trocknen, dann sind sie für einige Jahre ohne Qualitätsverlust lagerfähig und außerdem wertvolle Vitamin-C-Spender. Hervorragend und erfrischend schmecken Säfte, Sirup und Süßmost. Auch Wein und Likör von ausgezeichnetem Geschmack lassen sich daraus bereiten. Darüber hinaus werden noch lokale Produkte wie Dirndlschokolade, Dirndlbier, Dirndlsirup, Dirndlgelee, Dirndlchutney, Dirndleis, Dirndlpastete, Dirndlmehlspeisen, Dirndlmüsliriegel, Dirndlsenf, Dirndlhonig, Dirndlpralinen, Dirndlzuckerl, Dirndlfruchtrollis, Kandierte Dirndln, Getrocknete Dirndln, Dirndltrüffel, Beschwipste Dirndln (in Alkohol eingelegt) etc. hergestellt.

Weiters kann der Saft zu Spezialessig vergoren werden. Man kann die Früchte in Alkohol einlegen. So wird ein hochqualitativer Schnaps – in Österreich als 'Dirndl-Schnaps' bekannt – aus den reifen Kornelkirschen hergestellt. Aus 100 kg Kornelkirschenmaische gewinnt man 5 l Dirndlschnaps.

Darüber hinaus gibt es zahlreiche Rezepte für Dirndlspeisen. Mittlerweile sind auch mehrere Kochbücher erschienen, die sich aus-

Cornus mas Wildstandort Pielachtal, Johann Weiß und seine Dirndln

Fruchtleder aus Früchten der Kornelkirsche (Georgien)

schließlich mit der Verwertung von Kornelkirschen in der Küche auseinandersetzen.

In Russland produziert man daraus einen hervorragenden Likör, er ist unter dem Namen 'Dernovka' bekannt.

In Georgien wird aus Kornelkirschen eine Kalte Dirndlmarmelade (also ohne Kochen) hergestellt und sie ist unter der Bezeichnung Svindis dsemi bekannt. Als Shindis Shechamandi bezeichnet man eine Art 'Müsli', das aus Getreidemehl mit getrockneten Kornelkirschen, Zwiebel, Knoblauch und Butter hergestellt wird. Auch das so genannte 'Thkemali' ist eine georgische Spezialität, das ist eine Art Fruchtsauce mit Gewürzen. Um die Kornelkirschen haltbar zu machen, bedienen sich die Menschen in Georgien und Armenien des so genannten 'Fruchtleders', es wird Tkhlapi genannt. Dazu werden die Früchte kurz gekocht, Haut und Steinkerne entfernt. Der so entstandene zähflüssige Kornelkirschsaft wird nochmals kurz aufgekocht und homogenisiert. Dann wird er in dünnen Schichten von 1–3 mm aufgetragen und in der Sonne getrocknet. Auf diese Art ist das 'Fruchtleder' mehrere Monate haltbar. Kein Wunder, dass man hier die Kornelkirsche sogar als Nationalpflanze betrachtet.

Das Ukrainische 'Levkar' ist ein eingedicktes Fruchtfleisch (Jam), das ohne Zugabe von Zucker hergestellt wird. Ein ähnliches Produkt wird auch in der Türkei produziert.

Darüber hinaus wird in der Türkei eine Art Molasse, die als 'Pekmez' bezeichnet wird, hergestellt. Dazu wird der konzentrierte Fruchtsaft langsam gekocht, bis er eingedickt ist.

Bedeutung in der Volksmedizin

Die Kornelkirsche war schon in alten Zeiten auch als gesund machende und heilende Frucht bekannt. Bereits Dioskorides (1. Jh. n. Chr.) schreibt im Band 1 seiner Heilmittellehre (sinngemäß übersetzt):

Die Kornelkirsche ist ein fester Baum und trägt eine Frucht wie der Olivenbaum, länglich, zuerst grün, dann wachsfarbig und schließlich bei der Reife roth, essbar, adstringierend, sie wirkt wohltätig bei Bauchfluss und Dysentrie. Sie wird auch zum Kochen und zum Essen mitverwandt; auch wird sie eingemacht wie eine Olive.

Die stopfenden, zusammenziehenden und durchfallheilenden Wirkungen, welche durch den hohen Gerbstoffanteil bedingt sind, wurden bereits in den alten Kräuterbüchern erwähnt. Hahnemann dazu in seinem 1793 erschienen Apothekerlexikon:

Der Genuß mag in der Cholera, in Ruhren und Durchfällen, wie die Alten beobachtet haben, wohl heilsam seyn. Sie dickten den saft davon (rhob cornorum) ein.

Rhob oder Rob ist ein eingedickter Beerensaft aus verschiedenen Früchten und stammt ursprünglich aus der persischen und arabischen

Cornus mas Produkte

Cornus mas Wildstandort Pielachtal zur Blütezeit

Cornus mas Versuchsanlage Königshof

Medizin. Eine Anleitung zur Herstellung von Rob ist in Zeidlers Universallexikon (1731–54 herausgegeben) nachzulesen:

Nehmet 2 Pfund Cornellkirschenmarck und ein Pfund Zucker, u. koche es zur gehörigen Dicke. Es hält ungemein an, weshalb er in den Bauchflüssen, der rothen, weißen und Magenruhr mit Nutzen gebraucht wird.

Auch die getrockneten Früchte oder deren Saft, in Wasser gekocht, ist eine ausgezeichnete kühlende und zusammenziehende Medizin und von großer Nützlichkeit bei Fieber und Erbrechen, so steht es geschrieben in Greens Universalherbar aus dem frühen 19. Jh.

Auch wenn diese Rezepte heute aus den Apotheken verschwunden sind, so hilft doch ein Stamperl Dirndlschnaps bei verdorbenem Magen und schlechter Verdauung.

Es gibt neuerdings auch wieder Untersuchungen und Projekte zur medizinischen Nutzung der Kornelkirsche. Grund dafür ist, dass die Früchte der Kornelkirsche ein hohes Potential an Antioxidantien enthalten, die als krebshemmend angesehen werden.

Bereits Hildegard von Bingen (1098–1179) empfahl Bäder, bestehend aus den Blättern und der Borke des Kornelkirschen-Baumes, um die von Rheuma verursachten Schmerzen zu lindern. Tee aus getrockneten Blättern, dreimal täglich getrunken, soll den Husten beruhigen.

Sogar die Samen werden verwertet, man stellt davon den besonders schönen 'Dirndlkernschmuck' her. Die Kerne der Kornelkirschen werden auch für Polsterfüllungen verwendet. Im Ofen aufgewärmte Kerne, in Bettwärmer gefüllt, sind sehr nützlich, weil sie die Wärme lange speichern, dies wird heute noch in Ländern mit tiefen Wintertemperaturen genutzt.

Standortansprüche und Pflege

Kornelkirschen-Sträucher lieben warme, sonnige (bis halbschattige) Standorte. Der Boden sollte humos, kalkhaltig und nicht zu trocken sein. Mäßige Trockenheit wird zwar vertragen, allerdings kommt es bei eingeschränktem Wurzelraum (z. B. in Pflanzgefäßen) bei größerer Trockenheit alsbald zu Trockenschäden. Die Blattränder trocknen dann ein und werden braun. Pflanzt man die Kornelkirsche der Früchte wegen, dann sollte der Boden – vor

Cornus mas Hochstamm, Habitus mit Blüte

allem zur Zeit der Fruchtentwicklung im Sommer – gleichmäßig feucht sein. Staunasse und verdichtete Böden sind jedenfalls zu meiden.

Als Frühblüher sind dessen Blüten mitunter spätfrostgefährdet (schlechter Fruchtansatz). Die Wildformen sind selbstfruchtbar. Die ursprüngliche Annahme, dass die großfruchtigen Sorten einen Befruchtungspartner benötigen, scheint sich inzwischen nicht mehr zu bestätigen. Es gibt zwar Sorten, die auf eine Fremdbefruchtung angewiesen sind, viele Sorten fruchten jedoch besser, wenn sie mit anderen Sorten oder der Wildform vergesellschaftet sind. Vielmehr scheint das aktuelle Wettergeschehen (Regen, Schneefall, Kälteeinbruch) während der Blütezeit einen wesentlichen Einfluss auf die Fruchtentwicklung zu haben. Längere Regenperioden oder Schneefall zur Blütezeit können eine Bestäubung behindern, da die blütenbestäubenden Insekten unter diesen Umständen nicht aktiv sind. In diesem Fall kann die Bestäubung durch das Aufwirbeln der Luft mittels eines Gebläses verbessert werden. Unsere Pflanzen an der HBLFA Schönbrunn und an der Außenstelle Königshof fruchten seit Jahren regelmäßig und bringen außerordentlich hohe Erträge. Dennoch ist es ratsam, bei der Anlage von Plantagen entweder mehrere Sorten oder einen 'Befruchter' mit auszupflanzen. Schnittmaßnahmen sind nicht erforderlich, wenn genügend Platz vorhanden ist. Durch entsprechende Schnittmaßnahmen lassen sich Fruchtertrag und Ernte verbessern. Kornelkirschen-Sträucher vertragen einen Auslichtungsschnitt gut und regenerieren sich sogar, wenn man sie 'auf den Stock setzt'.

Ernte

Die Früchte erntet man am besten durch Abschütteln auf ein darunter ausgebreitetes Netz oder Vlies und anschließendes Auflesen. Hochstämme können auch mit Erntegeräten (Rüttlern) beerntet werden. An Naturstandorten und in Hausgärten werden die Früchte vorwiegend per Hand geerntet.

Krankheiten und Schädlinge

Sind bislang nicht aufgetreten, gelegentlich werden die Blätter miniert. An den Blättern von *Cornus mas*, insbesondere an Hecken, treten mitunter auffällige Flecken auf. Dabei handelt es sich um Pilze (z. B. *Septoria cornicola*), was sich in rötlich braunen, unregelmäßigen Blattflecken äußert. Eine genaue Bestimmung erfolgt über die jeweiligen Fruchtkörper (mit einer Lupe erkennbar) in Verbindung mit den Konidien, die im Mikroskop nachweisbar sind. In diesem Fall sollten die Pflanzen ausgelichtet werden, damit ein rasches Abtrocknen der Pflanze gewährleistet ist. Herbstlaub (vor allem das befallene) entfernt man am besten. Blattverfärbungen können auch durch Bakterien

Cornus mas Blattfleckenkrankheit (*Septoria cornicola*)

Cornus mas Sämlinge

Cornus mas Veredelungen

(z. B. *Pseudomonas syringae*) verursacht werden, dies muss ebenfalls in mikroskopischen Präparaten abgeklärt werden. Junge Pflanzen sind außerdem wildverbissgefährdet.

Vermehrung und Anzucht

Wildformen lassen sich einfach durch Samen vermehren, dazu muss man sie sofort nach der Ernte auswaschen und stratifizieren. Die Samen liegen 1–2 Jahre über, sie keimen meist erst im dritten Jahr! Erste Blüten kann man bei Sämlingspflanzen nach 6–8 Jahren erwarten. Wie sich inzwischen herausgestellt hat, befinden sich unter den Sämlingsnachkommen großfruchtiger Sorten wieder eine beträchtliche Anzahl groß- und reichfruchtender Typen.

Sorten müssen natürlich vegetativ vermehrt werden, dies erfolgt in der Regel durch Augenveredelungen (Okulation) im Sommer. Diese Pflanzen blühen bereits im zweiten Jahr, ab dem vierten Jahr werden Früchte gebildet. Man kann sie auch im Winter durch Reiserveredelungen (Kopulation, Geißfuß) vermehren. Eine Vermehrung durch Absenker ist ebenfalls möglich, wenn man von einer bestimmten Pflanze idente Nachkommen haben möchte. Aufgrund genau dieser Eigenschaft, an den niedergelegten (oder eingeschütteten) Zweigen Adventivwurzeln zu bilden, ist die Kornelkirsche auch für ingenieurbiologische Zwecke (z. B. zur oberflächlichen Bodenstabilisierung) geeignet.

Um die Pflanzen besser beernten zu können, sollte man einen Mittelstamm oder Hochstamm (dann Ernte durch Abschütteln) erziehen. Dabei ist es wichtig, bei den jungen Okulaten jeweils nur einen Trieb zur Erziehung eines Stammes zu belassen, da die Kornelkirsche immer aus zwei gegenüberliegenden Augen austreibt und die Sträucher dann von Natur aus einen V-förmigen Doppelstamm bilden. Für den Hausgarten empfiehlt sich die Strauchform mit kurzem Stamm und 4–5 schräg aufwärts strebenden Hauptästen. Der Platzbedarf eines Kornelkirschen-Strauches beträgt zumindest 3 m, alte Exemplare können einen Kronendurchmesser von bis zu 10 m erreichen.

Das Verpflanzen von bereits gut eingewachsenen Kornelkirschen-Pflanzen gestaltet sich sehr schwierig. Im Gegensatz zu jungen Pflanzen, die regelmäßig verpflanzt oder überhaupt im Container kultiviert wurden und die problemlos einwurzeln, wachsen ältere nicht verpflanzte Individuen nur sehr schwer an. Meist leiden sie einige Jahre, bis sie sich wieder erholen und weiterwachsen. Beim Verpflanzen sollte man die Pflanzen deshalb kräftig zurückschneiden und die Krone wieder neu erziehen.

Plantagenmäßiger Anbau

Es gibt inzwischen mehrere ha Intensivobstanlagen mit *Cornus mas*-Sorten ('Jolico', 'Kasanlak') in Österreich (Niederösterreich und Burgenland) sowie in der Schweiz.

Anbau und Beerntung an Naturstandorten

In Italien (Trentino, Emilia Romagna) werden zurzeit Früchte von Wildstandorten bzw. von Pflanzen in Hausgärten geerntet, außerdem

Cornus mas Plantage zur Blütezeit (Frank)

Cornus mas 'Schönbrunner Gourmet-Dirndl' -Ernte

gibt es inzwischen auch kleinere *Cornus mas*-Obstanlagen. Es handelt sich hierbei vorwiegend um samenvermehrte Pflanzen. Typen mit größeren Früchten werden auch vegetativ vermehrt.

In der Ukraine wird *Cornus mas* von Naturstandorten auf einer Waldfläche von etwa 1.000 ha beerntet. Die Früchte werden von Einzelpersonen und von Kooperativen händisch geerntet und als Frischfrucht oder getrocknet verkauft, ebenso wie *Cornus mas*-Produkte.

Im Kaukasusgebiet (Russland) gehen Schätzungen davon aus, dass etwa 400 t/Jahr von Wildstandorten geerntet werden. Pro Pflanze werden etwa 5–20 kg geerntet.

In Georgien im Tiefland und mittleren Hügelregionen gibt es schätzungsweise 100.000 ha Wälder mit *Cornus mas* im Unterwuchs. Darüber hinaus schätzt man, dass in privaten Gärten etwa 60.000 *Cornus mas*-Pflanzen kultiviert werden, weitere 140.000 einzeln stehende Pflanzen sollen genutzt werden. Interessante Typen werden für den Eigenbedarf vermehrt.

In der Türkei wächst *Cornus mas* vorwiegend in der Schwarzmeerregion sowie in Nordost- und Nordwestanatolien. Von geschätzten 1,500.000 Pflanzen sollen etwa 14.000 t Früchte, vorwiegend von Wildstandorten, geerntet werden,

Cornus mas-Aktivitäten

Dirndkirtag im Pielachtal (Niederösterreich), jeweils letztes September-Wochenende. Weiters gibt es ein *Cornus*-Festival im Arboretum Bolestraszyce (Polen). Auch in der Türkei in Yalova gibt es seit 2001 jeweils Anfang August ein *Cornus*-Festival mit Prämierungen der Früchte und Produkte.

Sorten und Auslesen

Zahlreiche lokale Auslesen von Wildstandorten werden in vielen Ländern kultiviert. Neben

Cornus mas Ernte im Pielachtal

der Ukraine (Kiew, Botanischer Garten der Ukraine) sind hier Aserbaidschan, Russland, Georgien, Iran, Serbien, Bosnien-Herzogovina, Montenegro, die Türkei, Tschechien, die Slowakische Republik und natürlich Österreich zu nennen. Vor allen in der Ukraine (mit 17 Varietäten) und Georgien gibt es die höchste Anzahl an Sorten.

Schon vor mehr als 100 Jahren wurden Typen mit abweichender Fruchtfarbe (weißlich, gelb, fast schwarz) ausgelesen, doch haben diese heute keine Bedeutung mehr. Einige Sorten sind verlorengegangen, vereinzelt findet man in Botanischen Gärten noch die eine oder andere Varietät. Sorten mit weiß gerandeten und gelben Blättern gibt es auch heute noch als Zierpflanzen, für eine Fruchtnutzung sind diese aber bedeutungslos.

Vielmehr sind es die großfrüchtigen Sorten, von denen mittlerweile mehrere im Handel sind. Vor allem am LFZ für Gartenbau in Wien, Schönbrunn, und am Institut für Obstzüchtung in Bojnice (Slowakei) wurden Selektionen durchgeführt. Heute gibt es zahlreiche neue großfruchtige Züchtungen und Auslesen in Bulgarien, Polen, die inzwischen teilweise auch in Österreich und Deutschland erhältlich sind. In der Ukraine, im Kaukasus und in der Türkei wurden verschiedene großfrüchtige Sorten der Kornelkirsche kultiviert, unter anderem großfrüchtige Typen von flaschenförmiger Gestalt sowie gelbfrüchtige Klone. Heute noch werden z. B. in Georgien in zeitlicher Abfolge kleinfrüchtige, großfrüchtige ovale sowie zuletzt großfrüchtige birnenförmige Sorten auf den Märkten angeboten.

Vor allem in der Ukraine hat Prof. Svetlana Klymenko ein großangelegtes Züchtungsprogramm abgeschlossen und zahlreiche neue Sorten auf den Markt gebracht.

Cornus mas Fruchtvergleich 4 (v. u. n. o.) Wildform, 'Hecoma', 'Schönbrunner Gourmet-Dirndl' und 'Jolico'

Die Fruchtgröße ist in Länge/Breite in cm, das Fruchtgewicht in g angegeben.

'Jolico' (Züchtung HBLFA Schönbrunn): Großfruchtige Sorte, Reifezeit zweite Septemberhälfte; Früchte oval, Fruchtgröße 2,5–3,2 cm/2,0 cm, Fruchtgewicht 5–6 (–6,5) g, herb, erst bei Vollreife süß. Der Fruchtertrag von 20-jährigen Veredelungen lag bei ca. 20 kg, wobei an einzelnen Sträuchern bis zu 40 kg Früchte und mehr geerntet wurden.

'Schönbrunner Gourmet-Dirndl' (Züchtung HBLFA Schönbrunn): Großfruchtige Sorte mit birnenförmigen Früchten, 2,7–3,5 cm/2,0 cm, Fruchtgewicht 4,5–5,4 g; Reife Anfang bis Mitte September, sehr süß. Durchschnittlicher Fruchtertrag von 20-jährigen Pflanzen etwa 15 kg, maximaler Ertrag einzelner Sträucher 25–30 kg, fruchtet weniger regelmäßig als **'Jolico'**.

'Hecoma' (Züchter H. Pirc, HBLVA Schönbrunn): Kleinfruchtige, aber extrem reich-

'Jolico'

'Schönbrunner Gourmet-Dirndl'

'Hecoma'

'Kasanlak'

'Schumener'

'Devin'

'F1'

'Shan'

'Elegantny' (S. Maksymiuk)

'Korrałłowyj Marka' (S. Maksymiuk)

'Kostia' (S. Klymenko)

'Nikolka' (S. Klymenko)

fruchtende Sorte mit regelmäßigem Fruchtertrag. Reife Ende August/Anfang September. Früchte oval, 1,5–2,3 cm/1,6 cm, Fruchtgewicht 2,6 g, süß und milder Geschmack. Als Befruchtungspartner für großfruchtige Selektionen empfehlenswert; hohe Erträge.
'Kasanlak' (syn. **'Kasanlaker'**, **'Cornella Kasanlaker'** (Häberli), **'Kasanlytsky'**, Züchter M-Tsolo Nagov, in den Handel gebracht von A. Koljaschev): Großfruchtige Sorte aus Bulgarien mit oval bis leicht birnenförmigen Früchten. Fruchtgröße 2,6–3,0 cm/2,0 cm, Einzelfruchtgewicht 5–6 (–6,5) g, reichfruchtend, Geschmack süß und mild, früh reifend, Reifezeit Mitte bis Ende August/Anfang September; hohe Erträge. Benötigt lt. Züchter einen Bestäubungspartner zur besseren Fruchtentwicklung. Die Originalfrüchte aus Bulgarien sind mit 4 cm Länge und 2,5 cm Breite deutlich größer.
'Schumener' (syn. **'Shumen'**, in den Handel gebracht von A. Koljaschev): Großfruchtige Sorte aus Bulgarien, reich blühend, mit langovalen spindelförmigen Früchten, Fruchtgröße 2,7–3,7 cm/2,2 cm, Fruchtgewicht 5,5–6,5 (–7,5) g, Geschmack süß und mild, Reifezeit Mitte September; hohe Erträge.
'Bulgarien' Großfruchtige Sorte ähnlich wie **'Jolico'**, aber mit früher Reifezeit von Mitte bis Ende August, oval, Fruchtgröße 2,7–3,2 cm/2,2 cm, Fruchtgewicht bis 6,5 g, süß und mild schmeckend, Erträge durchschnittlich.
'Titus' (Züchtung Bojnice): Stark wachsende Sorte mit kleinen, länglich ovalen Früchten, Fruchtgewicht 1,8–2,5 g, hohe und regelmäßige Erträge, Früchte folgernd ab Mitte August reifend (Wien). Bei Vollreife dunkelrot, Geschmack herb säuerlich.
'Devin' (Züchtung Bojnice): Mittelstark wachsende Sorte mit mittelgroßen Früchten, Fruchtgröße 1,9–2,1 cm, Einzelfruchtgewicht 4,5 g (Standort Marquardt). Bringt hohe, regelmäßige Erträge. Reife Mitte bis Ende September. Bei Vollreife dunkelrot, Geschmack herb-säuerlich.
'Cormas': Selektion aus Dänemark, Früchte mittelgroß, sehr früh reifend (Mitte August).
'F1' (Züchter Frank): große, birnenförmige Früchte, Fruchtgröße 2,8–3,2 cm/1,9–2,0 cm, Fruchtgewicht ca. 6 g, Reife Ende August.
'Pancharevo' (syn.**'Pantscharever'**, in den Handel gebracht von A. Koljaschev): Bulgarische Sorte aus der Pancharevo-Region mit großen ovalen Früchten ähnlich wie **'Jolico'**, 3–4 cm groß, Geschmack säuerlich, Reife Ende August bis Mitte September.
'Shan' (syn. **'Schan-Kornelkirsche'**, in den Handel gebracht von A. Koljaschev): Varietät mit den größten Knospen und kirschförmigen Früchten. Früchte breit oval, Fruchtgröße 2,5–3,2 cm/2,5 cm, Fruchtgewicht 5,3–8,0 g. Reife Mitte August.
'Cornello Castle': Großfruchtige Befruchtersorte für Cornella, Reife ab Mitte September (Häberli, Schweiz).
'Bo 2034' (Züchtung Bojnice): Reife Ende August, Fruchtgewicht 3–4 g, Fruchtfarbe dunkelkarminrot (BSA 1999)
'Bo 2035' (Züchtung Bojnice): Reife Mitte bis Ende September, Fruchtgewicht ca. 4 g, Fruchtfarbe dunkelrot (BSA 1999)

Sorten aus der Ukraine, Züchterin Prof. Svetlana Klymenko, Nationale Akademie der Wissenschaften (NBS) und Nationaler Botanischer Garten der Ukraine (NBG) M. M. Grishko. Diese Hybriden und Kultivare sind im Rahmen eines langjährigen Forschungs- und Züchtungsprojektes entstanden. Die Früchte sind beachtlich hinsichtlich ihrer Vielfältigkeit in der Form ihrer Früchte: flaschenförmig, birnenförmig, zylindrisch und fast rund. Die Fruchtfarben reichen von Hellrot, Dunkelrot, fast Schwarz, Rosa-gelb, Rosa und Gelb. 14 verschiedene Varietäten und Hybriden wurden zwischen 1987 und 2001 registriert. Eine Baumschule in Donskoe vermehrt die meisten ukrainischen Sorten.

Cornus mas-Hybriden des NBS

'Elegantnyi' (1999, syn. **'Very Smart'**, in den USA **'Elegant'**™): flaschenförmige Frucht, dunkelrot, 3 cm/1,5 cm, Fruchtgewicht 4,5–5 g; 2 cm langer Fruchtstiel, nicht gepflückte Früchte verbleiben am Baum. Fruchtreife Mitte August, mittlere Erträge, 15-jähriger Strauch produziert 30 kg Früchte. Eher schwachwüchsige Sorte.

'Korallovyi-Marka' (2001; syn. **'Koral Mark'**, wird in den USA unter dem Sortennamen **'Sunrise'** vermarktet): ist aus einer Kreuzung der gelbfruchtenden **'Yantarnyi'** mit einer Pollenmischung anderer rotfruchtiger Sorten entstanden. Die ovale Frucht ist nach unten hin verschmälert, etwas länger als breit und leicht gerippt, Fruchtfarbe rotorange. Fruchtgröße 2,6 cm/2,2 cm, Fruchtgewicht 5,6–6 (–6,8) g, hoher Zuckergehalt (12,7 %), wahrscheinlich die schmackhafteste ukrainische Sorte. Fruchtreife Mitte August, Fruchtertrag regelmäßig, an 15-jährigen Sträuchern etwa 30–40 kg.
Die Baumschule Whitman Farms bietet ebenfalls eine Sorte mit dem Namen **'Sunrise'** an, die Abbildung dazu ist jedoch mit der hier beschriebenen Sorte nicht ident!

'Kostya': Hybride, mittelstark wachsend, mit großen zylinderförmig-konischen Früchten mit langem Stiel. Fruchtgröße 3,5 cm/1,8 cm, Fruchtgewicht 5,6–5,8 (bis max. 8) g. Fruchtreife Mitte September bis Mitte Oktober. Fruchtertrag 40–50 kg.

'Nikolka' (2000, syn. **'Petit Nicolas'**): Hybride, sehr frühzeitig fruchtend. Früchte von birnen- bis tropfenförmiger Gestalt, 3,5 cm/1,75 cm, Fruchtgewicht 5,5–5,8 (–6,5) g. Fruchtreife Ende Juli bis Anfang August. Früchte färben sich dunkelrot, vollreif beinahe rotschwarz. Früchte mit angenehmem, wenig saurem Geschmack, nicht adstringierend, sehr saftig, hoher Anthocyan-Gehalt, dünne Fruchtschale, rötlicher Kern. Fruchtertrag an 15-jährigen Pflanzen 35–40 kg, bei 35-jährigen Pflanzen 50–65 kg.

'Radost' (2000): Hybride aus Pflanzen aus dem Garten für Akklimatisierung von Kachtchenko, frühe Reifezeit. Starkwüchsige, sehr frostharte Pflanze, die nach etwa 20 Jahren 7 m hoch ist und Stämme von 3,8–10 cm Durchmesser produziert. Früchte sind ovalspindelförmig bis eiförmig, 2,9–3,1 cm/1,8 cm, Fruchtgewicht 5,5–6,5 g. Früchte sind dunkelrot, bei Fruchtreife fast schwarzrot, Fruchtfleisch ist rosa, saftig, nicht adstringierend, süß und leicht säuerlich. Früchte fallen bei Reife nicht ab. Fruchtreife Ende Juli bis Mitte August. Fruchtertrag bei 15-jährigen Pflanzen 25–30 kg, später 45–50 kg.

'Starokievskiy' (syn. **'Le vieux Kiev'**): mittelstark wachsende Hybride, entstanden aus einer Mehrfachkreuzung, ist morphologisch der Sorte 'Lukyanovsky' ähnlich, hat aber elegantere Früchte und einen kleineren Kern. Früchte sind flaschen- oder birnenförmig mit engem Hals, gekrümmt, Frucht wirkt einseitig bauchig, ist dunkelrot glänzend. Fruchtgröße 3,7 cm/1,8 cm; Fruchtgewicht 5,6–6,0 g; Fruchtreife Mitte August bis Anfang September. Fruchtertrag bei 15-jährigen Pflanzen 35–40 kg, mit 30 Jahren bis 80 kg. Früchte fallen meist nicht vor Ende September ab.

'Vidubetskiy' (syn. **'Vydubychi'**, **'Wydubieckij'**, in den USA **'Red Star'**™): mittelstark wachsende Hybride, eine der großfruchtigsten Sorten. Früchte oval bis birnenförmig mit asymmetrisch abgerundeten Seiten, mit langem Fruchtstiel, Fruchtgröße 3,1–3,5 cm/1,8–2,0 cm, Fruchtgewicht 7,0 (–7,6) g; dunkelrot, bei Vollreife granatrot, hoher Vitamin-C-Gehalt und Zuckergehalt, typisch süßsaurer Kornelkirschgeschmack. Reifezeit Mitte August bis Anfang September, Früchte fallen nicht ab, können in einem einzigen Arbeitsgang geerntet werden. Fruchtertrag nach 15 Jahren 35–40 kg, nach 20 Jahren 45-60 kg.

'Vladimirsky' (1999, syn. **'Vladimir'**): sehr ertragreiche, mäßig stark wachsende Hybride mit den größten Früchten der ukrainischen Züchtungen. Frucht oval-zylindrisch bis leicht birnenförmig, zur Reife rotschwarz bis fast schwarz, leicht abgeflacht, Fruchtgröße 3,0–4,3 cm/1,6–1,7 cm; Fruchtgewicht 7,5 (–9,5) g; Geschmack süß-säuerlich, leicht adstringierend, Fruchtreife gleichmäßig, Mitte August bis Mitte September. Ertrag nach 15 Jahren 30–35 kg, nach 20–25 Jahren 55–60 kg. Verarbeitungsfrucht.

'Yevgenia' (1999, syn. **'Eugenia'**): Hybride von mittelstarkem Wuchs. Früchte birnenförmig, nach oben hin leicht verschmälert, Fruchtgröße bei guter Wasserversorgung 2,7–3,0 cm/1,7–1,9 cm, Fruchtgewicht 6,0 (–7,6) g; höchster Vitamin-C-Gehalt aller ukrainischen Züchtungen, dunkelrot bis fast schwarzrot zur Reifezeit, Geschmack süßsauer, nicht adstringierend, Reife Mitte August bis Mitte September; Fruchtertrag nach 10 Jahren 25–30 kg.

'Radost' (S. Maksymiuk)

'Starokievskiy' (S. Klymenko)

'Wydubieckij' (S. Maksymiuk)

'Vladimirskiy' (S. Klymenko)

'Yevgeniya' (S. Klymenko)

'Koralovyi' (S. Klymenko)

'Ekzoticznyj' (S. Maksymiuk)

'Grenader' (S. Klymenko)

'Lukianovskiy' (S. Klymenko)

'Pervenets' (S. Klymenko)

'Semen' (S. Klymenko)

'Swietljaczok' (S. Maksymiuk)

'Vavilovets' (S. Klymenko)

'Nehznyi' (S. Klymenko)

'Yellow'

'Dublany' (N. Piórecki)

'Juliusz' (N. Piórecki)

'Szafer' (T. Kusibab)

'Bolestraszycki' (N. Piórecki)

'Paczowski' (T. Kusibab)

'Raciborski' (N. Piorecki)

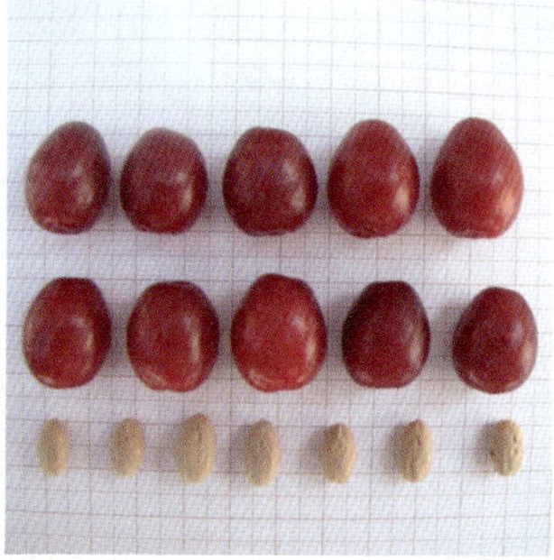
'Florianka' (N. Piórecki)

'Słowianin' (T. Kusibab)

'Gelbe Steinschaler'

'Corallovyi' (syn. **'Corail'**): starkwüchsige Hybride mit orangeroten Früchten. Fruchtgröße 2,2 cm/1,7 cm, Fruchtgewicht 4 g, orangerote Früchte, deshalb der Name 'Koralle'; Fruchtfleisch rot oder rötlich gelb und transparent, Fruchtreife Mitte August bis Mitte September, Fruchtertrag nach 15 Jahren 25–40 kg, nach 20 Jahren 50–60 kg.

'Elena' (1999, syn. **'Hellena'**): mittelstark wachsende Hybride, Früchte rundlich-oval, rot (nie schwarzrot), Fruchtgröße 2,5 cm/1,95 cm, Gewicht 5,5–6 g, Geschmack süß bis süßsauer; Fruchtreife Mitte August, Ertrag nach 15 Jahren 25–35 kg, nach 20 Jahren 35–50 kg. Ist extrem kälteresistent, fruchtete in der Ukraine nach extremer, lang andauernder Winterkälte von –35 °C (1996/97).

'Exoticheskiy' (2001, syn. **'Exotika'**, **'Ekzoticznyi'**): Aus einer Mutation von **'Swetlyachok'** entstanden, bringt extrem große Früchte hervor. Frucht schwärzlichrot, hat Form einer zylindrischen Flasche oder ist beinahe kerzenförmig gestaltet, 4,1–4,6 cm lang, 1,7–1,9 mm breit, jedoch sehr variabel, Fruchtgewicht 6,8–7,3 (–8,5) g. Fruchtreife Ende August/Anfang September, Ertrag nach 15 Jahren 40–50 kg, benötigt gute Wasserversorgung und entsprechende Düngung.

'Grenader' (2000, syn. **'le grenadier'**, **'le militaire'**): Hybride mit Ähnlichkeiten zu **'Vidubetskiy'**. Früchte groß, oval bis zylindrisch mit leichter Verjüngung im oberen Fruchtende; schwärzlichrot, Früchte 3,2 cm lang, 5,0–5,3 (–7) g; Reifezeit Anfang August, Fruchtertrag nach 12 Jahren 30–40 kg. Attraktive Früchte von sehr gutem Geschmack, zum Rohverzehr geeignet.

'Lukyanovsky' (1999, syn. in den USA **'Pioneer'**™): mittelstark wachsende Varietät, eine der besten Kultivare der Ukraine. Früchte dunkelrot, bei Vollreife fast schwarz, birnenförmig mit kurzem Fruchtstiel, Fruchtgröße 3,0–3,4 cm/1,7–1,9 cm; Fruchtgewicht 6,0 (–7,5) g; Fruchtreife Mitte August, Fruchtertrag nach 12–15 Jahren 35–40 kg, nach 25 Jahren 60–75 kg.

'Pervenets' (syn. **'le premier né'**): eher schwachwüchsige Sämlingsselektion mit frühzeitiger Fruchtreife. Frucht rot, bei Reife dunkelrot, oval bis leicht birnenförmig, Fruchtgröße 2,5–3,0 cm/1,7–1,9 cm; Fruchtgewicht 4,5–5,5 (–6,6) g, Fruchtreife Anfang bis Mitte August, Fruchtertrag nach 15 Jahren 25–30 kg, nach 25 Jahren 40–50 kg; ist frostfest, benötigt jedoch einen regelmäßigen Schnitt zur Steigerung des Fruchtertrages.

'Sémen' (1999, syn. **'Siméon'**): mittelstark wachsender Kultivar, Sämlingsselektion aus dem Garten von Kizilovka (Krim). Frucht dunkelrot, tropfenförmig bis dick birnenförmig, Fruchtstiel 2 cm lang, Fruchtgröße 2,6–2,9 cm/1,6–1,9 cm; Fruchtgewicht 6,0–6,4 (–7,2) g, Fruchtfleisch fest, süßsauer, ohne adstringierenden Beigeschmack; höchster Vitamin-C-Gehalt aller ukrainischen Züchtungen, auch für den Frischverzehr geeignet, Fruchtreife Ende August bis Ende September, Früchte fallen nicht ab! Fruchtertrag nach 15 Jahren 23–35 kg, nach 18 Jahren 35–40 kg.

'Svetlyatchok' (1999, syn. **'Firefly'**, **'Le verluisant'**, **'Swietljaczok'**): aus einer Mutation von **'Lukyanovsky'** entstanden. Mittelstark wachsende Sorte mit extrem großen Früchten. Früchte flaschenförmig mit dickem Hals, dunkelrot, vollreif schwarzrot, 3,8 cm lang, 2,0 cm dick, Fruchtgewicht 6,5–7,5 (bis max. 10) g; Geschmack säuerlich aromatisch, Fruchtreife Ende August bis Anfang September, reifen gleichzeitig, Früchte fallen nicht ab. Fruchtertrag nach 15 Jahren 40–45 kg. Bewässerung und Düngung erhöhen Fruchtertrag und Fruchtqualität.

'Vavilovets': eher schwach wachsende Sorte, Frucht birnenförmig, vollreif schwärzlich rot, Fruchtgröße 3,5 cm/1,8 cm; Fruchtgewicht 6,0–6,5 (–7,5) g; Reifezeit Mitte August, Fruchtertrag nach 10 Jahren 25–30 kg, nach 18 Jahren 40–50 kg.

'Vyshgorodsky': Sämlingsselektion aus dem Akklimatisierungsgarten Katschenko. Früchte dunkelrot, eher klein, 2,8 cm lang, Fruchtgewicht 4,5–4,8 g; Reifezeit Anfang bis Mitte August, Fruchtertrag nach 10 Jahren 20–22 kg, nach 15 Jahren 50–60 kg, nach 30 Jahren 70–80 kg. Sehr anpassungsfähig und trockenheitstolerant.

Sorten mit gelben Früchten

'Nejnyi' (syn. **'Nehznyi'**, **'Neshny'**): Herkunft: Wissenschaftliches Forschungsinstitut für Gartenbau Mlievsky, Züchter: S. Klymenko. Ursprünglich wurde bereits im Katalog 1915/1916 der nationalen Baumschule ein *Cornus mas* mit großen gelben Früchten angeboten und daraufhin verbreitet. S. Klymenko hat 1989 aus diesem ursprüngliche Stamm einen neuen Klon mit verbesserten Eigenschaften gezüchtet. Früchte sind flaschenförmig mit langem Hals, asymmetrisch, mit einem 1,0–1,5 cm langen Stiel; Frucht kräftig gelb, 3,5 cm lang und 1,6 cm dick; Fruchtgewicht 4,0–5,5 g; Fruchtfleisch hellgelb, weich, leicht säuerlich; Fruchtreife Mitte August, Fruchtertrag 35–40 kg. Benötigt zur besseren Fruchtausbildung und für guten Ertrag ausreichende Wasserversorgung.

'Yantarnyi' (syn. **'Jantarnyj'**, **'Yellow'™**): Sämlingsselektion, eher schwach wachsend; Frucht oval zylindrisch, bernsteingelb, Fruchtgröße 1,9–2,2 cm/1,6 cm, Fruchtgewicht 3,2–3,5 (–4,0) g, Geschmack süßsauer, saftig, Fruchtertrag nach 12–15 Jahren 35–40 kg. Fruchtreife Mitte August; Fruchtgeschmack süß(-säuerlich), nicht adstringierend. Früchte fallen zeitig ab, sind nur kurz lagerfähig. Wird in der Ukraine als 'Obstbaum' kultiviert. Sehr frühe Sorte und guter Bestäuber für andere Varietäten.

'Alesha': schwach wachsender Kultivar mit gelben Früchten. Früchte oval bis tönnchenförmig, gelb, 1,9 cm/1,3 cm, Fruchtgewicht 3,1 g; Fruchtreife Mitte August.

'Bukovinskiy': schwach wachsender Kultivar mit gelben Früchten. Früchte oval bis tönnchenförmig, gelb, Fruchtgröße 2,1 cm/1,5 cm, Fruchtgewicht 3,5–4,5 g; Fruchtreife Mitte August. Fruchtertrag nach 15 Jahren 40–50 kg.

Selektionen des Arboretums Bolestraszyce in Polen

'Dublany': mäßig stark wachsende Sorte; Frucht tropfen- bis breit birnenförmig, zur Reife schwarzrot, Fruchtgröße ca. 2,2–2,7 cm/1,5–1,7 cm; Hoher Vitamin-C-Gehalt und hoher Zuckergehalt (bis 13 %); Reifezeit Mitte bis Ende August.

'Juliusz': stark wachsende Sorte mit im Alter ausladender Krone, Früchte rot, fast kugelig, ca. 2,5 cm/2,5 cm, Zuckergehalt 10 %, Fruchtreife Ende August bis Mitte September.

'Szafer': mäßig stark wachsende Sorte, Früchte tropfen- bis breit birnenförmig, Frucht vollreif schwarzrot, Fruchtgröße 2,5–2,8 cm/1,6–1,9 cm; Früchte mit höchstem Vitamin-C-Gehalt, höchsten Zuckerwerten (16 %) und sehr hohem Anthocyangehalt. Schmackhafteste Sorte, auch für den Rohgenuss geeignet; Fruchtreife Anfang September bis Mitte Oktober.

'Bolestraszycki': mäßig stark wachsende Sorte, bringt die größten Früchte aller polnischen Sorten hervor; Frucht tropfen- bis flaschenförmig, vollreif schwarzrot, Fruchtgröße ca. 2,5–3,5 cm/1,5–1,8 cm; hoher Vitamin-C- und Pektingehalt, Zucker 14 %, Fruchtreife Anfang September bis Anfang Oktober.

'Paczoski': mäßig stark wachsende Sorte; Frucht länglich oval bis tropfenförmig, vollreif rot, Fruchtgröße ca. 2,5–3,0 cm/1,5–1,7 cm; mittlerer Zuckergehalt (12 %); Fruchtreife spät, ab Mitte September bis Ende Oktober.

'Raciborski' (Züchter: N. Piórecki, Bolestraszyce): Breitwüchsiger Strauch mit gleichmäßiger Fruchtreife (nicht folgernd). Früchte oval, ca. 2,3 cm lang, Fruchtgewicht 3,0 g; Zuckergehalt 14 %, enthält die biologisch aktive Logansäure. Fruchtreife erste Septemberhälfte.

'Florianka': oval, Fruchtgröße ca. 2,2 cm/1,8 cm.

'Kresowiak', **'Podolski'**, **'Slowianin'**

'P5' (Züchter S. Maksymiuk, Polen): mittelstark wachsende Sorte, Früchte birnenförmig, sehr schmackhaft, sehr ertragreich, Reifezeit Mitte bis Ende August.

'Macrocarpa': alte Sorte, schwach wachsend, Früchte birnenförmig, etwa doppelt so groß wie jene der Wildformen, hängen zu mehreren in Büscheln am Zweig, Reifezeit Ende September bis Mitte Oktober.

Weitere Selektionen der HBLFA Schönbrunn (Züchter H. Pirc)

Diese Auslesen sind bislang als Nummernsorten geführt und sind noch nicht benannt, werden aber bereits seit etwa 10 Jahren beobachtet.

'86/2': mittelstark wachsende Sorte, Frucht breit tropfenförmig, dunkelrot, Fruchtgröße 2,7 cm/2,0 cm, Fruchtgewicht 5,2 g, Ge-

'P5' (S. Maksymiuk)

Cornus mas var. *macrocarpa*, BGR

'86-2'

'99-1B'

'99-11'

'99-12'

schmack süßsäuerlich, unreif adstringierend, reif süß; Fruchtreife spät, reichfruchtend, Mitte bis Ende September.

'90/3': mittelstark wachsende Sorte, Frucht oval, vollreif dunkelrot, Fruchtgröße 2,7 cm/ 1,8 cm, Fruchtgewicht 5,0 g; Geschmack süß, leicht adstringierend, sehr reichfruchtend, Reifezeit spät, Mitte bis Ende September.

'99/1B': schwach wachsende Sorte, Früchte birnenförmig bis flaschenförmig, Fruchtgröße 3,5 cm/1,8 cm, Fruchtgewicht 4,8 g; Geschmack süß, anfangs leicht adstringierend, vollreif süß; ertragreiche Sorte. Reifezeit Mitte September.

'99/11B': schwach wachsende Sorte, Früchte birnenförmig, Fruchtgröße 3,3 cm/2,0 cm; Fruchtgewicht 4,5–6 g; Geschmack süß, nicht adstringierend, mittlere Erträge. Reifezeit Anfang September.

'99/12': schwachwüchsige Sorte, Früchte oval, zur Reife dunkelrot, Fruchtgröße 2,8–2,9 cm/1,9 cm; Fruchtgewicht 4,4–5, g; sehr süß, mild, nicht adstringierend; mäßig ertragreich. Reifezeit Anfang September.

Weitere, noch nicht bewertete gelbfruchtende Selektionen

'Gelbe Steinschaler': schwachwüchsige Sorte mit Früchten, die etwas kleiner, aber ansonsten ähnlich sind wie jene der Sorte **'Yellow'**. Da bislang nur Früchte vom Wildstandort vorliegen, ist anzunehmen, dass die Früchte dieses Typs in Kultur deutlich größer sein werden. Die Früchte reifen in der zweiten Augusthälfte und schmecken süß ohne adstringierenden Beigeschmack.

Cornus mas var. *flava*: schwachwüchsige Sorte mit Früchten, die etwas kleiner, aber ansonsten ähnlich sind wie jene der Sorte **'Yellow'**. Nicht in Kultur, Pflanze im Botanischen Garten Wien ist viele Jahrzehnte alt, wurde nie geschnitten und produziert deshalb relativ kleine gelbe Früchte.

Sorten in den USA

'Big Fruit': große, birnenförmige Früchte, ansonsten keine Angaben (Whiteman Farms).

'Sunrise'TM: längliche, flaschenförmige Frucht, ansonsten keine Angaben (Whiteman Farms).

'Elegant'TM: siehe **'Elegantnyi'**.

'Pioneer'™: siehe **'Lukyanovsky'**.
'Red Dawn'™: neue ukrainische Sorte (**'Siretsky'**), mit zylindrischen, schönen roten Früchten, krankheitsresistent.
'Red Star'™: siehe **'Vidubetskiy'**.
'Sunrise'™ (syn.: **'Marina'**): Früchte sind ähnlich einer japanischen Pflaume, sie hat auffällige rote Streifen auf der rötlichen Fruchtschale. Schmeckt süß und gehaltvoll, wird etwa 3,5 cm groß und reift Anfang September. Ist für den Rohverzehr und für die Verarbeitung interessant.

Es gibt noch zahlreiche weitere Lokalsorten in Russland, der Ukraine, im Kaukasusgebiet, in der Türkei sowie in der Slowakei, in Ungarn und in Österreich.

Ukrainische *Cornus mas* Sorten der Züchterin S. Klymenko (S. Klymenko)

Früchte diverser *Cornus mas*-Sorten *(Bolestraszyce)*

JAPANISCHE KORNELKIRSCHE

Cornus officinalis Sieb. et. Zucc.. (*Cornaceae*, Hartriegelgewächse)

Weitere Namen

Japanischer Hartriegel; engl. Japanese Cornelian Cherry; franz. Cornoullier officinal; chin. Shanzhuyu, Shanyurou.

Pflanzenmerkmale und Verbreitung

Die Heimat der Japanischen Kornelkirsche erstreckt sich von Japan über China bis nach Korea. Sie ist bezüglich Wuchs, Blätter und Blüten unserer heimischen Kornelkirsche sehr ähnlich. In der Heimat wächst sie zu einem großen Strauch oder zu einem Baum von 10 m Wuchshöhe heran. In unseren Breiten entwickelt sie sich ein- oder mehrstämmig und wird selten höher als 4–6 m. Sie ist allerdings nur sehr selten in Verwendung.

Blüte

Wie *Cornus mas*, nur etwas dunkler gelb.

Frucht

Steinfrüchte wie bei *C. mas*, allerdings etwas kleiner, von länglicher Form und herbsauer. Sie lassen sich von jenen von *C. mas* leicht unterscheiden, da sie meist in wesentlich größerer Anzahl pro Fruchtstand (Kurztrieb) gebildet werden. Darüber hinaus werden die Früchte von sehr dünnen Fruchtstielen getragen, die mitunter deutlich rötlich gefärbt sein können. Im Gegensatz zu den Früchten der heimischen Kornelkirsche reifen die Früchte der Japanischen Kornelkirsche später und bleiben sehr lange, mitunter bis in den späten Herbst hinein an den Sträuchern hängen.

Verwertung

Die Japanische Kornelkirsche ist, wie *Cornus mas* auch, eine sehr dekorative Gartenpflanze. In China (Henan, Zhejiang and Shaanxi),

Cornus officinalis Habitus mit Blüte

Detail mit Blüten und Früchten vom Vorjahr

Cornus officinalis Detail mit Früchten

Japan und Korea wird sie allerdings als Medizinalpflanze kutiviert. Man erntet die Früchte im Herbst, sobald sie sich rot verfärben. Dann werden sie entweder langsam erhitzt (gebacken) oder mit heißem Wasser behandelt, sodass sich die Kerne leicht entfernen lassen. Anschließend werden die Früchte in der Sonne getrocknet. In der Volksmedizin werden sie in vielfältiger Weise eingesetzt. Getrocknete Früchte sollen bei Leber- und Nierenprobleme, sowie bei Tinitus Erleichterung bringen. In Korea ist die Japanische Kornelkirsche eine bekannte Medizin und soll bei Impotenz Abhilfe schaffen. Zu diesem Zweck werden Präparate hergestellt, in denen man *Cornus* (49 %), Lycium (Goji, 46 %) und *Rubus* (5 %) kombiniert. Aus den Früchten dieser Kornelkirsche wird auch Wein und Likör hergestellt.

Cornus mas x *Cornus officinalis* li Typ JHG 1 re Typ JHG

An der HBLFA Schönbrunn werden drei Varietäten mit unterschiedlich großen Früchten kultiviert- möglicherweise handelt es sich hierbei um Hybriden zwischen *C. mas* und *C. officinalis*.

Literatur

ARNDORFER, M.; 2002: Auswirkungen der Erntetechniken und Sorteneigenschaften auf die Qualität verschiedener Verarbeitungsprodukte der Kornelkirsche, Diplomarbeit HBLA Klosterneuburg

BUCHTER-WEISBRODT, H., 2009: Kornelkirsche – Pflegeleichte Wildfrucht. Obst & Garten 8/2009, S. 288–289.

D'ANTUONO L. F., FEDSOVA, K., BOYKO, N., MUDRYK, M., KOLESNOV, A., JORJADZE, M. & BIGNAMI, C.; 2012: Cornelian cherry: an important local resource and promising health promoting fruit plant oft he Black Sea Area. 10. Int. Symposium on Vaccinium and other Superfruits; June 17-22, 2012, Maastricht, The Neterhlands.

GAYRAUD, A., 2013: Cornus Monographie. Georgio Tesi Editrice s.r.l. Pistoia, 221 S.

GRASMANN, M., 2013: Die Kornelkirsche und ihre Vorzüge in Garten, Küche und Keller. Leopold Stocker Verlag, Graz, Stuttgart.

GUGENBERGER, E., 2007: Kraftcocktail Kornelkirsche, Österreichischer Agrarverlag, Wien.

HLATKY, M., & WEISS, J., 2012: Unser Dirndltal. Kral-Verlag, Berndorf

INNTHALER, B. & KICKENWEIZ, M., 2006: Erste Erfahrungen mit neuen Kornelkirschensorten. Besseres Obst 12/2006, S. 7–9

KLYMENKO, S. V., 2013: Cornelian cherry The Catalogue of cultivars, Kiev, Interservis, 72 S.

KUMMERT, F., 2008: Die Kornelkirsche, Cornus mas, Obst – Wein – Garten, Nr. 3/2008, S. 4–7.

PIRC, H., 1994: Cornus mas „Jolico' – 10 Jahre Versuchsarbeit, Gartenbauwirtschaft, 6/1994, S. 8–10.

PIRC, H., 1999: „Schönbrunner Gourmet-Dirndl', Gartenpraxis, 10/1999, S. 4.

PIRC, H., 1999: „Schönbrunner Gourmet-Dirndl', Obst – Wein – Garten, 8/99, S. 4.

PIRC, H., 1999: Cornus mas als 'Alternative Obstart', Besseres Obst, 12/1999, S. 7–11.

PIRC, H., 2000: Dirndl-Zeit, Garten + Haus, 9–10/2000, S. 48–50.

PIRC, H., 2012: Kornelkirschen im Garten. Obst & Garten 3/2012, S. 88–89.

PIRC, H., 2013: Kornelkirschen. Gartenpraxis, 3/2013, S. 24–77.

PIRC, H., 2014: Ein 'Dirndl' zum Verlieben. Garten + Haus 9–10/2014, S. 50–53.

PIRC., H. 2020: Kornelkirschen (*Cornus mas L.*; *Cornaceae*) – Erfolgsgeschichte einer beinahe vergessenen heimischen Wildobstart. Mitt. Deutsch. Dendrol. Ges. (MDDG) 105, S. 67–77. Verlag Quelle & Meyer, Wiebelsheim.

SOZANSKI, T., et. al., 2014: The protective effect oft he Cornus mas fruits (cornelian cherry) on hypertriglyceridemia and atherosclerosis through PPARalpha activation in hypercholesterolemic rabbits. Phytomedicine 21 (2014), S. 1774–1784.

WURM, L., 2012: Großfrüchtige Kornelkirschen: Eine seltene Obstart mit Zukunft? Besseres Obst 6/2012, S. 6–8.

KOLJASCHEW, A. persönliche Mitteilungen.

Internetseiten

http://www.dirndlwiki.at/index.php?title=Dirndl Wiki:Portal
http://www.dirndlwiki.at/index.php?title=Hauptseite
http://kornelkirsche.eu/pages/strona-glowna/oferta/deren-jadalny-cornus-mas
http://www.bolestraszyce.com/
http://www.habergoz.com/senkoy/kizilcik_festivali.html
http://uncommonfruit.cias.wisc.edu/cornelian-cherry/
https://www.rollingrivernursery.com/component/virtuemart/fruit-trees/dogwoods-and-cornelian-cherry/cornelian-cherries-cornus-mas
https://www.onegreenworld.com/
http://www.whitmanfarms.com/
www.somtarsasag.hu
http://www.itmonline.org/arts/cornus.htm
http://www.cornusmas.com/

GEMEINER WACHOLDER

Juniperus communis L. (*Cupressaceae*, Zypressengewächse)

Weitere Namen

Kranewittbeere, Kranabet, Krammet, Kronawetta, Kramabir, Krapei, Kranawecke, Khramatposchen, Kranichbeer, Machandel, Heide-Wacholder; engl. Common Juniper, Juniper; franz. Genévrier Commun.

Pflanzenmerkmale und Verbreitung

Der Wacholder hat ein sehr weites Verbreitungsgebiet, es reicht von Europa über Asien bis nach Nordafrika und Nordamerika. Er wächst vorwiegend in lichten Kiefernwäldern, auf Heiden, Magerweiden und in Mooren sowie als Zwergstrauch im Hochgebirge (in den Alpen bis in 3.700 m Höhe).

Der Gemeine Wacholder ist ein dichttriebiger, immergrüner Strauch von 2–6 (–10) m Höhe, oft dominieren Säulenformen, es kommen aber auch breitbuschige Wuchsformen vor. Das langsamwüchsige Gehölz kann bis zu 500 Jahre alt werden. Die spitzen, nadelförmigen Blätter werden etwa 10–20 mm lang. Auffällig ist der weiße Streifen auf der Nadeloberseite.

Blüte

Die Pflanzen sind zweihäusig, sie blühen unscheinbar im April/Mai.

Eignung

Sind als Solitär- und Gruppensträucher im Hausgarten in Verwendung. Wacholder benötigen vollsonnige Standorte, die durchaus auch steinig oder sandig und trocken sein können. Erträgt dabei trockene Sommer wie auch kalte Winter recht gut. Die zahlreichen Gartensorten werden je nach Wuchscharakter für Heidegärten, Steingärten, sonnige Vorgärten oder Gartenanlagen verwendet. Nicht mit schattenwerfenden Gehölzen kombinieren!

Frucht

Die 4–9 mm großen kugeligen Früchte des Wacholders (Kranewittbeeren) sind eigentlich Scheinbeeren (botanisch richtig: Beerenzapfen). Sie reifen Ende September bis Anfang Dezember, wobei sich die zunächst grünen Beeren später schwarzbraun verfärben und eine bläuliche Bereifung aufweisen.
Voll ausgereift, besitzen sie ein trockenes, harzreiches und aromatisch-süßliches Fruchtfleisch. Die Früchte enthalten neben Zucker und Ölen (unter anderem auch ätherische Öle) das Gerbstoffglycosid Juniperin, Mineralstoffe, Eiweiß, Pektin und Vitamin C.

Verwertung

Für den Rohgenuss geeignet, und zwar als appetitanregendes Mittel (täglich 5–10 getrocknete Früchte vor den Mahlzeiten), Tee (ein Esslöffel zerdrückter Beeren pro Tasse). Die Früchte werden auch als Gewürzbeilage zu Saucen, Braten, Fisch, Sauerkaut, Geflügel und Suppen in geringen bis mäßigen Mengen verwendet. Möglich ist auch die Herstellung von Sirup, Gelees und Marmeladen. Hauptsächlich werden aus den Beeren jedoch alkoholische Getränke wie Genever, Gin, Wacholderschnaps oder Wein bereitet. Der Wacholderspiritus dient zum Einreiben bei Gelenkserkrankungen, Gicht und Ischias. Aus dem Holz gewonnenes Wacholderöl wird äußerlich bei Hauterkrankungen angewendet.

Juniperus communis Detail Nadeln und männl. Blüte

Juniperus communis Habitus Naturstandort

Wacholderschinken wird mit Holz und Nadeln dieser Pflanze geräuchert.

In früheren Zeiten war das Harz des Wacholderstrauches als unechter Weihrauch unter der Bezeichnung 'deutscher Sandarak' im Handel. Die Germanen verwendeten Wacholderreisig bei der Brandbestattung ihrer Toten.

Standortansprüche und Pflege

Der Gemeine Wacholder stellt keine speziellen Ansprüche. Der Boden sollte durchlässig, sandig bis schottrig und der Standort möglichst hell und sonnig sein.

Schnittmaßnahmen sind nicht notwendig.

Krankheiten und Schädlinge

Kaum auftretend, verwandte Arten (*J. sabina* [giftig!], *J. chinensis* und *J. virginiana*) sind Zwischenwirte für Rostpilze, z. B. für den Birnengitterrost.

Vermehrung und Anzucht

Wacholder lässt sich durch Samen vermehren, sie keimen jedoch erst im zweiten Jahr nach der Ernte. Will man die Keimung der Samen im folgenden Frühjahr erreichen, so muss man die Beerenzapfen bereits vor der Vollreife (ab August bis November) ernten. Man kann aber auch Absenker zur Bewurzelung bringen, Stecklinge werden im Spätsommer und Herbst (eventuell auch im Frühjahr) gesteckt. Veredelungen werden nur bei Sorten des Wacholders gelegentlich durchgeführt.

Erwähnenswert ist auch noch, dass die Beerenzapfen der Zierformen von *J. communis* zwar genauso verwendet werden können, diese jedoch zumeist kaum oder nur schlecht Beerenzapfen ansetzen.

Sorten und Auslesen

Es gibt zahlreiche Unterarten, aber auch Zierformen, reichfruchtende Selektionen sind jedoch nicht bekannt. Die Beeren werden meist am Naturstandort gesammelt. Nur bei trockenem Wetter sammeln und nachtrocknen (nicht in der Sonne!).

Wichtiger Hinweis

Von der zweiten heimischen Wacholderart, dem Sadebaum (*Juniperus sabina*), sind alle Pflanzenteile giftig (!) und dürfen keinesfalls als Wildobst genutzt werden!

Juniperus communis Detail Nadeln und Beerenzapfen

KAKI

Diospyros L. (*Ebenaceae*, Ebenholzgewächse), Dattelpflaume, Ebenholz, Lotuspflaume

Die winterharten Vertreter dieser Gattung sind sommergrüne Bäume mit wechselständigen, einfachen, ganzrandigen Blättern. Die 1- oder 2-häusigen Blüten entwickeln sich aus den Blattachseln der diesjährigen Triebe. Die gestielten männlichen Blüten entwickeln sich zu jeweils 2–5 in Büscheln, die weiblichen, 4-zähligen Blüten sitzen einzeln in den Blattachseln. Der Fruchtknoten ist 4–12-fächrig, es werden 2–6 Griffel gebildet. Die Früchte sind kugelige oder abgeflachte kugelige Beeren mit saftig weichem Fruchtfleisch. Die Früchte werden 1–7 cm dick, sind gelbgrün oder orangefarben, leicht bereift und glänzend. Die meisten der etwa 500 Arten kommen vorwiegend in den Tropen und Subtropen vor.

Die unter mitteleuropäischen Klimabedingungen ausreichend winterharten Arten sind wärmebedürftig und eher Pflanzen für Liebhaber seltener Arten.

Die Kakipflanze zählt zu den ältesten Kulturpflanzen und wird in Asien seit mehr als 2.000 Jahren genutzt. Heute wird sie in zahlreichen Sorten in den Subtropen und Höhenlagen der Tropen weltweit kultiviert. Seit 1796 wird sie auch im Mittelmeergebiet angebaut. In Italien werden schätzungsweise 50.000 Tonnen, in Israel etwa 40.000 Tonnen Kaki-Früchte pro Jahr produziert. In China beträgt die jährliche Kaki-Produktion etwa zwei Millionen Tonnen.

Wenn man von Kaki spricht, dann ist es oft etwas verwirrend, weil man unter diesem Namen Kaki, Sharon oder Persimone versteht, es ist jedoch nicht ganz einfach, diese drei Obstarten zu unterscheiden.

Als Kaki bezeichnet man alle Sorten der von *Diospyros kaki*. Die Händler auf den Gemüse- und Obstmärkten nennen die Sorte **'Tipo'** als die 'eigentliche' Kaki. Diese Frucht halbiert man mit dem Messer und löffelt das sehr weiche Fruchtfleisch aus. Diese 'Kakis' können nur in vollreifem Zustand genossen werden, da sie zuvor herb und adstringierend schmecken.

Diospyros kaki 'Bahn-si' Habitus

Diospyros kaki fruchtend und Früchte (Detail)

Bei der Sharon hingegen handelt es sich um eine Züchtung aus Israel. Sie werden ausschließlich für den Export kultiviert. Man kann diese 'Sharonfrüchte' unreif ernten, bis zu 5 Monate lagern und danach künstlich nachreifen. Sie sind deutlich kleiner als die 'echten' Kakis. Allerdings schmecken die Früchte dieser Züchtung nicht so gut wie jene der Sorten der echten Kaki wie zum Beispiel **'Tipo'** oder **'Rojo Brillante'**.

Als Persimone bezeichnen die Obsthändler meistens Früchte, welche im harten Zustand (vor der vollen Reife) gegessen werden können. Viele Sorten der Persimone (z. B. 'Rojo Brillante') werden mit Ethylen künstlich behandelt, damit Sie Ihre Adstringenz verlieren.

KAKIPFLAUME

Diospyros kaki L. (*Ebenaceae*, Ebenholzgewächse)

Weitere Namen

Kakifrucht, Kakiapfel, Kakidattel, Chinesische Dattelpflaume, Japanische Dattelpflaume, Japanische Aprikose, Japanische Persimone, Honigapfel; engl. Kaki, Persimmon, Japanese Persimmon; Chinese Persimmon; franz. Kaki, Caqui, Abricot du Japon, Coing de Chine; ital. Kaki, Diospiro, Loti; span. Kaki, Caqui; niederl. Kaki; norweg. Kaki, Kakiplomme.

Pflanzenmerkmale und Verbreitung

Der Kakibaum ist in Japan, Südkorea und China heimisch. In diesen Ländern ist Kaki eine uralte Kulturpflanze, von der beinahe 1.000 Sorten bekannt sind.

Die Kakipflaume wächst zu einem Baum von etwa 5–10 (–14) m heran, sie entwickelt eine rundliche Krone. Ihre Triebe sind anfangs bräunlich behaart, später jedoch kahl. Die Borke ist grob gefeldert. Die Blätter sind sehr auffällig, weil sie mit 8–20 cm Länge relativ groß sind. Sie sind von eiförmigelliptischer bis länglicheiförmiger Gestalt, oberseits glänzend dunkelgrün, unterseits bläulich und anfangs behaart. Ihre Herbstfärbung ist leuchtend orangerot.

Diospyros kaki (F. Kummert)

Diospyros kaki Blätter, Blüten und Blätter in Herbstfärbung

Blüte

Die etwa 3 cm breiten, gelblichen Blüten öffnen sich im Juni.

Eignung

Attraktiver kleiner Baum mit schöner Herbstfärbung und essbaren Früchten.

Frucht

Die Früchte der Kaki reifen erst sehr spät, meist erst nach dem Blattfall. So hängen an den laublosen Bäumen noch spät im Herbst die leuchtend orangeroten Früchte, sie sind durchaus als zierend einzustufen. Sie sind von tomatenähnlicher Gestalt und Farbe und 6–8 cm breit. Die vier großen Kelchblätter am Stielansatz sind sehr auffällig. Sie sind ungerippt und wiegen etwa 100–400 g. Die Fruchtfarbe variiert von Gelb (selten) bis Orangerot und Tiefrot. Darauf bezieht sich auch der griechische Name *Diospyros* (= göttliches Feuer). Die dünne, glatte Fruchtschale ist ebenfalls glänzend. Das Fruchtfleisch selbst wird zur Reifezeit weich und saftig. Es ist gelleeartig und enthält 8 oder mehr Kerne. Allerdings sind die Früchte der meisten Kultursorten samenlos. Anfangs schmecken Kakifrüchte aufgrund des hohen Gerbstoffgehaltes (Tannin) herb und sehr zusammenziehend. Bei Vollreife aber verändert sich der Geschmack und die Früchte schmecken nun angenehm süßlich, allerdings ohne besonderes Aroma. Bei manchen Sorten kann man vielleicht einen Vanillegeschmack erahnen. Ansonsten wird der Geschmack als 'zwischen Tomate und Marille liegend' beschrieben.

Die Früchte enthalten etwa 13–19 % Glucose, sie sind reich an Vitaminen, insbesondere an Provitamin A.

Diospyros kaki 'Kostata' Früchte teilbefruchtet

Diospyros kaki Zweig mit Knospen

Diospyros kaki 'Kostata' Habitus

Verwertung

Kakifrüchte stellen eine Besonderheit innerhalb der Obstarten dar. Hier bedeutet gutes Aussehen nicht unbedingt auch guter Geschmack. Kaki schmecken anfangs herb und adstringierend. Erst wenn sie beinahe überreif sind (andere Früchte würde man in diesem Zustand ablehnen und nicht mehr essen!), dann entfalten Kakis ihr an sich köstliches Aroma. Man isst sie roh, indem man die Frucht zerteilt und die dünne Schale abzieht. Man kann das Fruchtfleisch auch auslöffeln, eventuell unter Zusatz von etwas Likör oder Weinbrand. Auch zu Obstsalaten, Kompotten, Konfitüren, Mus und Sirup etc. lässt sich das Fruchtfleisch verarbeiten.

In Ostasien werden Kakis als Trockenobst geschätzt und unter der Bezeichnung 'Kakifeigen' sogar exportiert. Dazu werden sie – ähnlich wie Feigen – an der Sonne getrocknet, dabei kristallisiert der Zucker aus und bedeckt die trockenen Früchte, ähnlich wie dies von getrockneten Feigen bekannt ist. Im Orient wird aus den Früchten sogar ein Fruchtmehl hergestellt und gehandelt.

Es kann passieren, dass unter unseren Klimaverhältnissen die Früchte an den Bäumen nicht ganz ausreifen (was leider in einem kühlen verregneten Sommer durchaus vorkommen kann). In diesem Fall empfiehlt es sich, die noch unreifen Früchte zusammen mit Äpfeln zu lagern. Da die Äpfel während der Lagerung sehr viel Ethylen ausscheiden, ist dies eine gute Möglichkeit, unreifen Kaki-Früchten zur Reife zu verhelfen.

Standortansprüche und Pflege

Kaki-Bäume bevorzugen einen geschützten Standort in mildem Klimagebiet (Winterhärtezone 7–10, Weinbauklima). Bezüglich der Bodenverhältnisse sind sie sehr genügsam und anpassungsfähig an verschiedene Bodentypen, sie benötigen aber einen warmen Sommer und nicht zu früh einsetzende Fröste im Herbst. Wintertemperaturen von bis zu –15 °C werden ertragen, bei tieferen Temperaturen kann das Holz geschädigt werden. Aber verschiedene andere Faktoren wie Baumalter, Ernährungszustand und Unterlage beeinflussen die Winterhärte wesentlich. Ein regelmäßiger Auslichtungsschnitt ist empfehlenswert, lange Triebe im Frühjahr auf ein Drittel zurückschneiden.

Diospyros kaki 'Kostata' Habitus fruchtend

Krankheiten und Schädlinge

Keine bekannt.

Vermehrung und Anzucht

Sorten müssen veredelt werden. Als Unterlagen werden *D. virginiana* und *D. lotus* verwendet (bringt bessere Winterhärte bei den Sorten), aber auch *D. kaki*. Als Veredlungsmethoden können Reiserveredelungen (Kopulation, Geißfuß) sowie das Chippen angewendet werden.

Wenn man Kakis als Unterlagen heranziehen möchte, so müssen diese vor dem Aussäen stratifiziert (kühl und feucht gelagert) werden. Optimal erfolgt dies bei Temperaturen von 5–7 °C für 8–10 Wochen. Nach dem Stratifizieren müssen die Samen bei 22 °C aufgestellt und gleichmäßig feucht gehalten werden.

Jungpflanzen sollten die ersten 1–2 Jahre frostfrei überwintert werden, erst nachdem sie bereits etwas abgehärtet sind, kann man sie auspflanzen. In den folgenden Wintern sollten sie jedoch weiterhin mit Vlies geschützt werden.

Sorten und Auslesen

Kakifrüchte werden aufgrund ihrer Sorteneigenschaften in zwei große Gruppen eingeteilt – nicht adstringierend (NA) und adstringierend (A), welche wiederum, bezogen auf ihre Reaktion bei der Bestäubung, in je zwei Untergruppen unterteilt werden:

Adstringierend: Die Kakifrucht enthält die Gerbsäure Tannin, welche bei Verzehr eine pelzige Zunge verursacht.

PVA = pollination variant astringent: Früchte sind bei der Ernte immer adstringierend. Bei Fremdbestäubung weist die Frucht um den Samen herum eine etwas dunklere Verfärbung des Fruchtfleisches auf.

PCA = pollination constant astringent: Die Frucht ist bei der Ernte immer adstringierend, da sie unabhängig von einer Fremdbestäubung den Gerbstoff Tannin enthält, welcher bei Verzehr eine leicht pelzige Zunge verursacht. Ihr Fruchtfleisch ist hellorange gefärbt.

PVNA = pollination variant non astringent: Bei einer Fremdbestäubung sind die Früchte (ähnlich wie jene der PCNA-Sorten) nicht adstringierend. Falls keine Fremdbestäubung stattgefunden hat, sind die parthenocarp gebildeten Früchte zwar weich, aber adstringierend.

PCNA = pollination constant non astringent: Unter optimalen Klimabedingungen sind die Früchte in dieser Kategorie unabhängig von einer Fremdbestäubung bei Vollreife nie adstringierend (Voraussetzung ist jedoch ein geeignetes warmes Klima, damit die Früchte sich wirklich bis zur Vollreife entwickeln können).

'Tipo' (PVNA) (syn.: **SHIVA-KAKI**): Ist vor allem wegen des hohen Ertrages und der schmackhaften, sehr großen (7,0 cm hoch und 8,5 cm dick, Fruchtgewicht 180–260 g) und zarten Früchte eine Hauptsorte in Italien und gilt als die "Kaki" schlechthin. Die Früchte sind eher flach, sehr süß und von bestem Geschmack. Der Baum bildet dichte, kompakte Kronen und beginnt sehr früh zu tragen. **'Tipo'** ist selbstfruchtbar und wird in

(v.l.n.r.) Diospyros virginiana: 'Rosseanka', 'Prok'; Diospyros kaki: 'Kostata', 'Tipo'

Italien meist ohne Befruchter gepflanzt, damit er nicht zu reichtragend ist, die Fruchtgröße allerdings leidet und die Früchte bilden mehr Kerne aus. Unter österreichischen Klimabedingungen kann eine Fremdbefruchtung empfohlen werden, da er bei uns erst ab Ende Oktober reift und die Früchte von Beginn an weniger Tannin bilden. Können in Extremwintern wie 2005/06 erfrieren.

'Vainiglia' (PVNA): Das besonders süße, saftige – nach einem Hauch von Bourbon-Vanille duftende – Fruchtfleisch gibt den Namen. 'Vainiglia' ist die früheste und bei uns schon ab Mitte Oktober reifende Kaki. Mittelgroße, hochgebaute, süße Früchte (140 g) und regelmäßiger Ertrag machen sie auch in unseren Breiten für Liebhaber interessant. Der Baum wächst kräftig. **'Tipo'** und **'Cioccolatino'** sind sehr gute Befruchter für **'Vainiglia'**.

'Cioccolatino' (PVNA): Hat seinen Namen von den dunkel gefärbten ('schokofarbenen') Fasern, welche das Fruchtfleisch der Früchte durchziehen und auch von außen eine dunklere Farbe geben. Die Früchte sind eher klein (durchschnittlich 90 g), rund, schon vor der Vollreife genussfähig, besonders süß und sehr knackig. **'Cioccolatino'** reift zwischen **'Vainiglia'** und **'Tipo'** und ist vor allem für den Hausgarten und als robuster Befruchter für **'Tipo'** und **'Vainiglia'** interessant.

'20th Century' (PCNA): Ist eine gering herbe Persimone mit mittelgroßen, 130 g schweren, orangeroten Früchten, die köstlich schmecken. Im Herbst, bevor die Blätter fallen, verfärbt sich der Baum besonders schön.

'Hana Fujo' (PCNA): Ist als Hauptsorte in Japan, Florida und China. Sie ist wärmebedürftiger als **'Tipo'** oder **'Vainiglia'**, aber unter geeigneten Bedingungen besonders hoch im Ertrag. Früchte sind sehr groß, Fruchtgewicht etwa 220 g, abgeflacht. **'Hano Fujo'** ist eine der besten Sorten im Geschmack (obwohl nicht ganz so süß wie **'Tipo'**) und nie adstringierend, samenlos. Der Baum ist frühtragend, selbstfruchtbar (Fremdbefruchtung fördert die Ertragssicherheit) und sollte in jungen Jahren unbedingt vor Frost geschützt werden.

'Rojo Brilliante' (PVNA): Neben dem guten Geschmack macht der besonders hohe Ertrag 'Rojo Brilliante' zu einer Hauptsorte in Spanien. Die Früchte sind mittelgroß bis groß, durchschnittliches Fruchtgewicht 180 g, hochgebaut, festfleischig und daher gut lagerfähig. Allerdings sind die Früchte nicht so süß wie jene von **'Tipo'**, aber auch sehr aromatisch. Der Baum beginnt sehr früh zu tragen und ist selbstfruchtbar. Die Sorten der Persimone sind nicht adstringierend und werden wie ein Apfel gegessen. 'Rojo Brilliante' reift 2–3 Wochen später als 'Tipo' und ist sehr wärmebedürftig. Selbst in Italien erreicht man nicht die Qualität wie in Südspanien.

'Kostata' (syn.: **'Costata'**): Mittelgroße Frucht, 5,9 cm hoch und 6,0–6,5 cm dick, Fruchtgewicht 110–130 g; guter Geschmack, aber adstringierend. Soll winterhärter sein als andere *D. kaki*-Sorten. Frisch ausgepflanzte Veredlungen fruchteten erstmals nach 3 Jahren, im 4. Standjahr erbrachten sie einen Ertrag von 35–40 kg, je 350–360 Früchte, im Jahr darauf keine Früchte.

'Sajo': Bringt kleine ovale, adstringierende Früchte hervor. Der hervorragende Geschmack der Früchte von 'Sajo' überzeugt (angeblich) weltweit die Gourmets; diese Sorte ist regelmäßig fruchtend.

'Aroma' (Lubera): Früchte sind groß, gelborange. Adstringierend, bei Vollreife verliert sich der adstringende Beigeschmack. Reife Oktober/November.

Ein engagierter Kaki-Sorten Sammler nordöstlich von Wien kultiviert zurzeit mehr als 20 *D. kaki*-Sorten im Freiland, dazu warten noch etwa 50 Sorten im Container auf die Auspflanzung ins Freiland. Einige Sorten aus dieser Sammlung:

'Amagaki': Früchte bis 5,5 cm hoch und 5,2–5,9 cm dick, Fruchtgewicht 95 g. Reife Früchte mit gutem Geschmack, nicht adstringierend.

'Bubu-gahm': Etwas kleiner, 4,9 cm hoch und 4,9 cm dick, Fruchtgewicht 70 g; befruchtete Früchte größer mit Samen. Sehr guter Geschmack, nicht adstringierend, unbefruchtete verkümmert(?).

'Marczika 2': Mit 6,2 cm höher als dick, 5,0 cm dick, Fruchtgewicht 105 g; im reifen Zustand sehr süß, gering adstringierend.

'Great Wall': Flachkugelige Sorte mit 4,0 cm hohen und 5,5 cm dicken Früchten, Frucht-

'Tipo'

'Cioccolatino' (Lubera Ag.)

'Kostata'

'Amagaki'

'Bubu-gahm'

'Marczika'

'Great Wall'

'Castelan'

'Donau'

'Budapest-Kaki'

'Steiermark-Kaki'

'Bahn-Si'

Diospyros kaki x virg. 'Nikitas Gift'

Diospyros virg. x kaki 'Keener'

Diospyros virginiana 'Rosseyanka'

gewicht 75 g; mit gutem Geschmack, erinnert ein wenig an Mango, aber adstringierend; spät reifend. Wuchs niedrig, eher breitwachsend.
'Castelan': Frucht rundlich, 5,0 cm hoch und 5,2 cm dick, Fruchtgewicht 70 g; spät reifend.
'Donau' (syn.: **'Dunaj'**): Große Frucht, breiter als hoch, 6,0 cm hoch und 7,0 cm dick; Fruchtgewicht 155 g; reif sehr guter Geschmack, nicht adstringierend, spät reifend.
'Botanischer Garten Budapest': Mittelgroße rundliche Sorte, 5,0 cm hoch und 5,0 cm dick, Fruchtgewicht 70 g, reif sehr guter Geschmack, leicht adstringierend.
'Steiermark-Kaki': Bringt mittelgroße Früchte hervor, 5,2 hoch und 5,6 cm dick, Fruchtgewicht 95–115 g; guter Geschmack, auch vollreif leicht adstringierend. Die 'Mutterpflanze' dieser Sorte wächst bereits seit über 70 Jahren auf 400 m Seehöhe in der Steiermark. Sie fruchtet regelmäßig und produziert jährlich bis zu 200 kg Früchte.
'Jiro': Sehr gute Sorte mit schmackhaften Früchten.

Hybriden von *D. kaki* x *D. virginiana*

'Rosseyanka' (*D. kaki* x *D. virginiana*): Diese Sorte kombiniert die Winterhärte von *D. virginiana* und die Größe der Früchte von *Diospyros kaki*. Die Früchte sind jedoch kleiner und gerbstoffhaltiger als bei den kommerziell angebauten Sorten. Der Mutterbaum unserer Edelreiser ist acht Jahre alt und hat schon Winter mit –18 °C ohne jeglichen Frostschaden überstanden. Er bringt jährlich sehr hohe Erträge mit bis zu 300 Früchten mit 50–70 g Fruchtgewicht.
'Nikitas Gift' ('Rosseyanka' x *D. kaki*): Die aus der Ukraine stammende Hybridsorte soll von *Diospyros virginiana* angeblich die Winterhärte und von *Diospyros kaki* die Fruchtgröße geerbt haben. Fruchtgröße 3,8 cm hoch und 4,8 cm dick, Fruchtgewicht ca. 50 g. Trotzdem sind im Winter 2010 bei –22 °C sämtliche 2-jährigen Bäume erfroren, wobei ältere Pflanzen von anderen Sorten überlebt haben.
'Keener': Kleine Früchte, 2,6 cm hoch und 3,3 cm dick, Fruchtgewicht 15 g; sehr gut schokoladenartig schmeckend, nicht adstringierend.
D. virginiana x **'Rosseyanka':** Früchte flachkugelig, 2,8 cm hoch und 3,6 cm dick, Fruchtgewicht 20 g; guter Geschmack, aber leicht adstringierend.

Diospyros lotus

Diospyros virginiana

Diospyros kaki

PERSIMONE

Diospyros virginiana L. (*Ebenaceae*, Ebenholzgewächse)

Weitere Namen

Virginische Dattelpflaume; engl. American Persimmon, Winter Plum; franz. Persimmon, Plaqueminier de la Virginie.

Pflanzenmerkmale und Verbreitung

Die Virginische Dattelpflaume ist im östlichen Nordamerika beheimatet und wurde bereits 1629 in Europa eingeführt. Der kleine Baum wird etwa 5–6 (selten bis 15) m hoch. Die eiförmigen bis oval-elliptischen Blätter erreichen eine Länge von etwa 6–14 cm. Sorten können bis zur Klimazone 5 verwendet werden. Die weißlichen bis grünlichen, zweihäusig verteilten Blüten sind fast sitzend und sind unscheinbar. Ihre Blütezeit erstreckt sich von Mai bis Juni.

Eignung

Attraktiver kleiner Baum mit schöner Herbstfärbung und essbaren Früchten.

Frucht

Die gelborangen Früchte erreichen eine Größe von 2–3,5 (–6) cm. Im unreifen Zustand schmecken sie wegen des hohen Tannin-Gehaltes adstringierend, bei Vollreife jedoch süß und köstlich. In unserem Klima reifen die Früchte am Baum aus. Frühzeitig gepflückt, reifen sie nach, wenn sie für einige Zeit gelagert werden.

Verwertung

Die Früchte sind im vollreifen Zustand süß und man kann sie roh als Naschfrucht verzehren. Darüber hinaus werden sie zu Mus, Pudding, Kuchen etc. verarbeitet. Die Indianer trockneten die Früchte ähnlich wie wir unsere Pflaumen. Auch die Tierwelt (Säugetiere und Vögel) fressen die Früchte gerne.

Auch das Holz dieses Baumes ist wertvoll; es ist eines der schwersten seiner Heimat und wird für die Herstellung von Webstühlen und Furnieren verwendet.

Standortansprüche und Pflege

Persimon-Bäume bevorzugen ein mildes Klimagebiet (Winterhärtezone 5–8, Weinbauklima.

Krankheiten und Schädlinge

Keine bekannt.

Diospyros virginiana Blüte

Diospyros virginiana Habitus

'Craggs'

'Geneva Long'

'Hess'

'John Rick'

'John Rick'

'Prok'

'Ruby'

'SAA Pieper'

'SAA Pieper'

'SFES'

'Szukis'

'Wendy'

Diospyros virginiana 'Saa Pieper' Früchte

Vermehrung und Anzucht

Sorten müssen veredelt werden (siehe *D. kaki).*

Sorten und Auslesen

Die meisten Sorten von *D. virginiana* sind Selektionen der wohlschmeckendsten Wildformen. Sie sind zweihäusig und benötigen eine klonfremde Pflanze zum Bestäuben. Ausnahmen sind 'Maeder' und 'Szukis', diese sind selbstfertil und dienen als gute Bestäuber für andere Sorten. Früchte lassen sich gut nachreifen.

Ein engagierter Kaki-Sorten-Sammler nordöstlich von Wien kultiviert zurzeit mehr als 40 *D. virginiana*-Sorten sowie 6 Hybridsorten (*D. kaki* x *D. virginiana*) im Freiland. Einige Sorten aus dieser Sammlung:

'Craggs': Früchte 2,3 x 2,9 cm, Fruchtgewicht 10 g, guter schokoladeartiger Geschmack (ähnlich wie **'Keener'**).

'Geneva Long': Früchte länglich.

'Hess': Früchte etwas größer, 3,0 x 3,4 cm, Fruchtgewicht 15 g, sehr guter Geschmack (schokoladeartig-marzipanig), nicht adstringierend.

'John Rick': Früchte 2,0 x 3,0 cm, Fruchtgewicht 10 g; sehr guter Geschmack, nicht adstringierend.

'Meader': Selbstfertil, Früchte 2,4 x 3,0 cm, Fruchtgewicht 10 g; sehr guter Geschmack. Ist noch bis Klimazone 5 (USDA) geeignet.

'Prok': Früchte 3,8 x 4,0 (5,0) cm, Fruchtgewicht 35 g, guter Geschmack, leicht adstringierend, vollreif nicht adstringierend.

'Ruby': Früchte 3,3 x 4,0 cm, Fruchtgewicht 20–25 g.

'SAA Pieper': Früchte klein, 2,0 x 3.0 cm, Fruchtgewicht 20–25 g; guter Geschmack, nicht adstringierend.

'SFES': Früchte klein, 2,0 (2,5) x 2,9 cm, Fruchtgewicht 5–10 g, Fruchtgröße stark variierend, guter bis sehr guter Geschmack, nicht adstringierend.

'Szukis': Selbstfertil, bildet ohne Bestäubung runde, etwa 2 cm große kernlose Früchte, nicht adstringierend, sehr kältetolerant.

'Wendy': Kleine Früchte, 2,0 x 2,3 cm; Fruchtgewicht 5 g; geringfügig adstringierend.

'Early Golden': Soll eine der besten amerikanischen Persimons sein. Früchte 3,5 cm dick, leuchtend orange und sehr süß bei Vollreife, sollen ähnlich wie Datteln schmecken.

'Prairie Sun'™: Früh reifende Sorte mit gelborangen Früchten, die sehr süß und aromatisch sein sollen. Bringt gute Erträge samenloser Früchte.

Von *D. virginiana* gibt es in den USA sehr viele weitere Sorten und Auslesen, die hier aber nicht angeführt werden, da sie in Europa nicht erhältlich sind. Allerdings gibt es zu diesen Sorten selbst in den USA sehr unterschiedliche Aussagen über deren Fruchtqualität und deren Reifezeiten. Es scheint, dass die Sorten sowohl bezüglich Qualität und Reifezeiten von Jahr zu Jahr sowie von Region zu Region stark variieren.

Internetseiten

http://kaki-info.de/sortenuebersicht/diospyros-virginiana--5-0056.html
http://www.tillandsia.at/obst.html
http://www.leereich.com/?bloggerURL=/t/2013/11/fruit-of-gods-and-so-easy.html
http://www.hauenstein-rafz.ch/de/pflanzenwelt/pflanzenportrait/obst_beeren/Kaki-Diospyros-kaki.php#.VF-HlharE5B
https://www.rollingrivernursery.com/component/virtuemart/fruit-trees/persimmons-diospyros-kaki

BÜFFELBEERE

Von den Büffelbeeren sind zwei Arten (*Shepherdia argentea* und *Shepherdia canadensis*) in deren Heimat als Wildobst genutzt. Bei uns hat aber nur *S. argentea* eine gewisse Bedeutung als Wildobst. Es wird allerdings abgeraten, die Früchte von *S. canadensis* zu verspeisen, da diese einen hohen Saponingehalt aufweisen. Sie sind mit dem Sanddorn und den Ölweiden nahe verwandt. Von den Ölweiden unterscheiden sie sich durch die gegenständig angeordneten Knospen und Blätter.

SILBER-BÜFFELBEERE

Shepherdia argentea (Pursh) Nutt. (*Elaeagnaceae*, Ölweidengewächse)

Weitere Namen

Amerikanischer Silberbaum, Silber-Büffelbeere; engl. silver buffaloberry, bull berry oder thorny buffaloberry; franz. Baie de Bison.

Pflanzenmerkmale und Verbreitung

Sie stammt aus Nordamerika und Kanada und wächst vom zentralen und westlichen Nordamerika, vom südlichen Kanada bis Ostkalifornien und Nordmexiko. Standorte sind vorwiegend Flusstäler, Gebüsche und Steppengebiete. Sie wird heute in den Präriestaaten in großem Umfang als Windschutzpflanzung zur Fruchtnutzung angepflanzt.

Die Büffelbeere ist dem Sanddorn etwas ähnlich, sie wächst zu einem Großstrauch von 4–6 m Höhe heran, gelegentlich entwickelt sie sich auch baumartig. Das sparrige Astwerk trägt die silbrig glänzenden, 3–5 cm langen und 0,7–1 cm schmalen Blätter. Die Triebspitzen sind oft verdornend, die Triebe selbst dicht mit silbrigen Schülfern bedeckt. Die Sträucher neigen zu Wurzelausläuferbildung. Ähnlich wie beim Sanddorn leben die Wurzeln in Symbiose mit Luftstickstoff bindenden Strahlenpilzen (*Actinomyceten*).

Shepherdia argentea (S. Maksymiuk)

Die Pflanzen sind zweihäusig. Ihre kleinen gelblichen Blüten sind relativ unscheinbar, sie erscheinen einzeln oder gehäuft an seitlichen Kurztrieben. Bereits zeitig im Frühjahr (März/April) vor dem Laubaustrieb öffnen sie sich und sind deshalb etwas spätfrostgefährdet. Die Bestäubung erfolgt durch Insekten, vorwiegend Bienen. Sämlingspflanzen blühen nach 5–6 Jahren erstmals.

Eignung

Die Büffelbeere kann bei geeigneten Bodenverhältnissen ähnlich wie der Sanddorn als Gruppenstrauch oder für gemischte Hecken verwendet werden. Sie ist zierend durch das silbrige Blattwerk und den Fruchtschmuck. Allerdings ist der Fruchtansatz wegen der frühen Blüte (Spätfröste) unsicher, dafür in anderen Jahren wiederum überreich. Früchte werden auch von Vögeln gefressen, das Rotwild frisst auch die Blätter der Büffelbeere.

Frucht

Die etwa 6–10 mm großen runden, glänzend orange bis tiefroten Früchte (Scheinbeeren) entwickeln sich einzeln oder gehäuft an seitlichen Kurztrieben. Sie sind ebenfalls vereinzelt mit Schülfern bedeckt und enthalten jeweils einen Samen. Ihre Reifezeit erstreckt sich von Juli bis August, oft verbleiben sie bis in den Winter hinein am Strauch.

Sie sind reich an Vitamin C (bis 225 mg/100 g), Fruchtsäuren, Pektin und enthalten auch geringe Mengen von Saponin. Nach Frosteinwirkung weisen sie ein angenehm säuerliches Aroma auf und erinnern damit ein wenig an den Geschmack Roter Johannisbeeren.

Ernte

Büffelbeeren werden als Naschfrucht und für den Hausgebrauch durch Pflücken von Hand aus geerntet. Auch das Abrütteln über einer Plane ist möglich. Ähnlich wie beim Sanddorn könnten die Früchte auch durch den Schnitt von ganzen Zweigen und Abrütteln mit der Sanddornerntemaschine geerntet werden.

Verwertung

Die Büffelbeere wurde bereits durch die Urbevölkerung genutzt. Die Indianer bereiteten aus den Früchten eine Sauce, die sie mit dem Büffelfleisch verzehrten. Daher kommt auch der Name 'Büffelbeere'. Sie wurde von der Urbevölkerung auch in der Volkmedizin vielfältig genutzt.

Wegen des leicht säuerlichen Geschmackes ist die Büffelbeere in vollreifem Zustand in geringen Mengen als Naschfrucht verwertbar. Der Verzehr größerer Mengen kann jedoch zu Durchfall führen. Es lassen sich auch Marmeladen und Gelees daraus herstellen, auch eignen sich die Früchte als Zusatz zu Fruchtsaucen und Müsli. Sie können ähnlich wie Cranberries zu Fleischspeisen verwendet oder zusammen mit Fleisch gekocht werden. Durch den Saponingehalt kann man die Früchte mit Zucker und Wasser schaumig rühren (Indian Icecream). Auch das Trocknen der Früchte ist möglich.

Shepherdia argentea weibl. Blüte (S. Maksymiuk)

Shepherdia argentea männl. Blüte (S. Maksymiuk)

Standortansprüche und Pflege

Die Büffelbeere ist (wie auch der Sanddorn) ein lichtliebendes Gehölz. Sie benötigt frische bis feuchte, durchlässige, leicht saure Bodenverhältnisse. Dafür toleriert sie kurzzeitige Überflutungen, sogar etwas salzhaltige Standorte, daneben verträgt sie Trockenheit und ist frosthart. Die Wurzeln leben in Symbiose mit stickstoffliefernden Strahlenpilzen (*Actinomyceten*), deshalb ist sie auch für stickstoffarme Böden noch geeignet.

Krankheiten und Schädlinge

Bislang sind bei uns keine Krankheiten und Schädlinge bekannt.

Vermehrung und Anzucht

Die Vermehrung kann durch Aussaat (sofortiges Auswaschen und Stratifikation) erfolgen. Vegetativ lässt sich die Büffelbeere auch durch Wurzelausläufer und Absenken der jungen Triebe vermehren. Die Veredelung auf den nahe verwandten Sanddorn ist wegen der Neigung des Sanddorns zur Ausläuferbildung jedoch problematisch, eine Veredelung auf *Elaeagnus multiflora* oder *Elaeagnus umbellata* ist zwar möglich, langfristig aber nicht zielführend.

Sorten und Auslesen

Keine bekannt.

ÖLWEIDE (ELAEAGNUS)

Etwa 45 Elaeagnus-Arten sind von Südeuropa über Asien und Nordamerika verbreitet. In Mitteleuropa sind sie stellenweise verwildert. Von drei Arten, *Elaeagnus angustifolia*, *E. multiflora* und *E. umbellata*, werden die Früchte als Wildobst genutzt. An Inhaltsstoffen sind vor allem Eiweiß, Glucose und Fructose sowie Fruchtsäuren enthalten. Neben Phosphor und Kalium sind noch Öle und Vitamin C enthalten.

VIELBLÜTIGE ÖLWEIDE

Elaeagnus multiflora Thunb., (syn.: *Elaeagnus edulis* Carr), (*Elaeagnaceae*, Ölweidengewächse)

Weitere Namen

Essbare Ölweide, Edel-Ölweide, Reichblütige Ölweide; engl. Cherry Elaeagnus, Gumi; franz. Goumi.

Pflanzenmerkmale und Verbreitung

Die Vielblütige Ölweide ist in Japan und China beheimatet. Sie wächst zu einem 2–3 (–5) m hohen und etwa ebenso breiten Strauch heran. Der vieltriebige, meist dornenlose Strauch ist sommergrün, hat braune beschülferte Triebe und treibt im Gegensatz zur Schmalblättrigen Ölweide keine Ausläufer. Ihre Wurzeln sind ebenfalls mit den stickstoffbindenden Strahlenpilzen (*Actinomyceten*) vergesellschaftet.

Die etwa 6 cm langen, breit elliptischen Blätter sind ganzrandig, an der Oberseite dunkelgrün, auf der Unterseite silbrig mit zahlreichen glänzenden braunen Schuppen. Der Saum ist oft leicht gewellt.

Blüte

Im Mai entfalten sich die weißen, im Verblühen gelblichen, duftenden, 1–1,5 cm langen Blüten. Sie sind röhrig, zwittrig und entwickeln sich jeweils zu 1–2 in zahlreichen Büscheln.

Eignung

Der Strauch selbst ist anspruchslos, bevorzugt schwach saure bis leicht alkalische Böden. Als Zierstrauch ist er auch für die Verwendung im Stadtgebiet, als Einzelpflanze und für Gruppenpflanzungen geeignet. Die Blüten werden von Bienen und anderen Insekten bestäubt. Verschiedene Vogelarten (z. B. Drosseln) fressen gerne die Früchte.

Frucht

Die Früchte der Vielblütigen Ölweide reifen von Ende Juni bis Juli/August. Sie sind walzenförmig, etwa 1,5 cm lang und 1,3 cm breit,

Elaeagnus multiflora Früchte (J. Rabensteiner)

Elaeagnus multiflora Früchte (J. Rabensteiner)

länglich, an beiden Enden napfartig vertieft und mit vielen kleinen silbrigen Schilfern besetzt. Die tiefdunkelroten Früchte sitzen an 2–3 cm langen fadenförmigen Stielen. Sie sind saftig, schmecken angenehm herb-sauer bis süß und sind essbar. An Inhaltsstoffen sind vor allem Zucker, Vitamin C und Fruchtsäuren enthalten.

Verwertung

Diese Ölweide findet als Frucht- und Ziergehölz (Fruchtschmuck) Verwendung. Die Früchte können durch Pflücken oder Abrütteln geerntet werden, müssen aber alsbald verarbeitet werden. Sie dienen zur Bereitung von Marmelade und Gelees, auch in Mischung mit anderen Früchten wie Kirsche, Johannisbeere, Apfel etc. Auch für die Gewinnung von alkoholischen Getränken werden sie verwendet und als Konservenfrüchte verarbeitet.

Krankheiten und Schädlinge

Bislang sind bei uns keine Krankheiten und Schädlinge bekannt, in Extremwintern kann es zu Frostschäden kommen.

Elaeagnus multiflora var. *gigantea* (J. Rabensteiner)

Vermehrung und Anzucht

Die Vermehrung kann durch Aussaat (sofortiges Auswaschen und Stratifizieren) erfolgen. Auch Veredelung (Kopulation im Nachwinter) der Sorten auf Sämlinge von *Elaeagnus multiflora* oder *Elaeagnus umbellata* ist möglich.

Sorten und Auslesen

'Sweet Scarlet': Die ursprünglich aus der Ukraine (Botanischer Garten in Kiew) stammende großfrüchtige Sorte wurde in Kew Gar-

Elaeagnus multiflora Habitus mit Früchten (J. Rabensteiner)

dens, London, selektiert und ist in den USA im Handel.
'Red Cherry': Ist eine weitere in Kultur befindliche Sorte der Vielblütigen Ölweide. Die Pflanzen benötigen einen vollsonnigen Standort.

'Red Gem': Stammt aus dem Fernen Osten Russlands. Sie wurde vom Botanischen Garten in Kiew (Ukraine) verbreitet.

DOLDIGE ÖLWEIDE

Elaeagnus umbellata Thunb. var. *umbellata* (*Elaeagnaceae*, Ölweidengewächse)

Weitere Name

Schirm-Ölweide, Korallen-Ölweide; engl. Autumn Olive, Autumn Elaeagnus.

Pflanzenmerkmale und Verbreitung

Die Doldige Ölweide stammt aus Japan, Nordostchina und Korea. In einigen Staaten der USA ist sie verwildert.

Die Doldige Ölweide entwickelt sich zu einem breit ausladenden, etwa 4 m hohen, etwas sparrig wachsenden Strauch, der kaum bedornt ist und auch keine Ausläufer ausbildet. Die jungen Triebe sind silbrig, später nehmen diese eine schwarzgraue Farbe an. Ihre 3–8 cm langen, elliptisch-länglichen, wechselständig angeordneten, sommergrünen Blätter sind am Rande leicht gewellt. Oberseits sind sie dunkelgrün, die Blattunterseiten sind silbrig (Schilferschuppen) und mit braunen Punkten versehen.

Elaeagnus umbellata Blüte

Elaeagnus umbellata Detail mit Früchten und Blättern

Blüte

Die weißlich-gelblichen, 1,2 cm langen, zwittrigen Blüten sind röhrig-glockig und mit vier Kronzipfeln versehen und duften intensiv (wohlriechend). Ende April/Anfang Mai erscheinen sie in großer Anzahl büschelförmig in den Blattachseln an der Basis kurzer Neutriebe.

Eignung

Die Doldige Ölweide ist ein anspruchsloser Strauch (Pioniergehölz) für Abpflanzungen, Hecken und Böschungen, aber auch als Ziergehölz in Einzelstellung für größere Gärten geeignet. Die Sträucher werden teilweise auch als Straßenbegleitgrün verwendet.

Die etwas säuerlich schmeckenden Früchte werden auch von Vögeln gerne verzehrt. Auch wenn die Pflanzen ausreichend winterhart sind, so können in Extremwintern mitunter Frostschäden (bis ins Holz) auftreten.

Frucht

Die Früchte sind rundliche, erbsengroße, etwa 5–7 (–10) mm große, bei Vollreife dunkelrote, fleischige Steinfrüchte. Sie sind mit silbrigen 'Sternhaaren' besetzt (beschülfert).

Ihre Fruchtstiele sind bis zu 1 cm lang. Das Fruchtfleisch ist saftig und schmeckt herbsauer. Die Früchte reifen ab September und verbleiben bis November am Strauch. Sie sind meist sehr reichfruchtend.

An Inhaltsstoffen (Sorten) sind etwa 20 mg/100 g Vitamin C, bis 12 % Gesamtzucker und 1,5 % Fruchtsäure, daneben noch Eiweiß, Phosphor und Kalium sowie Öle enthalten.

Verwertung

Die bei uns noch wenig bekannte, etwas säuerlich schmeckende Frucht eignet sich für Mischfruchtmarmeladen und Liköre. Auch aus den Blüten lassen sich aromatische Liköre erzeugen. Die Ernte erfolgt durch Pflücken der einzelnen Früchte. Das Abrütteln geschnittener Zweige ist zumindest bei den Sorten ebenfalls möglich. Bei der versuchsweisen Aberntung durch Rütteln wurden Aberntungsgrade von etwa 98 % erreicht.

Standortansprüche und Pflege

Ölweiden sind generell lichthungrige Gehölze, deshalb werden sonnige Standorte bevorzugt, lichter Schatten wird noch toleriert. An den Boden ist sie anspruchslos, sie verträgt viel Trockenheit, ist salztolerant und auch noch für lockere, sandige Böden geeignet. Auf lockerem, sandigem und mäßig feuchtem Boden entwickelt sie sich besonders gut. Die Wurzeln leben in Symbiose mit stickstoffbindenden Strahlenpilzen (*Actinomyceten*, sind als kleine braune knöllchenartige Gebilde an den Wurzeln sichtbar), die Pflanzen gedeihen deshalb auch noch auf nährstoffarmen Böden gut. Ein kräftiger Rückschnitt wird vertragen, Schnittmaßnahmen sind allerdings nicht notwendig, abgestorbene Äste sollten jedoch entfernt werden.

Krankheiten und Schädlinge

Keine bekannt.

Elaeagnus umbellata 'Amoroso' Habitus mit Früchten

Elaeagnus umbellata (S. Maksymiuk)

Vermehrung und Anzucht

Die Ölweiden (Arten) lassen sich durch Samen vermehren (Auswaschen und Stratifizieren). Besonders reichfruchtende Auslesen kann man durch Grünstecklinge im Juni/Juli oder durch Steckholz vermehren.

Sorten und Auslesen

'Amber': Ursprünglich aus Japan eingeführt, wird diese Sorte der Doldigen Ölweide mit gelben Früchten in den USA gehandelt. Die Früchte sind groß, gelb und süß. Sie sind als Naschfrucht für den Frischverzehr und zur Verarbeitung zu Säften geeignet.

'Charlie's Golden': Amerikanische Selektion mit gelben Früchten.

'Fortunella' (Pointilla® 'Fortunella'®, Lubera): Bis 3 m hoher Strauch. Früchte ambergelb mit weißlichen Schülfern, hat die größten Beeren aller drei Lubera-Züchtungen, sehr guter Geschmack; selbstunfruchtbar, Reifezeit ab Anfang Oktober.

'Big Red': Reichfruchtend, bringt große Früchte hervor.

'Brilliant Rose': Amerikanische Selektion, größere Früchte mit gutem Geschmack, mittlerer Ertrag.

'Garnet' (syn. Pointilla® 'Amoroso'®, Lubera): Selektion aus Oregon, USA. Früchte mittelgroß, rötlich bronze, süß, wenig ertragreich. Reife in Oregon Mitte bis Ende September. Sträucher mit Wuchshöhen von 3–4 m, meist kleiner, Früchte dunkelrote Beeren mit Schülfern, gutes Aroma, nicht adstringierend, selbstfruchtbar, früh reifend; bevorzugt leicht sauren Boden.

'Hidden Springs': Sorte aus den USA, mit größeren Früchten und besserem Geschmack.

'Jazbo': Sorten in den USA mit relativ süßen aromatischen Früchten.

'Jewel': Sorte mit mittelgroßen Früchten und gutem Geschmack.

'Late Scarlet': Reichfruchtend, mittelgroße Früchte reifen im Oktober.

'Newgate': Reichfruchtend mit großen Früchten.

'Red Cascade': Sehr reichfruchtend, mittelgroße Früchte, Geschmack mittelmäßig.

'Ruby': Früchte relativ groß, leuchtend rot, guter Geschmack, leicht herb im Abgang, reichfruchtend. Reife im September. Die Früchte sind für den Frischverzehr und zur Saftbereitung geeignet.

'Sweet'N-Tart' (syn. Pointilla® 'Sweet'N Sour' ®): Amerikanische Selektion mit großen Früchten, süßer Geschmack. Bis 3 m hoher Strauch, etwas kompakter wachsend als 'Amoroso', Früchte dunkelrote Beeren mit Schülfern, gutes Aroma, leicht adstringierend, selbstunfruchtbar, sehr reichtragend, ab Anfang Oktober reifend; bevorzugt leicht sauren Boden.

'Serinus' (H.-J. Albrecht, Zuchtstation in Baumschule Berlin-Baumschulenweg): Auslese aus der Wildart, seit 1994 im Handel. Etwa 3 m hoher, sparrig ausladender Strauch mit reichem Fruchtbehang, Einzelfrucht mittelgroß, 5–7 mm, dunkelrot, frühreifend ab Mitte/ Ende August bis Ende September. Diese Sorte ist reich- und dichtfruchtend.

'Turdus' (H.-J. Albrecht, Zuchtstation in Baumschule Berlin-Baumschulenweg): Gut winterharte Auslese, wird etwa 3–4 m hoch, ist seit 1994 im Handel. Das Laub wirkt bei dieser Sorte besonders silbrig. Die Früchte sind etwas kleiner als bei 'Serinus', rötlich und dicht beschülfert. Reife erfolgt spät von Ende September bis Oktober.

'Amber' (A. Hellmich)

'Sweet'n tart' (Lubera Ag.)

'Brilliant Rose' (A. Hellmich)

'Amoroso' (Lubera Ag.)

'Hidden Spring' (J. Rabensteiner)

'Ruby'

'Fortunella' (Lubera Ag.)

'Serinus' (H.-R. Müller)

'Turdus' (H.-R. Müller)

SCHMALBLÄTTRIGE ÖLWEIDE

Elaeagnus angustifolia L. (*Elaeagnaceae*, Ölweidengewächse)

Weitere Namen

engl. Russian Olive, Oleaster; franz. Olivier de Bohème.

Pflanzenmerkmale und Verbreitung

Die Heimat der Schmalblättrigen Ölweide ist West- und Mittelasien bis Altai. Sie ist in Ost- und Mitteleuropa bereits seit Langem eingebürgert und stellenweise verwildert.

Sie wächst zu einem 5–8 m hohen, sparrig verzweigten Strauch oder kleinen Baum heran und ist durch große Sprossdornen leicht zu erkennen. Die jungen Triebe und Blätter sind dicht mit Schülfern besetzt und erscheinen silbrig, im Folgejahr werden die Triebe dann glänzend braun. Die Sträucher bilden keine oder nur geringfügige Ausläufer. Die Wurzeln sind ebenfalls mit stickstoffsammelnden Strahlenpilzen vergesellschaftet. Die Blätter der Ölweide sind wechselständig angeordnet und linealisch oder lanzettlichen bis schmal eiförmig. Sie sind weichhaarig, ganzrandig und 5–8 mm lang gestielt.

Die zwittrigen, röhrig bis glockigen Blüten der Schmalblättrigen Ölweide sind innen gelb, außen silbrig und duften stark nach Honig. Sie erscheinen im Mai/Juni und werden von Insekten bestäubt.

Die Früchte sind variabel in Form und Größe, etwa 1 cm lange, eiförmige bis elliptische Steinfrüchte. Außen gelbbraun und silbrigweiß (beschülfert). Das Fruchtfleisch ist mehlig und süß und umgibt einen harten spindelförmigen Samen. Die Früchte reifen im September/Oktober. Zum Frischverzehr sind sie nur bedingt geeignet, denn sie sind zwar essbar, aber nicht schmackhaft. Es können Verarbeitungsprodukte hergestellt werden. In Italien wird aus den Früchten das 'Oleo santo' gewonnen.

Standortansprüche und Pflege

Schmalblättrige Ölweiden sind lichthungrige Gehölze. Sie sind sowohl für trockene als auch für feuchte Standorte geeignet. Insgesamt ist sie anpassungsfähig an alle Bodenarten. Auch ist sie widerstandsfähig für die Verwendung im (Groß-)Stadtklima geeignet. Allgemein wird sie wegen ihrer Robustheit (verträgt trockene, heiße Standorte, Salz- und Luftbelastung) als Straßen und Autobahnbegleitgrün verwendet. Auch als Parkgehölz und für Rekultivierungen kommt sie in Frage. Ein starker Verjüngungsschnitt wird toleriert.

Sie ist auch ein guter Pollenspender für Bienen und andere Insekten.

Krankheiten und Schädlinge

Gelegentlich können Schäden durch *Verticillium*-Pilze auftreten (Absterben von Astpartien).

Vermehrung und Anzucht

Die Schmalblättrige Ölweide lässt sich durch Samen vermehren (Auswaschen und Stratifi-

Elaeagnus angustifolia Detail mit Blüten

Elaeagnus angustifolia Detail mit Früchten

Elaeagnus angustifolia Früchte

Elaeagnus angustifolia var. *orientalis* (S. Maksymiuk)

zieren der Früchte im Herbst). Die einjährigen Sämlinge sollten erst im folgenden Frühjahr verpflanzt werden.

Sorten und Auslesen

'Red King': Die Sorte bildet bis zu 2,5 cm lange Früchte.

Elaeagnus angustifolia* var. *orientalis L. (Kuntze): Die Früchte dieser Varietät sind wesentlich größer und haben eine glatte braune Fruchtschale. Die getrockneten süßlich-mehlig schmeckenden Früchte werden in den orientalischen Ländern als Naschfrüchte zum Tee gegessen.

Literatur

REICH, L., 2004: Uncommon fruits for every garden. Timber Press, Portland.
AUTUMN OLIVE: Weed or new cash crop? Reprint from: New York Berry News, Vol. 6, No. 1. January 2007
ALBRECHT, H.-J., 2008, persönliche Mitteilung.

Internetseiten

http://www.fruit.cornell.edu/berry/production/pdfs/autumnolive.pdf
http://www.pfaf.org/user/Plant.aspx?LatinName=Shepherdia+argentea
http://www.aihd.ku.edu/foods/buffaloberry.html
http://handbok.alternativ.nu/Odling/Frukt_och_b%C3%A4r/Koreansk_silverbuske

Elaeagnus angustifolia Habitus

GEWÖHNLICHER SANDDORN

Hippophae rhamnoides L. (*Elaeagnaceae*, Ölweidengewächse)

Weitere Namen

Sandbeere, Seedornbeere, Sprengbeere, Weidendornbeere, Fasanbeere, Dornbusch, Finnische Beere, Griesbeere, Haffdorn, Meerkreuzdorn, Sandkreuzdorn, Wehdorn etc.; engl. sea buchthorn, seathorn; franz. argousier faux nerprun, argasse, grisset; ital. olivella, spinoso, ventrice marina; span. espino falso, espino amarillo; niederl. duindorn; dän. havdorn; finn. tyrni; norw. tinnved; schwed. havtorn; poln. rokitnik zwyczajni; tschech. rakytnik resetlakový; bulg. z'rnastepovidno khipofae; ung. homoktövis.

Unterarten

Es werden mehrere Unterarten unterschieden: subsp. *carpatica* Rousi (Karpaten-Sanddorn); subsp. *fluviatilis* Soest (Gebirgs-Sanddorn); subsp. *rhamnoides* (Küsten-Sanddorn); subsp. *mongolica* (Mongolischer Sanddorn) sowie der als eigene Art geführte *Hippophae salicifolia* D. Don (Weidenblättriger Sanddorn). Insgesamt werden etwa 64 Sanddornsorten angeführt.

Pflanzenmerkmale und Verbreitung

Der Sanddorn hat ein sehr großes natürliches Verbreitungsgebiet, das von Ostasien über Mittel- und Kleinasien bis nach West- und Nordeuropa reicht. Bei uns wächst er auch im alpinen Bereich (nördliche Grenze Donau) bis zu den Pyrenäen und in Höhenlagen (bis 300 m) des submediterranen Gebietes. Im Altaigebirge, Baikalgebirge und Tibet kommt er bis in Höhenlagen von 5.000 m vor. Daneben tritt er bevorzugt in Küstenregionen (Nord- und Ostseeraum) sowie entlang von Flusstälern auf. Die natürlichen Standorte in Mitteleuropa sind auf sandige Küsten, Steilufer, Schwemmlandböden und bestimmte Flusstäler begrenzt.

Am natürlichen Standort wächst der Sanddorn strauchartig, ist dicht verzweigt und erreicht Wuchshöhen von 1,5–4,0 m. Seltener

Hippophae - Naturstandort Sanddüne in Dänemark

Hippophae rhamnoides 'Hikul' Habitus

kann er sich aber auch baumförmig entwickeln und dabei eine Höhe von 6 (–10) m erreichen. Im Alter nimmt er oft eine dichter werdende, halbkugelige bis schirmförmige Gestalt an. Seine Kurztriebe enden in Sprossdornen. Blätter und Früchte werden nur am vorjährigen Trieb gebildet.

An ungeschnittenen Pflanzen bilden sich nur in der Peripherie Früchte, die Zweige im Inneren der Sträucher verkümmern und sterben ab. Deshalb ist es für die Gewinnung von Früchten in Ertragsanlagen unerlässlich, die Pflanzen regelmäßig zu schneiden bzw. zu verjüngen.

Hippophae rhamnoides 'Leikora' Habitus mit Früchten

Die Hauptwurzeln (eine oder mehrere) mit locker verteilten Seitenwurzeln können bis zu drei Metern tief wurzeln. Ein weiteres charakteristisches Merkmal des Sanddorns sind seine massenhaft entwickelten Ausläufer, die noch bis zu 10 m weit von der Ausgangspflanze entfernt zu finden sind. Sie sind sehr flach verlaufend, so dass sich aus einer einzigen Pflanze bald ein kleiner Bestand entwickeln kann. Die Wurzeln des Sanddorns leben in Symbiose mit so genannten 'Strahlenpilzen' und sind somit in der Lage, aus dem Boden freien Luftstickstoff aufzunehmen. Man kann das Vorhandensein dieser Strahlenpilze an den knollenförmigen Gebilden an den Wurzeln gut erkennen. Die Entwicklung dieser Symbiose ist besonders auf gut durchlüfteten, sandigen Böden ausgeprägt. Dadurch ist der Sanddorn vom Stickstoffgehalt des Bodens unabhängig, es erübrigen sich dadurch Düngergaben mit Stickstoff.

Seine bis 7 cm langen Blätter sind schmal lanzettlich und beiderseits mehr oder weniger silbriggrau. Dieses Aussehen wird durch die Stern- oder Schildhaare verursacht, die auch als 'Schülfern' bezeichnet werden. Diese befinden sich auch an den Trieben und Früchten.

Blüte

Der Sanddorn ist zweihäusig, weibliche und männliche Blüten befinden sich also auf getrennten Pflanzen. Die männlichen Pflanzen kann man an den bereits im Herbst gebildeten dickeren Knospen (Knospenpaketen) gut von den weiblichen Pflanzen unterscheiden, die nur einzelne kleinere Knospen ausbilden und eher unscheinbar sind. Man muss also, wenn man auf einen guten Fruchtertrag Wert legt, auf jeden Fall für 1–10 weibliche zumindest eine männliche Pflanze setzen. Die Blüten selbst sind unscheinbar, sie erscheinen ab Ende März bis Mitte April/Anfang Mai und werden vom Wind bestäubt.

Frucht

Die Scheinsteinfrüchte sind kugelig, oval oder walzenförmig, haben ein Fruchtgewicht von 0,1–0,9 g und sind gelb, orange oder korallenrot gefärbt. Die Früchte reifen ab August

Hippophae rhamnoides Zweige mit weiblichen (oben) und männlichen Blütenknospen (unten)

bis Oktober (die Reifezeit ist abhängig von Standort und Sorte).

An Inhaltsstoffen sind vor allem der hohe Vitamin-C-Gehalt (150–400 mg/100 g Frischgewicht) sowie viel Provitamin A (4–8 [–20] mg Carotin/100 g) hervorzuheben. Daneben enthalten die Früchte noch zahlreiche Mineralstoffe, 15 Spurenelemente (z. B. Eisen, Mangan, Bor und Silizium), Fruchtsäuren (3,4 %), ungesättigte Fettsäuren, Zucker und Öl (im Fruchtfleisch und im Samen) sowie zahlreiche weitere wertvolle Inhaltsstoffe. Der Sanddorn zählt damit zu den ernährungsphysiologisch wertvollsten Wildobstarten.

Verwertung

In einigen Regionen Deutschlands wird Sanddorn auch plantagenmäßig angebaut und maschinell geerntet. Theoretisch können die sehr sauren Früchte bei Erreichen des optimalen Reifezeitpunktes auch roh verzehrt werden. Es gibt beträchtliche Geschmacksunterschiede bei den Sorten, sehr sauer sind beispielsweise die Früchte der Sorte **'Dorana'**, sehr süß hingegen sind jene der russischen Sorte **'Chujskaja'**. Mit dem äußerlichen Verblassen der Fruchtfarbe und den einhergehenden qualitätsmindernden Abbauprozessen riechen und schmecken die Früchte ranzig.

Hippophae rhamnoides Frucht Detail

Hauptsächlich werden Sanddornfrüchte jedoch einer Weiterverarbeitung zugeführt. Rohsaft kann zu Gelee, Konzentrat, Sirup, Süßmost (auch in Mischung) oder Milchmixgetränken sowie Diäterzeugnissen, Trockenfrüchten und Müsli-Zusätzen verarbeitet werden.

Aus Einzelfrüchten gewinnt man Fruchtmark, Nektar, Marmelade, Kindernahrung (in Mischung), Likör, Füllmasse für Süßwaren. Neuerdings gibt es auch Sanddorn-Fruchtschnitten und -bonbons. Die Sanddorntrester, die entkernt und getrocknet werden, verwendet man für Teemischungen. Öl (6–8,5 % in den Samen), auch aus Pressrückständen, wird in der Medizin und in der Kosmetik verwendet. Auch aus den Sanddornsamen wird ein Sanddornkernöl gepresst. Das Öl des Fruchtfleisches unterscheidet sich von jenem der Kerne in der Zusammensetzung deutlich. Der Gesamtölgehalt beträgt in Abhängigkeit von der Sorte zwischen zwei und sieben Prozent. Die neueren in Russland gezüchteten Sorten 'Chujskaja' und 'Welikan' enthalten über 6 % Öl.

Der Fruchtertrag bei Pflanzen im 3. Standjahr kann etwa (sortenabhängig) zwischen 5,0 kg ('Hergo' und 'Sirola') und 9,8 kg ('Orange Energy') pro Strauch, bei älteren Pflanzen 15–20 kg betragen. (H.-J. Albrecht, 2008).

Hippophae rhamnoides Produkte

Standortansprüche und Pflege

Der Sanddorn bevorzugt durchlässige, lockere, tiefgründige und gut durchlüftete Böden. Dabei ist es egal, ob es sich hierbei um Rohböden oder salzhaltige Sanddünen handelt (er wird in Nordeuropa auch zur Festigung von Sanddünen ausgepflanzt). Die Wurzeln des Sanddorns sind (ähnlich wie jene der Erlen) mit Strahlenpilzen (*Actinomyceten*) vergesellschaftet, wodurch ein Wachstum an diesen extremen Standorten erst ermöglicht wird. Bevorzugt werden neutrale bis schwach alkalische Böden, wichtig ist jedoch, dass der Standort vollsonnig ist, da die Pflanze sehr lichtbedürftig ist. Eine Beschattung durch höhere Gehölze oder das Überwachsen durch Schlingpflanzen werden nicht ertragen.

Der Sanddorn ist hitzeverträglich, frosthart, windfest, verträgt auch Überschwemmungen. Der Wassergehalt des Bodens spielt jedoch eine wichtige Rolle: optimal ist ein Grundwasserstand in eineinhalb bis zwei Metern Tiefe bei guter Kapillarität. Kurzzeitige Überschwemmungen und fließendes, sauerstoffreiches Wasser werden toleriert, stehendes Wasser führt zum Absterben der Pflanzen. Einschüttungen werden ertragen, jedoch keine Bodenverdichtung oder schwere Lehmböden. Optimal sind Böden mit einem pH-Wert zwischen 6,0 und 8,0, auf Sandböden liegt der untere Grenzwert bei einem pH von 5,4. Bei der Anlage von Sanddornkulturen ist zu beachten, dass z. B. *Acer* oder *Cotinus* als Vorkultur eventuell problematisch sind, weil diese ebenso wie der Sanddorn anfällig für *Verticillium* sind.

Schnittmaßnahmen

Im Hausgartenbereich beschränken sich Schnittmaßnahmen auf das Entfernen der Wurzelausläufer bzw. das Entfernen von Zweigen, wenn die Pflanzen zu groß werden. Werden zwecks Fruchternte zwei- und dreijährige Zweige abgeschnitten, dann erübrigt sich auch diese Maßnahme, jedoch fruchten die Pflanzen dann nur in zweijährigem Rhythmus. Durch diese Schnittmaßnahme wird das Höhenwachstum begrenzt und die Sträucher erneuern sich ständig von der Strauchbasis ausgehend.

Sanddorn in der Mongolei

Krankheiten und Schädlinge

Gelegentlich können Welkekrankheiten (*Verticillium albo-atratum*) auftreten. An Jungpflanzen können bodenbürtige Wurzelkrankheiten wie *Fusarium* und *Rhizoctonia* auftreten. Gelegentlich können Ringel- und Schwammspinner auftreten. Wildverbiss durch Rehe ist möglich, sie können größeren Schaden anrichten. Seit 2013 verursacht die Sanddornfruchtfliege (*Rhagoletis batava*) größere Probleme im Plantagenanbau. Sie legt ihre Eier in die reifenden Früchte des Sanddorns ab. Die Larven fressen die Früchte von innen aus und schädigen so die Ernte.

Vermehrung und Anzucht

Sanddorn lässt sich durch Samen vermehren, dabei entstehen annähernd gleich viele weibliche wie männliche Pflanzen (Albrecht, 2003). Sorten werden vegetativ über Abrisse vermehrt. Grünstecklinge werden im Juli/August in Torf-Sand-Gemisch gesteckt und bei hoher Luftfeuchte gehalten, sie bewurzeln sich nach 6–8 Wochen. Auch eine Vermehrung mittels Steckholz ist möglich.

Eignung

Im Hausgarten dient der Sanddorn als Zier- und Nutzpflanze mit langanhaltendem Zierwert (Früchte). Man sollte dem Sanddorn ausreichend Platz einräumen, da man zumindest eine männliche Pflanze zusätzlich zu den (weiblichen) Fruchtsorten braucht und auch die Wurzelausläufer berücksichtigen muss. Freiwachsend kann er schon (je nach Bodenverhältnissen) 3–5 m hoch und 2–3 m breit werden. In Hecken, Abpflanzungen oder auf sonnigen Böschungen bietet sich normalerweise ein geeigneter Standort an. Durch die Wurzelausläufer ist er auch zur Hangbefestigung verwendbar. Die Pflanzen sind lichthungrig, kommen aber mit sandigen bis schottrigen Böden auch in höheren Lagen noch gut zurecht. Wichtiges Vogelschutzgehölz und Vogelnährgehölz, da die Früchte Winternahrung für Drosseln und andere Vögel (z. B. Wacholderdrosseln, Gimpel, Blau-, Kohl- und Sumpfmeisen sowie Kernbeißer und Seidenschwanz) bieten.

Die Fruchtzweige dienen auch als Vasenschmuck und für Dekorationszwecke. Inzwischen sind sie beliebtes Dekorationsmittel und können beim Plantagenanbau ein lohnendes Nebenprodukt darstellen. Sie können so frei aufgehängt oder in mit Sand gefüllte Behälter gesteckt werden, Wasser ist nicht erforderlich. Vorsicht: der Fruchtsaft ist stark färbend (Kleidung)!

Plantagenanbau

In Deutschland (Großraum Berlin) gibt es mehrere Hundert Hektar (etwa 560 ha) Sanddorn-Plantagen, wo die Früchte maschinell geerntet werden. In den GUS-Staaten werden etwa 25.000 ha kultiviert, in China etwa 300.000 ha.

Voraussetzung dafür sind entsprechende Bodenverhältnisse, ausreichende Flächen (da nur im zweijährigen Turnus beerntet werden kann) und gut geplante Ernte- und Verarbeitungsstrategien. Aufgrund des hohen Lichtbedarfs darf Sanddorn niemals gemischt mit anderen Gehölzen gepflanzt werden. Pflanzabstände von 4–4,5 m sind empfehlenswert. Bei Heckenpflanzungen sind männliche Pflanzen in regelmäßigen Abständen einzuplanen (etwa acht bis zehn weibliche und eine männliche). Bei Neupflanzungen kann eine Startdüngung mit Kalkammonsalpeter (25 g/m^2) verabreicht werden. Im Plantagenanbau werden zur Erntezeit nur die Fruchttriebe geschnitten, es muss ein Teil der Blattmasse am Strauch verbleiben. Schnittkorrekturen sind nach dem Blattfall im Winter durchzuführen. Die männlichen Pflanzen sollten im vier- bis fünfjährigen Rhythmus

Plantage Gurkenhof Frehn (P. Müller)

verjüngt werden. Dadurch wird allerdings die Ausläuferbildung angeregt.

Ernte der Fruchtsorten

Die Ernte sollte sofort mit Beginn der Fruchtreife erfolgen, da der Säure- und Vitamin-C-Gehalt mit zunehmender Reife stark abnehmen. Diese erfolgt im August/September. Die Beeren (botanisch betrachtet sind es Scheinbeeren) besitzen hohe Haltekräfte. Das Pflücken per Hand oder Abstreifen mit Brettchen ist etwas mühsam. Man kann fruchttragende Zweige auch abschneiden, tieffrieren ('frosten') und die Früchte anschließend einfach abklopfen. Die Beerntung in den professionellen Anlagen erfolgt nach dem Zweig-Schnittverfahren, indem man ganze Zweige abschneidet. Die Früchte von den geschnittenen Zweigen werden dann mit einer eigens dafür entwickelten Rüttelmaschine abgerüttelt. Dazu werden Sorten ausgepflanzt, die eine geringere Haltekraft der Früchte aufweisen.

Auch das Ernten der Fruchtzweige und anschließendes Schockfrieren bei –30 °C ist möglich. Dadurch lassen sich die Früchte dann leichter abschlagen oder abrütteln bzw. dann mit Gebläsen von restlichem Laub reinigen.

Sorten und Auslesen

Bereits um 1900 wurden in Russland erste Auslesen in Kultur genommen. 1950 kamen die ersten Sorten in den Handel. Die meisten Sorten zeichneten sich durch einen niedrigen Vitamin-C-Gehalt, aber einen hohen Zucker- und Ölgehalt aus. Darunter befanden sich auch einige unbewehrte, also beinahe dornenlose Sorten. Diese Sorten scheinen aber für den Anbau in Mitteleuropa nicht geeignet, da es durch den frühen Wachstumsbeginn im Frühjahr zu Spätfrostschäden an der Rinde (und auch am Holz) kommen kann. Darüber hinaus sind diese Sorten unter mitteleuropäischen Bedingungen anfällig für *Verticillium*-Krankheiten. Derzeit laufen Versuche, diese Sorten auf die robuste Sorte **'Leikora'** bzw. auf Ölweiden (*Elaeagnus umbellata* und *Elaeagnus angustifolia*) als Unterlage zu veredeln und damit der Anfälligkeit dieser Sorten gegenüber den Welkekrankheiten (*Verticillium*) entgegenzuwirken. Ergebnisse dazu sind noch abzuwarten.

Sorten: 'Orange Energy', 'Sirola', 'Hergo', 'Askola', 'Dorana' und 'Leikora' (v.l.n.r.)

Hippophae rhamnoides-Ernte

Russische Sorten

'Chujskaja': mit wenigen Dornen, großfrüchtig und süß.
'Novost Altaja': unbedornte Sorte, mittlerer Ertrag pro Strauch 14 kg.
'Srjanka': unbedornte Sorte.
'Vitaminaja': unbedornte Sorte, mittlerer Ertrag pro Strauch 13 kg, Vitamin C 125 mg/100 g.

Es existieren in Russland etwa 20 Sanddorn-Sorten, darunter sind noch **'Dar Kartuni'**, **'Zolotaja pochatka'**, **'Maslichnaja'**, **'Prevoskhodnaja'**, **'Obilnaja'**, **'Oranzhevaja'** und **'Velikan'**, auch **'Bashkaus 6'**, **'Kudyrga**

1'; **'Sherbinka Nr. 1, 2 und 3'**; **'Zolotistaja'**, **'Jantarnaja'** und **'Samorodok'**, allerdings sind diese Sorten in Mitteleuropa nicht verfügbar.

Ukrainische Sorten

'Solodka Zhinka' (2000, Züchter Mezhenskyj): Sämling von *Hippophae rhamnoides* subsp. *mongolica* 'Chujskaya'. Früchte 0,7 g, süßsaurer Geschmack, Reifezeit Ende Juli.
'Pomaranczeva' (Züchter Mezhenskyj): Hybride zwischen *Hippophae rhamnoides* subsp. *rhamnoides* × subsp. *mongolica*. Wird etwa 3 m hoch, ist wenig bedornt, Fruchtgewicht 1,5 g, Fruchtreife Anfang September. Ist gegen Welkekrankheiten resistent.

In den USA werden noch folgende russische Züchtungen angeboten: **'Botanica'**™ (Züchtungsprogramm Moskau), **'Garden's Gift'**™(Moscow State University), **'Orange Delight'**™ (Sibirische Varietät), **'Radiant'**™ (Sibirische Varietät), **'Russian Orange'**™, **'Star of Altai'**™ (Sibirische Varietät), **'Sunny'**™ (Sibirische Varietät), **'Titan'**™.

Auch in den baltischen Ländern, Polen, der Slowakei, in Ungarn und Rumänien gab und gibt es Züchtungsarbeiten. Eine der im Handel befindlichen Sorten ist z. B. **'Moldova'**.

Weiters wurden vom Institut für Gartenbauliche Pflanzenzüchtung, Balsgard, Schweden, 1997 die Sorten **'Julia'** und **'Romeo'** sowie **'Ljubitelskaja'**, **'Lotta'** und **'Svenne'** selektiert.
'Julia': Sorte aus russischer Abstammung, Wuchshöhe 2–3 m, silbriggraues Laub, gelborange Früchte mit hohem Vitamin-C-Gehalt, Reifezeit September (in Schweden), leicht beerntbar.
'Romeo': Befruchtersorte für **'Julia'**.
'Ljubitelskaja': Kreuzung zwischen einem russischen Altai-Klon und einem Ostsee-Klon. Stark wachsende Sorte (2–3 m) mit regelmäßigen und hohen Erträgen. Früchte groß, leuchtend orange gefärbt, mild im Geschmack; hoher Vitamin-C-Gehalt.
'Lotta': Mittelstark wachsender dichter Strauch, wird etwa 3–4 m hoch, grau-grünes Laub mit hohem Zierwert; sitzende, längliche orangefarbene Früchte mit hohem Vitamin-C-Gehalt, Reifezeit August bis September (Schweden).
'Svenne': Befruchtersorte für 'Lotta'.

In Finnland werden unter anderem zwei Sorten kultiviert. Die russischen Sorten haben hier versagt und sind größtenteils abgestorben.
'Terhi' (Züchter: Agricultural Research Centre of Finland-Institut of Horticulture in Piikkiö): Sorte mit gedrungenem, schwachem, sehr dichtem Wuchs, geringe Regeneration durch Ausläufer. Sorte mit großen Blättern, sehr früh blühende Sorte mit sehr früher Fruchtreife, Fruchtfarbe Gelb (Sortenschutz).
'Tytti' (Züchter: Agricultural Research Centre of Finland-Institut of Horticulture in Piikkiö): Sorte mit gedrungenem, schwachem, sehr dichtem Wuchs, geringe Regeneration durch Ausläufer. Sorte mit großen dunkelgrünen Blättern, Fruchtfarbe Gelborange, Fruchthaut sehr stark behaart. Sehr früh blühend und sehr frühe Fruchtreife (Sortenschutz).

Auch am Lehrstuhl für Obstbau der TU München, Weihenstephan, wird an Auslesen des Alpen-Sanddorns gearbeitet, die besonders hohe Gehalte an Vitamin C (bis 1.000 mg/100 g) und Carotin aufweisen.
'Friesdorfer Orange': kam als eine der ersten Sorten in den Handel, sie wurde allerdings wegen ihres Zierwertes angebaut.

Darüber hinaus wurden in Deutschland speziell für den Fruchtanbau mehrere Sorten gezüchtet (H.-J. Albrecht, Baumschule Berlin-Baumschulenweg), die mittlerweile auch in Baumschulen erhältlich sind.
'Leikora' (H.-J. Albrecht, Berlin): Seit 1979 im Handel, besonders für Hausgärten geeignet, starkwüchsig, mittelhoch, breit aufrecht, kompakt und regelmäßig verzweigt, wenig bedornt, regeneriert sich nach Rückschnitt gut. Die Früchte sind groß (100 Früchte = 62 g), walzen- bis tropfenförmig, dunkelorange und farbstabil und sitzen dicht und fest am Fruchtholz; Reifezeit Anfang September bis Ende September. Inhaltsstoffe: Gesamtfruchtsäure

'Zhinka' (V. Mezhenskyj)

'Pomaranczeva' (V. Mezhenskyj)

'Terhi' (H.-R. Müller)

'Tytti' (H.-R. Müller)

'Pendulina'

'Frugana'

'Askola'

'Hergo'

'Dorana'

'Orange Energy'

'Sirola'

'Sandora'

3,4 %, Ascorbinsäure 240 mg/100 g, Carotin 6 mg/100 g, Öl 4,9 %.

Besonders für die Verwendung als Zierstrauch im Garten und zur Schmuckreisergewinnung geeignet.

'Frugana' (H.-J. Albrecht, Berlin): Seit 1986 im Handel, Fruchtreife bereits Anfang bis Ende August, starkwüchsig, locker und gering verzweigt, steif aufrecht, bis 4 m hoch. Geringe Bedornung, Ertrag ab 3. Standjahr. Die Früchte (100 Früchte = 41 g) sind oval, glänzend hellorange, schwach beschülfert, Langtriebe sind dicht mit Früchten besetzt; Reifezeit früh, von Mitte bis Ende August. Der Saft ist mild im Geschmack. Inhaltsstoffe: Gesamtfruchtsäure 3,5 %, Ascorbinsäure 160 mg/100 g, Carotin 9 mg/100 g, Öl 4,1 %. Blüht als erste Sorte, zur Bestäubung empfiehlt sich die männliche Sorte 'Pollmix 1'. Diese Sorte wird jedoch kaum mehr gepflanzt.

'Askola'(S) (H.-J. Albrecht, Berlin): Seit 1992 im Handel, mittelfrühe Sorte, Fruchtreife Ende August bis Mitte September; starkwüchsige, steil aufrecht wachsende Sorte, bis 5 m Wuchshöhe, unregelmäßig verzweigt mit relativ kurzen Fruchtzweigen; Früchte (100 Früchte = 33 g) oval bis walzenförmig, tieforange, stark beschülfert, sehr dichter Fruchtansatz. Die Fruchtfarbe bleibt bis in den Winter hinein farbstabil. Sehr gutes Regenerationsvermögen, etwas windbruchgefährdet. Inhaltsstoffe: Gesamtfruchtsäure 5,3 % (sehr hoch), Ascorbinsäure 260 mg/100 g, Carotin 12 mg/100 g, Öl 3,7 % sowie hoher Tokopherolgehalt (Vitamin E).

'Hergo' (H.-J. Albrecht, Berlin): Seit 1983 in Kultur; mittelfrüh, Fruchtreife mittelfrüh, Anfang September; mittelstark wachsend bis 4 m, gut verzweigt, wenig bedornt. Fruchtholz dünn, jedoch dicht mit Beeren besetzt, Fruchtäste biegen sich bei hohem Behang stark über. Hohe Erträge und sehr gutes Regenerationsvermögen, Früchte (100 Früchte = 30 g) oval bis walzenförmig, hellorange, ab Oktober verblassend. Inhaltsstoffe: Gesamtfruchtsäure 3,5 %, Ascorbinsäure 150 mg/100 g, Carotin 5 mg/100 g, Öl 4,3 %.

Zuverlässige Massenträgersorte für maschinelle Beerntung. Gutes Regenerationsvermögen. Zur Erzielung hoher Erträge ist allerdings eine ausreichende Wasserversorgung notwendig.

'Dorana'® (H.-J. Albrecht, Berlin): Seit 1990 in Kultur, mittelfrüh, Fruchtreife Ende August bis September; schwach aufrechter Wuchs (2–3 m), Seitenholz dünn, wenig Ausläufer, schlechte Regeneration nach Rückschnitt. Früchte (100 Früchte = 23 g) oval bis birnenförmig, tieforange, mittelstark beschülfert, farbstabil, halten bis in den Winter am Strauch. Inhaltsstoffe: Gesamtfruchtsäure 4,9 %, Ascorbinsäure 340 mg/100 g, Carotin 6,5 mg/100 g, Öl 3,4 %. Mäßiges Regenerationsvermögen, bildet aber kaum Ausläufer. Früchte lassen sich gut pflücken, deshalb auch für die Verwendung im Haus- und Kleingarten empfehlenswert.

ORANGE ENERGY® ('Habego'(S)) (H.-J. Albrecht, Berlin): Entstand 1980 aus einer Kreuzung von 'Leikora' x 'Pollmix 2'. Wurde über mehrere Jahre getestet und erhielt EU-Sortenschutz. Wuchs stark, breitaufrecht mit ausladender Seitenverzweigung, mäßig bedornt. Früchte leuchtend gelborange, sehr farbstabil, gering beschülfert, groß (100 Früchte = 51 g), länglichoval, dicht. Reifezeit mittelspät bis spät (Mitte bis Ende September). Regeneriert sich gut nach Schnitt, zuverlässig fruchtend, Früchte relativ gut pflückbar. Inhaltsstoffe: Gesamtfruchtsäure 3,6 %, Ascorbinsäure 220 mg/100 g, Carotin 15 mg/100 g, Öl 5,4 % sowie hoher Tokopherolgehalt (Vitamin E). Die Sträucher haben durch Wuchs und Fruchtbehang einen hohen dekorativen Wert und sind auch gut für die Schmuckreisiggewinnung geeignet.

'Sirola'(S) (H.-J. Albrecht, Berlin): Entstand aus einer Kreuzung einer sibirischen Sorte x 'Pollmix'. Wuchs mittelstark, straff aufrecht, sehr gering bedornt, wenige Wurzelausläufer. Früchte groß (100 Früchte = 52 g), länglichoval bis walzenförmig, nur am Ende etwas beschülfert, rotorange, angenehm süß, Fruchtstiele relativ lang, dadurch gut pflückbar. Reifezeit bereits Ende Juli bis Anfang August. Gesamtsäure etwa 3 %, Vitamin C 127–181 mg/100 g, Carotingehalt 7,8–24 mg/100 g; Gesamtfettgehalt 5,1 %. Wegen der Fruchtfärbung, des guten Geschmacks und früher Reife empfehlenswert für den Privatgarten.

SANDORA (**'Hipparth'**^(S)) (Züchter: Schimmelpfeng): Selbstfruchtbar, Fruchtbesatz allerdings nicht vergleichbar mit jenem von z. B. 'Leikora' und ähnlichen Sorten. Die Beeren sind stark beschülfert und hängen locker nebeneinander an den Fruchtzweigen. Geschmack ist süß-säuerlich mit dem typischen Sanddorn-Aroma, erste selbstfruchtbare Sanddornsorte (Häberli).

'Pendulina': Sorte mit relativ langen Fruchtstielchen, deshalb besonders zum Handpflücken (Hausgarten) geeignet. Früh reifend ab Mitte August. Sehr gesunde, vitaminreiche, wohlschmeckende Beeren, sehr robuste, frostharte Pflanze.

Männliche Sorten (Befruchter-Sorten)

'Pollmix 1' bis **'Pollmix 4'** sind männliche Befruchtersorten, straff aufrecht bis breitbuschig wachsend, eher dicktriebig und schwach bedornt. **'Pollmix 1'** blüht früh, **'Pollmix 2'** und **'Pollmix 4'** mittelfrüh, als letzter blüht **'Pollmix 3'**. (**'Pollmix 2'** wird wegen seiner starken Bedornung nur noch wenig verwendet). Um eine sichere Bestäubung in Ertragsanlagen zu gewährleisten, sollten zumindest zwei **'Pollmix'**-Klone den weiblichen Sorten zugesellt werden.

Es gibt noch zahlreiche weitere Auslesen der Baumschule Berlin-Baumschulenweg mit höheren Inhaltsstoffgehalten, die jedoch noch nicht im Handel erhältlich sind.

Veranstaltungen und Vereine

ISA 2013: THE 6th CONFERENCE of the INTERNATIONAL SEABUCKTHORN ASSOCIATION
Potsdam 14.-17. Oktober 2013
Gesellschaft zur Förderung von Sanddorn und Wildobst SANDDORN e.V. (German Society for Seabuckthorn and Wild Fruits)
InternationalSeabuckthorn Association

Literatur

ALBRECHT, H.-J., 2007: Sanddorn, Anbau-Ernte-Sortiment, Kordes Jungpflanzen Handels GmbH, Bilsen.

ALBRECHT, H.-J., 2007: Neue Sanddornsorten 'Habego'. Dt. Baumschule 2/2007, S. 29.

ALBRECHT, H.-J., 2013: Sanddorn-Sortiment-Internationale Sorten stehen im Vergleich. Deutsche Baumschule 09/2013, S. 13.

HÖHNE, F., & HORNIG, R., 2008: Weitere Ergebnisse aus dem deutsch-estnischen Sorten- und Anbauversuch zu Kultursanddorn. Info-Blatt 1/2008.

KIRCHNER, A., 2013: Mit Pioniergeist zum Spezialbetrieb für Sanddorn. Deutsche Baumschule 10/2013, S. 38–41.

MÖRSEL, J. T., TSIRENOVA, E., & ZUBAREV, Y., 2014: Seabuckthorn. Research for a promising crop: A look at recent developments. D. Eagle (Hrsg.)

NN, 2013: Sanddorn. Leckere Gerichte, Kuchen, Torten und Desserts, Garant Verlag, Renningen

NN, 2013: Pionier im märkischen Sand. Auf den Spuren des Sanddorns in Brandenburg. Land Brandenburg. Ministerium für Infrastruktur und Landwirtschaft.

SPRINGER, P., 2006: Hippophae rhamnoides, Der Sanddorn: Ein anspruchsloser Vitaminspender mit imposanter Wirkung. Der Gartenbau 19/2006, S. 14–15.

VORWERK, M., 2013: Der 'Sanddorn-Papst', Züchterportrait: Hans–Joachim Abrecht. Deutsche Baumschule 10/2013, S. 35–37.

ALBRECHT, H.-J., 2008: persönliche Mitteilung.

Internetseiten

http://www.cpvo.europa.eu/documents/TP/fruits/TP_240-1_Sea_buckthorn.pdf
http://plantindex.de/plantindex/plant/DE/S/1/hippophae.html?pagina=2
http://books.google.at/books?id=A_KTAwAAQBAJ&pg=PA23-IA4&lpg=PA23-IA4&dq=www+mtt+fi+karhu&source=bl&ots=Qvr-suEzju&sig=qGHpjfaTNH4jewoiqWRcpAgknSY&hl=de&sa=X&ei=5Ke6U5XoMqqCzAOugoG4Dw&ved=0CE4Q6AEwBA#v=onepage&q=www%20mtt%20fi%20karhu&f=false
http://www.baumschule-friedersdorf.de/
http://www.mil.brandenburg.de/media_fast/4055/Sanddorn_Teil1_web.pdf
http://www.gabot.de/index.php/News-Details/52/0/?&tx_ttnews[tt_news]=237290&cHash=6360e0e753e644d7c5b1778282f04b11
http://www.landwirtschaft-mv.de/cms2/LFA_prod/LFA/content/de/Fachinformationen/Obstbau/Spezialkulturen_und_Verwertungsobst/Forschung_zu_obstbaulichen_Spezialkulturen/2013_03_Forschung_zu_obstbaulichen_Spezialkulturen_111113.pdf
http://www.-siwis-sanddorn.com
http://www.sanddorn.net
https://www.sandicca.com
https://www.sanddornhof.at
http://www.kob-bavendorf.de/Service/kulturbeschreibungen/wildfruechte-und-sonstige-obstarten/sanddorn
http://www.sanddorn-netzwerk.de

HEIDELBEERE

Vaccinium myrtillus L. (*Ericaceae*, Heidekrautgewächse)

Weitere Namen

Schwarzbeere, Blaubeere, Druidenbeere, Waldbeere, Waldblaubeere, Waldheidelbeere, Bickbeere; engl. Bilberry, Blueberry, Whinberry, Whortleberry; franz. Airelle Mytrille, Myrtille; ital. Mirtillo Bagola, Mirtillo; span. Arándano; niederl. Vossebes, Blauwe bosbes; norweg. Blabaer.

Pflanzenmerkmale und Verbreitung

Die Herkunftsgebiete der Heidelbeere sind Europa (in den Alpen bis 2.500 m Höhe), der Kaukasus, Nordasien (bis Mittelsibirien) und das nordwestliche Nordamerika. Sie wächst oft in großen Beständen in lichten Laub- und Nadelwäldern auf sauren Böden (pH 4,5), in Heidemooren und Zwergstrauchheiden.

Die sommergrünen Halbsträucher werden etwa 20–50 cm hoch, sind stark verzweigt und weisen eine intensivrote Herbstfärbung auf. Der Zwergstrauch ist stark Ausläufer treibend, die jungen Triebe sind grün, kantig und tragen elliptische bis zugespitzt eiförmige, 1–2,5 cm lange Blätter.

Blüte

Die eher unscheinbaren, grünlichen Blüten sind rötlich überlaufen und entwickeln sich einzeln auf kurzen, nickenden Stielchen in den Blattachseln im Mai/Juni. Sie werden von Bienen und Hummeln betäubt. Die Blüten sind reich mit Nektar versehen, der etwa 20 % Zucker enthält.

Eignung

Benötigt wie die Preiselbeere saure, mäßig humose Böden. Kann zur Unterpflanzung im Moorbeet, für Heidegärten und in Pflanztrögen verwendet werden. Wichtig für zahlreiche Vögel, Säugetiere und Insekten als Futterpflanze.

Frucht

Die Heidelbeere ist eine kugelige, tiefblau bis schwarzblau bereifte, vielsamige, 5–8 (–10) mm

Vaccinium myrtillus Detail mit Früchten

Vaccinium myrtillus Früchte

große Beere, die im Juli/August reift und einen stark färbenden dunkelroten Saft (mit hohem Anteil an Anthocyanen) enthält. An Inhaltsstoffen sind organische Säuren, vor allem Apfel- und Zitronensäure, Vitamin C, Gerbstoffe, Pektin, Vitamin A, Vitamin B, Mineralstoffe und Zucker zu nennen.

Verwertung

Heidelbeeren stellen ein hochwertiges Wildobst dar. Allerdings wird vom Verzehr wilder Beeren wegen der Gefahr des Fuchsbandwurmes abgeraten. Die Früchte werden nicht nur roh verzehrt, sondern lassen sich zu Saft, Marmelade, Kompott, Wein, Likör und Branntwein verarbeiten. Sie schmecken auch in Kombination mit Milchprodukten, Mehlspeisen (Strudel, Kuchen) und Eis hervorragend, auch als natürliches Färbemittel (Wein) sind sie besonders geeignet. Die Früchte lassen sich gut tieffrieren und trocknen. Allerdings sind sie druckempfindlich und nur kurz lagerfähig. Schätzungsweise 5.000–10.000 Tonnen Heidelbeerfrüchte werden allein in Deutschland pro Jahr geerntet! Der Großteil der Früchte wird industriell verwertet.

Der hohe Gerbstoffgehalt und das Pektin brachten der Heidelbeere einen guten Ruf als Volksheilmittel bei Durchfall-Erkrankungen ein. Der hohe Anteil an Anthocyanen ist auch verantwortlich für die hochantioxidantische Wirkung von Heidelbeeren. Aus getrockneten Beeren und Blättern bereitet man Tee, er wird als bewährtes Hausmittel bei Magen- und Darmerkrankungen angewandt.

Standortansprüche und Pflege

Benötigt ähnlich der Preiselbeere einen sauren, leicht humosen Standort in feuchter Klimalage. Aufbringen von Torf bzw. gut verrottetem Rindenkompost als Bodenverbesserung bzw. Bodenvorbereitung. Bei stark kalkhaltigem Mutterboden tritt alsbald Eisen-Chlorose auf. Mulchen mit verrottetem Nadelstreu.

Krankheiten und Schädlinge

Gelegentlich Blattläuse, Gallmilben und Gallmücken, selten Pilzbefall.

Vermehrung und Anzucht

Vorwiegend durch Aussaat, Teilung der Mutterpflanzen, Stecklinge möglich.

Heidelbeeren sind bislang nicht als Pflanzen für eine Plantagenkultur geeignet.

Sorten und Auslesen

Von der heimischen Heidelbeere sind kaum Sorten bekannt. In Deutschland, vor allem

Vaccinium myrtillus Naturstandort

Vaccinium myrtillus

im Schwarzwald und in Bayern, wurden bis zu den 1970er-Jahren jährlich bis zu 4.000 t Heidelbeeren mit Pflückkämmen oder per Hand geerntet. Zusätzlich wurden damals noch etwa 2.500 t aus dem ehemaligen Ostblock und Skandinavien importiert.

Zurzeit werden jedoch etwa 3.000 bis 4.000 t Heidelbeeren in Polen, der Tschechien/Slowakei, Österreich und den Balkanländern geerntet und in den heimischen Supermärkten und auf den Obstmärkten verkauft.

'Sylvana' (Lubera): Kompakt und buschig wachsende Sorte, ca. 30–35 cm hoch, langsam wachsend. Früchte sind rundlich klein, 4–5 mm, dunkelblau und sehr süß, färbend, da das Fruchtfleisch auch gefärbt ist. Fruchtet regelmäßig im Juli.

KULTURHEIDELBEERE

Vaccinium corymbosum L. (*Ericaceae*, Heidekrautgewächse)

Weitere Namen

Gartenheidelbeere, Amerikanische Heidelbeere, Blaubeere; Hochbuschige Blaubeere, engl. Blueberry, High Bush Blueberry, Cultivated Blueberry; franz. Myrtille en Corymbe;

Die Kultur der 'Kultur-Heidelbeere' nahm bereits zu Beginn des 20. Jh.s ihren Anfang, als Elizabeth Coleman White, die älteste Tochter eines Cranberry-Farmers in New Jersey, damit begann, die überall in den Wäldern wild wachsenden Heidelbeeren im elterlichen Betrieb auszupflanzen. Daraufhin wurde mit der Züchtungsarbeit begonnen – der Siegeszug der 'Blueberries' nahm damit seinen Lauf.

Pflanzenmerkmale und Verbreitung

Kommt als Wildform im östlichen Nordamerika vor und wächst dort auf sauren Böden in Sümpfen, Mooren und Wäldern. Der Strauch kann im Gegensatz zur heimischen Heidelbeere über 2 m hoch und bis zu 70 Jahre alt

Vaccinium corymbosum 'Duke' Habitus

Vaccinium corymbosum 'Duke' Ernte

Vaccinium corymbosum 'Duke' Ernte

werden. Sie entwickelt sich zu einem straffaufrechten, dicht verzweigten Strauch mit zahlreichen Basistrieben, im Alter wird die Pflanze breitbuschig.

Ihre wechselständigen, eiförmigen bis lanzettlichen Blätter sind sommergrün und weisen im Herbst eine gelbe bis leuchtend orangerote Färbung auf. Das feine, flache Wurzelsystem reicht kaum 40 cm tief und ist ebenfalls mit Mycorrhiza-Pilzen vergesellschaftet.

Blüte

Etwa ab Ende Mai entwickeln sich an kurzen diesjährigen Trieben die weißen bis leicht gelblichen, krugförmigen Blüten. Sie sind in kleinen Trauben angeordnet und werden vorwiegend von Insekten, insbesondere von Hummeln, bestäubt. Bis auf wenige Ausnahmen sind die Heidelbeeren selbstfruchtbar. Fremdbefruchtung scheint sich positiv auf die Anzahl der Samen und auch auf die Fruchtgröße auszuwirken.

Eignung

Diese Fruchtsträucher lassen sich am Rande von größeren Gehölzpflanzungen in kleinen Gruppen verwenden, in Heidegärten als Einzelsträucher gemeinsam mit anderen schwachwüchsigen Kleinsträuchern und Rhododendren. Man kann sie auch mit Waldheidelbeeren, Preiselbeeren oder Moosbeeren kombinieren, indem man diese als Unterpflanzung für die Kulturheidelbeeren verwendet. Die Kulturheidelbeere ist gut frosthart und deshalb auch in kühleren Regionen gut verwendbar.

Frucht

Die weißfleischigen Beeren erreichen eine Größe von etwa 1,5–2 cm (Sorten) Durchmesser. Die rundlich abgeplatteten Früchte sind dunkelblau gefärbt und hellblau bereift. Im Gegensatz zur heimischen Heidelbeere besitzen die Kulturheidelbeeren keinen färbenden Saft! Die Beeren reifen unregelmäßig, folgernd, je nach Sorte, von Anfang Juli bis Ende September. Ihr Geschmack

Vaccinium corymbosum Detail mit Blüte

Vaccinium corymbosum 'Duke' Detail Herbstfärbung

ist süß und angenehm. Alternanz tritt nicht auf. Die Früchte halten ungekühlt mehrere Tage frisch, sie können im Gemüsefach des Kühlschranks bis zu zwei Wochen gelagert werden.

An Inhaltsstoffen sind 14–15 g/100 g Kohlenhydrate, 6,2 g Calcium, 4,8 g Magnesium, 13–22 mg/100 g Vitamin C sowie Vitamin A, Vitamin B, Folsäure und 85–270 mg/100 g Anthocyane enthalten.

Verwertung

Vor allem für den Rohverzehr geeignet, jedoch ähnlich der Waldheidelbeere verwertbar. Man kann sie trocknen, Marmeladen und Gelees sowie hochwertigen Fruchtbrand daraus bereiten. Allein 100.000 Tonnen werden jährlich in Amerika geerntet, daneben gibt es auch größere Anbauflächen in Europa.

Rohe Heidelbeeren helfen bei Darmträgheit, getrocknete Beeren lindern Durchfallerkrankungen. Der hohe Anthocyan-Gehalt kann durch die antioxidative Wirkung 'freie Radikale' unschädlich machen etc.

Standortansprüche und Pflege

Sehr gut winterhart, benötigt jedoch eine etwa 30 cm tief reichende Bodenverbesserung mit ungedüngtem Rohtorf, Kiefernrinde, Nadelholzsägespänen oder gut verrottetem Rindenkompost. Der Boden darf weder Staunässe noch Trockenheit aufweisen. Ein vollsonniger Standort ist für eine gute Blütenbildung, die Ausreife und den Geschmack der Beeren notwendig. Abdeckung des Wurzelbereiches mit Rindenmulch oder Ähnlichem.

Ein Schnitt während der Winterruhe ist anzuraten, abgestorbene und beschädigte Triebe müssen entfernt werden. Die Blütenbildung erfolgt am einjährigen Holz, deshalb sollte man darauf achten, dass immer genügend junge Triebe vorhanden sind. Die älteren, etwa 3-jährigen Triebe, entfernt man bodennah. Eine Verjüngung erfolgt durch Neutriebe aus dem Wurzelstock.

Krankheiten und Schädlinge

Vor allem beim Anbau in Plantagen können Krankheiten wie die Anthraknose-Fruchtfäule (*Colletotrichum gleosporioides*), Grauschimmel (*Botrytis cinerea*), Godronia-Triebsterben (*Fusicoccum putrefaciens*), Rostpilze (*Pucciniastrum vaccinii*) und die Ringfleckenkrankheit (Red Ringspot Virus) auftreten. Allerdings sind diese Krankheiten bei uns unbedeutend. Problematisch sind hingegen die Triebwelke = Mummy Berry (*Monilinia vaccinii-corymbosi*) sowie das vermehrte Auftreten der Kirschessigfliege (*Drosophila suzukii*).

Vaccinium corymbosum 'Duke' Plantage im Herbst

Kultur-Heidelbeeren sind blütenfrostgefährdet. An tierischen Schädlingen sind Frostspanner, Blattläuse und Thrips zu nennen, Vögel können die Früchte oft schon im unreifen Zustand fressen, Rehe und Hasen richten unter Umständen an jungen Trieben größere Schäden an.

Vermehrung und Anzucht

Kann durch Grünstecklinge und Steckholz erfolgen. Im Hausgarten wird man die Kulturheidelbeeren am einfachsten durch Absenker vermehren. Bei Neuzüchtungen kommt auch der Meristem-Vermehrung eine wichtige Bedeutung zu.

Vaccinium corymbosum-Aktivitäten

In Deutschland wird natürlich auch eine Heidelbeer-Königin gewählt (Bund Deutscher Heidelbeeranbauer).

Plantagenmäßiger Anbau

Bei der Pflanzung sollte ein Pflanzabstand von 1–1,5 m eingehalten werden, je nach den im Betrieb eingesetzten Maschinen beträgt der Abstand zwischen den Reihen 2–3 m. Heidelbeerpflanzen bringen im Vollertragsstadium nach etwa 7–9 Jahren bei einer Wuchshöhe von bis zu 2 m 4–10 kg Früchte pro Strauch. Die Ernteleistung bei Handernte liegt bei 4–6 kg/h.

Weltweit sind die Anbauflächen von 40.000 ha auf 70.000 ha angestiegen, die Produktion erreichte 2007 280.000 t. Heidelbeer-Anbauflächen gibt es in Deutschland, Frankreich, Spanien, den Niederlanden, Polen, Österreich, Neuseeland und Chile. Auf den in Deutschland etwa 800 ha Heidelbeeranlagen werden etwa 6–8 t Früchte pro ha geerntet. In Österreich wurden 2007 auf einer Fläche von etwa 94 ha Heidelbeeren kultiviert.

Sorten und Auslesen

Kulturheidelbeeren wurden aus der in Amerika heimischen *Vaccinium corymbosum* und verwandten Arten gezüchtet. Es gibt zahlreiche früh bis sehr spät reifende Sorten, die in der aktuellen Beerenobstliteratur beschrieben beziehungsweise in aktuellen Baumschulkatalogen (mit Kurzbeschreibungen) angeboten werden.

Die wichtigsten Kultur-Heidelbeeren werden in zwei Gruppen zusammengefasst:

Northern Highbush Blueberry: Diese sind tetraploid, sie stammen im Wesentlichen von *Vaccinium corymbosum* ab. Sorten wie **'Bluecrop'** und **'Duke'** gehören zu dieser Gruppe. Sie sind starkwüchsig, werden etwa 2 m hoch und sind sehr ertragreich. Die großen hellblauen Früchte reifen in langen Trauben. Dies sind auch die wichtigsten Sorten im kommerziellen Anbau, wobei **'Bluecrop'** bereits eine auslaufende Sorte ist.

Einige Sorten der Northern Highbush Blueberry mit gutem Geschmack

früh reifend: **'Reka'**®, **'Duke'**, **'Bluetta'**, **'Spartan'** und **'Chanticleer'**.
mittelfrüh reifend: **'Patriot'**, **'Bluecrop'** und **'Toro'**, **'North Country'**, **'Goldtraube 71'**
spät bis sehr spät reifend: **'Sunshine Blue'**, **'Coville'** und **'Darrow'**, **'Brigitta Blue'** und **'Elizabeth'.**
Daneben gibt es noch weitere zahlreiche Sorten wie **'Ama'**, **'Berkeley'**; **'Bluray'**, **'Dixi'**, **'Early Blue'**, **'Elliot'**, **'Gila'**, **'Gretha'**, **'Heerma'**, **'Lateblue'**, **'Hardy Blue'**, **'Jersey'**, **'Northland'**, **'Ozarkblue'**® etc.

In Amerika werden noch folgende Sorten Angeboten: **'Northland Blueberry'**, **'Star Southern Blueberry'**, **'Sharpblue Blueberry'**.

Southern Highbush Blueberry: Die Sorten dieser Gruppe sind aus Kreuzungen von *Vaccinium corymbosum x Vaccinium darrowii* oder *Vaccinium virgatum* (syn. V. *ashei*, Kaninchen-

Vaccinium corymbosum 'Duke' Früchte

äugige Heidelbeere, engl. Rabbiteye Blueberry) entstanden. Sie sind nicht so gut frosthart wie die Northern Highbush Blueberry. Vorwiegend werden die Sorten dieser Gruppe in wärmeren Klimagebieten angebaut (Chile, Südafrika, Neuseeland und Australien).

Sorten der Southern Highbush Blueberry

V. ashei: **'Tifblue Blueberry'**, **'Powderblue Blueberry'**, **'Climax Southern Blueberry'**, **'Columbus Blueberry'**, **'Ochlonocknee Blueberry'**, **'Alapaha Blueberry'** (uh-la-pu-Hah).
V. virgatum (syn. *V. ashei*) x *corymbosum*: **'Sunshine Dwarf Blueberry'**.
Weitere Hybriden: **'Vernon Blueberry'**, **'O'neal Southern Highbush Blueberry'**, **'Pink Lemonade Blueberry'**, **'Legacy Blueberry'** (*V. darrowi*).

Aktuelle Trends in der Heidelbeer-Züchtung

Gegenwärtig laufen Züchtungsprogramme in den USA, Europa (Deutschland, Polen, Spanien) und Neuseeland. Northern Highbush (*V. corymbosum*), Southern Highbush und Rabbiteye (*Vaccinium virgatum*, syn. *V. ashei*) werden zu Züchtungszwecken verwendet. Bei den Rabbiteye Heidelbeeren wird versucht, durch Züchtung Geschmack und Textur des Fruchtfleisches zu verbessern. Als Zuchtziele sind allgemein Haltbarkeit, Ertrag, Resistenz, Größe (Northern Highbush) bzw. Geschmack und Frosthärte (Rabbiteye) zu verbessern.

'Sky Blue' (S. Dierking)

Seit 2000 besteht ein privates Züchtungsprojekt zwischen Wilhelm Dierking Beerenobst und 'The New Zealand Institute for Plant & Food Research Ltd' mit dem Ziel, verbesserte Heidelbeersorten für den kommerziellen Anbau und den Hausgarten zu entwickeln. Aus 40.000 Sämlingen wurden bislang in fünf Selektionsstufen 6 Selektionen ausgelesen, die unmittelbar vor der Kommerzialisierung bzw. bereits in der Markteinführung stehen und kommerziell angebaut werden.

'Liberty'(S) (*V. corymbosum*, 'Brigitta' x 'Elliott', USA 2004): Kräftig aufrechter Wuchs bis 1,5 m. Sehr spät reifend (20. August), guter Geschmack. Mäßig selbstfruchtbar und hoher Ertrag.

'Aurora'(S) (*V. corymbosum*, 'Brigitta' x 'Elliott', USA 2004): Mäßig aufrechter, eher ausladender Wuchs, 1,5 m, späte Reifezeit (ab 30. August, langsame Abreife). Mittelgroße Früchte von hellblauer Farbe, Geschmack ähnlich 'Elliott', aber etwas säuerlicher. Mäßig selbstfruchtbar, hoher Ertrag.

'Draper'(S) (*V. corymbosum*, 'Duke' x G751 (290-2 x MU 652), USA 2004): Als Jungpflanze schwachwüchsig, bis 1,5 m, Reifezeit ab 20. Juli, extrem kurze Abreife. Mittelgroße bis große Beeren, vergleichbar mit 'Duke' (auch im Ertrag), Früchte attraktiv hellblau, ziemlich gleichmäßig groß. Fester knackiger 'Biss' der Beere. Gute Lagerfähigkeit, in hohem Maße selbstfruchtbar.

'Hortiblue Poppins'(S) (*V. corymbosum*, NZ/D 2007): Starktriebiger buschiger Wuchs, mittlere Reifezeit (ab 20. Juli), Ertrag mittel bis gut. Attraktive hellblaue Frucht mit Reif, Fruchtgewicht 1,1–1,3 g, fest und knackig, Geschmack süß und aromatisch. Gut selbstfruchtbar, frostharte Sorte.

'Centra Blue'(S) (*V. virgatum Aiton*, Rabbiteye Blueberry, NZ/D 2010): Sehr starkwüchsige Sorte mit vielen Grundtrieben, bis 2,5 m. Reifezeit extrem spät, im Freiland ca. Mitte September, langsame Abreife. Ertrag hoch, Früchte werden in langen Fruchtständen gebildet, in

'Aurora' (S. Dierking)

'Poppins' (S. Dierking)

'Blue Moon' (S. Dierking)

unreifem Zustand pinkfarben, reif hellblau, kugelrund und fest. Süßer milder Geschmack, aufgrund des Aussehens für den Frischmarkt interessant. Gut lagerfähig. Fremdbestäubung notwendig. Im Freiland nicht ganz winterhart, bis –15 °C werden toleriert, aber auf Kosten eines guten Ertrages (Anbau unter Folie).

'Hortiblue Petite'(S): Schwachwüchsige, aufrecht und kompakt bzw. buschig wachsende Sorte, die sehr frosthart ist. Sie reift früh, Fruchtreife ab Ende Juli bis August, gegebenenfalls kann sie während der Ernte ein zweites Mal blühen und damit eine zweite Ernte im Spätsommer hervorbringen.

AZOREN-HEIDELBEERE

Vaccinium cylindraceum Sm. (*Ericaceae*, Heidekrautgewächse)

Weitere Namen

Heidelbeerbaum, Va-da-Serra, Uva-do-mato, Rosmaninh.

Diese Heidelbeeren-Art ist auf den Azoren heimisch. Sie wächst dort meist oberhalb von 300 m an Waldrändern zu einem etwa 3 m hohen Strauch heran, es ist eine Pflanze des Lorbeer-Wacholderwaldes.

Ihre weißen bis rosafarbenen oder roten glockenförmigen Blüten sind zu je 10–20 in Trauben vereint. Sie blühen von Mai bis Juli. Die Früchte sind etwa 25 mm lange tropfenförmige blauschwarze Heidelbeeren. Fruchtreife von August bis Oktober. Können als Naschfrüchte gegessen werden.

Standortansprüche wie jene der Kultur-Heidelbeeren.

Sorten und Auslesen

BLAUTROPF® (Lubera): Kompakt wachsende Selektion, bis 80 cm hoch, immergrün, mit rotem Blattaustrieb. Ist nicht sehr winterhart, nur für wintermilde Gebiete.

Vaccinium cylindraceum 'Blautropf'® Blüten

Vaccinium cylindraceum 'Blautropf'®

PINKBEERE®

V. corymbosum x *V. virgatum* Aston (syn. *V. ashei* J. M. Reade) **'Delite'** (*Ericaceae*, Heidekrautgewächse)

PINK LEMONADE® (Züchter: Mark Ehlenfeldt, USDA-ARS): Halbimmergrüner, sehr aufrecht und buschig wachsender Strauch. Erreicht nach 7–10 Jahren eine Wuchshöhe von bis zu 150 cm. Blüht von Ende Juli bis August und bringt rosa bis pinkfarbene, süße Früchte hervor, die im August/September folgernd reifen. Die Früchte sind süß mit einer festen, angenehmen Textur. Können als Naschfrüchte gegessen werden. Die Pflanzen sind selbstunfruchtbar und benötigen einen Befruchtungspartner aus der Gruppe der Southern Highbush Blueberry (z. B. **'Buddy Blue'**), bringen dann regelmäßig einen hohen Ertrag. Als Standort sollte z. B. das Moorbeet (saure Bodenverhältnisse) gewählt werden.

'Pink Lemonade'® Blüte

'Pink Lemonade'® Pinkbeere Früchte (Lubera)

'Pink Lemonade'® Pinkbeere Habitus (Lubera)

PREISELBEERE

Vaccinium vitis-idae L. (*Ericaceae*, Heidekrautgewächse)

Weitere Namen

Kronsbeere, Kranichbeere, Fuchsbeere, Steinbeere, Grantlbeere, Rote Heidelbeere; engl. Cowberry, Foxberry, Red Whortleberry, Red Bilberry, Foxberry, Patrigdeberry; franz. Airelle Rouge, Myrtille rouge, Canche, Mytrille á Feuilles persistantes; ital. Mirtillo Rosso, Uva die Monte; span. Arándano Rojo, Arándano Encarnado; niederl. Rode Bosbos (Vossebes); dän. Tyttebaer; schwed. Lingon; finn. Puolukka; poln. Borówka Brusznica, Brusznica; tschech. Brusinka; ung. Vöros Afonaya; russ. Brusinka, Borovika.

Pflanzenmerkmale und Verbreitung

Die natürlichen Vorkommen der Preiselbeere erstrecken sich von Europa über Sibirien bis nach Asien (Japan) und westlich bis Nordamerika. In Europa wächst sie insbesondere in Skandinavien, auch in Deutschland, Österreich (in den Alpen bis in 2.500 m Höhe), Polen und auf den Britischen Inseln, im Kaukasus und auf dem Balkan; Einzelvorkommen gibt es auch in Frankreich und in Italien (Apennin). Ausgedehnte Bestände findet man vor allem auf trockenen Sand-, Heide- und Waldböden in sonniger Lage.

Preiselbeeren-Sträucher sind etwa 10–30 cm hohe, nur wenig verzweigte, immergrüne Zwergsträucher mit glänzend dunkelgrünen, 0,5–2,5 cm großen Blättern. Mit Hilfe der dünnen Rhizome kann sich die Pflanze flächig ausbreiten.

Blüte

Die glockigen, weißen bis rötlichen Blüten entwickeln sich im Mai (bis Juni) in endständigen Trauben und bestehen aus bis zu 20 Einzelblüten (in Deutschland wird die erste Blüte im Mai/Juni häufig durch Frühjahrsfröste geschädigt!). In tiefen, wärmeren Lagen können sie im Juli (August) ein zweites Mal blühen. Der Standort sind Misch- und Nadelwälder, Zwergstrauch-Heiden, Moore und windgeschützte Felsgesimse.

Vaccinium vitis-idae Blüte

Eignung

Da Preiselbeeren-Sträucher saure Bodenbedingungen (pH-Wert zwischen 3,5 und 5,5) benötigen, werden sie vorwiegend in Moorbeeten und als Unterpflanzung zu Rhododendren sowie als attraktiver Bodendecker in Heidegärten verwendet. Bei zunehmender Beschattung leidet allerdings die Blütenbildung und damit fällt auch der Fruchtansatz geringer aus. Preiselbeeren lassen sich bei entsprechender Pflege auch gut in Trögen kultivieren.

Vaccinium vitis-idea Detail mit Früchten, Naturstandort

Frucht

Die etwa erbsengroßen (0,5–1 cm) Früchte sind rund, hart, anfangs weiß, vollreif scharlachrot glänzend und reifen im August/September (bis Oktober in höheren Lagen). Die vielsamigen Beeren haben ein wenig saftiges rotes Fruchtfleisch, sind innen weiß und schmecken säuerlich-herb-aromatisch.

Im Wesentlichen enthalten sie Apfel-, Zitronen-, China-, Oxal-, Benzoe- und Gerbsäure. Besonders erwähnenswert ist der hohe Gehalt an Benzoesäure und Vitamin C (10–20 mg/100 g). Sie sind verantwortlich für die lange Haltbarkeit der Früchte. Unter anderem sind noch Zucker, Zitronensäure, zahlreiche organische Säuren, Provitamin A, Vitamin B, Gerbstoffe, Pektin sowie Mineralstoffe (Kalium, Calcium, Magnesium und Phosphor) etc. anzuführen.

Verwertung

Man kann Preiselbeeren zwar roh mit Zucker essen, vorwiegend werden die herb-säuerlichen Früchte aber für Konfitüre, Kompott, Marmelade, Mus, Saft, auch in Kombination mit Joghurt, als Kaltschale, Fruchtbelag für Gebäck und Beilage zu Wildbraten etc. verwendet. Auch Wein und Branntwein lassen sich daraus herstellen.

Die Blätter werden als Tee bei Erkältungen, rheumatischen Leiden und bei Erkrankungen der Harnorgane eingesetzt. Die ganze Pflanze verwendete man früher zum Gerben und Färben. Die Früchte dienen zahlreichen Vögeln, Säugetieren und Insekten als Futter.

Vaccinium vitis-idae Detail mit Früchten

Vaccinium vitis-idae Früchte

Standortansprüche und Pflege

Wie die meisten Vertreter der Heidekrautgewächse benötigt auch die Preiselbeere besondere Standortbedingungen, optimal wäre ein saurer, humoser oder sandig-humoser, nicht allzu nährstoffreicher Standort (pH-Wert von 4–5). Sie kommt allerdings mit leichtesten Böden noch gut zurecht und ist besonders frosthart (bis –22 °C).

Eine Düngung sollte nur mit physiologisch sauren Düngern erfolgen, Stickstoffdüngung wirkt sich meist negativ aus. Staunässe wird nicht vertragen. Bei sehr kalkhaltigen Mutterböden ist eine Pflanzung in Trögen anzuraten, ansonsten könnte eine 15–20 cm dicke Schicht aus Torf aufgebracht werden. Die Einbringung von Mykorrhiza-Pilzen wirkt sich günstig auf die Entwicklung der Pflanzen aus. Schnittmaßnahmen sind nicht notwendig, eventuell vergreiste sowie erkrankte Triebe entfernen.

Krankheiten und Schädlinge

Bislang auftretende pilzliche Erreger haben bei der Preiselbeere kaum Bedeutung. Der Pilz *Diaporthe vaccinii* kann bei Preiselbeeren ein Triebsterben verursachen, wobei die Triebe von der Spitze her absterben. Man sollte diese Triebe abschneiden und verbrennen. Eventuell auftretende Pilze der *Sclerotina*-Gruppe verursachen einen weißen, schimmelartigen Überzug der Blätter und Sprosse. Preiselbeeren werden gerne von Hasen und Rehen verbissen. Raupen können gelegentlich Triebspitzen und Blüten beschädigen.

Vermehrung und Anzucht

Preiselbeeren lassen sich durch Grünstecklinge oder verholzte Triebe des Vorjahres unter Folie mit Sprühnebel oder durch Teilung der Rhizome einfach vermehren. Für die Gewinnung größerer Pflanzenmengen wird heute auch die In-Vitro-Vermehrung betrieben.

Anbau und Beerntung an Naturstandorten

Die Hauptvorkommen der Preiselbeeren befinden sich in den Wäldern der Skandinavischen Länder. In Schweden spricht man sogar vom 'roten Gold des Landes'. Preiselbeeren werden ausschließlich von den Standorten der Wildvorkommen geerntet. In kleinerem Maßstab und vor allem für den Eigengebrauch werden Preiselbeeren auch in Österreich und den Balkanländern gesammelt.

In Österreich und Deutschland werden geschätzte 700 t Preiselbeeren an Wildstandorten geerntet. Das Ernten erfolgt meist mit Hilfe von Pflückkämmen. Die Pflückleistung liegt bei etwa 10 kg pro Stunde und Person. Die Preiselbeeren werden überwiegend in 2,5-kg-Spankörben vermarktet.

Zusätzlich werden in Deutschland etwa 3.000 t frische Beeren pro Jahr importiert.

Plantagenmäßiger Anbau

Anfang der 1970er-Jahre gab es in Schweden, Finnland und Deutschland Versuche zur Inkulturnahme der Preiselbeere. Inzwischen gibt es etwa 20 ha Preiselbeeren-Erwerbspflanzungen (Lüneburger Heide). Meist wird die Sorte 'Koralle' angebaut. Ein Reihenpflanzsystem (z. B. 30 x 30 cm in der Reihe, Reihenabstand 1 m) wird empfohlen. Leider zeigen sich bei älteren Pflanzungen zahlreiche Ausfälle. Man kann davon ausgehen, dass die produktive Lebensdauer einer Preiselbeerplantage mit 15 Jahren begrenzt ist.

Sorten und Auslesen

Es gibt einige reichfruchtende Auslesen, die bekanntesten sind:

'Ammerland' (E. Krüger, J. Wieting, Ammerland): Im Wuchs und Ertrag ähnlich wie 'Koralle', produziert aber etwas größere Früchte.

'Erntedank' (A. Zilmer, Großes Moor von Uchte, Deutschland): Wurde 1975 in den Handel gebracht. Sie ist schwachwüchsig, trägt kleine Blätter, blüht und fruchtet jedoch sehr reich und bringt fast alljährlich zwei Ernten. Die kleinen bis mittelgroßen, hellroten, früh reifenden Früchte sind nur schwach sauer und deshalb auch für den Frischverzehr geeignet.

'Erntekrone': Stammt aus Deutschland (1978). Diese mittelstark wachsende, allerdings ertragreiche Sorte entwickelt mittelgroße, dunkelrote Früchte, die mittelfrüh ausreifen und wegen des mild-sauren Geschmackes ebenfalls für den Frischverzehr geeignet sind.

'Erntesegen' (A. Zilmer, Deutschland, aus Wildbeständen im Großen Moor von Uchte selektiert): Pflanzen werden bis zu 40 cm hoch, produzieren bis zu 1 cm große, hellrote Beeren mit gutem Geschmack, auch roh essbar. Blüht und fruchtet zweimal. Gute Erträge, spät reifend. Pflanze produziert viele Wurzelausläufer.

'Erntetraum' (A. Zilmer, Deutschland, aus Wildbeständen im Großen Moor von Uchte

'Koralle' (H. R. Müller)

'Ida' (H. R. Müller)

'Red Pearl'

selektiert): Pflanzen werden bis zu 40 cm hoch, sind reichtragend, fallen durch lange, aufrechte Fruchtstände auf. Sie produzieren erbsengroße, glänzend dunkelrote Beeren mit gutem, mildem Geschmack, auch roh essbar. Blühen und fruchten zweimal. Vertragen Rückschnitt nicht gut, nur Altholz und Totholz auslichten.
'Ida' (Schweden, 1977): Wüchsige Pflanze, bringt eine zweite Blüte hervor, Früchte reifen früh und sind groß. Hat auch hohen Zierwert.
'Koralle': (H. Smits, wurde 1969 in den Niederlanden als Zierstrauch gezüchtet). Es handelt sich hier um eine mittelstarke, stark aufrecht wachsende, Ausläufer treibende Sorte mit mittelgroßen Blättern und mittelgroßen leuchtend roten Beeren. Reichtragend (ca. 300 g pro Pflanze). Diese sind wegen des herbsauren Geschmackes auch für den Frischverzehr nicht geeignet.
'Red Pearl' (A. Blanke, Niederlande, 1982): Selektion aus den wild wachsenden Preiselbeeren mit aufrechtem Wuchs, 20–30 cm. Mittelreichtragend, leuchtend rote Früchte (ca. 7 mm dick). Reifezeit Anfang August bis Ende Oktober. Die Sorte entwickelt starke Einzelpflanzen und produziert keine Ausläufer.
'Sanna' (Schweden, 1988): Starkwüchsige Pflanze mit hohen Erträgen, möglicherweise zur Zeit die Sorte mit den höchsten Erträgen; produziert leuchtend rote Früchte im Sommer und im Herbst.
'Scarlet' (Norwegen): Eine starkwüchsige Wildauslese der botanischen Art.
'Sussi' (Schweden, 1985): Niedrig wachsende Sorte mit großen, dunkelroten Beeren, reift uneinheitlich.
'Red Candy': Sorte mit gutem Geschmack.

Weitere Sorten sind noch **'Erzgebirgsperle'** (1985) sowie **'Vacmi'**, **'Runo Bielawskie'** und **'Linnea'** aus Schweden sowie **'Regal'** und **'Splendor'** (USA) und **'Masovia'** (Polen).

GROSSFRÜCHTIGE MOOSBEERE, CRANBERRY

Vaccinium macrocarpon Aiton (syn. *Oxycoccus macrocarpus* (Ait.) Pursh.) (*Ericaceae*, Heidekrautgewächse)

Weitere Namen

Kranichbeere, Amerikanische Moosbeere, Großfrüchtige Moosbeere, 'Kulturpreiselbeere' und 'Gartenpreiselbeere'; engl. Cranberry, American Cranberry; franz. Cranberrie, Airelle á Gros Fruits; ital. Cranbery, Mirtillo Rosso; span. Cranberry, Arándano americano, Arándano Trepador; niederl. Cranberry, Amerikaanse Veenbees; norweg. Stortranebaer; schwed. Amerikansk Tranebaer; russ. Krupnoplodnaja Kljukva.

Vaccinium macrocarpon 'Red Balloon' Blüte

Pflanzenmerkmale und Verbreitung

Die Cranberry stammt aus dem Nordosten Nordamerikas und wächst dort entweder auf den Sandböden der Küsten oder in Mooren. Bereits seit Langem wurde sie von den dort ansässigen Indianern sehr geschätzt. Es ist ein am Boden kriechender, 10–30 cm hoher Halbstrauch mit bis zu 80 (bis zu 180) cm langen immergrünen Trieben, die mit zunehmendem Alter dichte Matten bilden.

Ihre immergrünen, wechselständigen Blätter sind nur sehr klein (0,5–1,5 cm lang) und können bis zu drei Jahre alt werden. Die Pflanzen selbst können angeblich bis zu 100 Jahre alt werden. An aufrechten Trieben werden im Juni/Juli unzählige glockige, weißlich rosa Blüten gebildet, welchen sie auch den Namen

'Kranichbeere' verdanken. Ende September/Oktober reifen die je nach Sorte leuchtend roten bis dunkelroten Früchte. Erntet man sie nicht, dann bleiben sie bis in den Winter hinein am Strauch.

Eignung

Sie benötigen sandig-humose, saure Böden (optimal sind pH-Werte zwischen 5,0 und 5,5) mit genügend hoher Bodenfeuchte. Frost- und trockenempfindlich. Sie können im Moorbeet als Bodendecker zur Unterpflanzung von Rhododendren oder Heidelbeeren verwendet werden. Man kann auch versuchen, sie in Balkonkistchen im Halbschatten anzubauen.

Frucht

Cranberry-Früchte sind von runder bis ellipsoider Gestalt und können 1–1,5 cm (bei Kulturformen bis mehr als 2 cm) groß werden. Inhaltsstoffe wie bei der Moosbeere, der säuerliche, etwas bittere Geschmack ähnelt jenem der Preiselbeere. Die Wachsschicht der

Cranberry-Pflanze (Cranberries aus den USA)

Fruchtschale und natürliche 'Konservierungsstoffe' (Benzoesäure, Vaccinin, sowie 7,5–13,5 mg Vitamin C) halten die Früchte in gekühltem Zustand mehrere Monate frisch. An Inhaltsstoffen sind insbesondere: Organische Säuren, 7–13 mg Calcium, 0,2–0,4 mg Eisen, 5,5 mg Magnesium, 1,0–2,0 mg Natrium, 7,5–10,5 mg Phosphor, 53–71 mg Kalium und Vitamin A enthalten.

Vaccinium macrocarpon Habitus

Cranberry-Ernte (Cranberries aus den USA)

Vaccinium macrocarpon Früchte Detail

Verwertung

Die Früchte sind gut haltbar und vielseitig zu verwerten. Sie werden zu Gelee, Säften, Sirup, Kompott und Marmeladen verarbeitet und für Mehlspeisen sowie als Beigabe zu Cremes verwendet. Als Saucen werden sie als Beigabe zu Wild und Fleisch gereicht, auch tiefffrieren kann man sie. Besonders schmackhaft sind sie aber in getrockneter Form. Auch Cranberry-Saft und Cranberry-Nektar wird inzwischen angeboten.

Sie wurden bereits von den Indianern als Energie- und Vitaminlieferant genutzt. Die Indianer aßen die Früchte roh oder vermischten sie mit Ahornsirup. Eine weitere 'Spezialität' der Indianer war das 'pemmican', eine Mischung aus getrocknetem Wildfleisch, gestampften Cranberries und geschmolzenem Fett, welches in Formen gegossen und in der Sonne getrocknet wurde. Wegen der langen Haltbarkeit diente 'pemmican' als willkommener Energie- und Vitaminlieferant in den kargen Wintermonaten.

Ursprünglich wurden Cranberries nur aus Wildbeständen gesammelt, heute werden sie in Plantagen angebaut. In Amerika ist die Große Moosbeere eine der wirtschaftlich wichtigsten Obstarten mit plantagenmäßigem Anbau (über 10.000 Hektar, 100.000 Tonnen Cranberries wurden allein 1995 geerntet). Die Ernte erfolgt in Plantagen durch Abkämmen, im Hausgarten und in Wildbeständen durch Pflücken.

In früheren Zeiten aßen bereits die Walfänger die Beeren, um sich vor der Vitamin-C-Mangelkrankeit Skorbut zu schützen, auch auf langen Schiffsreisen wurden Cranberries vorbeugend gegen Skorbut eingesetzt. Heute wer-

Cranberry-Ernte (Cranberries aus den USA)

Cranberry-Produkte

den Cranberries bei Infektionen der Harnwege als unterstützende Maßnahme medizinisch genutzt. Der ausgewogene Mineralstoff- und Vitamingehalt wirkt sich auch positiv auf die Magen- und Darmflora aus.

Standortansprüche und Pflege

Schnitt- und Pflegemaßnahmen sind nicht notwendig. Die Pflanzen sind überall voll winterhart.

Vermehrung und Anzucht

Die Vermehrung ist durch Ablegen der Triebe beziehungsweise durch Stecklinge möglich.

Krankheiten und Schädlinge

Triebsterben (*Diaporthe vaccinii*) kann auftreten, sonst sind keine Krankheiten bekannt. Frost- und trockenheitsempfindlich.

Sorten und Auslesen

'Early Black' (syn. *V. corymbosum* **'Early Black'**, *V. oxycoccus* **'Early Black'**; Massachusetts, USA): Selektion aus Wildpflanzen in den USA. Früchte sind mittelgroß, rundlich, vollreif dunkelrot bis fast schwärzlich, gutes Aroma. Sehr frosthart.
'Red Star' (Steiner, Ö): Großfruchtige Selektion mit dekorativem Laub. Reife Anfang September bis Ende Oktober.
'Red Balloon' (Lubera, Dt.): 40 cm hohe Sorte mit 1–2 cm großen, dunkelroten Beeren; selbstfruchtbar, doch besserer Fruchtansatz bei Verwendung mehrerer Pflanzen. Fruchtreife ab August.

'Red Balloon'

'Franklin' (syn. V. corymbosum 'Franklin', C. macrocarpon 'Early Black' x 'Howes'): Rote bis schwarzrote, kugelige Frucht, etwa 1 cm dick, Reife im September.
'Oslon Honkers' (Washington, USA): Eher länglich-ovale Früchte, sehr groß. Wird vor allem in Neuseeland angebaut.
'Pilgrim' (USA): Früchte von gelblich, orange bis schwarzrot, kugelig bis leicht tropfenförmig, etwa 2 cm dick. Reichtragend, spät reifend. Wird auch kommerziell angebaut.
'Stevens' (USA): Raschwüchsig und sehr ertragreich. Wächst auch auf trockenen Boden unter kalten Klimabedingungen noch recht gut. Wird in den USA seit 1950 kommerziell angebaut, auch in Deutschland.

Weitere bekannte Sorten, die teils aus Kreuzungen hervorgegangen sind:
'Aviator', **'Bergman'**, **'Black Veil'**, **'Centrevile'**, **'Howes'**, **'McFarlin'**, **'Searles'**, **'Bergman'**, **'Hamilton'**, **'Macro Hoves'** und **'Langlois'**.

MOOSBEERE

Vaccinium oxycoccus L. (syn. *Oxycoccus palustris*) (*Ericaceae*, Heidekrautgewächse)

Weitere Namen

Gemeine Moosbeere, Sumpfbeere, Krahnsbeere, volkstümlich: Filzklobenbeeren, Kärtner Moschbeer, Seebock-Beren; engl. Wild Cranbery, Europaean Cranberry, Mossberry, Moorberry, Bog-Berry, Small Cranberry; franz. Canneberge, Canneberge commune, Airelle des Marais, Canneberge des Marais, Atoca; ital. Mirtillo europaeo, Mortella di Palude, Vaccinio palustre, Ossicooc Palustre, Mortella di Palustre; span. Baya de Turbera, Arándano Europeo, Arándano Agrio, Baya Roja de Norte; niederl. Veenbees; dän. Tranebaer; schwed. Tranebaer; norweg. Traenebaer; poln. Zurawina Blotna; tschech. Klikva; ung. Tözegáfona; russ. Kljukva Chetyrekhlepestnaja.

Pflanzenmerkmale und Verbreitung

Ist auf der gesamten nördlichen Hemisphäre (zirkumpolar) verbreitet. Ihr Vorkommen sind meist die Bulten der Torfhochmoore. Sie werden in zwei Kleingruppen eingeteilt: Gemeine Moosbeere (*V. oxycoccus* L) im eigentlichen Sinn mit behaarten Blütenstielen und runden Früchten sowie die Kleinfrüchtige Moosbeere (*V. micrcarpum* (Turcz. Ex Rupr.) Schmalh.; *V. oxycoccus* subsp. *microcarpus* (Turcz.) Blytt) mit kahlen Blütenstielen und ovalen bis birnenförmigen Früchten.

Der bodendeckende Halbstrauch entwickelt weit, bis 1 m kriechende, dem Boden aufliegende, verholzende Triebe und trägt immergrüne Blätter. Diese sind länglich-lanzettlich, nur sehr klein (0,4–1 cm lang), dunkelgrün glänzend und im Winter rötlich.

Blüte

Ihre je nach Höhenlage von Mai bis Juni/Juli erscheinenden Blüten sind dunkel- bis blassrosa und sitzen zu 1–4 auf kurzen, aufrechten Blütentrieben. Die Kronblätter sind tief gespalten und turbanartig zurückgeschlagen.

Früchte

Die Früchte erinnern ein wenig an Preiselbeeren, sind rund bis birnenförmig und 8–12 mm groß. Zuerst sind sie weißlich, später dunkelrot, saftig und säuerlich (Äpfel- und Zitronensäure). Erst nach den ersten Herbstfrösten sind sie essbar. Sie können aber auch bis zum Frühjahr an den Sträuchern bleiben und erst dann verwertet werden. Neben Fruchtsäuren sind vor allem Vitamin C (30 mg/100 g Frischsubstanz), Pektin und Mineralstoffe enthalten. Die Inhaltsstoffe stimmen beinahe zu 100 % mit jenen der Preiselbeere überein. Verwertung wie die Preiselbeere.

Besonders reiche Vorkommen der Moosbeere gibt es in Finnland und Nordrussland. Sie werden auch auf den lokalen Märkten angeboten. Hier wird aus den Beeren ein erfrischendes, schwach alkoholisches Getränk ('Kwass') hergestellt. Auch Marmelade, Likör und Obstbrand werden daraus hergestellt. Zunehmend werden Moosbeeren auch als Ersatz für Preiselbeeren in der industriellen Verarbeitung verwendet.

Die Moosbeere ist der Cranberry sehr ähnlich, allerdings sind deren Triebe feiner, Blätter und Früchte deutlich kleiner. Sie wird zwar nicht kultiviert, hat aber in Russland und im Baltikum eine wichtige Bedeutung als Wildfrucht. Es gibt einige Selektionen weißrussischer Moosbeeren, die in Wuchsform und Fruchtgröße durchaus mit den ertragreichen und robusten Cranberries aus Nordamerika vergleichbar sind.

RED HUCKLEBERRY

Vaccinium parvifolium (*Ericaceae*, Heidekrautgewächse)

Weitere Namen

Rotfrüchtige Heidelbeere.

'Huckleberry' Zweige mit Knospen (S. Dierking)

Diese neue Beerenart wird etwa 1,5–2 m hoch und entspricht in ihrem Wuchsverhalten etwa der Kultur-Heidelbeere. Blätter und Triebe ähneln jedoch jenen der heimischen Waldheidelbeere. Die dunkelroten Blütenknospen öffnen sich von Mai bis Juni zu glockenförmigen, gelblich weißen Blüten. Von Juni bis August reifen die glänzend korallenroten Heidelbeerfrüchte, die im Geschmack an säuerliche Johannisbeeren erinnern. Die Pflanzen sind frosthart und benötigen ebenso wie ihre Verwandten humose, saure Böden. Vermehrung durch Aussaat. Dekorative Pflanze, Früchte sind Einzelbeeren, keine Fruchttrauben. Zweige sind auch als Schnittgrün wie bei der Heidelbeere zu verwenden.

Vaccinium parvifolium Früchte (S. Dierking)

MOORBEERE

Vaccinium uliginosum L. (*Ericaceae*, Heidekrautgewächse)

Weitere Namen

Rauschbeere, Gewöhnliche Moorbeere, Tränkelbeere, Trunkelbeere, Sumpf-Heidelbeere; engl. Bog Bilberry, Bog Whortleberry.

Pflanzenmerkmale und Verbreitung

Die Rauschbeere ist von Nordamerika über Europa bis Sibirien, vom Tiefland (Hochmoore) bis in die Alpenregionen bis 2.400 m Höhe verbreitet.

Heidelbeerähnlicher Kleinstrauch mit besenartigem Wuchs, aufrecht wachsend, buschig verzweigt, bildet Ausläufer, wird 0,2–0,8 m hoch. Die 1,5–2 cm kleinen blaugrünen Blätter sind sommergrün, sie verfärben sich im Herbst gelborange.

Blüte

Die kleinen, glockenförmigen, weißlich rosa Blüten erscheinen im Mai/Juni in 4–5-blütigen Trauben. Die Bestäubung erfolgt durch Bienen und Hummeln.

Frucht

Die kleinen (ca. 6 mm dicken) schwarzen, kugeligen bis birnenförmigen Beeren reifen im August, sind blau bereift, essbar und schmecken süß-säuerlich, aber fade. Das Fruchtfleisch ist grünlich weiß, der Saft nicht färbend!

Die Früchte sind giftverdächtig(!). Nach dem Verzehr größerer Mengen kann es zu Schwindelgefühl, rauschartigen Zuständen oder Erbrechen kommen, daher auch der Name 'Rauschbeere'. Wahrscheinlich liegt dies jedoch nicht an den Früchten selbst, sondern an einem an der Pflanze schmarotzenden Pilz (*Sclerotina megalospora*), der diese Zustände verursacht.

Die Rauschbeere oder Moorbeere wächst auf nassen bis frischen, nährstoffarmen, sauren oder sandig-humosen Böden. Sie wird als

Vaccinium uliginosum

Vaccinium uliginosum

Ziergehölz in Heide- und Moorgärten verwendet. In Finnland dient sie wegen ihrer guten Frosthärte als Kreuzungspartner für Kulturheidelbeeren. Moorbeeren lassen sich vegetativ durch Stecklinge vermehren.

Besonders beliebt ist die Moorbeere in den baltischen Ländern. Sie werden dort im Rahmen einer Vielzahl von Hausrezepten verwertet.

WESTLICHER ERDBEERBAUM

Arbutus unedo L. (*Ericaceae*)

Weitere Namen

engl. Strawbery Tree; franz. Arbousier commun.

Die Heimat des westlichen Erdbeerbaumes ist West-, Südwest-, Süd- und Südosteuropa, sowie das nordwestliche Afrika. Er wächst zu einem großen Strauch, mitunter auch zu einem 8–10 m hohen Baum heran. Eine schuppige Borke und die rau behaarten Triebe sowie die immergrünen bis 10 cm langen Blätter sind Merkmale dieses Erdbeerbaumes. Seine weißlichen bis rosa getönten Blüten erscheinen von November – Dezember, sie sind 1 cm lang und in endständigen, dichten bis 5 cm langen hängenden Rispen vereint. Die Früchte sind kugelig, scharlachrot und rau, essbar, süß, aber ohne besonderen Geschmack. Sie werden gelegentlich auf den mediterranen Märkten angeboten.

In Mitteleuropa ist der Westliche Erdbeerbaum auch in Gebieten mit mildem Weinbauklima kaum ausreichend winterhart. Er wird gelegentlich aber (auch in Sorten) als Kübelpflanze kultiviert.

Arbutus unedo Detail Blätter und Früchte

Arbutus unedo Detail Blüten

Literatur

GOSCH, CH., 1999: Die Cranberry – interessant für Hausgarten und Erwerb, Obst – Wein – Garten, Nr. 3/1999, S. 3.

WEPF, A. R., 2007: Cranberry. Welness-Beere der Indianer. Schweizer Garten 10/2007, S. 30–33.

DIERKING, S. (D), 2014, Persönliche Mitteilung und Infomaterial zu Heidelbeeren, Cranberry & div. Vaccinienarten.

WEISS, H. GOSCH, C., FISCHERAUER, A., & WIESENHOFER, M., 2014: Beerenobst. Sorten, Pflanzung, Pflege, Verarbeitung. Leopold Stocker Verlag, Graz, 190 S.

Internetseiten

http://www.dierking.de/
http://www.heidelbeergarten.at/
http://www.cranberries-usa.de/FILM.php
http://www.cranberry.at/

EDEL-KASTANIE

Castanea sativa Mill. (*Fagaceae*, Buchengewächse)

Weitere Namen

Ess-Kastanie, Maroni, Marone, Maronenbaum, Kescht'n; engl. Spanish Chestnut, Sweet Chestnut; franz. Chataigne Marron, Chataignier commun; ital. Castagna Marrone; span. Castana; niederl. Kastanje; norweg. Ekte Kastanje.

Pflanzenmerkmale und Verbreitung

Die Edel-Kastanie ist in Südeuropa, Nordafrika und Kleinasien natürlich verbreitet. In Mitteleuropa wurde sie vermutlich vor oder während der Römerzeit eingeführt und ist heute in wintermilden, sommerwarmen Gebieten mit kalkarmen Bodenverhältnissen eingebürgert. Unter anderem wird sie in Italien, Spanien angebaut, hier ist sie wirtschaftlich relevant. Aber auch in Portugal, Frankreich, Österreich und Deutschland wird sie kultiviert. Darüber hinaus wird sie auch in Nordamerika, China und Japan angebaut.

Castanea sativa Früchte im Korb

Sie wächst zu einem Großbaum von 10–30 m heran, hat meist einen kurzen, dicken, oft gedrehten Stamm mit einer tief längsrissigen Borke und eine breit ausladende Krone. Ihre wechselständig angeordneten, sommergrünen Blätter sind länglich lanzettlich, dunkelgrün glänzend, derb-ledrig und grob gesägt sowie 12–20 cm lang.

Castanea sativa Habitus

Castanea sativa Blätter

Castanea sativa Blüte

Blüte

Die Blüten sind einhäusig, wobei die männlichen in auffälligen grünlich weißen, bis 20 cm langen aufrechten Ähren angeordnet sind. Die weiblichen sitzen einzeln oder bis zu dreien, unscheinbar, klein und grünlich am Grunde der männlichen Blütenstände. Sie blüht im Juni bis Juli, wobei Insekten besonders von den stark riechenden männlichen Blüten angelockt werden.

Eignung

Dieser große Baum eignet sich nur für große Gärten und Parks, eventuell als Hausbaum für größere Gehöfte und wird in manchen Regionen (Südsteiermark, Burgenland, in Deutschland im Schwarzwald, Odenwald, Mosel-, Saar- und Nahegebiet sowie Südtirol) als Waldbaum kultiviert. Sie ist eine gute Bienenweide, die männlichen Blüten produzieren Nektar, woraus Edelkastanien-Honig entsteht.

Frucht

2–3 cm große, glänzende Nüsse (Samen), die so genannten Maroni oder Maronen, sind in einer großen, stacheligen Fruchthülle (Cupula) eingebettet, mit der sie gemeinsam zur Reifezeit vom Baum fallen. Sie reifen im Oktober und sind essbar. In früheren Zeiten waren sie in den Mittelmeerländern ein wichtiges Nahrungsmittel (Stärkelieferant).

Man unterscheidet 'Maronen', die etwas kleiner, eiförmig bis herzförmig sind und eine flache dreieckige Unterseite besitzen. Geröstet schmecken sie kräftig und angenehm sahnig. 'Ess-Kastanien' sind allgemein etwas größer, rundlich und einseitig abgeflacht. Die innere Haut ist nur schwer ablösbar, der Geschmack nicht so gut wie jener der 'Maronen'.

Vor allem Kohlenhydrate (ca. 43 %), Zucker, Fett (3 %) und Vitamine (Vitamin C etwa 6–40 mg/100 g), aber auch eine große Menge an wertvollen Mineralstoffen (1,5 %) sind in den Früchten enthalten. Ihr hoher Stärke- und Eiweißgehalt ist für den hohen Nährstoffwert der Früchte verantwortlich.

Verwertung

Um die Früchte besser haltbar zu machen, werden diese sofort nach dem Abfallen aufgelesen und 8 Tage in kaltem Wasser 'gebadet'. Durch die beginnende Milchsäuregärung wird das Pilzwachstum und damit das 'Mockigwerden' verhindert und verleiht den Maroni einen runderen Geschmack. Die Früchte können so im Kühllager bei 2 °C bis zu 5 Monate gelagert werden.

Castanea sativa 'Ecker'

Die Früchte enthalten Saponine, dadurch schmecken sie im rohen Zustand herb. Der gute Geschmack und das volle Aroma entwickeln sich erst beim Kochen (angeritzte Früchte etwa 15 Minuten lang), Schale und Haut müssen entfernt werden. Beim Rösten platzen die Schalen auf und die Kerne können leicht entnommen werden. Eine Delikatesse stellen Maronenpüree und Maronen als Beilage zu Fleischgerichten dar. So werden sie zum Beispiel als Füllung für Gänse-, Enten- und Putenbraten verwendet. Sie können auch zu Mehl verarbeitet werden und es wird eine Art Brot aus den Früchten bereitet. Darüber hinaus gibt es noch zahlreiche Möglichkeiten, Maronen zu exquisiten Süßigkeiten zu verarbeiten, diese mit Schokolade zu überziehen oder zu glacieren. Wegen der spezifischen Art der Kohlenhydrate sind Maroni auch für Diabetiker geeignet. Aus Nektar und Pollen erhält man einen dunkelbraunen Honig mit kräftigem Geschmack. Auch das Kastanienöl ist in südlichen Ländern sehr beliebt.

Der Absud von Blättern und Rinde wurde als Heilmittel für zahlreiche Krankheiten verwendet, unter anderem gegen Fieber, Husten, Erkrankungen der Atemwege und gegen Durchfall.

Das fäulnisresistente Holz ist sogar für Unterwasser- und als Schiffsbauholz geeignet, aber auch zur Möbel- und Fassdauben-

Edelkastanien und Sturm

Castanea sativa Alter Baum

Herstellung wird es verwendet. Die bei der Bewirtschaftung der Edelkastanienwälder als Niederwald anfallenden Stangen finden seit Jahrhunderten als Rebpfähle Verwendung.

Standortansprüche und Pflege

Die Edel-Kastanie ist relativ gut anpassungsfähig an verschiedene Böden, sie meidet jedoch kalkhaltige und nasse Böden und wächst bevorzugt auf mäßig feuchten, nährstoffreichen, sauren (pH-Wert 5–6), tiefgründigen Standorten. Sie meidet allerdings Staunässe und verdichtete Böden. Sie benötigt warme Standorte (Weinbauklima), damit die Früchte zur Ausreife gelangen können. Die Edel-Kastanie ist bis –15 °C frosttolerant und benötigt etwa 700–1.400 mm Niederschlag pro Jahr.

Krankheiten und Schädlinge

Gelegentlich treten der Kastanienwickler sowie der Kastanienrüsselkäfer auf. Problematisch ist der in manchen Regionen auftretende, aus Amerika stammende Kastanienrindenkrebs (*Endothia parasitica*), der zum Absterben der Bäume führt. Es werden große Anstrengungen unternommen, gegen diesen Krankheitsbefall widerstandsfähige Sorten zu züchten. Zur Bekämpfung des Kastanienrindenkrebses: Nach dem Ausschneiden der Krebsstellen wird einen Paste aufgetragen, in welcher sich ein Virus befindet, der den Krebspilz parasitiert und damit schwächt.

Castanea sativa Niederwald in der Toskana

Castanea sativa Früchte Wildform MD und 'Ecker'

In den Mittelmeerländern ist auch die so genannte Tintenkrankheit (*Phytophtora*) stark verbreitet. Seit 2002 tritt im Piemont die japanische Edelkastaniengallwespe auf und wandert sukzessive weiter nordwärts. Mittlerweile ist sie auch in der Steiermark anzutreffen. Sie legt ihre Eier in Blüten- und Blattknospen, die daraus schlüpfenden Larven überwintern in den Knospen. Im Frühjahr verursachen sie Gallen an Blättern und Trieben. Inzwischen wird im Piemont als Gegenspieler der Gallwespen der Hautflügler *Torymus chinensis* eingesetzt, der nur auf dieses Insekt spezialisiert ist.

Vermehrung und Anzucht

Pflanzen, die nicht unbedingt für die Fruchtgewinnung gepflanzt werden, lassen sich einfach durch Samen vermehren. Dazu müssen die Früchte sofort nach dem Abfallen angebaut

'Bouche de Betizac' dreijährig (J. Laimer)

oder in feuchtem Substrat bei –1 bis 2 °C gelagert und im Frühjahr in etwa 5 cm tiefen Rillen ausgelegt werden (Achtung: Mäusefraß!).

Fruchtsorten werden (von Spezialbetrieben) im Winter auf gut eingewurzelte Unterlagen von *C. sativa* veredelt (Kopulation und Geißfuß). Seitliches Anplatten und Okulation im Juni sind ebenfalls möglich. Einjährige Okulationen können bis zu 2 m Höhe erreichen. Bei der Pflanzung sind zu dicht gewachsene Kronen, wie sie bei Veredelungen oft auftreten, auszulichten. Später reicht dann ein mäßiger Auslichtungsschnitt.

Sorten und Auslesen

Es gibt zahlreiche Sorten der Ess-Kastanien bzw. Maronen. So werden in Italien angeblich etwa 200, in Frankreich etwa 100 verschiedene Sorten angebaut. In Österreich sind aktuell etwa 50 ha Edelkastanien in Kultur. Ein Anbauer in der Steiermark kultiviert auf einer Anbaufläche von 3 ha 15 verschiedene Sorten mit verschiedenen Reifezeiten. Um die Befruchtung der Bäume sicherzustellen, sollten mehrere Exemplare verschiedener Sorten ausgepflanzt werden. Sie werden zwar nicht nach Sorten verkauft, aber in Italien werden sie als 'Napoles' und 'Cuno' gehandelt, in Frankreich 'Marron des Angles' und 'Bourrrue de Juillac' und in Portugal als 'Longal'.

Außerdem werden Befruchtungskombinationen für den Erwerbsobstbau empfohlen. Edelkastanien werden als Obstgehölze geführt, die Sorten und deren Eigenschaften sind der Obstsortenliteratur zu entnehmen. Die Pflanzwei-

'Ecker 1' (H.-R. Müller)

'Bouche de Betizac' (J. Laimer)

'Belle Epine' (H.-R. Müller)

ten für Edel-Kastanien sollten etwa 10 x 10 m bis 12 x 12 m betragen, eine Mischung aus drei Sorten ist anzustreben, damit ein guter Fruchtansatz gewährleistet ist. Erträge pro Baum von 30–100 kg sind möglich, 25–50 kg im Vollertrag, alte Bäume können sogar bis zu 300 kg Fruchte produzieren.

Es gibt auch einige Zierformen, deren Fruchtverwertung allerdings bedeutungslos ist.

'Ecker-1' (Züchter Ecker, Österreich): Wird in Österreich angeboten, Sorte mit mittelgroßen Früchten, früh einsetzendem Ertrag und guter Frosthärte.

'Brunella': Sorte mit mittelgroßen, süßen Früchten.

'Bouche de Betizac': Hybridkreuzung aus europäischer und japanischer Kastanie (Kreuzung der INRA, Bouche-Rouge (C. *sativa*) x CA04 (C. *crenata*) 1962. Sie zeichnet sich durch große Früchte, gutes Aroma, Resistenz gegen Kastanienkrebs und lange Haltbarkeit der Früchte aus. Sie ist auch robust gegenüber der Edelkastaniengallwespe, benötigt allerdings eine Befruchtersorte. Reife Oktober, Früchte gut bis sehr gut schälbar.

'Marsol': Kreuzung zwischen *C. crenata* und *C. sativa* (Ardèche). Reife Anfang bis Mitte Oktober, sehr große Früchte, gut im Geschmack und gut schälbar.

'Marigoule': Kreuzung zwischen *C. crenata* und *C. sativa* (Corrèze). Reife Anfang bis Mitte Oktober, große bis sehr große, gut schälbare Früchte.

'Garonne Rosso': ist eine italienische Selektion, die vorwiegend im Piemont kultiviert wird.

'Morawo', **'Golino'** etc.

Veranstaltungen betreffend die Edelkastanie

Am 12. und 13. September 2013 fand in Bologna der IV. Europa-Kastanienkongress statt

Es gibt zum Beispiel in Italien zahlreiche Feste zur Zeit der Kastanienernte im Herbst.

'Dorée de Lyon' (H.-R. Müller)

'Noire de Precosé' (H.-R. Müller)

Aber auch in Österreich (Burgenland) wird im Oktober das 'Klosterer Kastanienfest' (http://www.kastanienfest.at/dkaestnklauba/) veranstaltet, wobei zahlreiche Informationen zu und allerlei Produkte von den Edelkastanien angeboten werden. Diverse Vereine nehmen sich um die Zukunft der Edelkastanie an.

In Südtirol gibt es mittlerweile mehrere **Kastanienvereine**:

- Kastanienverein Keschtnriggl www.kastanien.it
- Kastanienverein Vinschgau www.kastanien.it
- Eisacktaler Keschtnverein
- Verein Arge Zukunft Edelkastanie www.steirerkestn.at/kontakt.html
- Verein zur Erhaltung und Förderung der Edelkastanie im Günser Gebirge www.dkaestnklauba.at

Der Verein „Arge Zukunft Edelkastanie" betreibt auch eine Wanderausstellung zum Thema „Edelkastanie".

Edelkastanien-Baumschulen

Kösti – Kastanienbaumschule & Verkauf
Familie Laimer – Kirchweg 41
39014 Burgstall – Südtirol/Italien
www.koesti.it

Castanea 'Marigoul' Blüte

Castanea mollissima (Honeytree Nursery)

AMERIKANISCHE KASTANIE

Castanea dentata (Marshall) Borkh (*Fagaceae*, Buchengewächse)

Weitere Namen

Amerikanische Kastanie; engl. American Chestnut.

Die Heimat der Amerikanischen Ess-Kastanie ist das östliche Amerika, hier kommt sie bis in 1.800 m Seehöhe vor. Es ist ein 30–35 m hoher Baum mit bis zu 4 m dicken Stämmen. Früchte zu 1–3, rundlich. Nüsse meist zu 2–3, 2–2,5 cm breit. Diese Art ist für den Kastanienrindenkrebs anfällig und in ihrer Heimat fast ausgerottet. Die Amerikanische Kastanie ist wesentlich winterhärter als die europäische Edelkastanie und kommt demzufolge auch mit kälteren Standorten gut zurecht, stellt dafür aber höhere Bodenansprüche

Castanea dentata (S. Maksymiuk)

JAPANISCHE ESSKASTANIE

Castanea crenata Siebold et. Zucc. (*Fagaceae*, Buchengewächse)

Weitere Namen

engl. Japanese Chestnut.

Die Japanische Ess-Kastanie ist in Japan beheimatet. Die Triebe des 10–20 m hohen Baumes sind schorfig und anfangs dicht behaart, später kahl. Die Früchte sind 4–8 cm dick und rundlich. Sie enthalten 1–4 Nüsse, die etwa 2–3 cm dick sind. Bei den Selektionen erreichen die Nüsse eine Größe von 3,5–4 cm. Diese Art scheint gegenüber dem Esskastanienkrebs teilweise resistent zu sein.

Auslesen aus Kreuzungen mit *C. dentata* sind unter anderem die Sorten **'Essate-Jap'** und **'Sleeping Giant'**, sie gelten als krebsresistent.

In Frankreich sind inzwischen auch resistente Sorten beziehungsweise Hybriden zwischen *C. sativa* und *C. crenata* in Kultur. Die Sorten **'Bournette'**, **'Marigoul'**, **'Marsol'**, **'Migoule'** und **'Précoce Migoule'** sind ebenfalls teilweise resistent gegenüber dem Esskastanienkrebs.

'Sakata' (in Polen angeboten): Ungewöhnliche Frucht, größer als gewöhnliche Kastanien. Bis zu 15 Meter hoch, ist er oft mehrstämmig. Die stacheligen Schalen (Größe eines Tennisballs) enthalten, glänzend hellgrün, dunkelbraune Nüsse, ähnlich wie Kastanien.

Castanea **'Mieszancowy'** (Keine genauen Angaben!): Niedriger Baum, reichfruchtend, mittlere Fruchtgröße, wohlschmeckend.

CHINESISCHE KASTANIE

Castanea mollissima Blume (*Fagaceae*, Buchengewächse)

Weitere Namen

engl. Chinese Chestnut.

Von dieser Art gibt es inzwischen Auslesen aus komplexen Hybriden mit überwiegendem Elternteil der chinesischen Kastanie. Sie entwickeln sich zu mittelgroßen 10 (–20) m hohen Bäumen mit ausladender Krone. Der Boden sollte leicht sauer sein, ansonsten hat sie durchschnittliche Ansprüche, auch was den Wasserbedarf betrifft. Selbststeril. Vollkommen winterhart. Diese tragen große und schmackhafte Früchte.

'Kuling': Sehr fruchtbar, Früchte sehr groß.

'Meling': Frucht mit einem Durchmesser von 4 cm.

'Nanking': Sorte mit den größten Früchten, sehr reichfruchtend.

Literatur

WEINGERL, W., 2014: Die edle Kastanie, Ein Baum, der Mensch und Kultur verbindet. Obst – Wein – Garten 12 / 2014, S. 3–4.
GSCHNELL, M., 1998: Unter'm Keschtnbam Verlag Druckstudio Leo, 120 S.
DE RACHEWILTZ, Siegfried W., S.-W., 1992: Kastanien im südlichen Tirol. Verlag Kulturzeitschrift ARUNDA, 150 S.
ZIERNHELD, M., & GUFLER, C., 2011: Südtiroler Kastanien, 100 köstliche Rezepte. Verlag Athesia, 168 S.
ECKER, GERHOLD, KLEMENT, KLUG, RÜHMER, SCHANTL & STRAHLHOFER, 2006: Edelkastanie Waldbaum und Obstgehölz. Verlag Zoppelberg 112 S.
HAHN, S., 2004: Die Esskastanien. Nahrungsquelle und bedrohte Naturressource. Verlag Books on Demand GmbH, Norderstedt, 264 S.
HALLER-ZINGERLING, C., 2006: Kastanien, Geschichte und Genuss. Verlag Athesia, 108 S.
ASSOCIAZIONE NAZIONALE CITTA' DEL CASTAGNO: Cento città da cogliere in castagna (italienisch), Verlag Editrice la Mandragora, 239 S.

Internetseite

http://garden_of_dreams.fm.interia.pl/owocowe.htm

EICHEN

Quercus ilex var. *rotundifolia* Lam. (*Fagaceae*, Buchengewächse)

An sich sind die Früchte der Eichen (Eicheln) nicht genießbar. Sie sind für Wildtiere, Schweine, Schafe und Rinder ein nährstoffreiches Futter. Allerdings nutzten die Menschen in Notzeiten Eicheln auch als Nahrungsmittel. In Marokko werden heute noch große, nußartig schmeckende Eicheln der Stein-Eiche (die auch als "Rundblättrige Eiche" oder "Ballota-Eiche" bezeichnet wird, *Q. rotundifolia* Lam.) auf den Märkten zum Verkauf angeboten. Ebenso wird in Spanien aus den gerbstoffarmen, süßlichen Früchten einer Unterart der Stein-Eiche (Q. *ilex* var. *rotundifolia* (Lam.) Trab. = Q. *rotundifolia*) ein ganz spezieller Likör hergestellt.

Auch in Amerika (Kalifornien) waren zahlreiche dort ansässige Indianerstämme in ihrer Existenz auf den Verzehr von Eicheln (vor allem *Q. lobata* u. a. m.) angewiesen. Die Eicheln mussten zu diesem Zweck allerdings zuvor in aufwändigen Verfahren getrocknet und entbittert werden.

Quercus rotundifolia (F. Kummert)

Eichel-Likör aus *Q. rotundifolia*-Früchten (Spanien)

GINKGOBAUM

Ginkgo biloba L. (*Ginkgoaceae*, Ginkgogewächse)

Weitere Namen

Silberaprikose, Entenfußbaum, Mädchenhaarbaum, Fächertanne; engl. Ginkgo, Maidenhair Tree; franz. Arbre aux Quarante Ècus.

Der dekorative, meist etwas sparrig wachsende Parkbaum stammt aus China und wurde 1727 nach Europa gebracht. Er ist deshalb besonders interessant, weil er sich über Jahrmillionen hindurch kaum verändert hat, und wird als 'Lebendes Fossil' bezeichnet. In Ostasien wird er seit langer Zeit als Fruchtbaum und Heilpflanze genutzt. In Japan (Osaka, Nagaretani Hachiman Shrine, Kawachinagano) gibt es einen 400 Jahre alten Ginkgo-Baum mit einem Stammumfang von 5,43 m und einer Höhe von 29,2 m.

Pflanzenmerkmale und Verbreitung

Der Ginkgobaum ist ein sommergrüner, 15–20 (–40) m hoher Baum mit kegelförmiger bis ausgebreiteter Krone. Sein Sprosssystem mit den Lang- und Kurztrieben ist sehr auffällig. Seine charakteristischen flächigen, derb ledrigen, zweilappigen bis fächerförmigen Blätter mit nahezu parallel verlaufenden Nerven färben sich im Herbst leuchtend gelb.

Blüte

Seine Blüten sind eingeschlechtlich, zweihäusig verteilt. Die männlichen Blüten sind kätzchenförmig, 3–5 cm lang, an den Kurztrieben in der Achsel von Niederblättern. Die weiblichen Blüten sind unscheinbar, sie sitzen zu 2–3 in der Achsel von Nieder- und Laubblättern. Nur an den Bäumen mit weiblichen Blüten entwickeln sich Früchte (genau genommen sind dies die Samen), sofern die Blüten bestäubt werden. Die Bestäubung erfolgt zwar im April/Mai zur Blütezeit, die eigentliche Befruchtung folgt allerdings erst im September. Die Entwicklung des Embryos folgt erst später, meist erst, wenn die Samen bereits zu Boden gefallen sind.

Ginkgo biloba Habitus

Ginkgo biloba Habitus im Herbst

Frucht

Eigentlich sind die 'Früchte' des Ginkgo keine Früchte im botanischen Sinne, sondern Samen. Sie werden etwa 2–3 cm groß mit saftig-fleischiger orangegelber Samenschale, sie erinnern in Form und Farbe ein wenig an Mirabellen, daher der Name Silberaprikose. Wenn die Früchte im September/Oktober abfallen, verbreiten sie einen äußerst unangenehmen Geruch (Buttersäure!). Deshalb wartet man mit dem Einsammeln der Früchte, bis das Fruchtfleisch (Samenschale) verrottet ist, denn nur die Steinkerne werden verwendet. Der ölhaltige Kern ('Ginkgonuss') besteht aus 13 % Proteine, 68 % Stärke, 2,9 % Fett, 1,6 % Pentosane und 1 % Fasern.

Verwertung

Man röstet die Kerne, knackt sie und verspeist sie ähnlich wie gebratene Maroni. In China und Japan werden sie als Delikatesse betrachtet. Sie werden dort 'Pa-Kewo' genannt und spielen dort etwa die Rolle, die bei uns die Pistazie einnimmt. Es ist auch Sitte, diese Nüsse rot zu färben und bei Hochzeitsfeiern und Empfängen anzubieten.

In Japan werden die Samen in einem Kuchen ('chawanmushi') verarbeitet. Frische Samen (ohne die äußere Schale) werden in Japan und China auf Märkten verkauft. (Insbesondere im Orient, wo man sich nichts aus dem Geruch macht.) Diese Ginkgo-Samen ('Pa-Kewo', 'Pakgor' oder 'ginnan') nennt man 'Silbermandeln' oder 'Weiße Nüsse', sie werden gebacken, gekocht oder geröstet angeboten und sind essbar. Auch in einige westliche Länder werden Ginkgo-Samen importiert und in chinesischen Lebensmittelläden, Ökoläden und Supermärkten verkauft.

Die äußere fleischige Hülle des frischen Samen enthält Öle, die bei einigen Menschen eine leichte Dermatitis auslösen können. Deshalb sollte man beim Einsammeln Latex-Handschuhe tragen. Man kann die Samen wie Pistazien aufknacken und essen. Sie können auch für die Zubereitung von Reis-Gerichten, Haferbrei, Suppen, Gemüsen verwendet werden oder mit Reis, Pilzen und anderen Gemüsearten verwendet werden.

In seiner Heimat dient er seit Langem als Heilmittel in der Volksmedizin. In Japan wird es als Mittel für Herz und Lunge, ge-

Ginkgo biloba Detail mit Früchten und Herbstfärbung

Ginkgo biloba Detail

Ginkgo biloba Detail mit Früchten

gen Asthma, Bronchitis, Husten, Blasen- und Nierenprobleme sowie als Verdauungshilfe verwendet.

Krankheiten und Schädlinge

Keine bekannt.

Vermehrung und Anzucht

Die Vermehrung erfolgt durch Aussaat der Samen. Man muss dazu allerdings das Fruchtfleisch vor dem Stratifizieren entfernen. Die Nachkommen können dann männlich oder weiblich sein! Samenvermehrte Pflanzen benötigen nach Angaben allerdings 20–35 (in der Praxis wahrscheinlich viel weniger!) Jahre, bis sie erstmals fruchten. Auch eine Vermehrung durch Grünstecklinge im Warmhaus ist möglich.

Veredelte weibliche Sorten fruchten bereits nach etwa 3–5 Jahren. Wenn die Pflanzen fruchten, dann folgt in der Regel einem Jahr mit reicher Ernte ein weiteres mit geringerer Ernte, sie alternieren also leicht.

Es wird von einem alten Ginkgo-Baum in Dorf Yang Tang (Provinz Zhejiang) berichtet, der einen Durchmesser von 231 cm und eine Höhe von 33 m hat. Dieser Baum produzierte 1988 insgesamt 379 kg gereinigte Samen.

Es gibt auch zahlreiche Zierformen, darunter Säulenformen, Hängeformen und solche mit abweichenden Blattformen sowie mit panaschierten Blättern.

Verwendung

Der Ginkgo stellt keine besonderen Ansprüche an Boden und Klima, er gedeiht sogar unter schwierigen Bedingungen wie Stadtstandorten problemlos. Es gibt zahlreiche Zierformen des Ginkgos mit unterschiedlichen Wuchs- und Blattformen.

Plantagenmäßiger Anbau

Ginkgo wird teilweise in Plantagen angebaut, er wird heute in großen Mengen vorwiegend in der Pharmazie, aber auch in der Lebensmittelindustrie verwendet (z. B. Tee mit Ginkgo-

Ginkgo biloba Samen

Ginkgo biloba Kurztriebe mit Blätter

Ginkgo biloba 'Fastigiata' Herbstfärbung

Extrakt). Dazu wird vor allem der Extrakt der Blätter verwendet. In Europa befinden sich zwei kleinere Plantagen in der Nähe von Bordeaux. Die weltgrößte Ginkgo-Plantage befindet sich in Sumter, South Carolina. Hier sind auf 2,5 Quadratmeilen auf sandigem Boden Millionen von Bäumen im Abstand von ca. 1 Meter angepflanzt. Sie werden regelmäßig beschnitten. Das Pflücken der Blätter beginnt Mitte Juli, wenn sie noch grün sind. Alle 5 Jahre werden die Bäume bis auf Bodenhöhe zurückgeschnitten. Die Ernte wird mit speziell hergerichteten Baumwollpflückmaschinen vorgenommen. Die Blätter müssen innerhalb von 12 Stunden getrocknet werden, sonst verwelken sie. Der Trocknungsvorgang findet in großen Trommeln statt. Die getrockneten Blätterballen werden dann nach Charleston verschifft, von wo sie über den Atlantik weiter nach Europa gebracht werden. In Europa werden die Blätter fein zermahlen und die Inhaltsstoffe extrahiert. Dieser Extraktionsprozess dauert etwa 2 Wochen.

Seit 1990 hat sich auch die chinesische Ginkgo-Industrie sehr stark entwickelt Die wichtigsten Anbaugebiete für Ginkgo in China sind vor allem die Provinzen Jiangsu (3.000 Hektar) und Shandong. Insgesamt beträgt die Anbaufläche in China 5.000 Hektar. Die Ernte wird dort in Handarbeit durchgeführt.

Sorten und Auslesen

'King of Dongting Mountain': Diese Sorte stammt aus den Dongting Bergen an der Küste des Tai-Sees (Provinz Jinagsu). Dies ist eine wichtige, für die Ginkgo-Samen-Produktion bekannte Region. Diese Sorte bringt die größten Samen und größten Erträge der etwa 44 Sorten/Kultivare hervor. Die Bäume werden durch regelmäßigen Schnitt auf eine Höhe von etwa 5 m gehalten.

Aktivitäten rund um den Ginkgo

In Tokio, Japan, gibt es alljährlich im November das 'Annual Hachioji Ichou Festival'. Der Koshu-Highway führt durch Hachioji. Er wird hier von 770 mittlerweile 80-jährigen prächtigen Ginkgo-Bäumen gesäumt, die sich im Herbst leuchtend goldgelb verfärben.

Internetseiten

http://www.uni-goettingen.de/de/holz-und-nutzung/11034.html
http://kwanten.home.xs4all.nl/usage.htm

JOHANNISBEERE

Ribes sp. (*Grossulariaceae*, Stachelbeergewächse)

Weitere Namen

Ribisel; engl. Currant; franz. Grosseillier; ital. Ribes; span. Grosella; niederl. Aalbes; norweg. Rips.

Pflanzenmerkmale und Verbreitung

Ribes-Arten sind von Europa bis Asien beheimatet und seit Jahrhunderten gepflanzt. Oft handelt es sich bei den Wildvorkommen um Sämlinge von Sorten, die verwildert sind. Vorkommen vom Tiefland bis in 1.000 m Höhe (Stachelbeere) und 1.800 m Höhe (Schwarze Johannisbeere). Es sind sommergrüne Sträucher von 0,5–2,5 m Wuchshöhe, Stachelbeeren mit dreiteiligen Stacheln, Johannisbeeren-Arten sind unbestachelt.

Eignung

Füll- und Decksträucher für naturnahe Pflanzungen, Hecken und Gruppen, auch für lichten Schatten geeignet.

Frucht

Erbsengroße, bis zu 1 cm große essbare Früchte mit zumeist wenig Geschmack. Enthalten Vitamin A_1, B_1 und C (Schwarze Johannisbeere 80–350 mg/100 g Frischsubstanz), Fruchtsäuren, Zucker, Pektin, Protein, Gerbstoffe und Mineralstoffe.

Ribes alpinum Naturstandort

Verwertung

Für Frischverzehr geeignet, Verarbeitung zu Konfitüre, Fruchtsaft und Gelee, auch Herstellung von alkoholischen Getränken und Kompott. Ertrag und Fruchtqualität bei Fruchtsorten jedoch wesentlich besser.

Standortansprüche und Pflege

Die Stachelbeere bevorzugt nährstoffreiche, humose, kalkhaltige Böden. Die Schwarze Johannisbeere kommt eher auf leicht alkalischen bis schwach sauren Böden vor. Sie verträgt sowohl sonnige als auch halbschattige Lagen. Gut schnittverträglich.

Krankheiten und Schädlinge

Ribes-Arten sind Zwischenwirte des Blasenrost- oder Säulenrost-Pilzes (*Cronartium ribicola*), dessen Befall bei fünfnadeligen Kiefern (Zirbe und Weymouthskiefer) zu deren Absterben führen kann.

Vermehrung und Anzucht

Lassen sich leicht durch Steckhölzer vermehren.

Sorten und Auslesen

Nicht vorhanden. Die zahlreichen Kultursorten sind nicht als 'Wildobst' einzustufen, sie sind herkömmliche 'Beerenobst'-Arten und -Sorten und werden dort beschrieben.

ALPEN-JOHANNISBEERE

Ribes alpinum L. (*Grossulariaceae*, Stachelbeergewächse)

Weitere Namen

engl. Alpine Currant, Mountain Currant; franz. Grosseillier des Alpes.

Die Alpen-Johannisbeere ist von Europa und dem Kaukasus bis nach Westasien beheimatet. In den Alpen kommt sie bis 1.600 m (Norden) und 2.000 m (Süden) Seehöhe vor. Es ist ein sommergrüner, 1–2 m hoher buschiger Strauch mit hellgrauen Trieben und kleinen 3–5-lappigen Blättern. Die gelblich grünen, zweihäusigen Blütenrispen stehen seitenständig aufrecht, ihre Blüten selbst sind vorwiegend zweihäusig. Blütezeit ist Mai bis Juni.

Die Frucht ist eine kahle, glänzende, bis 5 mm große dunkelrote Beere mit fadem Geschmack. Sie reifen im Juni/Juli.

Die Pflanzen werden als Füll- und Decksträucher zur Unterpflanzung unter schattigen Baumpartien verwendet.

Ribes alpinum

Sorten und Auslesen

'Majola': Stammt aus dem Baltikum, schmeckt mild und süßlich.
'Corel' (Großbritannien): Ist etwas intensiver im Geschmack, allerdings nicht vergleichbar mit anderen Kultursorten.

'Majola' (A. Hellmich)

'Corel' (A. Hellmich)

SCHWARZE JOHANNISBEERE

Ribes nigrum L. (*Grossulariaceae*, Stachelbeergewächse)

Weitere Namen

Schwarze Ribisel; engl. Black Currant; franz. Cassis, Cassisier; ital. Ribes nero; span. Casis, Grosella negro; niederl. Zwaere Bes; norweg. Solbaer.

Die Verbreitung der Schwarzen Johannisbeere reicht von Europa über den Kaukasus und Westsibirien bis in die Mongolei und bis zum Himalaja. Die Wildform ist jedoch selten echt.

Sie ist ein 1,5–2,5 m hoher, sommergrüner Strauch. Ihre jungen, fein behaarten Triebe besitzen intensiv unangenehm duftende Duftdrüsen. Die 5–10 cm großen Blätter sind drei- bis fünflappig.

Im April/Mai entfalten sich die gelblich grünen, achselständigen, hängenden Blütentrauben. Später im Juli/August reifen dann die kugeligen, schwarzen, erbsengroßen Beeren, sie schmecken herb-säuerlich.

Die Schwarze Johannisbeere wird erst seit dem 16. Jahrhundert kultiviert. In der Volksmedizin werden Blätter als Mittel gegen Rheuma, Gicht, Keuchhusten und krampfartigen Husten verwendet.

Ribes nigrum Schwarze Johannisbeeren

Sie ist heute wichtige Kulturpflanze (Beerenobst), die plantagenmäßig angebaut wird.

Die Weltproduktion an (Roten und Schwarzen) Johannisbeeren betrug 1986 etwa 588.571 t. Hauptanbaugebiete sind Polen, Deutschland, Russland und Österreich.

Sorten und Auslesen

Es gibt auch Sorten der Schwarzen Johannisbeere (*Ribes nigrum* var. *chlorocarpum*) mit grünen Früchten:

'Venny' ('Veera', 'Vertti' x *Ribes nigrum* var. *chlorocarpum*): In Finnland gezüchtete (für Liebhaber ausgefallener Sorten eine interessante Sorte) Schwarze Johannisbeere, die nicht schwarze, sondern grüne (!) erfrischende Früchte hervorbringt. Dieser Sorte fehlt der etwas strenge Beigeschmack der Schwarzen Johannisbeere. Sie wurde auf lange Trauben und guten Ertrag selektiert. Der Vitamin-C-Gehalt der Früchte liegt bei 240 mg/100 g Beeren.

'Vertti' (1987, Selfpollination of Ojebyn, Piikkiön, Finnland): Sorte mit grünen Früchten. Dies ist die 'Ursorte' der grünfrüchtigen Sorten der Schwarzen Johannisbeeren. Wird bereits seit Langem in Finnland kultiviert.

'Vilma' (= 'Venla', *Ribes nigrum* var. *chlorocarpum* x 'Vertti'): Sorte mit leicht gelbgrünlichen Früchten. Diese Sorte hat die größten Beeren innerhalb der grünfruchtigen Sorten. Diese haben wenig Säure und schmecken süß.

Ergänzung zur Alpen-Johannisbeere (S. 176): Dr. N. Kleinz hat aus *Ribes alpinum* in Lettland (Jurmala) eine Sorte mit süß schmeckenden Früchten ausgelesen und als 'Majorenhof' benannt. Eine weitere Auslese (aus dem Bestand des Bot. Gartens Frankfurt am Main) wurde unter der Bezeichnung 'Frankfurt' vermarktet.

'Venny' (A. Hellmich)

'Verti' (A. Hellmich)

'Vilma' (A. Hellmich)

'Alba Punctata' (A. Hellmich)

'Charlotte' (A. Hellmich)

'Ojeblanc' (A. Hellmich)

Rote, gelbe und schwarze Johannisbeeren

ROTE UND WEISSE JOHANNISBEERE

Ribes rubrum L. var. *domesticum* Wall. (*Grossulariaceae*, Stachelbeergewächse)

Weitere Namen

Rote Garten-Johannisbeere, Weiße Garten-Johannisbeere; engl. Red Current, White Current; franz. Groseillerouge, Grosseiles á grappes; ital. Ribes; span. Grosella; niederl. Aalbes; norweg. Rips.

Rote Johannisbeere

Die Sorten der Roten Johannisbeere sind durch Kreuzung und Selektion aus vier botanischen Wildarten unterschiedlicher Herkunft entstanden: *Ribes sativum*, *Ribes rubrum* L. var *rubrum*, *Ribes petraeum* und *Ribes multiflorum*. Weißfruchtige Sorten kommen nur in den Nachkommen von *Ribes rubrum* und *Ribes sativum* vor.

Rote Johannisbeeren werden im Ertragsanbau bzw. in Plantagen kultiviert. Der Anbau erfolgt in allen Ländern der gemäßigten und kalten Zonen der nördlichen und südlichen Halbkugel. Die Erntezeit beginnt bei uns Anfang Juni (deshalb auch der Name 'Johannis'-Beere) und erstreckt sich bis Ende August.

Gelbe Johannisbeere

Die weißen bis gelben Sorten der Roten Johannisbeere, die 'Weißen Johannisbeeren', sind vor allem für die Verwendung im Hausgarten interessant, ebenso wie auch die zahlreichen Sorten der Roten Johannisbeere.

Sorten und Auslesen

Alte, nur mehr sehr selten angebotene Johannisbeer-Sorten für den Hausgarten:

'Gloire des Sablones' (*R. rubrum*, 1867): Sorte mit rosa, mild-säuerlichen, aromatisch schmeckenden Früchten.

'Weiße Versailler' (*R. rubrum*, seit Mitte des 19. Jh.s): Weiße Johannisbeere mit gutem Johannisbeeraroma mit wenig Säure.

'Prinz Albert' (*R. rubrum*, vermutlich aus dem 16. Jh.): Spät reifende Sorte mit roten Früchten. Die großen Beeren (Kirschjohannisbeere!) haben bei Vollreife ein feines, säuerliches Aroma.

'Rose de Champagne' (*R. rubrum*, vor 1620): Rosafrüchtige Johannisbeersorte aus Frankreich, die in Deutschland auch unter dem Na-

Johannisbeer-Sortiment in Blüte

men 'Fleischfarbener Champagner' bekannt war. Hellrosa Früchte mit weißer Grundfarbe, sehr dicht und fein rosa bepunktet, köstlicher Geschmack. Dochnahl beschreibt sie 1860 in 'Der sichere Führer in der Obstkunde' als 'rosenroth, Trauben voll und ungleichbeerig'.

'Weiße Holländische' (*R. sativum*, Niederlande, vor 1729): Weißfruchtige Johannisbeere mit mittellangen Trauben, angenehm würzigen, leicht säuerlich schmeckenden Früchten. Früchte bis 1 cm groß. Ist im Havelland unter der Bezeichnung 'Weiße Werdersche' bekannt.

Nähere Informationen zu Johannisbeeren siehe Fachliteratur 'Beerenobst'.

FELSEN-JOHANNISBEERE

Ribes petraeum Wulfen (*Grossulariaceae*, Stachelbeergewächse)

Weitere Namen

Gewöhnliche Felsen-Johannisbeere, Rote Ribisel; engl. Stone Goosberry; franz. Grosseillier des Roches.

Die Felsen-Johannisbeere ist neben der Wilden Roten Johannisbeere (*Ribes spicatum*) eine der Eltern der Roten Johannisbeere (Kulturform), deren lateinischer Name *Ribes rubrum* ist.

Die Felsen-Johannisbeere ist in West- und Mitteleuropa vorkommend, ist aber auch noch im Kaukasus und Sibirien sowie in Nordafrika beheimatet.

Der aufrecht wachsende Strauch erreicht eine Wuchshöhe bis 1,5 m. Seine Blätter sind unterseits behaart. Die roten bis schwarzroten Früchte schmecken säuerlich.

STACHELBEERE

Ribes uva-crispa L,. (*Grossulariaceae*, Stachelbeergewächse)

Weitere Namen

Gewöhnliche Stachelbeere; engl. Gooseberry; franz. Grosseillier à Maquereau; ital. Uva Spina; span. Uva crespa, Uva espina; niederl. Kruisbes; norweg. Stikkelsbaer.

Von Süd- bis Mittel- und Westeuropa sowie im Kaukasus und in Nordchina beheimatet. Nördlich der Alpen kommt sie noch in Höhenlagen bis 1.100 m vor.

Die Stachelbeere wird ähnlich wie die Schwarze Johannisbeere erst seit dem 16. Jahrhundert kultiviert.

Die Stachelbeere ist ein sommergrüner, 0,6–2,5 m hoher, stark bestachelter Strauch mit bogig überhängenden Zweigen. Die Zweige sind mit einfachen oder 3-teiligen, 7–15 mm langen Stacheln bewehrt. Seine drei- bis fünflappigen, etwa 1,5–4 cm langen Blätter sitzen rosettenartig gehäuft wechselständig an Kurztrieben. Oft werden sie vom Stachelbeer-Mehltau (*Sphaerotheca mors-uvae*) befallen.

Die glockigen, grünlich gelben Blüten der Stachelbeeren sind zwittrig. Sie stehen einzeln oder bis zu dreien zusammen und blühen im April/Mai auf. Sie werden von Schwebfliegen, Fliegen, Hummeln, Bienen und Blattwespen bestäubt.

Die Früchte sind kleine behaarte, kugelig-eiförmige, mehrsamige, grünlich gelbe Beeren. Sie reifen im August und schmecken süß-säuerlich. Vitamin-C-Gehalt in reifen Früchten kann bis zu 35 mg/100 g Frischgewicht betragen.

Sie ist heute eine wichtige Kulturpflanze (*Ribes uva-crispa* var. *sativum*, als Beerenobst), die plantagenmäßig angebaut wird und für die es vielseitige Verwendungsmöglichkeiten gibt. Es werden über 500 Sorten beschrieben, darunter Sorten mit roten, gelben und grünweißen Früchten. 1978 wurden weltweit etwa 150.000 t Stachelbeer-Früchte produziert.

SCHWARZE JOHANNISBEERE X STACHELBEEREN-HYBRIDEN

JOSTABEERE

Ribes x *culverwellii* Macfarl. (*Grossulariaceae*, Stachelbeergewächse)

Weitere Namen

Josta, Jochelbeere, Rigatze, Joglbeere; engl. Currant Gooseberry, Jostaberry.

Die Jostabeere ist nach S. Cunningham (RHS) eine Hybride, die aus einem komplexen Züchtungsprogramm von Dr. R. Bauer vom Max Plank Institut in Köln hervorgegangen ist. Sie ist seit 1977 im Handel. Es ist eine Hybride aus der Schwarzen Johannisbeere x Stachelbeere x Oregon-Stachelbeere. Die Sträucher sind starkwüchsig und haben keine Stacheln. Sie haben auch nicht den typischen Geruch der Schwarzen Johannisbeere. Sie blühen früh und können dadurch mitunter Spätfrostschäden erleiden. Sie sind nicht steril, die Früchte bilden also Samen aus bzw. sind diese auch keimfähig. Darüber hinaus sind sie gegenüber dem Amerikanischen Stachelbeermehltau, Johannisbeergallmilben und Blattfleckenkrankheiten resistent. Die Früchte werden zu 2–5 an kurzen Trauben gebildet. Sie sind sehr Vitamin-C-reich.

Pflanzenmerkmale und Verbreitung

Die Jostabeere ist aus einer Kreuzung der Schwarzen Johannisbeere (*Ribes nigrum*) und der Stachelbeere (*Ribes uva-crispa*) entstanden, auch die nordamerikanische Art *Ribes divaricatum* wurde eingekreuzt. Die Bezeichnung 'Josta' wurde aus den Namen der beiden Ursprungspflanzen Johannisbeere und Stachelbeere gebildet.

Jostabeeren sind Sträucher mit breitaufrechtem bis überhängendem Wuchs von 2,0 x 2,0 m. Die Triebe sind unbewehrt, ihre Blätter erinnern eher an jene der Schwarzen Johannisbeere.

Frucht

Die Früchte ähneln in Form und Farbe einer großen Schwarzen Johannisbeere, allerdings werden jeweils nur drei bis fünf Früchte pro Traube gebildet, sie werden auch nicht so groß wie Stachelbeeren. Die schwarzen Früchte mit süßem Aroma weisen auch einen hohen Vitamin-C-Gehalt auf. Sie reifen von Mitte Juni bis Juli folgernd, also nicht alle gleichzeitig. Der Ertrag ist regelmäßig und höher als bei den Elternarten. Die Beeren hängen relativ fest am Strauch und lassen sich nicht so leicht pflücken.

Verwertung

Aus den Früchten lassen sich aromatische Konfitüren, Marmeladen, Gelees und Säften aber auch Liköre herstellen, natürlich sind sie auch zum Rohgenuss geeignet. Man kann sie auch längerfristig ohne Qualitätseinbuße einfrieren.

Erste Kreuzungen führte Professor Erwin Bauer bereits 1922 in Müncheberg zwischen der Johannisbeere (*Ribes* x *succirubrum*) und mehreren Stachelbeersorten durch; er nannte das Ergebnis Jochelbeere. Ziel war damals, mehltauresistente Beerenobstsorten zu entwickeln. Einige Sorten wurden seit Ende der 1970er-Jahre in Westdeutschland angeboten. Auch in der ehemaligen DDR wurden ebenfalls Hybriden aus Schwarzen Johannisbeeren und Stachelbeeren gezüchtet und unter dem Sortennamen **'Jocheline'** verbreitet.

'Josta' (Züchter R. Bauer in Breitbrunn): Seit 1977 im Handel. Elternsorten ('Silvergieters Schwarze' x 'Grüne Hansa') x ('Langtraubige Schwarze' x *Ribes divaricatum*) x frei abgeblüht.

'Jocheline'® Starkl (Züchter H. Murawski, Müncheberg): Seit 1983 im Handel. Elternsorten 'Silvergieters Schwarze' × 'Grüne Riesenbeere'. Die Sorte **'Jochina'** ist sehr ähnlich.

'Jogranda'® Häberli (Züchter R. Bauer in Breitbrunn): Seit 1985 im Handel. Eine F3-Hybride aus den Elternsorten 'Langtraubige Schwarze' × *Ribes divaricatum*, in der Folge frei abgeblüht.

'Jostaki'® **Häberli** (syn. **'Jostagranda'**): 1987 eingeführt. (Kreuzung von *R. nigrum* 'Schwar-

Ribes x *nidigrolaria* 'Jostabeere'

Ribes x *nidigrolaria* 'Rikö' (H.-R. Müller)

Ribes-Hybride 'Jostine' (Häberli Fruchtpflanzen AG)

Ribes-Hybride Jochelbeere (A. Hellmich)

Ribes-Hybride 'Jonova' (Häberli Fruchtpflanzen AG)

Ribes uva-crispa Stachelbeere

ze Traube' mit der Worcesterbeere). Mittelstark wachsender Strauch mit leicht überhängenden Zweigen. Sehr ertragreiche Sorte, krankheitsresistent, Früchte etwas größer als bei 'Josta', guter Geschmack. Benötigt Bestäubungspartner.

'Jostine'® Häberli (Züchter R. Bauer in Breitbrunn): Seit 1989 im Handel (Sortenschutz). Kreuzung aus ('Langtraubige Schwarze' x *Ribes divaricatum*) x ('Silvergieters Schwarze' x 'Grüne Hansa'). Reifezeit Juli bis Anfang August. Benötigt Bestäubungspartner.

'Rikö' (Ungarische Sorte): Seit 2001 Sortenschutz. Eltern sind 'Silvergieters Schwarze F59' × 'Lady Delamere".

Jochelbeere (*Ribes* x *nidigrolaria* Rud. Bauer et A. Bauer, Obstforschung in Dresden-Pillnitz; Kreuzung aus *R. divaricatum* x *R. nigrum* x *R. uva-crispa* var. *sativum*): Starkwüchsige Sträucher, etwa 2 x 2 m, Früchte dunkel bis fast schwarz, bis 2 cm groß, harmonischer süßsäuerlicher Geschmack. Sehr ertragreich.

'Jonova': Ähnlich der 'Jostine', aber bei dieser Sorte sind die Früchte weinrot bis dunkelrot. Die Beeren reifen beinahe gleichzeitig, Reifezeit Juli.

'Orus 1': Ähnlich 'Josta', reift eine Woche später.

'Orus 10': starkwüchsige Sorte, weniger ertragreich als 'Josta' und reift etwa zur gleichen Zeit, Früchte sind klein und dunkel gefärbt.

OREGON-STACHELBEERE – WORCESTERBEERE

Ribes divaricatum Douglas (*Grossulariaceae*, Stachelbeergewächse)

Weitere Namen

Worcesterbeere; engl. Dogberry, Dogbramble.

Die Oregon-Stachelbeere ist ein 1–3 m hoher Strauch mit grauen bis braunen, manchmal borstigen Zweigen. Die Früchte sind schwarzrot, bereift, rundlich, kahl mit Durchmesser von 6–12 mm, sie sind genießbar.

Die Beere erinnert entfernt an eine ganz dunkle, fast schwarze Stachelbeere. Sie schmeckt auch ähnlich, wie eine süße Stachelbeere mit viel Aroma. Beeren der Worcesterbeere sind größer als die Art.

Die **Worcesterbeere** ist nach S. Cunningham (RHS) eine reine Art, nämlich *Ribes divaricatum* Douglas. Es ist ein großer, starkwüchsiger und sehr stacheliger Strauch. Er ist resistent gegenüber dem Amerikanischen Stachelbeermehltau und Schädlingen. Sie benötigt nährstoffreiche Böden, auf nährstoffarmen, nassen Böden kann Magnesiummangel auftreten. Die Früchte sind mittel bis klein, dunkelrot bis schwärzlich und benötigen lange zum Ausreifen. Im vollreifen Zustand schmecken sie sehr gut, bieten sich aber vorwiegend zur Verarbeitung an.

Worcesterbeere (A. Hellmich)

Man hat schon frühzeitig versucht, die Schwarze Johannisbeere mit der Stachelbeere zu kreuzen. Dies gelang anfangs nicht. Allerdings erhielt ein gewisser Herr Alfons Aldenhoff in Capellen bei Grevenbroich (Rheinland) jedoch genau eine Pflanze, die eine Kreuzung dieser beiden Arten (damals eine Neuheit) von der Firma Laxton Bros in Bedford, England. Das erste Angebot dieser Kreuzung erschien im Jahre 1932 in 'Gardeners Chronicle' von der Firma Ruys in Dedemswaart (Holland).

Diese Kreuzung wurde als **'Worcesterberry'** bezeichnet. Sie hatte den Wuchs, die Belaubung und auch die Stacheln der Stachelbeere. Sie war robust und erreichte eine Größe von 75 cm Höhe und Breite. Bereits junge Pflanzen zeigten sich außerordentlich fruchtbar. Die Beeren dieser **'Worcesterberry'** waren klein und dunkelbraun bis schwarz. Der Geschmack war ähnlich wie bei der Johannisbeere, aber ohne den der Schwarzen Johannisbeere eigenen Geruch. Sie hingen auch nicht dicht in Trauben an den Zweigen, vielmehr saßen sie einzeln oder zu zweit, selten zu dreien an den Zweigen. Die Fruchtreife trat nicht bei allen Beeren gleichzeitig ein, sondern erfolgte ähnlich wie bei vielen schwarzfrüchtigen Johannisbeeren nach und nach. Diese Spielart wurde damals als wenig bedeutungsvoll eingestuft. Man nahm an, dass sie für weitere Züchtungen als Grundlage dienen könnte. Möglicherweise handelte es sich hierbei nicht um eine Kreuzung, sondern um einen Abkömmling von *R. divaricatum*.

Literatur

Müllers Beerenobst, 1936. Herausgegeben von H. R. Wehrhan; Heinrich Killinger Verlagsgesellschaft m. b. H., Nordhausen am Harz.

SCHWARZE HONIGBEERE

Stammt aus dem russischen Obstforschungsinstitut. Es ist ein Kreuzungsprodukt, an dem möglicherweise *R. divaricatum*, *R. uva-crispa* und *R. niveum* (u. a. m.) beteiligt sind. Strauch mit bestachelten Trieben. Sorte mit dunkelblauen, bereiften, etwa kirschgroßen Früchten mit (bei Vollreife) süßem, honigartigem Geschmack. Sehr ertragreiche Sorte (bis 7 kg/Strauch bei ausgewachsenen Pflanzen). Keine Krankheiten und Schädlinge.

Schwarze Honigbeere (A. Hellmich)

RUSSISCHE RIESENBEERE

Auch Birnenbeere genannt. Botanische Zugehörigkeit nicht ganz geklärt. Stammt ebenfalls aus dem russischen Obstforschungsinstitut. Sie ist ein Kreuzungsprodukt. Es ist ein bedornter Strauch, der anfangs langsamwüchsig ist, später bis 3 m hoch wird. Die Früchte sind rotschwarz, sie schmecken entfernt nach süßen Stachelbeeren und Schwarzen Johannisbeeren. Reifezeit Juli.

Russische Riesenbeere (A. Hellmich)

SACHALIN-BEERE

Ribes sachaliensis, (*Grossulariaceae*, Stachelbeergewächse)

Ist auf der Halbinsel Sachalin (zwischen Russland und Japan) beheimatet. Die Früchte haben das Aussehen kleiner Stachelbeeren, sind leuchtend rot und hängen in Trauben wie die Johannisbeeren. Ihr Geschmack ist ähnlich süß wie der der Johannisbeeren ohne die für Johannisbeeren typische Säure. Wurde bereits 1939 von Friedrich Schmidt (Botaniker) bei Komarow entdeckt und beschrieben.

Ribes sachaliensis (A. Hellmich)

SCHNEE-BEERE

Ribes niveum Lindl., (*Grossulariaceae*, Stachelbeergewächse)

Diese Art (engl. 'Snake River Gooseberry') ist in Nordamerika heimisch. Der Strauch wächst aufrecht und wird 2,70 m hoch. Er ist gegenüber Krankheiten sehr resistent. Die Früchte sehen wie kleine Stachelbeeren aus und sind nur etwa 1 cm groß. Reif sind sie rot, violett überzogen und aromatisch süßsauer im Geschmack.

Ribes niveum (A. Hellmich)

WÜSTEN-JOHANNISBEERE

Ribes cereum Douglas (*Grossulariaceae*, Stachelbeergewächse)

Die Wüsten-Johannisbeere (engl. 'Squaw Currant') stammt aus Nordamerika. Der kleine Strauch bringt kleine rote stachelbeerähnliche Früchte hervor, die zwar gut schmecken, jedoch mit leicht harzigem Nachgeschmack aufwarten.

Ribes cereum (A. Hellmich)

GOLD-JOHANNISBEERE

Ribes aureum Pursh. (syn. *R. tenuiflorum* Lindl., *R. palmatum* Desf., *Grossulariaceae*, Stachelbeergewächse)

Weitere Namen

Goldgelbe Johannisbeere, Goldribisl, Goldtraube, Vierbeere; engl. Buffalo Current, Golden Current, FOURBERRY; franz. Grossellier Doré; niederl. Goud Aalbees; poln. Porzeczka Ztota.

Die Gold-Johannnisbeere wird in Mitteleuropa als Zierstrauch im Garten- und Landschaftsbau verwendet. Die neuerdings im Handel befindlichen Auslesen/Sorten von *Ribes aureum* mit großen Früchten sind eigentlich der Art *Ribes aureum* Hort. = *Ribes odoratum* H. L. Wendl. (Missouri-Johannisbeere) zuzuordnen und werden deshalb wie folgt beschrieben.

Ribes aureum Habitus mit Blüten

Ribes aureum Blüten und Früchte

MISSOURI-JOHANNISBEERE

Ribes odoratum H. L. Wendl. (syn. *Ribes aureum* HORT.) (*Grossulariaceae*, Stachelbeergewächse)

Weitere Namen

Missouri-Johannisbeere, Wohlriechende Johannisbeere; engl. Buffalo Currant, Golden Current, Clove-Currant (Nelken-Johannisbeere).

Die Missouri-Johannisbeere ist in Nordamerika (Kalifornien) beheimatet. In den USA ist sie seit 1806 in Kultur, es wurde vor allem die Sorte 'Crandall' dort angebaut, wo die Kultur der Schwarzen Johannisbeere als Wirtspflanzen des Säulenrostes (*Cronartium ribicola*) verboten war (dieser Pilz löst bei der Weymouth-Kiefer den Blasenrost aus). In Europa wurde sie bereits 1872 eingeführt. Sie wächst zu einem straff aufrechten Strauch von 1,5–2,0 (bis 3) m Höhe heran. Ihre 3–5 cm langen Blätter sind 3-lappig, mitunter auch 5-lappig und tief eingeschnitten. Auffällig ist ihre rote Herbstfärbung.

Die goldgelben und duftenden Blüten stehen in aufrechten 5–15-blütigen Trauben, Blütezeit ist April bis Mai. Die ab Juni bis Juli folgernd reifenden erbsengroßen schwarzen Beeren sind essbar, herb-säuerlich und werden als wohlschmeckend bezeichnet, sie schmecken jedoch mehr oder minder gut. Die Früchte enthalten Vitamin A (etwa 6 mg/100 g), Vitamin C (50–150 mg/100 g) sowie bis zu 2 % Organische Säuren.

Die Pflanzen bevorzugen einen durchlässigen, eher kalkarmen Boden, sind aber sehr anpassungsfähig, frostresistent und gut trockenheitsverträglich. Gold-Johannisbeersträucher werden als Ziersträucher im Garten verwendet, dienen auch als Unterpflanzung und als Füll- und Decksträucher.

Im Beerenobstbau wird die Gold-Johannisbeere als Unterlage für Johannisbeeren-Stämmchen verwendet.

Sorten und Auslesen

Vor 1930 wurde in einigen Obstpflanzungen eine neue Johannisbeere unter dem Namen

Crandall geführt. Mitschurin beschäftigte sich bereits frühzeitig unter anderem auch bereits mit der Züchtung von *Ribes aureum*. 1895 bezog er drei Exemplare dieser Crandall-Johannisbeere. Allerdings erwies sie sich in seinen Pflanzungen als nicht ausreichend winterhart. Erst 1900 gelang es ihm, Früchte dieser neuen Sorte zu ernten. Sie waren etwa *„so groß wie gut entwickelte Kirschen, schwarz, abgeflacht rund, mit stark hervortretenden Kanten längs der Fruchtachse*". Aussaaten aus Samen dieser Beeren erwiesen sich als widerstandsfähig gegen die strengen Fröste. Im dritten Jahr gab es eine reiche Ernte. Allerdings hatten sich Form und Farbe der Früchte stark verändert: die Kantung der Früchte war verschwunden und es traten drei verschiedene Färbungen der Früchte auf. Die Früchte dieser Sämlinge waren schwarz, rot und grellgelb. In der Abbildung 188 (leider nur schwarzweiß) in Mitschurins „Ausgewählte Werke" sind die neuen Johannisbeer-Sorten aus Crandall-Sämlingen der zweiten Generation zu sehen: „A" die sehr *große, schwarzfrüchtige*, „B" die *sehr große, rotfrüchtige*, „C" die *runde großfrüchtige bernsteingelbe* und „D" die *ovale, gelbe* Abart. Die Fruchtgröße veränderte sich, die Früchte waren geringfügig kleiner als jene der Crandall-Johannisbeere. Die neugezüchteten Sorten waren alle gut frosthart, sehr ertragreich und brachten große Beeren hervor. Geschmacklich waren die neuen Sorten nach Mitschurin auch besser als jene der Crandall-Johannisbeere. Nachteile der neuen Sorten waren allerdings die schlechte Vermehrbarkeit durch Stecklinge. Darüber hinaus reifen die Beeren ungleichmäßig. Während die oberen Beeren der Traube bereits ausgereift sind, sind die unteren noch grün.

Sorten waren in Europa bislang nicht vorhanden. Allerdings waren in Russland und Usbekistan Auslesen bekannt, die sich in Größe, Farbe und Festigkeit unterschieden. Sie wurden unter den Sortennamen **'Undina'**, **'Purpur'** (rot), **'Shafran'** (gelb), **'Plotnomjasaja'** (fest), **'Uzbbekskaja Sladkaja'** (süß), **'Uzbezkaja Krupnoplodnaja'** (groß) geführt. Nach Krüssmann (1978) zählt die in den USA kultivierte Sorte **'Crandall'**, von der die meisten der vorhin genannten Sorten abstammen, zu *R. odoratum* (syn. *R. aureum* hort.).

'Crandall' (Züchter Crandall, 1888): Bis 2 m hoher Strauch mit kräftig-gelben Blüten. Die Früchte sind glänzend schwarz, etwa 2 cm groß. Sie schmecken würzig-aromatisch, erinnern im Aussehen an große Früchte der Schwarzen Johannisbeere. Sie sind erst reif bzw. schmecken erst dann, wenn sie weich werden, etwa im September. Fruchten am alten Holz.

'Gwens': Wahrscheinlich eine Selektion von Sämlingen aus der botanischen Art (Wildart) *R. odoratum*. Die Früchte dieser Sorte sind tropfenförmig und von bläulich über rötlich bis grünlich gefärbt. Angenehmer Geschmack.

'Idaho' (USA): Strauch mit leuchtend gelben Blüten und metallischblau glänzenden, kugeligen Früchten. Sehr ertragreich. Schöne rote Herbstfärbung.

'Yellow Fruited' (England, möglicherweise ident mit Mitschurin's 'Shafran'): Sorte mit großen, amberfarbenen Früchten.

Inzwischen gibt es aber eine geringe Anzahl neuer Auslesen bzw. Sorten von *Ribes aureum*. HORT = *Ribes odoratum*, als Vierbeere® und Fourberry® (Lubera AG)

'Black Gem' (Lubera): Vierbeere® **'Black Gem'**. 1,2–1,5 m hoher Strauch mit intensiv gelb gefärbter Blüte mit angenehmem Duft. Die Früchte sind sehr große, in Trauben angeordnete Beeren. Ihr Geschmack ist sehr mild, sie sind saftig-fruchtig, Fruchtreife Ende Juli bis Mitte August. Schöne rote Herbstfärbung.

'Black Pearl' (Lubera, sehr ähnlich **'Crandall'**): Vierbeere® **'Black Pearl'**. 1,2–1,5 m hoher Strauch mit intensiv gelb gefärbter Blüte mit angenehmem Duft. Die sehr großen Beerenfrüchte sind in kompakten Trauben angeordnet. Sie haben ein fruchtiges Aroma, Reifezeit ab Anfang August. Schöne Herbstfärbung.

'Black Saphir' (Lubera, sehr ähnlich **'Idaho'**): Vierbeere® **'Black Saphir'**. 1,2–1,5 m hoher Strauch mit intensiv gelb gefärbter Blüte mit angenehmem Duft. Sie entwickeln große Beeren mit sehr gutem Geschmack und sind fruchtig-saftig. Mit der Fruchtreife ab Mitte Juli ist sie die früheste schwarzfruchtige Sorte innerhalb der Vierbeeren.

'Orangesse'® (Lubera, Vierbeere® **'Orangesse'**®): Pflanze wächst aufrecht, wird etwa 1,4–2,0 m hoch. Die intensive gelbe Blüte erscheint im April und duftet intensiv. Das Besondere an dieser Sorte sind die orangefarbenen Früchte etwa in der Größe von Roten Johannisbeeren. **'Orangesse'** reift Ende Juni /Anfang Juli. Sie ist sehr mild im Geschmack mit etwas Mango-Aroma. Auch die intensive und früh einsetzende, leuchtend rote bis violette Herbstfärbung ist erwähnenswert.

Bei allen schwarzen Vierbeeren-Sorten gilt: Die Beeren verfärben sich sehr früh, man muss sie aber lange hängen lassen, bis sie reif sind; richtiger Erntezeitpunkt ist, sobald die ersten Beeren zu platzen beginnen.

'Crandall' (A. Hellmich)

'Gwens' (A. Hellmich)

'Idaho' (A. Hellmich)

'Yellow Fruited' (A. Hellmich)

'Black Gem' (Vierbeere Black Gem) (Lubera Ag)

'Black Pearl' (Vierbeere Black Pearl) (Lubera Ag)

'Black Saphir' (Vierbeere Black Saphir) (Lubera Ag)

'Orangesse'® (Vierbeere® Orangesse) (Lubera Ag)

Internetseiten

http://www.deaflora.de/Shop/Johannisbeerfreunde/
http://www.lubera.com/at/shop/vierbeeren_subkat-146-14.html

WALNUSS

Juglans regia L. (*Juglandaceae*, Walnussgewächse)

Weitere Namen

Echte Walnuss, Welsche Nuss, Baumnuss; engl. Walnut, English Walnut, Persian Walnut; franz. Noyer commun, Noix; ital. Noce, Gheriglio; span. Nuéz, Escuerno; niederl. Walnoot; norweg. Valnött.

Die Walnuss wurde (ähnlich wie auch die Edelkastanie) durch die Römer über ihr gesamtes Reich verbreitet. Englische Siedler brachten die Walnüsse in die USA, nach Kalifornien gelangten sie mit den spanischen Missionaren. Die Pollen aller Walnussarten wirken bei vielen Menschen als Allergen.

Pflanzenmerkmale und Verbreitung

Die Heimat der Walnuss ist die Balkan-Halbinsel bis Südwestasien und Iran sowie das Gebiet um das Kaspische Meer. In Georgien gibt es zum Beispiel Auenwälder aus Walnussbäumen.

Die Walnuss ist ein sommergrüner, breitkroniger 10–25 (bis 30) m hoher Baum. Sie kann mitunter bis zu 600 Jahre alt werden, ihr Durchschnittsalter liegt aber zwischen 125 und 150 Jahren. Die Zweige haben ein gekammertes Mark, die Borke der Walnuss ist längsrissig und graubraun bis schwarzgrau. Winterknospen sind an den braun behaarten Schuppen erkennbar. Ihre Laubblätter sind unpaarig gefiedert, 20–50 cm lang, die Fiederblättchen breit elliptisch. Zerriebene Blätter duften aromatisch.

Eignung

Als Fruchtbaum wird er gerne in Hausgärten gepflanzt. Auch in Streuobstanlagen und als Baum entlang von landwirtschaftlich genutzten Wegen in Gebieten mit Weinbauklima werden häufig Walnussbäume gepflanzt. Von Blättern und Wurzeln durch Mikroorganismen gebildetes Juglon hemmt die Keimung zahlreicher, insbesondere krautiger Pflanzen.

Blüte

Die Blütenstände sind eingeschlechtlich und einhäusig verteilt. Die männlichen Blüten-

Juglans regia Habitus

Juglans regia Habitus im Winter, männliche Blütenkätzchen und Borke

kätzchen entspringen den Achselknospen, sie werden bereits im Spätsommer des Vorjahres angelegt und sind deutlich sichtbar, überwintern als Knospe. Aufgeblüht sind sie etwa 15 cm lang und schlaff hängend. Die weiblichen Blüten sitzen am Ende beblätterter Jungtriebe, sie sind unscheinbar, denn ihnen fehlen sichtbare Kelch- und Blütenblätter. Zwar ist die Walnuss selbstfruchtbar, dennoch gibt es oft Probleme mit der Bestäubung. Die Blüten können nämlich proterogyn (vorweibig) oder protandrisch (vormännig) sein. Dies kann auch von Jahr zu Jahr wechseln, deshalb wird angeraten, Bestäubersorten zu pflanzen.

Frucht

Die Früchte sind Steinfrüchte und keine Nüsse im engeren botanischen Sinne. Die ungenießbare äußere, fleischige glatte, grüne Hülle bedeckt den Samen, der als 'Nuss' bezeichnet wird. Sie reißt unregelmäßig zur Reife auf. Die ovale oder rundliche Nuss ist netzartig gerunzelt und hell- bis dunkelbraun. Die Schale kann hart, dick oder papierdünn sein ('Papier-Nüsse', 'Meisen-Nüsse'). Die Fruchtreife erfolgt im September/Oktober. Die Nüsse müssen am besten in der Sonne getrocknet werden und können dann bei Zimmertemperatur mehrere Monate bis ein Jahr trocken aufbewahrt werden. Die Samen enthalten nur 5–7 % Wasser, 40–65 % Fett (diese wiederum zu 70 % aus essentiellen Fettsäuren wie Stearin- und Palmitinsäure – gesättigte Fettsäuren – bzw. die ungesättigten Fettsäuren

Juglans regia Früchte

Linolsäure, Ölsäure und Linolensäure), 14,6 % Eiweiß, 7,1 % Kohlenhydrate sowie Mineralstoffe (Kali, Calcium, Phosphor und Eisen), Provitamin A und B_2. Die Nuss ist wohlschmeckend, weist einen hohen Nährwert auf und beinhaltet besonders wenig Natrium, weshalb sie auch diätisch sehr wertvoll ist.

Verwertung

Die Früchte können frisch, also unmittelbar nach der Ernte, verzehrt werden. Allerdings muss die dicke, bitter schmeckende Haut vorher entfernt werden. Sie schmecken hervorragend zu Most, Wein oder knusprigem Brotgebäck. Auch für Obstsalate, Puddings, Cremes, Speiseeis, Geflügel oder Waldorfsalate werden sie gerne verwendet. Auch als Walnussmasse werden sie in der Süßwarenindustrie, der Zuckerbäckerei und Konditorei zu Konfekt, Walnusskrokant, Nusslebkuchen etc. verarbeitet. Auch in Dauerbackwaren oder in frischem Brotgebäck werden sie verwendet. Auch glasiert und karamelisiert sowie in Honig eingelegt, finden Walnusskerne häufig Verwendung. In manchen Gegenden werden unreife Walnusskerne – in Zucker eingemacht – gegessen. Auch für die Herstellung von Nusslikör werden unreife grüne Nüsse verwendet.

Durch kaltes Auspressen der Walnusskerne gewinnt man fettes Walnussöl, so genanntes Nussöl. Es ist dies eines der besten und teuersten Würzen für Salate, es wird aber auch zur Herstellung von Farben verwendet.

Das Holz der Walnuss wird als Vollholz und als Furnier verwendet, aus dem Wurzelholz werden ebenfalls Maserfurniere hergestellt. Walnusshüllen werden schon seit der Römerzeit als Färbemittel eingesetzt.

Standortansprüche und Pflege

Walnüsse benötigen einen tiefgründigen (120 cm), nährstoffreichen, feuchten bis wechselfeuchten, kalkreichen bis mäßig sauren (pH 6,0–8,0) Lehmboden. Sie gedeihen am besten in einem Klima mit trockenen, heißen Sommern und mäßig strengen Wintern. Das Holz ist kälteempfindlich. Durch Spätfröste werden die Blüten zerstört. Schnittmaßnahmen sind außer dem Pflanzschnitt nicht nötig.

Juglans regia Kranke Frucht und gesunde Frucht

Krankheiten und Schädlinge

An Krankheiten treten insbesondere während nasser Sommer Blattbräune (*Gnomonia leptostyla*) und Bakterienbrand (*Pseudomonas juglandis*) auf. Durch die Bakterienkrankheit (Schwarzfleckenkrankheit) werden neben Blättern und Früchten auch die Blüte und das Kambium geschädigt. Seit 2009 ist auch die Walnussfruchtfliege (*Rhagoletis completa*) auf dem Vormarsch.

Bei Sorten mit dünner Schale bzw. mit dünneren Schalenregionen können Dörrobstmotten mitunter ihre Eier ablegen, deren Raupen bohren sich dann ein und fressen den Nusskern an.

Vermehrung und Anzucht

Vermehrung durch Samen möglich, allerdings sind die Nachkommen natürlich nicht sortenecht. Sorten werden in Spezialbetrieben durch Reiserveredlung oder mittels Plattenokulation – meist im Glashaus – vermehrt. Als Unterlagen werden ein- oder zweijährige Nuss-Sämlinge (*Juglans regia*) verwendet. Inzwischen ist es auch gelungen, adulte, also erwachsene, Nüsse in Sorten in Gewebekultur zu vermehren.

Samenvermehrte Walnussbäume fruchten erstmals nach etwa 12–15 Jahren. Die Eigenschaften der Nüsse aus samenvermehrten Pflanzen sind natürlich im Vorhinein nicht bekannt. Ursprünglich wurden Auslesen wertvoller Typen aus dem Streuobst und Wildbestand selektiert.

Aktivitäten – Nüsse

November 2014 'Tag der Nuss' Baumschule Gubler & Fructus: Führungen/Vorträge für

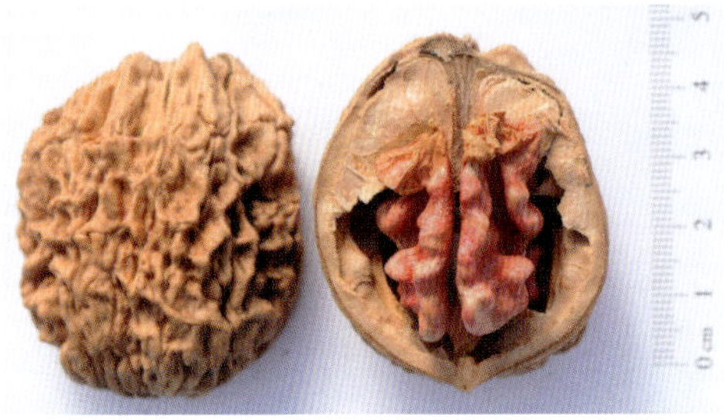

Juglans regia 'Rote Pferdenuss' geöffnet

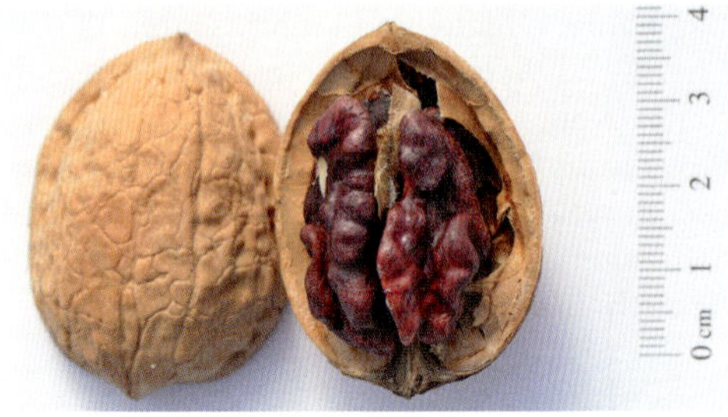

Juglans regia 'Rote Donaunuss' geöffnet

Fachpublikum & mehr als 100 Nuss-Sorten wurden zur Degustation bereitgestellt, 50 Sorten zum Verkauf.

Plantagenmäßiger Anbau

Nussbäume werden in Plantagen im Abstand von 8 x 9 m bzw. 9 x 10 m gepflanzt. Bestäubersorten werden in Reihen senkrecht zur Hauptwindrichtung eingebracht.

Größere Pflanzungen und Plantagen gibt es vor allem in den Haupterzeugerländern Kalifornien, Frankreich, Italien, Jugoslawien, Chile und China. Der größte Walnussproduzent weltweit ist Kalifornien (77.000 ha Walnuss-Plantagen), hier werden 90 % der amerikanischen Nüsse geerntet bzw. mehr als in allen Mittelmeerländern zusammen. Die Weltgesamternte betrug 1999 1.144.524 t. Die USA sind mit 254.000 t das wichtigste Produktionsland, gefolgt von China mit 251.000 t.

Sorten und Auslesen

Es gibt zahlreiche Sorten der Walnuss, die meist sehr spezifisch an das Gebiet angepasst sind, in dem sie ausgelesen wurden. Hier eine kurze Auflistung erhältlicher Sorten (die genaue Beschreibung ist in der Obstbau-Literatur nachzulesen).

'Aufhauser Pferdeblutnuss' (syn. **'Badener Pferdeblutnuss'**): Ist die größte Nuss des Sortiments. Sie hat einen hellroten Kern. Liebhabersorte wegen der Fruchtgröße.

'Esterhazy II' (Fertöd, Ungarn): Spätfrostgefährdet.

'Seifersorfer' (syn. **'Seiferdorfer Runde'**, Dresden-Pillnitz): Winterfrostfest, deshalb auch für höhere Lagen bis 800 m geeignet. Große runde Nuss, schmeckt sehr gut.

'Lake' (Amerikanische Sorte): Bringt hohe Erträge, fruchtet ab dem 2. Jahr. Robust gegenüber Bakterienbrand. Guter Geschmack

'Jupiter' (Valtice, Südmähren): Spät austreibend, früh- und reichtragend.

'Mars' (Valtice, Südmähren): Noch später austreibend als 'Jupiter'. Besonders für das Weinbauklima geeignet. Robust gegenüber Blattfleckenkrankheiten und Blütenfrost.

'Geisenheim Nr. 26' (Geisenheim, Rheingau): Spät austreibend, nicht spätfrostgefährdet. Guter Fruchtgeschmack.

'Geisenheim Nr. 139' (Weinheimer Walnuss): Mittelfrüh bis spät austreibend. Für Hausgärten und Plantagenanbau geeignet. Kern mit gutem Geschmack.

'Geisenheim Nr. 120' (Moselaner Walnuss): Eine der besten deutschen Sorten. Großfrüchtig, mittelspät bis später Austrieb; benötigt eine Bestäubersorte. Gegenüber Krankheiten etwas empfindlicher. Nuss sehr groß, ca. 4,7 cm hoch und 3,7 cm breit.

'Geisenheim Nr. 286' (Spreewälder Walnuss): Mittelfrüh austreibend, spätfrostempfindlich. Sehr guter Geschmack.

'Weinsberg 1' (Weinsberg, Baden-Würtemberg): Früher Austrieb, spätfrostempfindlich. Kleinkronige Sorte für Hausgärten geeignet. Walnuss ist groß und wohlschmeckend.

'Weinsberg 2': mittelfrüh austreibend, sehr früh abschließend. Gute Holzreife und Winterhärte. Frucht sehr wohlschmeckend. Sehr widerstandsfähig gegenüber Blattbräune und Bakterienbrand. Frühe Reifezeit. Für Höhenlagen bis 800 m geeignet.

'Geisenheim Nr. 1247' (Kurmarker Walnuss): Sehr winterharte Sorte, toleriert Temperaturen in strengen Wintern von –25 °C. Mittelfrüh

Juglans regia 'Felsennuss' geöffnet

Juglans regia 'Rote Pferdenuss' und 'Felsennuss'

austreibend, spätfrostgefährdet. Mittelgroße bis große Frucht mit ausgezeichnetem Geschmack.
'Rote Donaunuss' (**'Geisenheim Nr. 1239'**, Ybbs an der Donau): Mittelspät austreibend. Besonderheit ist die rote Kernhaut. Regelmäßige und reiche Erträge. Ausgezeichneter Geschmack. Anfällig für Blattbräune.
'Rosette': Mittelstark wachsende Sorte. Mittelgroße, eiförmige Nuss, rote Kernhaut, milder Geschmack. Reife September/Oktober. Gute Krankheitsresistenz.
'Sychrov' (Selektion aus Tschechien): Mittelstark wachsend, Baum mit guter Frostresistenz. Nuss mittel (ca. 33 mm hoch, 26 mm breit), gleichmäßig geformt, wenig gefurcht. Rotkernig, mittel knack- und auskernbar. Liebhabersorte mit leuchtend roten Kernen der frischen Nuss, die erst mit der Trocknung nachdunkeln.

Internetseiten

http://www.nussbaeume.ch
http://www.walnussbaum.at

SCHWARZNUSS

Juglans nigra L. (*Juglandaceae*, Walnussgewächse)

Weitere Namen

Schwarze Walnuss, Östliche Schwarznuss; engl. Black Walnut; franz. Noyer Noir D⊠ Amerique.

Die Schwarznuss stammt aus den USA/Kanada. Es gibt auch Fruchtauslesen, allerdings sind deren Nüsse besonders hart und lassen sich meist nur unter Zerstörung des Kernes öffnen. Etwas leichter zu öffnen und länglicher sind: **'Emma K'**, **'Thomas'**, **'Bicentennial'** und **'Weschke'**.

Juglans nigra Habitus mit Herbstfärbung

BUTTERNUSS

Juglans cinerea L. (*Juglandaceae*, Walnussgewächse)

Weitere Namen

engl. Butternut, White Walnut; franz. Noyer Cendré.

Die Butternuss stammt ebenfalls aus den USA/Kanada. Sie ist sehr winterhart und toleriert noch Temperaturen bis –40 °C. Es werden Sorten angeboten, deren Früchte sich leichter knacken lassen. Etwas rundere „Nüsse" sind: **'Beckwith'**, **'Chamberlain'**, **'Iroquois CA'**, **'Kenworthy'** u. a. m.

Juglans cinerea 'Beckwith' Butternuss (F. Kummert)

Juglans cinerea 'Beckwith' (Butternut) und *Juglans nigra* 'Emma K' (Black Walnut) (F. Kummert)

HERZNUSS

Juglans ailantifolia Carriere, *Juglans ailantifolia* var. *cordiformis* (Maxim.) Rehder (syn. *J. cordiformis*) (*Juglandaceae*, Walnussgewächse)

Weitere Namen

Herzfrüchtige Walnuss; engl. Heartnut; franz. Noyer du Japon.

Die Herznuss stammt aus Japan. Auch diese Art ist sehr kälteverträglich. Sie hat leicht zu knackende Nüsse, ihre Kerne sind jedoch deutlich kleiner, auch als jene der Walnuss-Sorten mit kleinen „Nüssen". Folgende Sorten werden angeboten: **'Campbell CW1'**, **'Campbell CW3'**, **'Campbell CWW'**, **'Imshiu'**, **'Locket'**, **'Schubert'**, **'Stealth'** und **'Simcoe 8-2'**.

Juglans ailantifolia var. *cordiformis* 'Campbell CW1' (F. Kummert)

Juglans ailantifolia var. *cordiformis* 'Campbell CW1' Herznuss (F. Kummert)

BUARTNUTS

Hybriden aus der Butternuss und der Herznuss (*Juglans* x *bisbyi*) werden als 'Buartnuts' (engl. Buartnut) bezeichnet. Sie sind selbstfertil. Die Nüsse sind länglich, der Kern ist süß, hat einen öligen Buttergeschmack, Fruchtreife Ende Oktober.

Buartnut (Honeytree Nursery)

PECANNUSS

Carya illinoinensis (Wangenh.) K. Koch (*Juglandaceae*, Walnussgewächse)

Weitere Namen

Pekannuss, Illinois-Nuss; engl. Pecan; franz. Noir de Pecan; ital. Noce di Pecan; span. Nuéz de Pecan; niederl. Pecannoot; norweg. Pekannött.

Pecannüsse sind in den wärmeren Zonen des Nordamerikanischen Kontinents heimisch. Es sind Bäume mit Wuchshöhen von 20–30 m (–50 m in der Heimat). Ihre Blätter sind unpaarig gefiedert und bestehen aus 7–17 Teilblättchen. Im Gegensatz zu den anderen Vertretern der Walnussgewächse besitzen die Zweige der Carya-Arten volles, ungefächertes Mark.

Blüte

Die Pflanzen sind einhäusig, die Blüten also getrennt geschlechtlich. Die männlichen verzweigten Blütenkätzchen sitzen an einjährigen Zweigen, die weiblichen endständig am diesjährigen Trieb. Zwar sind die Pflanzen prinzipiell selbstfruchtbar, allerdings sind Pollenflug und Reife der Narben zeitlich verschoben (Protandrie oder Proterogynie) und funktionell zweihäusig (dichogam).

Frucht

Die Früchte der Pecannüsse stehen zu 2–10 zusammen. Ihre grüne Hülle öffnet sich an vier vorgebildeten Rissen und entlässt die 'Nüsse'. Pecannüsse sind Steinfrüchte mit flei-

Carya illinoinensis Detail (Honeytree Nursery)

Carya illinoinensis Detail mit Austrieb und Blüte

Carya illinoinensis Habitus

schiger, ungenießbarer grüner Außenhülle. Die Nüsse sind länglicher und dünnschaliger als Walnüsse, sie ähneln eher großen länglichen Haselnüssen oder großen Bohnenkernen, sind zylindrisch und an einem Ende zugespitzt. Die Schale ist glatt, hell- bis dunkelbraun oder kakaofarben. Die Nüsse sind etwa 2,5–5 cm lang und enthalten den Embryo mit den zwei Keimblättern, die jeweils einen halben „Nusskern" bilden. Pecannüsse sind sehr wohlschmeckend. 60–175 Nüsse ergeben ein Kilogramm. Die Pflanzen fruchten erstmals nach etwa 4–6 Jahren, Vollerträge sind vor 10 Jahren nicht zu erwarten.

Pecannüsse sind sehr reich an wertvollen Inhaltsstoffen. Sie bestehen aus etwa 71 % Fett, 15 % Kohlenhydrate, 9,2 % Eiweiß sowie einem hohen Anteil an Mineralien (600 mg/100 g Kalium, 73 mg/100 g Calcium, 142 mg/100 g Magnesium, 290 mg/100 g Phosphor etc.). Auch Provitamin A ist vertreten.

Carya illinoinensis Detail Blatt und Früchte

Verwertung

Bereits die Indianer Nordamerikas nutzten die Früchte seit jeher – mit deren Hilfe konnten sie die strengen Winter überleben. Sogar die Apollo-Astronauten hatten auf ihren Flügen zum Mond Pecannüsse als einzige frische Nahrung dabei. Pecannüsse sind beliebte Früchte für den Rohverzehr. Zerkleinert oder gemahlen, dienen sie als leckere Zutaten zu Fruchtsalaten, Puddings und anderen Süßspeisen. Auch zur Verfeinerung zahlreicher Gerichte werden Pecannüsse verwendet, ebenso zur Herstellung besonderer Spezialitäten.

Standortansprüche und Pflege

Pecannüsse bevorzugen eher leichte bis mittelschwere Böden im sauren pH-Bereich (der pH-Wert sollte zwischen 5,5 und 6,0 liegen). Die Frosthärte ist ausreichend, allerdings wird bei Temperaturen unter –20 °C das Holz geschädigt. Etwas problematisch sind in unseren Breiten zu niedrige Sommer- und Frühherbsttemperaturen, sodass die Früchte (Fruchtkern) nicht entsprechend ausgebildet werden, sowie die zu kurze Wachstumsperiode für die Pflanzen, denn sie benötigen zwischen 180–220 Tage. Regen und hohe Luftfeuchtigkeit fördern außerdem die Entwicklung von Pilzkrankheiten.

Krankheiten und Schädlinge

An Krankheiten können Pilzkrankheiten (bei zu feuchter Witterung) und Pecannuss-Schorf (*Cladosporium caryigenum*; in der amerikanischen Heimat) auftreten. Der Pecannuss-Bohrer legt seine Eier direkt in den Kern, die daraus schlüpfende Made frisst den Kern leer.

Vermehrung und Anzucht

Die Vermehrung der Pecannüsse erfolgt durch Reiserveredelung (Kopulation und Geißfuß) mit einjährigen Trieben im Februar/März. In den USA werden auch Freilandveredelungen auf eingewachsene Sämlinge und die Plattenokulationen (wie bei den Walnüssen) durchgeführt. Als Unterlagen werden Sämlinge verschiedener Sorten verwendet.

Plantagenmäßiger Anbau

Pecannussbäume werden sehr groß und deshalb in Plantagen im Abstand von 12 x 12 m bzw. 17 x 17 m gepflanzt. In den Südstaaten der USA werden jährlich 95.000 t Pecannüsse produziert, in den gesamten USA liegt die Produktion von Pecannüssen zwischen 120.000 bis 140.000 t. Weitere Produktionsländer sind Australien, Israel, Südchina, die Subtropen Indiens und (in geringem Maße) Sizilien und Spanien.

Carya illinoiensis Pecannüsse Detail

Sorten und Auslesen

Es gibt mehr als einhundert Sorten der Pecannuss. Allerdings haben diese für unser Klimagebiet keine Bedeutung. Interessant sind eventuell Veredelungen der **'Northern pecan cultivars'**.

KÖNIGSNUSS

Carya laciniosa (F. Michx.) Loudon (*Juglandaceae*, Walnussgewächse)

Weitere Namen

Dickschalige Hickory, Großfrüchtige Hickory, Spitzfrüchtige Hickory; engl. Shellbark.

Die Königsnuss ist ein langsam wachsender, aber mit der Zeit groß werdender und stattlicher Parkbaum mit schmaler Krone. Die Nüsse sind groß und schmackhaft.

Sorten und Auslesen

An Sorten werden in den USA **'Henry'**, **'Fayette'** und **'Keystone'** angeboten.

HIKANNUSS

(*Carya* x *nussbaumeri*)

Ist eine aus einer Kreuzung zwischen *C. illinoinensis* x *C. laciniosa* entstandene Hybride. Die Nüsse ähneln denen der Königsnuss, sind aber etwas länglicher und kleiner, sehr schmackhaft.

Literatur

BUCHTER-WEISBRODT, H., 2013: Walnuss – Obstbaum mit Tradition. Obnst & Garten 10/2013, S. 9–10
KUMMERT, F. 2005: Nüsse in Garten und Küche; Leopold Stocker Verlag, Graz.
LETHMAYER, C., 2010: Die Walnussfruchtfliege ist da! Besseres Obst 2/2010, S. 6–7.
PIEBER, K., 2006: Die Pekannuss (Carya illinoiensis). Obst – Wein – Garten 7/2006, S. 3–6.
PIEBER, K., 2006: Seltene Obstarten und Wildfomen – Die Walnuss (Juglans regia L.). Obst – Wein – Garten 2/2006, S. 3–5.
WASKA, S., 2013: Der Rückschnitt von Walnussbäumen. Obst – Wein – Garten 8/2013, S.3–4.

Internetseiten

http://szczepionyorzech.pl/oferta-odmian.html
http://www.nussbaeume.ch/images/stories/web_images/pdf/Nuss_Sorten_Angebot_Feb14.pdf
http://www.nussbaeume.ch/

AKEBIE

Akebia quinata (Houtt.) Decne (*Lardizabalaceae*, Fingerfruchtgewächse)

Weitere Namen

Fingerblättrige Akebie, Schokoladenwein; engl. Chocolate Vine, Fife Leaf Akebia; franz. Akébie à cinqu feuilles.

Akebia trifoliata (Thunb.) Koidz. (*Lardizabalaceae*, Fingerfruchtgewächse) – Japanische Akebie, hat etwas größere Früchte.

Weitere Namen

Kleeblättrige Akebie; engl. Chocolate Vine, Three leaf Akebia; franz. Akébie à trois feuilles.

Aquebia quinata Detail mit Blüte

Akebia quinata 'Shira Bana' Blätter

Pflanzenmerkmale und Verbreitung

Diese hochwindende (6–10 m) Schlingpflanze ist in China, Japan und Korea beheimatet und wächst in Höhenlagen von 300–1.500 m. Ihre sommergrünen (im Weinbauklima beinahe immergrünen), sehr dekorativen Blätter sind aus fünf (*A. quinata*) bzw. drei (*A. trifoliata*) Teilblättchen zusammengesetzt und wechselständig angeordnet.

Eignung

Es ist dies eine dekorative Kletterpflanze zur Begrünung von Pergolen, Wänden oder zur Berankung von Zäunen oder größeren Bäumen. Sie ist anpassungsfähig an den Standort, in der Jugend jedoch etwas frostempfindlich.

Blüte

Die Akebie ist einhäusig, ihre eingeschlechtlichen Blüten sind in Trauben angeordnet. Die weiblichen Blüten sind etwa 3 cm groß und auffallend violettbraun bis weinrot, die männlichen 1 cm und rosa, sie duften nach Vanille (deshalb der Name Chocolate Vine) und erscheinen im April/Mai. Die männlichen Blüten können die weiblichen Blüten derselben Pflanze in der Regel nicht (oder nur sehr schlecht) bestäuben.

Frucht

Daraus entwickeln sich bereifte, hellviolette bis purpurviolette, gurken- bis wurstförmige Balgfrüchte von 5–10 cm Länge. Bei Vollreife platzen die essbaren Früchte auf und präsentieren ihr weißes Fruchtfleisch mit einer Vielzahl an schwarzen Samen. Reifezeit September bis Oktober.

Ihr gallertartiges, süßlich schmeckendes Fleisch wird in Asien roh verzehrt. In Japan sind die Früchte der Klettergurke ein bekann-

Akebia quinata 'White Chocolate' Blüte

Akebia quinata 'White Chocolate' Frucht (A. Hellmich)

tes Nahrungsmittel, das Fruchtfleisch wird roh als Obst gegessen, die Schale hingegen als Gemüse gebraten.

In China und Japan gilt die getrocknete Rinde der Akebie als Heilmittel.

Standortansprüche und Pflege

Ein sonniger bis halbschattiger, warmer und auch windgeschützter Standort wird bevorzugt, die Pflanzen müssen ausreichend mit Wasser versorgt werden. Die Pflanze wächst anfangs etwas zögerlich, die ersten Blüten erscheinen nach etwa fünf Jahren. Sie ist eher für Gebiete mit Weinbauklima geeignet und duldet Wintertemperaturen von –10 °C bis –15 °C. Abgesehen davon ist die Akebie recht anspruchslos. Ein Auslichten in regelmäßigen Abständen ist anzuraten.

Vermehrung

Die Vermehrung kann durch Aussaat und Sommerstecklinge erfolgen.

Sorten und Auslesen

'Alba': Sorte mit reinweißen duftenden Blüten und hellen weißlichen Früchten.
'White Chocolate': Ihre zweifarbigen Blüten mit violetten Staubblättern duften nach Schokolade, die Früchte sind außen zartrosa angehaucht.

Akebia quinata 'Alba' (A. Hellmich)

Akebia quinata Habitus mit Blüte

BLAUSCHOTENSTRAUCH

Decaisnea fargesii Franch. (*Lardizabalaceae*, Fingerfruchtgewächse)

Weitere Namen

Blauschote, Blaugurke, Gurkenstrauch, aus dem Chinesischen übersetzt heißt sie 'Katzenkotgurke' (!).

Pflanzenmerkmale und Verbreitung

Stammt aus derselben Familie wie die Akebie, er ist in den Bergwäldern Westchinas bis in 3.000 m Seehöhe beheimatet. Der Blauschotenstrauch ist ein anfangs straff aufrechter, im Alter 3–5 m hoher und 2–4 m breiter Strauch. Seine dicken, wenig verzweigten Triebe tragen 50–80 cm große gefiederte Blätter mit 13–25 Fiederblättchen.

Blüte

Seine Blüten erscheinen im Mai/Juni, und es handelt sich dabei um zwittrige, unscheinbare, grünlich gelbe Glöckchenblüten in hängenden Trauben.

Frucht

Die etwa 10 cm langen, bohnenartigen, daumendicken Balgfrüchte sind im Spätsommer auffallend kobaltblau gefärbt und weißlich bereift. Sie besitzen ein gallertartiges Fruchtfleisch. Sie reifen von September bis Oktober.

Verwertung

Die Früchte werden in der Heimat in China gesammelt und von der Bevölkerung roh gegessen. Ob sie dem Geschmack der Europäer entsprechen, sei allerdings dahingestellt.

Verwendung

Der Blauschotenstrauch ist aber ein interessantes, dekoratives Gehölz für geschützte, sonnige, warme Lagen, das geringe Bodenansprüche stellt, allerdings etwas spätfrostgefährdet ist.

Decaisnea fargesii Habitus

Decaisnea fargesii Früchte

Decaisnea fargesii Blüte

FEIGE

Ficus carica L. (*Moraceae*, Maulbeergewächse)

Weitere Namen

Echte Feige; engl. Fig; franz. Figiuers, Figue; ital. Fico; span. Higo; niederl. Vijg; norweg. Fiken.

Wahrscheinlich wurde die Feige bereits vor 5.000 Jahren in Kultur genommen. Sie wird auch in der Bibel erwähnt und diente in ihrer Heimat immer schon als Nahrungsmittel. Deshalb war sie auch Symbol für Wohlstand und Fruchtbarkeit. Auch heute noch wird das Feigenblatt mit Scham und Erotik assoziiert, die Feigenfrucht ist Sinnbild für das weibliche Geschlecht. In Wien wird auch der Ausdruck 'Feigen-Tandler' für einen 'Schürzenjäger' verwendet, so nennt man einen Mann, der den Frauen hinterher ist.

Pflanzenmerkmale und Verbreitung

Der Feigenbaum ist von Kleinasien bis Nordafrika heimisch und darüber hinaus seit mehreren Jahrtausenden im Mittelmeergebiet in Kultur. Schon zur Römerzeit waren in Italien etwa 30 Sorten bekannt. Später wurde die Feige auch nach Afrika und Amerika gebracht und wird dort heute noch kultiviert. Eine amerikanische Baumschule bietet derzeit 80 Feigensorten an. Die Feige wurde auch nördlich der Alpen schon seit Langem von Liebhabern – meist natürlich mit entsprechendem Winterschutz – kultiviert.

Feigenbäume entwickeln sich in ihrer Heimat strauch- oder baumförmig und können dabei bis 10 m hoch wachsen. Meist werden sie auch in ihrer Heimat wesentlich niedriger gehalten, bei uns bleiben sie in der Regel nur strauchförmig und erreichen Wuchshöhen von 2–4 m. Ihre sommergrünen Blätter sind gelappt (3–5–9-lappig), dunkelgrün gefärbt, langgestielt und werden etwa 10–20 cm groß. Alle Pflanzenteile enthalten einen dickflüssigen, ätzenden Milchsaft.

Blüte

Bis zu zweimal (in der Heimat bis zu dreimal) im Laufe eines Jahres entwickeln sich Blü-

Ficus carica Verschiedene Blattformen

Ficus carica 'Contessina' Früchte

Ficus carica Regeneration nach Schnitt im Spätwinter

Ficus carica Feigenbaum in Griechenland

tenstände aus den Blattachseln. Die kleinen Blüten sitzen in einem urnenförmig gestalteten fleischigen Blütenstand, der am oberen Ende mit einer kleinen Öffnung versehen ist. Der Befruchtungsvorgang (Caprifikation – Symbiose zwischen Feige und Gallwespe) ist interessant und sehr kompliziert, hierbei müssen die Blüten durch die Feigengallwespe bestäubt werden. Es gibt innerhalb der Feigen allerdings unterschiedliche Gruppen, darunter auch solche, deren Sorten ihre Früchte ohne Befruchtung entwickeln (Jungfernfrüchtigkeit, Parthenocarpie). Zu letzteren zählen die Sorten aus der Gruppe der so genannten 'Adriatischen Feigen' (Gruppe der var. *domestica*).

Eignung

Feigensträucher oder -bäume können in sehr geschützten Lagen im Weinbauklima im Freien verwendet werden. Es bieten sich zum Beispiel lichte warme Innenhöfe, geschützte sonnige Südmauern, Spaliere an Hauswänden etc. an oder man pflanzt sie in große Tröge, die jedoch nicht im Freien überwintert werden dürfen.

Ficus carica Detail Knospe

Frucht

Die einzelne Feige ist eigentlich eine Ansammlung von zahlreichen kleinen Nüsschen, die im Inneren der fleischig gewordenen Blütenachse sitzen. Es handelt sich hierbei um Scheinfrüchte, wobei der essbare Teil aus der fleischig gewordenen Blütenachse, die saftig und süß ist, besteht. Feigen sind je nach Sorte tropfen- oder birnenförmig, etwa 3–10 cm lang und 2,5–6,5 cm dick. Die Einzelfrucht kann zwischen 40 und 70 g wiegen. Die Früchte können grün, gelblich über purpurrot und dunkelviolett bis fast schwarz gefärbt sein. Ihr Fruchtfleisch ist weißlich rosa bis rötlich, weich, saftig, angenehm süß und aromatisch schmeckend. Erträge bis 20 kg und mehr können erwartet werden. Die Früchte sitzen einzeln oder paarweise in den Blattachseln am einjährigen oder zweijährigen Holz. Es gibt zwar zwei- und dreimaltragende Sorten, nördlich der Alpen reifen jedoch nur Früchte der ersten Generation, die sich im Frühjahr aus den Blattachseln der einjährigen Triebe entwickeln.

An Inhaltsstoffen ist vor allem der hohe Gehalt an Kohlenhydraten (15,7 g/100 g) erwähnenswert, aber auch Eiweiß (1,3 g/100 g), Fett (0,5 g/100 g), Mineralstoffe in Mengen von 0,7 g/100 g – bezogen auf das Frischgewicht – sowie Vitamine sind enthalten. Reife Früchte enthalten keinen (ätzenden) Milchsaft! Unreife

Ficus carica 'Contessina' (li) 'Peretta' (re).eps

Feigen enthalten das Enzym Ficin sowie Lipasen und andere Stoffe, die bei manchen Menschen Allergien (Hautausschläge und Juckreiz) hervorrufen können.

Verwertung

Feigen sind für den Frischverzehr geeignet und sind vorzügliche Naschfrüchte, lassen sich jedoch nur für kurze Zeit lagern. Die Früchte weisen eine verdauungsfördernde Wirkung auf! Bei uns werden sie meist in getrocknetem Zustand angeboten. Zu diesem Zweck taucht man die Früchte kurzzeitig in 12 %iges, kochendes Salzwasser und lässt sie anschließend in der Sonne trocknen. Für die Verarbeitung lässt man die Früchte vollreif, zum Trocknen überreif werden. Sie lassen sich in vielfacher Weise (ähnlich wie Mandeln oder Nüsse) zu Gebäck oder Feigenbrot verarbeiten, auch Marmelade, Kompott, Konfekt, kandierte Früchte, Pasten, Chutneys, Sirup, Likör, Feigen- und Branntwein sowie Essig werden daraus bereitet. Aus getrockneten Feigen wurde früher (heute nur mehr selten erhältlich) ein Kaffeezusatz ('Feigen-Kaffee') hergestellt.

Feigen sind für viele Menschen auch verdauungsfördernd, man schreibt ihnen überdies eine schleimlösende und schweißtreibende Wirkung zu.

Ficus carica 'Contessina' Habitus nach strengem Winterfrost

Standortansprüche und Pflege

Der Feigenbaum findet im Mittelmeergebiet optimale Standortbedingungen vor. In unseren Breitengraden benötigt er sehr geschützte, sonnige und warme Standorte, wobei Wintertemperaturen von weniger als –15 °C das Holz zum Absterben bringen. Das bedeutet, seine Pflanzung beschränkt sich auf Gebiete mit Weinbauklima, sogar hier ist ein Winterschutz vorteilhaft. Wichtig ist eine Bodenabdeckung (mit einer 10–15 cm dicken Schicht) mit Laub oder Ähnlichem. Man kann die stärkeren Äste zusammenbinden und eventuell mit durchlässigen Materialien (Jute etc., jedoch kein Plastik!) schützen.

Ficus carica Feigenplantage Feigenhof

Ficus carica Fraßschäden durch Vögel

Für die Feige sollte man eine Fläche von etwa 2–3 m^2 bereitstellen. Günstige Pflanzzeit für Feigen ist das Frühjahr, da Jungpflanzen besonders frostempfindlich sind. Man sollte sie etwa 10 cm tiefer pflanzen. Man belässt am besten einen kurzen Stamm und etwa 3–4 Triebe, die ihrerseits wiederum im Frühjahr leicht eingekürzt werden. Dadurch wird die Bildung von kurzen Seitentrieben und damit auch die Blütenbildung an diesen gefördert.

Was den Boden betrifft, ist die Feige nicht sehr wählerisch, er sollte tiefgründig und vor allem zur Zeit der Fruchtentwicklung einigermaßen feucht sein. Damit die Früchte ausreifen können, ist ein warmer und sonniger Herbst notwendig.

Die Erziehung als Strauch ist vorteilhaft, weil die Pflanzen dadurch im Winter besser geschützt sind (oder mit Winterschutz versehen werden können). Ein Winterschutz mit Hilfe von Schilfmatten, Vlies oder Ähnlichem ist empfehlenswert. Vor allem der bodennahe Bereich (etwa 50 cm) sollte geschützt werden, da sich die Pflanzen nach strengen Frösten/Winterschäden von hier aus wieder regenerieren können. Als Pflegemaßnahme sollte man zu starkwüchsige, abgetragene und kranke Zweige entfernen. Ein leichter Rückschnitt im März (wenn keine allzu starken Fröste mehr zu erwarten sind) fördert die Seitentriebbildung.

Krankheiten und Schädlinge

In unseren Breiten werden Feigen kaum von Krankheiten und Schädlingen befallen. Mäuse können im Wurzelbereich Schäden anrichten, Vögel die Früchte anpicken oder Wespen an den süßen Früchten naschen. Gelegentlich

Ficus carica Sorte Detail mit Früchten

können Blattläuse, Milben (Rote Spinne) und Schildläuse auftreten. Nach starken Winterfrösten sterben zwar die Triebe teilweise ab, die Pflanzen regenerieren sich jedoch in der Regel aus den Knospen der unteren Pflanzenteile wieder recht gut.

Vermehrung und Anzucht

Da ausschließlich Sorten für die Fruchtgewinnung interessant sind, kommt eine Vermehrung durch Aussaat ohnehin nicht in Frage. Am einfachsten erfolgt die vegetative Vermehrung durch Steckhölzer. Dazu schneidet man gegen Ende des Winters gut ausgereifte, verholzte Triebe vom Vorjahr (es bewurzeln sich auch zwei- und dreijährige Triebe). Die Steckhölzer sollten etwa 25–30 cm lang und

Ficus carica Bewurzeltes Steckholz

maximal 1,5 cm dick sein. Auch durch Ableger kann man einfach und schnell zu neuen Pflanzen kommen. Eine Veredelung ist zwar möglich, wird aber nur dort zur Anwendung gelangen, wo man Pflanzen zur Gewinnung besserer Sorten umveredeln möchte.

Sorten und Auslesen

'Brown Turkey' (syn.: **'Bella Brunetta'**): Ist die bekannteste Sorte für den Hausgarten. Die Pflanzen wachsen mittelstark und sind relativ gut winterhart. Blätter schwach gelappt. Frucht ist groß, (Praskac-Sorte Fruchtgewicht 30 g), birnenförmig, die Fruchtfarbe ist braun bis purpurn, ihr Fruchtfleisch dunkel gefärbt und weist einen sehr guten Geschmack auf. Reife Ende August, in günstigen Jahren, wenn der Herbst warm ist, kann sie sogar eine zweite Ernte hervorbringen. Ist auch für die Topfkultur geeignet und fruchtet auch in diesem Fall reichlich.

'Brunswick': Alte Sorte, bereits 1860 als beste Sorte empfohlen. Pflanzen sind mittelstark wachsend, trägt handförmige, tiefgelappte Blätter. Die Frucht ist länglich birnenförmig, Fruchtfarbe grünlich gelb, im reifen Zustand bzw. sonnseitig violettbraun, Fruchtfleisch nach innen hin rötlich gefärbt. Früchte sehr groß, von exzellentem Geschmack. Früchte reifen ab Mitte August. Diese Sorte bevorzugt einen windgeschützten Standort. **'Brunswick'** wird in Kalifornien in Plantagen kultiviert.

'Contessina' (Züchter bzw. Einführung Häberli, Ch, stammt aus dem Tessin): Ähnlich 'Perretta'. Die Pflanzen wachsen kräftig, die Blätter sind relativ tief gelappt. Es werden sehr große, braun- bis dunkelviolette Früchte gebildet, Fruchtgröße 7,2 x 5,2 cm, Fruchtgewicht bis 80 g, mit süßem, würzigem Aroma. Ertrag pro Pflanze 5 kg und mehr, bis 15 kg sind möglich. Reifezeit August (und bei günstigem, warmem Herbstwetter gibt es Anfang Oktober eine zweite Ernte). Die Pflanze ist bis –10 °C (–15 °C) winterhart.

'Dalmatie': Stammt aus Dalmatien. Schwachwüchsig, kompakt, Blätter sehr stark gelappt und dekorativ. Sie entwickelt sehr süße, große, gelbgrüne Feigen (80–100 g) mit erdbeerrotem Fruchtfleisch. Fruchtreife früh, bereits ab Anfang August.

'Gentil Bianco' (Italien): Schwaches bis mittelstarkes Wachstum, Blätter schwach gelappt. Früchte hell, leicht gelblich, birnenförmig und von feinem Geschmack. Fruchtreife früh, bereits ab Ende Juli, bei günstiger Witterung zweite Ernte möglich. Wird in Italien (Poebene) angebaut.

'Goutte d'Or': Alte Sorte, die bereits vor 1667 entstanden ist. Wuchs eher schwach, buschig. Früchte groß, ca. 90 g, gelbgrün, saftig, süß, ausgezeichneter Geschmack. Fruchtreife August, soll gut winterhart sein.

'Longue d'Aut' (Französische Sorte): Pflanze schwach wachsend, Blätter stark gelappt, dekoratives Aussehen. Früchte sind hell rotgelb, birnenförmig hängend, langgestreckt; reichfruchtend und früh reifend (ab Ende Juli), oft zweite Ernte im Herbst mit rötlichen Früchten. Fruchtet auch in Topfkultur reichlich. Sollte bis –15 °C winterhart sein.

'Madeleine des deux Saisons' (Französische Sorte): Sorte mit mittlerem bis starkem Wachstum. Sie trägt große, gelappte Blätter. Früchte sind sehr groß, Fruchtgewicht bis 120 g, gelbgrün (rötlich grün) gefärbt und leicht gestreift. Das Fruchtfleisch ist weiß mit rotem Schimmer. Die saftigen Früchte schmecken sehr gut. Reifezeit sehr früh, bereits ab Ende Juli, oft zweimal tragend. Die Pflanzen bevorzugen einen windgeschützten Platz, gelten aber als kältetolerant.

'Nordland-Bergfeige': Kompakter Wuchs, rotviolette, süße Früchte (Fruchtgewicht 40 g), Reifezeit August (und Oktober), bis –5 °C winterhart.

'Pastiliére' (syn.: 'Rouge de Bordeaux', Französische Sorte): Schwacher, eher aufrechter Wuchs, Blätter kaum gelappt. Blauviolette Früchte oft mit weißlichem Reif überzogen (ähnlich den Zwetschken). Fruchtqualität ist ausgezeichnet, Fruchtreife ab September, reichfruchtend. Früchte reifen auch nördlich der Alpen gut aus. Bevorzugt aber einen sonnigen Standort. Ist auch für die Topfkultur gut geeignet, da sie auch hier fruchtet.

'Perretta'®: Ähnlich **'Contessina'**. Feigensorte, die in Höhenlagen des Tessins gefunden wurde. Wuchs stark bis sehr stark, buschig, frosthart. Sehr große, birnenförmige Früchte,

'Bornholm' (Brown Turkey)

'Brown Turkey' Typ Schawerda

'Contessina'

'Dalmatie'

'Longe d'Aout'

'Pastiliére'

'Panachée'

'Twotimer' (Gustissimo Twotimer) (Lubera Ag)

'Violette Sepor'

'Bianca' (Gustissimo Bianca) (Lubera Ag)

'Califfo Blue' (Gustissimo Califfo Blue) (Lubera Ag)

'Goldfeige' (Häberli)

lockeres hellrotes Fruchtfleisch, früh reifend ab August.
'Pfälzer Fruchtfeige' (Feige aus Deidesheim, Dt.): Wächst dort bereits seit über 100 Jahren. Stammt ursprünglich aus der Toskana. Früchte sind birnenförmig und gelblich gefärbt.
'Osborn Prolific': Wächst schwach bis mittelstark. Früchte grün mit einem Hauch von Violett, groß und birnenförmig, innen goldgelb. Sehr guter Geschmack, Fruchtreife ab August. Benötigt windgeschützten Standort, wird in den USA erwerbsmäßig angebaut.
'Panachée': Alte Sorte, erstmals 1668 beschrieben. Sehr ausgefallene Feigensorte! Früchte, aber auch Triebe sind gestreift. Fruchtfleisch hellrot, süß und sehr aromatisch. Sehr frostempfindlich, besser als Kübelpflanze kultivieren.
'Rouge de Bordeaux': siehe **'Pastiliére'.**
'Schweizer Brünli' (Schweizer Sorte): Pflanzen mit stark gebuchteten Blättern. Frucht birnenförmig, grünlich bis rötlich braun gefärbt, Fruchtfleisch hellrot, Fruchtreife früh. Relativ gut winterhart.
'Twotimer' (Lubera & G. Berchtold, Chur, Schweiz): Schwachwüchsige Sorte mit tief gelappten Blättern. Früchte reifen ab Mitte August, langer Fruchtstiel, rötlich grüne Fruchtfarbe, Fruchtfleisch erdbeerfarben, sehr süß, platzen bei feuchtem Wetter nicht auf; Fruchtgewicht 90–100 g. Zweite Ernte ab Ende September, eher rundliche Fruchtform, rötlich violett, Fruchtgewicht 60–70 g.
'Violetta' (A. Plattner, Dt.): wird als Bayernfeige **'Violetta'** gehandelt. Beginnt frühzeitig zu fruchten, Fruchtgewicht bis ca. 110 g, reichfruchtend, dünnschalig, angenehmer Geschmack, ansprechende Ausfärbung (gelblich grün bis rötlich, nach anderen Angaben lilafarben), gut winterhart, geschützte Sorte (Sorten- und Markenschutz).
'Bianca' (Lubera): Wuchs mittelstark, gut verzweigt. Früchte mittelgroß, grün, weißes Fruchtfleisch, frühe Reife, früh einsetzender und hoher Ertrag.
'Califfo Blue' (Lubera): Wuchs mittelstark. Mittlere bis große blauviolette Früchte, rotes Fruchtfleisch, früh reifend. Auch für kühlere Standorte geeignet.
'Early Dark' (Lubera): Wuchs mittelstark. Früchte groß, grünlich bis violett, Reife früh, mittlerer Ertrag.
'Mère Véronique' (syn. **GOLDFEIGE**): Wuchs mittelstark. Früchte, gelbgrün bis goldgelb, sehr groß, Fruchtfleisch lachsrosa, süß und saftig, Fruchtreife ab September folgernd, kann bei günstiger Witterung auch zweimal tragen, relativ gut frosthart.
'Morena' (Lubera): Wuchs stark, kompakt. Birnenförmige, große Früchte, die grünviolett gefärbt sind, süße Früchte, ab Ende August reifend, früh einsetzender und fortwährender Ertrag.
'Rosetta' (Lubera): Wuchs mittelstark. Große Früchte, die sich grüngelb, zur Reife rot färben, reichfruchtend, früh reifend; auch für kühlere Standorte geeignet.
'Rossa Rotonda' (Lubera): Wuchs stark, Früchte rot bis violettblau, rundlich, von mittlerer Größe, trägt wenig Früchte am letztjährigen Holz, dafür aber sehr früh reifende Herbstfeigen am diesjährigen Trieb; benötigt im Sommer viel Sonne und Wärme, damit die Feigen am neuen Trieb ausreifen, nur für sehr gut Standorte (z. B. Weinbauklima) geeignet.
'Albicou' (Frankreich): Wuchs breit, Blatt 5-fach gelappt. Früchte auberginefarben, Fruchtfleisch erdbeerfarben und sehr saftig, guter Geschmack, reichfruchtend, Fruchtreife ab Mitte August.
'Amatrice Casale' (stammt aus Höhenlage in den Abruzzen in Italien): Wuchs mittelstark, Blätter sind wenig gelappt. Frucht gelbgrün, feiner Geschmack, reichfruchtend, Reifezeit ab Anfang August.
'Ariane' (portugiesische Sorte): Wuchs mittelstark, Blätter groß und wenig gelappt. Frucht goldgelb bis grün, Fruchtfleisch hell und saftig, von feinem Geschmack, reichfruchtend, Reife ab Anfang August.
'Bakor': Wuchs buschig, kompakt, Blatt 3–5-fach gelappt. Frucht leuchtend gelbrot, Stielansatz gelb, Geschmack süß und saftig, reichfruchtend, Fruchtreife ab Ende August. Benötigt windgeschützten Standort.
'Brogiotto Bianco' (italienische Sorte): Wuchs mittelstark bis stark, Blatt groß und

'Morena' (Lubera Ag)

'Rosetta' (Gustissimo Rosetta) (Lubera Ag)

'Rossa Rotonda' (Gustissimo Rossa-Rotonda) (Lubera Ag)

'Grise Olivette'

'Marseillaise'

'Noire de Caromb'

'Ronde de Bordeaux'

'Rosso di Trani'

'Gersthofer' (Lokalsorte)

dreifach gelappt. Frucht groß, helle Früchte mit hellrotem Fruchtfleisch, ausgezeichneter Geschmack, ab Mitte August reifend.

'Columbaro Bianco' (Apulien, Italien): Wuchs mittelstark, Blatt groß und gelappt. Frucht sehr groß, schmackhaft, hell gelbgrün, feine Haut, ab Mitte August reifend. Benötigt windgeschützten Standort.

'Columbaro Nero' (Toskana): Blatt sehr groß, 3–5-fach gelappt. Frucht groß, schwarzblau, mit feiner Haut, reichfruchtend, ab Mitte August reifend.

'Conadria' (Hybride aus Kalifornien): Wuchs schwach und buschig. Frucht mittelgroß, grünschwarz mit feiner Haut, Fruchtfleisch dunkelviolett bis fast schwarz, sehr süß. Wird zum Frischverzehr und Trocknen angebaut, bevorzugt warmen Platz.

'Dauphine' (französische Sorte): Wuchs mittel bis stark, Blätter kaum gelappt. Frucht groß (ca. 100–120 g), grünviolett bis rötlich, ausgezeichneter Geschmack, saftig, reichfruchtend, ab Anfang August reifend, auch in Topfkultur reichfruchtend.

'Early Black' (Poebene in Italien): Wuchs mittelstark, Blätter tief gelappt. Frucht länglich und färbt sich kurz vor der Reife dunkel, Geschmack fein, Fruchtfleisch saftig, reichfruchtend.
'Filacciano' (italienische Sorte): Wuchs mittelstark bis stark. Frucht groß (ca. 90 g), zuerst grün, mit zunehmender Reife goldgelb, saftig und süß, reichfruchtend, ab Mitte August reifend.
'Fiorone Giallo' (Toskana): Wuchs mittelstark, Blätter 3–5-fach gelappt. Frucht gelb, guter Geschmack, Fruchtreife ab Ende Juli, bei mildem Herbstwetter zweite Ernte möglich, reichfruchtend.
'Gentile' (italienische Sorte): Wuchs mittelstark bis stark, Blatt einfach gelappt. Frucht groß, hell grünlich gelb, Fruchtfleisch amberfarben, guter Geschmack, ab Mitte August reifend. Benötigt windgeschützten Platz
'Grise Olivette' (Frankreich): Wuchs schwach, Blatt klein, fünffach gelappt. Frucht mittelgroß, blau, reichfruchtend, ab Anfang September reifend. Benötigt warmen Standort, z. B. an einer Mauer.
'Grise St. Jean' (Provence): Wuchs stark, Blätter 3–5-fach gelappt. Frucht klein, dunkelblau, mit feiner Haut und gutem Geschmack, früh reifend. Benötigt windgeschützten Standort.
'Grosse Grise' (Frankreich): Wuchs mittelstark. Frucht blau mit orangefarbenem Fruchtfleisch, guter Geschmack, im September reifend, bei warmem Standort Ernte bis in den Spätherbst hinein möglich
'Isi d'Oro' (italienische Sorte): Wuchs mittel, Blätter schwach 3-fach gelappt. Frucht goldgelb, vor der Reife leicht dunkelfärbend, Fruchtfleisch rosa, schmackhaft, ab Anfang August reifend. Trägt auch bei Topfkultur reichlich Früchte.
'Marseillaise' (Südfrankreich): Wuchs schwach, Blätter klein. Frucht klein, gelb, zuckersüß, wird nördlich der Alpen ab September reif, reichfruchtend. Benötigt sonnigen und heißen Platz an einer Mauer! Früchte werden für Konfitüre, zum Trocknen und in der Provence für 13 verschiedene Weihnachts-Desserts verwendet.
'Melanzana' (italienische Sorte): Wuchs schwach bis mittelstark, Blatt eher klein. Frucht groß, birnenförmig mit langem Hals, auberginenfarben, ausgewogener Geschmack, ab August reifend.
'Negronne': Wuchs schwach bis mittelstark, buschig, Blatt kaum gelappt. Frucht eher klein, schwarzblau, ausgewogener, süßer Geschmack, ab Ende August reifend. Zweite Ernte möglich, aber sonniger, warmer Standort notwendig. Wird in England oft gepflanzt.
'Noire de Caromb' (Provence, Frankreich): Wuchs kräftig, Blatt tief eingeschnitten. Frucht groß, violettschwarz, Fruchtfleisch hellrot, süß, guter Geschmack, ab Mitte August reifend, in warmen Lagen eine reiche Ernte an Herbstfeigen möglich. Benötigt windgeschützten Standort. Früchte wurden früher oft in die Schweiz und nach Deutschland exportiert.
'Ronde de Bordeaux' (Frankreich): Wuchs kräftig und buschig. Frucht rundlich, von mittlerer Größe, dunkelblau, Geschmack honigsüß, ab September auch nördlich der Alpen reifend, zum Frischverzehr und Trocknen geeignet. Benötigt bevorzugt sonnigen, heißen und windgeschützten Standort.
'Rosso di Trani' (Apulien, italienische Sorte): Wuchs mittelstark, buschig, Blatt 3–5-fach gelappt. Frucht groß, birnenförmig mit gelbem Stiel, sehr süß und saftig. Reichfruchtend, ab Ende Juli reifend.
'Violette Dauphine': Wuchs mittelstark bis stark. Frucht mittelgroß, leicht länglich, rotviolett, Fruchtfleisch rosa, saftig-süß, aromatisch, Anfang bis Mitte August reifend. Benötigt windgeschützten Standort.

Literatur

BAUD, P., 2011: Le Figuier – Pas à Pas, Edisud, Aix en Provence
KÖTTER, E., 2000: Die Sache mit den Feigen – Sortenschutz auf bayrisch. Taspo – Das Magazin, 6/2000, S. 38–39.
SEILER, C., 2015: Feigenvielfalt in mitteleuropäischen Gärten. Gartenpraxis 03-2015, S. 57–63.

Internetseiten

http://www.treesofjoy.com/fig-varieties-collection
http://www.mercato-verde.ch/de/home
http://www.feigenhof.at/index.html
http://www.youtube.com/watch?v=VZ_34NCH_Ac&feature=related
http://neckar-feigen.de/feigensorten/

MAULBEERE

Morus (*Moraceae*, Maulbeergewächse)

Die Maulbeere ist mit etwa 10–15 Arten in Europa, Asien und Amerika vertreten. Drei Arten sind als Fruchtgehölz bekannt: *Morus alba* (Weiße Maulbere), *Morus nigra* (Schwarze Maulbeere) und *Morus rubra* (Rote Maulbeere). *M. alba* und *M. nigra* stammen ursprünglich aus Ostasien, während *M. ruba* in Amerika beheimatet ist. Die Bezeichnung 'Schwarze' und 'Weiße' Maulbeeren hat allerdings nichts mit der Fruchtfärbung zu tun. Maulbeerbäume sind im Wesentlichen mittelgroße Bäume mit mäßigen Bodenansprüchen.

WEISSE MAULBEERE

Morus alba L. (*Moraceae*, Maulbeergewächse)

Syn.: *Morus australis* Poir., (wird im Zander wieder als eigene Art geführt), *Morus bombycis* Koidz. (M. *kagayamae* Koidz., M. *japonica* LH Bailey non Sieb.) = *Morus alba* var. *alba*.

Weitere Namen

Weißer Maulbeerbaum; engl. Mulberry, Silkworm Mulberry, White Mulberry, franz. Mûrier blanc; ital. Gelso bianco; niederl. Witte Moerbei.

Pflanzenmerkmale und Verbreitung

Der Weiße Maulbeerbaum ist in Ostasien (China bis Korea, Nordindien und im Himalaja) beheimatet und dort vermutlich schon seit 4.500 Jahren in Kultur. Seit etwa 550 n. Chr. wird er in Griechenland und etwa ab dem 12. Jahrhundert in Sizilien kultiviert. Ab etwa 1700 erfolgte auch in Mitteleuropa der Anbau des Weißen Maulbeerbaumes zur Blattgewinnung für die Seidenraupenzucht.

Morus alba als Straßenbaum

Morus alba Blätter

Morus alba Herbstfärbung

Mittlerweile ist er in Europa eingebürgert. Es handelt sich hier um einen mittelgroßen Baum von 8–10 (–15) m Wuchshöhe und 4–6 m Kronendurchmesser. Seine Krone ist rundlich, mitunter auch sparrig verzweigt. Er kann ein Alter von 150–200 Jahren erreichen. Oft wächst er auch mehrstämmig oder gar nur strauchförmig. Seine wechselständig angeordneten herzförmigen Blätter sind 8–20 cm lang, 5–15 cm breit, ungeteilt und/oder gelappt (1–3-lappig), besonders die Jugendblätter sind gelappt. Die Blattränder sind gesägt oder gezähnt und die Blattspitze ist zugespitzt. Erwähnenswert ist auch deren leuchtend gelbe Herbstfärbung. Die Maulbeerpflanzen sind milchsaftführend.

Blüte

Ihre unscheinbaren Blüten, sie sind ein- bis zweihäusig, erscheinen im Mai in hängenden zylindrischen Kätzchen. Die weiblichen Blütenstände sind kurz gestielt, die männlichen Blütenkätzchen sind etwas länger. Interessanterweise können einzelne Bäume ihr Geschlecht auch ändern (persönliche Mitteilung F. Kummert). Das heißt, dass ein Baum oder dessen Äste mit weiblichen Blüten auf einmal männliche Blüten produzieren können.

Bei der Verwendung von Maulbeerbäumen sollte man unbedingt beachten, dass die Früchte zur Reifezeit massenweise herabfallen und den darunterliegenden Bereich (z. B. Wege, Sitzplätze etc.) stark verunreinigen können,

Morus alba männliche Blüte

Morus alba Borke

Morus alba Spalier-Austrieb nach Schnitt

Morus alba Habitus mit Herbstfärbung

insbesondere wenn es sich um die stark färbenden, schwarzen Fruchtformen handelt.

Eignung

Der Weiße Maulbeerbaum kommt als Fruchtbaum für größere Gärten im Weinbauklima in Frage. Aber auch als Straßenbaum ist er in Verwendung, als Baum in Streuobstwiesen und für höhere, freiwachsende Hecken wird er ebenfalls verwendet. In manchen Regionen mit Weinbauklima bzw. im Mittelmeerraum wird er auch als Straßenbaum verwendet. Im mediterranen Raum wird er auch für Schattenspaliere verwendet, da er sich nach regelmäßigem Schnitt gut regeneriert. In Te Manpad in Heemstede (bei Haarlem) wächst an einer Mauer wohl das größte Maulbeerspalier mit einer Breite von 10 m.

Frucht

Maulbeerbäume sind im Allgemeinen sehr fruchtbar. Bei den Früchten handelt es sich um brombeerartige Scheinbeeren (Sammelnussfrucht), die einzelnen Früchte können auch samenlos sein. Sie sind 1,3–1,8 cm (bis zu 2,5 cm) lang, Fruchtsorten können jedoch wesentlich größer werden. Die Fruchtstände sind gestielt und meist weiß, rosa, lila bis schwach rötlich – die Fruchtfarbe kann aber auch dunkelrot, schwarzrot, schwarzviolett oder schwarz sein, reifen ab Ende Juni bis Juli und fallen dann in großen Mengen von den Bäumen. Zum Einsammeln der Früchte kann man Netze oder feinmaschige Tücher unterlegen.

Die Maulbeerfrüchte enthalten neben Carotin auch Zucker (bis 7 %, Fructose und Glucose), Fruchtsäuren, Mineralstoffe, Pektin

Morus alba getrocknete Früchte am Markt (Türkei)

Morus alba Weißfruchtige Sorte (Samos GR)

Morus alba Fruchtvergleich Varietäten Wien

und Vitamin C (6–20 mg/100 g), die Samen enthalten Öl und Eiweiß.

Verwertung

Die Früchte der Weißen Maulbeerbäume sind zwar in rohem Zustand genießbar, sie schmecken süß, aber fade. Durch Einkochen oder Trocknen lassen sie sich konservieren. Getrocknet schmecken Weiße Maulbeeren ähnlich wie Rosinen. Man muss die Früchte sogleich verarbeiten, da sie ansonsten schnell zu schimmeln beginnen. Sie sind nur 1–2 Tage lagerfähig. Man findet sie deshalb auch nicht auf den Märkten. Maulbeeren werden auch zum Färben (blauviolett) und Aromatisieren von Lebensmitteln verwendet, z. B. von Speiseeis, früher auch zum Färben von Rotwein. Im Orient wird ein Dicksaft ('Pekmez'), der als Brotaufstrich verspeist wird, und eine Art Fruchtgummi mit Nüssen ('Pestil') daraus bereitet, diese Produkte werden dann im Winter verzehrt.

Das Laub des Weißen Maulbeerbaumes wird für die Seidenraupenzucht verwendet. Sein Holz besitzt gute Eigenschaften und wird für Tischler- und Drechslerarbeiten verwendet.

Morus alba JHG mit schwarzen Früchten

In Korea wird der Weiße Maulbeerbaum zwecks Gewinnung von Blättern für die Produktion von Maulbeertee auch in Plantagen angebaut. Weiters wird aus den Früchten Maulbeersaft hergestellt, dieser wird auch zu Maulbeerwein vergoren.

Standortansprüche und Pflege

Der Weiße Maulbeerbaum ist anpassungsfähig, bevorzugt werden aber vollsonnige Lagen in wärmeren Regionen und eher kalkhaltige, nicht zu schwere, durchlässige Böden. Er eignet sich auch als geschnittene Hecke recht gut und ist insbesondere für Gebiete mit mildem Weinbauklima gut geeignet. Junge Pflanzen sollten im ersten Winter eventuell vor strengen Frösten (mit Vlies ummanteln) geschützt werden. Lässt man die Maulbeerpflanze zu Bäumen heranwachsen, dann ist ein Schnitt nicht nötig. Wenn die Pflanzen kleiner bleiben sollten, dann kann man diese durchaus zwecks Regulierung von Wuchsform und Größe schneiden. Man kann den Neutrieb bei Bedarf Ende Juni auf etwa 20 cm einkürzen. Dickere Äste als 5 cm sollte man nach Möglichkeit nicht schneiden.

Medizinische Wirkung bzw. Volksheilkunde

Maulbeerfrüchte enthalten wichtige Mineralstoffe. Tee aus Blättern, Saft und Sirup wird bereits seit der Antike bis zu Hildegard von Bingen eine heilende Wirkung zugeschrieben.

In der Volksheilkunde sollen diese Produkte vor Entzündungen schützen. Fieber, Husten und Halsschmerzen sollen wegen der schleimlösenden Wirkung Linderung bringen. Sie sollen auch bei Verdauungsstörungen Abhilfe schaffen sowie das Herz- und Kreislaufsystem stärken.

Tee aus Blättern und auch aus den Zweigen (in Korea) wird heute als gesundheitsfördernde Droge gehandelt. Sie soll Bluthochdruck entgegenwirken, die Blutgefäße schützen und zur Vorbeugung von Schlaganfällen und Herzinfarkten dienen.

Krankheiten und Schädlinge

Kaum bekannt.

Vermehrung und Anzucht

Vermehrung der Art durch Samen möglich. Dazu werden die reifen Samen ausgewaschen, man kann sie 2–3 Jahre kühlfeucht lagern. Nach der Lagerung stratifizieren und bei etwa 20 °C Bodentemperatur aussäen. Die Samen keimen gut, die Keimrate ist sehr hoch. Sorten werden vegetativ durch Veredlung vermehrt. Es lassen sich auch Sommerstecklinge bewurzeln.

Sorten und Auslesen

Von der Weißen Maulbeere werden zwar zahlreiche Auslesen angeboten, allerdings sind diese nur in Spezialbetrieben erhältlich.

M. alba* var. *tatarica (Pallas) Ser. (syn.: *M. tatarica*, Tatarischer Maulbeerbaum): Zwergform mit kompakter Krone, 5 m hoch und 3 m breit. Blattgröße variiert stark, zwischen 3–6 cm und 9–12 cm großen Blättern. Früchte sind klein (1 cm), nahezu rundlich, weißlich bis dunkelrot mit grünen Punkten.

Morus alba* var. *alba (*Morus kagayamae Koidz.* (*M. bombycis Koidz.*)), Japanische Maulbeere): Stammt ursprünglich aus Japan. Früchte sind etwa 2 cm lang, purpurrot (schwarzrot) mit himbeerähnlichem Fruchtgeschmack, sehr süß. Sie unterscheiden sich von *M. alba* durch das gute Aroma, sie enthalten weniger Säure als *M. nigra* und *M. rubra*, aber mehr als die Art *M. alba*. Die Blätter sind bis 20 cm lang und tief geschlitzt (wird von Baumschulen mitunter auch unter der Bezeichnung '*Morus macrophylla*' angeboten!).

'Agate': Starkwüchsige Sorte. Früchte sehr groß, etwa 3–4 cm lang, sehr breit, wirkt sehr wuchtig. Früchte sind schwarz, innen jedoch nicht ganz durchgefärbt. Schmeckt süß, eher mäßiges Aroma.

'Cherno Koprina' (Bulgarien): Sorte mit großen, schwarzen, sehr süßen Früchten. Sie sind säurearm, das Aroma mittel. Reichfruchtend. Die Sorte stammt aus Bulgarien, sie wurde auf große Blätter zur Seidenproduktion gezüchtet, ist robust, als Nebeneffekt erweisen sich auch die sehr großen Früchte.

'Damas': Kleiner gedrungener Strauch bis 4 m Höhe, Früchte 2,5–3,0 cm groß, erst weiß, später dunkelviolett bis schwarz, süß. Wurde 1980 im Garten der Niederländischen Botschaft in Damascus gefunden.

'Macrophylla' (Syn. *M. alba* **'Platanifolia'** Hort, *M. morettiana Jaqu.*, Großblättriger Maulbeerbaum): Mittelgroßer Baum mit breit pyramidaler Krone. Sehr große (15–25 cm) Blätter, die an der Basis eiförmig bis oval und meist ungelappt, zur Zweigspitze hin stark gelappt sind. Sie sind etwas länger, rot bis dunkelrot, im Schatten heller. Es wird aber auch eine Variante mit weißen Früchten erwähnt.

'Constantinopolitana' (Türkische Weiße Maulbeere, Byzantinischer Maulbeerbaum): Im Orient und Südosteuropa verbreitet, stark und gedrungen (5 m) wachsende Sorte mit großen, eiförmigen Blättern, Früchte bis 5 cm lang, erst gelblich, bei Vollreife dunkel- bis schwarzrot.

'Issai' (Japan, vor 1979, *Syn. M. alba* L. **'Bombycis Issai'**, *M. bombycis Koidz.* **'Issai'**): Kleiner langsam wachsender Baum mit fächerförmiger Krone. Blätter 12 cm lang, 9 cm breit; Früchte etwa 2 cm groß, purpurschwarz, sehr zahlreich, süß und schmackhaft; sehr reichfruchtende Sorte.

'Nana Issai': Kleiner langsam wachsender Baum. Früchte etwa 1 cm groß, purpurschwarz, süß, wenig Aroma, nicht sehr vital.

'Loud Georgus' (*M. alba* var. *multicaulis*): Sorte mit sehr großen, rundlichen schwarzen, stark glänzenden, 4–4,5 cm langen Früchten. Sehr guter Geschmack mit feiner Säure, süß, im Geschmack an Himbeeren erinnernd. Schon als Jungpflanze tragend, 3–5 m hoch.

'Agate' (A. Hellmich)

'Cherno Koprina' (A. Hellmich)

'Nana Issai' (A. Hellmich)

'Lord Georgus' (A. Hellmich)

'Moretti' (Cochet)

'Pakistan' (Cochet)

'Shangri La' (A. Hellmich)

'Silk Hope' (Cochet)

'Emmanuelle' (Cochet)

'Weiße Sofia' (A. Hellmich)

'Cattaneo Tsen' (Cochet)

'Macrophylla'

'Kokuso 27': Früchte groß, länglich, dunkelviolett, saftig und sehr süß und aromatisch. Robust und starkwüchsig. Eigentlich für die Seidenraupenzucht selektiert.
'Moretti': Starkwüchsiger Baum mit großen, dunkelgrünen Blättern. Früchte mittelgroß bis groß, violettschwarz, sehr süß und aromatisch.
'Pakistan': Längliche, mitunter leicht gebogene schmale Früchte, teils länger als 5 cm (bis 8 cm), rot bis lilaschwarz, lang gestielt. Süß, sehr aromatisch-würziger Geschmack, erinnert an Zitrusfrüchte.
'Rupps Rumanian': Frucht schwarz, mit unregelmäßigen Einzelfrüchten, typischer Geschmack der Weißen Maulbeere.
'Shangri La' (USA, Florida): Sorte mit fast rundlichen, schwarzen Früchten. Sehr früh reifend, süß, jedoch wässrig.
'Silk Hope': Mittelgroße ovale Früchte, lang gestielt, sehr gute Früchte von brillanter schwarzer Farbe, sehr saftig, würzig, süß und fruchtig-aromatisch.

Sorten mit weißen bis helllila Früchten

'Emmanuelle' (Frankreich): Sorte mit großen helllila Früchten. Sie sind etwa 2,5–3 cm lang, lang gestielt, sehr süß und schmackhaft. Fruchtreife Juni/Juli. Robuste Sorte mit kräftigem Wuchs, fruchtet (wurzelecht) schon als junge Pflanze.
'Ivory' (kanadische Sorte): Sorte mit großen, süß und aromatisch schmeckenden weißen Früchten, enthalten wenig Säure. Massenträger, bereits als junge Pflanzen fruchtend.
'Multicaulis' (Strauchartige Weiße Maulbeere, Vielstämmiger Maulbeerbaum): Eine alte chinesische Kultursorte, gelangte 1820 nach Europa. Starkwüchsiger, mehrstämmiger Strauch von 5–6 m Wuchshöhe. Große Blätter (8–25 cm), etwas blasig aufgetrieben, nicht glänzend, etwas rau, Früchte bis 4 cm lang (lt. Dippel 1892 nur 1 cm lang), zur Reifezeit von Weiß über Rot bis Schwarz übergehend.
'Christoph Späth' (Baumschule Späth, Berlin): *M. alba* var. *multicaulis* – Sorte mit weißen Früchten.
'Weiße Sofia': Auslese aus Sämlingen aus Bulgarien mit sehr großen Blättern. Es ist dies eine Sorte mit weißen Früchten, die bei Vollreife violett überhaucht sind. Sie sind etwa 2,5–3 (–4) cm lang und 1,5–2 cm dick. Die Früchte mit wenigen Kernen, sehr süß bei gutem Aroma.
'White Berry' (H. Kolster, Boskop, 1990): Blätter mit 3–5 tief eingeschnittenen Blattlappen. Früchte weiß, im Juni.
'Aureifolia': Sorte mit dekorativem gelblichem Herbstlaub. Die Früchte sind weißlich rosa, rundlich, sehr groß, süß und aromatisch, nach Honig schmeckend.
'Badena Tut': Sorte mit weißlichen, süß duftenden, leicht säuerlichen Früchten, für Großhandel empfohlen.
'Cattaneo Tsen': Mittelgroße Frucht, violettrosa, aromatisch, süß-säuerlich.
'Guzziola Hort in Steud': Früchte weiß, süß und aromatisch, für den Großhandel empfohlen.
'Herati': Kleine rundliche Früchte, sehr süßer und aromatischer Geschmack.

In Südkorea werden etwa 80 Sorten der Weißen Maulbeere (schwarzfrüchtige Sorten) kultiviert bzw. erhalten. Eine seit Längerem kultivierte Sorte ist 'Chungil', die einen Ertrag von etwa 430 kg auf 40.500 m^2 hervorbringt. Eine neuere Züchtung mit der Bezeichnung **'Daeshim'** produziert auf derselben Fläche pro Jahr etwa 730 kg Früchte. Daneben gibt es noch zahlreiche Zierformen wie die wenig bzw. unregelmäßig fruchtende Hängeform **'Pendula'** (bringt 1 cm große, schwarze Früchte hervor). Säulenförmig wächst **'Pyramidalis'** (1,5 cm große weißliche bis helllila Früchte), **'Laciniata'** hat geschlitzte Blätter, **'Macrophylla'** sehr große, gelappte Blätter und die kugelförmig wachsende, meist hochstämmig veredelte **'Nana'** sind ebenfalls erwähnenswert.

Sorten aus Kreuzungen zwischen *M. alba* und *M. rubra*

'Black Tabor': Wird zwar als *Morus nigra*-Sorte geführt, ist aber wahrscheinlich eine *M. alba*-Sorte oder eine Hybride mit *M. alba*. Starkwüchsige Sorte mit großen, schwarzen, schmackhaften Früchten.
'Illinois Everbearing' (White Country, Illinois 1958; *M. alba* x *M. rubra*): Diese Maulbeersorte ist eine natürlich entstandene Kreu-

'Collier'
(A. Hellmich)

'Wellington'
(A. Hellmich)

'Carman'
(A. Hellmich)

Morus alba x *rubra* 'Ivory' (A. Hellmich)

'Gerardi Dwarf' (S. Maksymiuk)

'Illinois Everbearing' (Cochet)

zung einer weißen mit einer roten Maulbeere, die 1958 entdeckt wurde. Wird bei regelmäßigem Schnitt kaum 3 m hoch, ist gut frosthart und überreich fruchtend. Die schmackhaften, harmonisch süß-säuerlichen Früchte werden bis 4 cm lang, sind dunkelrot schwarz und fast samenlos. Sie fruchtet von Juni bis August, sehr reichtragend. Wird von vielen als die 'beste' Maulbeersorte empfunden.

'Carman' (Ontario, USA, *M. alba* x *M. rubra*): Sorte mit weißen, sehr großen Früchten (2,5–3 cm) mit wenigen Samen. Geschmack süß mit gutem Aroma. Fruchtet bereits als junge Pflanze, reichtragend, Früchte sind in dichten 'Büscheln' angeordnet.

'Collier' (Maulbeer-Hybride aus den USA, *M. alba* x *M. rubra*): sehr frosthart, ähnlich **'Loud Georgus'**, früh reifend. Früchte stark glänzend, mittelgroß, sehr süß, mittlerer Säuregehalt.

'Geraldi Dwarf' (Maulbeerhybride aus den USA): Früchte ähnlich wie bei der Sorte **'Illinois Everbearing'**, die Pflanze ist jedoch dicht und kompakt wachsend, soll nur 250–300 cm hoch werden.

'Wellington' (Geneva, New York, Richard Wellington, *M. alba* x *M. rubra*, ist wahrscheinlich ident mit **'Neyw Amerika'** und **'Downing'**): Sehr gute Sorte mit 3 cm langen schwarzen Früchten an langen Fruchtstielen. Früchte mit gutem ausgewogenem, süß-säuerlichem Aroma, reichtragend und mit sehr langer Erntezeit über mehrere Wochen. Fruchtet bereits als junge Pflanze.

In den USA werden noch folgende Sorten angeboten

'Big White': Sehr reichfruchtend, mit großen weißen, süßen Früchten.

'David Smith Everbearing': reichfruchtend, mittelgroße schmackhafte Früchte, reifen über einen längeren Zeitraum.

'Kokuso' (*Morus latifolia*): Süße schwarze Früchte, 4,5 cm lang, reifen über einen langen Zeitraum.

'Oscar's': frühreifend, schwarze Früchte.

'Tehama' (**'Giant White'**): mit großen, weißen, saftigen Früchten.

SCHWARZE MAULBEERE

Morus nigra L. (*Moraceae*, Maulbeergewächse)

Weitere Namen

Schwarzer Maulbeerbaum, Mulbeer (Elsass), Rumelberboam (Helgoland); engl. Mulberry, Black Mulberry, Common Mulberry, franz. Mûrier noir; ital. Gelso nero, mora; span. Morera negra; niederl. Zwarte Moerbei; rumän. Dudul negru; slowak. Morusa Cierna; bulg. Cherna Chernica.

Pflanzenmerkmale und Verbreitung

Als weitere Art ist die Schwarze Maulbeere (*Morus nigra*) zu nennen. Sie ist seltener anzutreffen, stammt aus Westasien und ist in Kleinasien und Südeuropa sowie in Amerika eingebürgert. Auch benötigt sie wärmere Standorte als die Weiße Maulbeere. Sie wächst etwa zu einem 10 m (in der Heimat bis zu 18 m) hohen Baum heran und kann dabei ein Alter von mehr als 100 Jahren erreichen. Ihre Triebe sind behaart, sie hat breite eiförmige Blätter, 6–12 cm lang, aber auch mit bis zu 20 cm Länge. Die Blätter sind kurz zugespitzt und auf der Oberseite rau behaart, die Blattränder sind grob gesägt. Schwarze Maulbeerbäume sind ausschließlich in begünstigten Lagen im Weinbauklima ausreichend frosthart.

Eignung

Der Schwarze Maulbeerbaum wird relativ selten als Obstbaum in Gebieten mit mildem Klima (Weinbauklima und mediterraner Raum) verwendet.

Frucht

Die 1–3 cm langen, langgestielten Früchte von purpurner bis schwarzvioletter Farbe reifen (im Gegensatz zu jenen des Weißen Maulbeerbaumes) folgernd von Mitte Juli bis Ende September. Im Gegensatz zur Weißen Maulbeere schmecken die Früchte der Schwarzen Maulbeere aromatisch, angenehm würzig, süßsäuerlich und sind sehr saftig.

Morus nigra – sehr alter Baum, Habitus (Oster, Mödling)

Morus nigra Detail mit Blättern und Früchten

Morus nigra mit färbendem Saft (J. Rabensteiner)

Verwertung

Die Früchte sind stark färbend. Sie werden roh oder getrocknet gegessen, aber auch zu Marmelade, Gelee oder Wein verarbeitet.

Sorten und Auslesen

Von der Schwarzen Maulbeere werden nur wenige Auslesen angeboten und diese werden nur in Spezialbetrieben angeboten.

Es gibt in Mittelasien regionale Auslesen mit Fruchtgrößen bis zu 6 cm Länge und 3 cm Breite (**'Black Persian'**, **'Black Tabor'**).

'Chelsea' (Syn: **'King James'**, **'James'**): Echte Schwarze Maulbeere, ursprünglich von König James II. zu Beginn des 17. Jh.s in London im (heutigen) Chelsea Physic Garden gepflanzt. Wurde 300 Jahre alt, wurde im Zweiten Weltkrieg zerstört. Langsam wachsender Baum mit großen, länglichen schwarzroten Früchten mit ausgezeichnetem Geschmack.

Am Institut für Obstzüchtung in Bojnice (Slowakische Republik) wurden einige *Morus nigra*-Sorten ausgelesen, diese sind unter der Bezeichnung **'Bo 11'** und **'Bo 12'** bekannt.

'Bo 11': Früchte sind bis zu 2,5–3,5 cm lang, das Fruchtgewicht beträgt 4–6 g. Sie reifen von Anfang Juli bis Ende August, sind von karminroter bis schwarzer Farbe. Ihr Geschmack ist süß mit leichter Säure, sie sind sehr saftig.

'Bo 12': Früchte sind bis zu 3,0–3,5 cm lang, das Fruchtgewicht beträgt 4–6 g. Die Fruchtreife erfolgt Ende Juni, sie sind dunkelviolett bis schwarz.

In Albanien in der Nähe der Stadt Korca/Korce gibt es ein Dorf namens Boboshtice, in dem seit Jahrhunderten Schwarze Maulbeeren kultiviert werden. Daneben gibt es noch ein weiteres Dorf mit Maulbeerkultur, welches Drenova heißt.

In Bobosthice stehen mehrere Hundert Bäume (ca. 400, laut einem Einwohner), es scheint, dass alle gleich alt sind. Die Einwohner meinen, dass diese Bäume 1.000 Jahre alt sind, wahrscheinlich sind sie aber nicht älter als 400 bis 500 Jahre. Aus den Früchten der Maulbeerbäume wird hier Schnaps gebrannt, der interessanterweise noch mit Blättern der Maulbeerbäume ein bisschen eingefärbt wird und damit einen leicht hellgrünen Farbton aufweist. Er dient als eines der wirksamsten Heilmittel.

Die Maulbeerbäume stehen teilweise in Privatbesitz, einige stehen am Friedhof und gehören der Kirche. Ein großer Teil der auf

500-jährige Bäume in Albanien *(J. Rabensteiner)*

Morus nigra 'Black English' (Cochet)

Blattvergleich *Morus alba* (li.), *Morus nigra* (re.)

Gemeindegrund stehenden Bäume unterliegt einem besonderen Nutzungsrecht, wobei 4–5 Bäume einer dort ansässigen Familie zur Nutzung zugesprochen sind, dieses Nutzungsrecht wird weitervererbt. (J. Rabensteiner, persönliche Mitteilung).

Auch in der Slowakei, rund um Pukanec, gibt es ein Anbaugebiet von *Morus nigra*. Die Früchte dieser Maulbeerbäume werden, wörtlich übersetzt, als 'Weinbergerdbeeren' bezeichnet. Sie werden zu Marmelade, Trockenfrüchten, Likör etc. verarbeitet.

ROTE MAULBEERE

Morus rubra L. (*Moraceae*, Maulbeergewächse)

Weitere Namen

Roter Maulbeerbaum; engl. Red Mulberry; franz. Mûrier rouge; ital. Gelso rosso; niederl. Rode Moerbei.

Pflanzenmerkmale und Verbreitung

Die Rote Maulbeere stammt aus den östlichen USA. Sie wurde bereits 1629 nach Europa eingeführt. Der Baum wird etwa 30 m hoch, bil-

Morus rubra (BG Linz)

det eine breit runde Krone aus und trägt große Blätter. Sie sind 7–12 (–20) cm lang, breit eiförmig bis länglich eiförmig, plötzlich lang zugespitzt; scharf gesägt und teils 2–3-lappig. Die Früchte sind 2–3 cm lang, mittelgroß, halbkugelig, leuchtend rot bis dunkelpurpur, saftig und süß. Sie sind essbar und können auch verwertet werden. Allerdings ist *M. rubra* winterhart und wird vorwiegend als Parkbaum geschätzt.

MAULBEERE 'MACROURA'

Morus macroura

Die folgenden Sorten sollen ursprünglich aus Amerika stammen und werden von einem italienischen Produzenten angeboten. Sie sind angeblich nicht mit *Morus alba* 'Pakisten' (Cochet) ident. Die Früchte dieser Art sind etwa 7–8 cm lang.

Sorten

'Pakistan Red'
'Giant Pakistan'
'Pakistan weiß'
'Saharanpur' (weiß)

In Asien werden noch weitere Sorten aus dieser Gruppe kultiviert:
Taiwan long fruit mulberry: Diese Maulbeersorte bringt besonders lange Früchte (es sind wahrscheinlich die größten Maulbeerfrüchte weltweit) hervor. Taiwanesische Landwirtschaftsexperten kreuzten die gewöhnliche Maulbeere (*Morus alba*) mit der so genannten **'wild long fruit mulberry'**. Die Früchte dieser Sorte(n) werden 12–20 cm lang und wiegen etwa 20 g. Zur Reifezeit färben sie sich zuerst pinkfarben und später dunkelpurpur. Sie enthalten 20 % Zucker. Sie sollen nicht sauer sein, sondern süß wie Honig schmecken. Die Bäume sind sehr ertragreich und sollen einen doppelt so hohen Ertrag wie herkömmliche Maulbeersorten bringen. Ob diese unter mitteleuropäischen Klimabedingungen ausreichend winterhart sind, ist bislang nicht bekannt.

Morus macroura 'Giant Pakistan'

Literatur

BOLSCHER, G. G. J., & VAN DER WURF, C. J. M., 1998: Morus - Moerbei. In Dendroflora Nr. 35, 1998
LAUE, F., 2007: Maulbeerbäume und ihre Früchte. Zusammenstellung Landesamt Roth, Kreisfachberatung für Gartenbau und Landespflege.
BRANISLAV, M., 2002: Výskyt Moruse Ciernej (Morus nigra) V OKOLÍ PUKANCA. Diplomarbeit Univerzita Konstantina Filozofa, Fakulta Prirodných Vied, Katedra Ekológie a Environmentalistiky.

Internetseiten

http://www.cochetfrederic.com/muriers-a-fruits.html
http://www.deaflora.de/Shop/Maulbeeren/
http://m.korea.net/german/NewsFocus/Sci-Tech/view?pageIndex=6&articleId=111500
http://olharfeliz.typepad.com/jardin/2011/07/morus-alba-mulberry.html
https://www.rollingrivernursery.com/component/virtuemart/fruit-trees/mulberries-morus-alba-morus-nigra
http://waynesword.palomar.edu/fruitid6.htm
http://foragersyear.wordpress.com/2012/10/01/black-mulberry-morus-nigra-the-great-spring-fruit-harvest/
http://davesgarden.com/guides/pf/showimage/92721/
http://www.pakistan-explorer.com/articles/post-title-click-and-type-to-edit
http://www.lecooke.com/cms/fruit-trees/mulberry-trees.html
http://www.agraria.org/coltivazioniarboree/gelso.htm
http://www.chinasuppliers.jqw.com/sp/2011/07/02/332445/Proshow-85298.html
http://www.pukanec.sk/vyskyt-moruse-ciernej-v-okoli-pukanca.phtml?id3=74258
http://www.aliexpress.com/store/product/1-Taiwan-Long-Mulberry-baby-tree-GROW-YOUR-OWN-PLANT/824282_880001263.html

CUDRANIA, CHE

Cudrania tricuspidata (Carriere) Bureau ex Lavallée (*Moraceae*, Maulbeergewächse)

Weitere Namen

Seidenwurmdorn, Cudrania; engl. Silkworm Thorn, Che, Chinese Che, Chines Mulberry, Cudrang, Mandarin Melon Berry; franz. Epine du ver à soie.

Cudrania ist die nächste Verwandte des amerikanischen Osagedorn (*Maclura pomifera*) und bringt im Aussehen ähnliche, wenn auch viel kleinere, essbare Früchte hervor.

Pflanzenmerkmale und Verbreitung

Die Heimat von Cudrania ist Korea und Zentralchina. Es ist ein sommergrüner, strauchartiger, 4–6 (in der Heimat bis 8) m hoher Baum, meist bleibt er aber strauchig und wächst dann breit ausladend. Die Triebe der jungen Pflanzen sind bedornt, an alten Pflanzen verliert sich diese Bedornung. Er trägt 3-lappige Blätter mit langem Mittellappen, sie können jedoch auch oft ungelappt sein. Je älter die Pflanzen werden, umso weniger weisen die Blätter diese Lappung auf. Die Blätter von Cudrania sind kleiner als die Blätter des Maulbeerbaumes und eher hellgrün. Der Austrieb erfolgt relativ spät.

Blüte

Cudrania ist zweihäusig, männliche und weibliche Blüten sind auf unterschiedliche Pflanzen verteilt. Es können aber auch einige weibliche Blütenstände auf männlichen Pflanzen auftreten. Es ist nicht ganz geklärt, ob die Blüten überhaupt bestäubt (parthenocarp) oder ob sie von männlichen Pflanzen fremdbestäubt werden müssen. Sie entwickeln sich meist in kleinen Gruppen in den Blattachseln der neuen Triebe. Die Blüte erfolgt spät, Ende Mai bis Juni.

Frucht

Diese Verwandte der Maulbeere hat keine Einzelfrüchte, sondern bringt wie die Maulbeere Fruchtstände hervor. Sie sieht ein wenig aus wie eine Mischung einer Maulbeere mit einer (tropischen) Lichee-Frucht. Der Durchmesser der Früchte beträgt 2,5–5 cm, sie sind kastanienrot gefärbt und sehr saftig. Das saftige,

Cudrania tricuspidata Früchte (Cho Mario)

Cudrania tricuspidata Detail

intensiv rote Fruchtfleisch enthält 3–6 Samen pro Frucht(stand). Anfangs haben sie relativ wenig Geschmack, aber in vollreifem Zustand schmecken sie ein bißchen wie Wassermelonen, sie sind jedenfalls sehr schmackhaft. Der Zuckergehalt ist ähnlich wie jener der Feigen. In kühleren Regionen sind die Früchte an den Zweigen nach dem Laubfall sehr zierend. Sie lassen sich nur ernten, indem man sie einzeln pflückt. Sie reifen sehr spät, etwa ab Oktober bis November.

In der Heimat (Korea) können ausgewachsene Bäume bis zu 200 kg Früchte hervorbringen.

Standortansprüche und Pflege

Der Che-Frucht-Baum benötigt einen warmen geschützten Standort (Klimazone 7) sowie mäßig feuchten bis mäßig trockenen, gut durchlässigen Boden. Die Triebe sollten regelmäßig auf etwa 50 % ihrer Länge zurückgeschnitten werden, damit die Pflanzen in Form bleiben. Soll sich die Pflanze eher baumförmig entwickeln, dann sollte man den Haupttrieb aufbinden.

Krankheiten

Sind keine bekannt, allerdings werden die reifen Früchte gerne von Vögeln gefressen, Rotwild frisst Früchte und Blätter.

Anzucht und Vermehrung

Cudrania lässt sich aus Samen erziehen, jedoch benötigen die Pflanzen etwa zehn Jahre, bis sie das erste Mal fruchten. Man kann sie auch durch Grünstecklinge im Sommer vermehren. Wird Cudrania auf Maclura veredelt, so entwickeln sich die Pflanzen deutlich stärker.

Verwertung

Die Früchte können roh verzehrt oder auf unterschiedliche Weise in der Küche verwertet werden. Man kann sie einige Tage im Kühlschrank lagern. Kocht man sie gemeinsam mit anderen Früchten, so lässt sich der Geschmack dadurch etwas verbessern (nachschärfen). Aus den reifen Früchten wird auch ein schmackhafter Fruchtnektar hergestellt.

Gelegentlich werden Cudrania-Früchte in China und Korea auf lokalen Märkten angeboten.

Auszüge aus dem Holz und der Rinde werden in deren Heimat auch in der Volksmedizin verwendet.

Sorten und Auslesen

Gelegentlich wird eine samenlose Sorte angeboten.

Cudrania tricuspidata Habitus mit Früchten

Internetseiten

http://www.crfg.org/pubs/ff/che.html
http://www.youtube.com/watch?v=rru5UUeuYTk

ZIRBEL-KIEFER

Pinus cembra L. (*Pinaceae*, Kieferngewächse)

Weitere Namen

Zirbe, Arve, Arola-Pinie; engl. Arolla Pine, Swiss Stone Pine; franz. Arolle, Pin cembro.

Die Zirbe ist ein meist 10–20 m hoher Baum der kalten, kontinental geprägten Klimalagen und des Hochgebirges von 1.300–2.750 m Seehöhe. Sie bildet Reinbestände zwischen 1.500 und 2.000 m. Sie können 700–1.000 Jahre alt werden. Das Verbreitungsgebiet erstreckt sich von den Alpen über die Karpaten (subsp. *cembra*), ein weiteres Areal reicht vom östlichen Nordrussland über dem Ural bis nach West- und Mittelsibirien (subsp. *sibirica*, var. *sibirica*). Die sibirische Varietät wird neuerdings als eigene Art betrachtet: *Pinus cembra* L. var. *sibirica* (Du Tour) G. Don 1830 als Sibirische Zirbel-Kiefer (engl. Siberian Pine) bezeichnet.

Die Zapfen der Zirbe sind ei- oder tonnenförmig, sie werden 5–9 cm lang und 3,5–6 cm dick. Anfangs sind sie aufrecht stehend und bläulich grün bis violett gefärbt, zur Reife nach rund einem Jahr verfärben sie sich hellbraun. Sie bleiben auch im Herbst des zweiten Jahres geschlossen und fallen im Frühjahr des 3. Jahres nach der Reife ab. Ihre Samen sind länglich, 8–14 mm lang, 6–8 mm breit, mattbraun gefärbt und von einer 0,6 mm dicken Samenschale umgeben. Die Samen sind essbar.

Pinus cembra Habitus

Pinus cembra Zapfen

Pinus cembra Zweigdetail mit Nadeln

Pinus pinea Habitus

Gewinnung von Pignioli

Sie werden gelegentlich in geringem Ausmaß von der lokalen Bevölkerung gesammelt.

Verwertung

Früher verwendete man Zirbelnüsse in Mischungen mit anderen Mehlen, daraus wurden Kuchen oder Brot gebacken. Man verwendete die Zirbelnüsse auch für den Kuchenteig und zum Dekorieren. Früher war in der Steiermark auch Gebäck mit Zirbennuss-Füllung geläufig. Die so genannten 'Nißln' wurden bei geselligen Zusammenkünften miteinander geknackt, in der Pfanne geröstet und zum Wein gegessen.

In der Schweiz sammelte man in den Fruchtjahren vorerst die notwendige Menge für die Samenvermehrung, die dann in den dafür vorgesehenen Forstgärten angebaut wurde. Wenn für die Vermehrung ausreichend Samen gesammelt waren, gab man das Sammeln zu Speisezwecken auch für die Einwohner frei.

Unreife junge Zapfen werden von Ende Juni bis Mitte Juli gesammelt und zum Ansetzen in Alkohol (Kornbrand) verwendet. Daraus bereitet man den etwas harzig schmeckenden, rötlich gefärbten „Zirben-Likör", „Zirben-Geist" oder „Zirben-Schnaps" (das ist eigentlich ein „Ansatz-Schnaps"). Allerdings sind in einigen Gebieten die Zirben unter Naturschutz gestellt, ein Ernten der Zapfen ist hier natürlich verboten.

Die so genannten „Zedernüsse" sind die Samen der Sibirischen Zirbe (Sibirische Zirbel-Kiefer, Sibirische Zeder, *Pinus cembra* var. *sibirica*). Sie werden unter anderem in der Taiga des Altai-Gebietes und in der Mongolei gesammelt. Informationen zufolge ist eine gute Ernte etwa alle sieben Jahre zu erwarten. Zur Erntezeit (September bis Dezember) werden die reifen Zapfen vom Boden aufgesammelt. Normalerweise werden die Zapfen in Rucksäcken oder großen Säcken aus dem Wald gebracht und getrocknet. In meist selbstgebastelten Geräten (ähnlich einem Fleischwolf) werden die Zapfen zerkleinert. Anschließend wird das Gemisch aus Zapfenresten und Nüssen gesiebt und die kleineren Schalenreste vom Wind oder mit Hilfe eines Ventilators entfernt. Dann werden die Nüsse getrocknet. Auf diese Art bringt ein Sammler pro Saison (ein bis zwei Monate) eine bis zwei Tonnen „Zedernüsse" aus dem Wald.

„Zedernüsse" sind sowohl in der Mongolei als auch in China als Snack sehr beliebt und werden auch in der dortigen Küche verwendet. Der Großteil der „Zedernüsse" wird nach China exportiert.

Sie enthalten pro 100 g Eiweiß 19,1 g, Kohlenhydrate 7,5 g, Fette 62,3 g (davon einfache ungesättigte 15,38 g, mehrfach ungesättigte 41,3 g), Ballaststoffe 5,6 g sowie zahlreiche Mineralstoffe (Calcium 11 mg, Eisen 5,3 mg, Magnesium 225 mg, Phosphat 510 mg, Natrium 0,6 mg, Zink 6,2 mg, Kupfer 1,2 mg und Mangan 10,8 mg). Außerdem wird aus den Zirbelnüssen der Sibirischen Zirbe ein hochwertiges „Zirbelkiefernöl" hergestellt.

Pinus cembra – Zedernüsse

Neben den „Zedernüssen" werden auch Pinienkerne (Pignioli) gehandelt. Hierbei handelt es sich um die Samen der Echten Pinie (*Pinus pinea*), die im Mittelmeergebiet heimisch ist. Die im Handel angebotenen Pignioli stammen vorwiegend aus Spanien, Frankreich, Portugal und der Türkei. Zur Ernte der Pignioli werden die Pinienzapfen zuerst getrocknet und dann meist mechanisch zerkleinert und anschließend die Samen getrennt. Im Vergleich mit den Zedernüssen sind die Pinienkerne deutlich schmäler und länglich. Neuerdings stammen die im Handel angebotenen „Pinienkerne" oft aus China, Pakistan oder Korea. Die Sorten mit den eher dreieckigen kleinen Samen mit dunkler Spitze stammen von der Korea-Kiefer (*Pinus koraiensis* Sieb. et. *Zucc.*; engl. Korean Pine; franz. Pin de Corée).

Vereinzelt wird berichet (USA, Belgien), dass nach dem Verzehr von Pinienkernen aus China und Pakistan nach 1–3 Tagen ernsthafte, vorübergehende, jedoch ungefährliche Geschmacksstörungen (bitterer, metallischer Geschmack, der einige Tage anhält) auftreten. Deren Ursachen sind bislang unbekannt. Nach amerikanischen Informationen dürfte es sich hierbei um Samen der Armand-Kiefer oder Gewöhnlichen Chinesischen Weiß-Kiefer (*Pinus armandii* Franch.). handeln. Sie ist nahe verwandt mit der Korea-Kiefer.

In New Mexico und Colorado wächst die Nuss-Kiefer oder Rocky-Mountain-Kiefer (*Pinus edulis* Engelm.). Auch deren Samen (Pinon) sind essbar und weisen einen angenehmen, mandelartigen Geschmack auf, wenn sie leicht geröstet werden.

Auch die Samen der Chilenischen Araukarie (*Araucaria araucana* (Molina) K. Koch, syn.: *A. imbricata*, *A. chilensis Andentanne*, engl. Chile Pine, Monkey Puzzle; franz. Araucaria du Chili, Bourreau des singes) sind essbar. Die Mapuche-Indianer überlebten den Winter allein durch den Verzehr der Araucarien-Samen (pinones)

Pinus koraiensis – Pinus pinea – Pinus cembra (v.l.n.r.)

Internetseiten

http://www.zirbenholz.at/zirbe/verwendung/zirbelnuesse/
https://www.el-puente.de/index.php?modul=info&modus=html_pg&produktgruppe_id=159&buchstabe=XYZ&typ=pg&menu_id=9&&t=Unsere%20Partner/Projekt%C3%BCbersicht/XYZ/Zedernuesse---mo1
http://de.ria.ru/photolents/20110926/260681853_10.html
http://www.conifers.org/pi/Pinus_sibirica.php
http://de.wikipedia.org/wiki/Pinienkern
http://de.wikipedia.org/wiki/Chilenische_Araukarie

GRANATAPFEL

Punica granatum L. (*Punicaceae*, Granatapfelbaumgewächse)

Weitere Namen

engl. Pomegranate; franz. Grenadier, Pomme de Grenade; ital. Melagrana; span. Granada; holl. Granaatappel; norweg. Garanateple.

Den Granatapfelbaum kannten bereits die alten Ägypter um 2500 v. Chr., wie aus Abbildungen in Tempeln und aus Grabbeigaben belegt ist. Auch bei den Persern und Juden hatte der Granatapfel eine große symbolische Bedeutung. Bei den Griechen und Römern war der Granatapfel darüber hinaus ein bekanntes Fruchtbarkeitssymbol. Über die Araber gelangte der Granatapfel schließlich nach Spanien und damit nach Europa. In Spanien sind Stadt und Provinz 'Granada' sogar nach dem Granatapfel benannt, auch das spanische Staatswappen zeigt den Granatapfel.

Pflanzenmerkmale und Verbreitung

Die Heimat ist Vorderasien bis zum Himalaja. Der Granatapfel ist ein aufrechter, etwa 2–4,5 m, mitunter sogar bis 8 m hoher Strauch oder kleiner Baum. Mitunter ist er etwas bedornt. Die Blätter sitzen an Kurztrieben und sind länglich oval bis lanzettlich, 3–8 cm lang und 5–10 mm breit.

Blüte

Die zwittigen Blüten sind auffällig, sie sitzen zu 1–3 an den Enden der Zweige in den Blattachseln. Die Kronblätter sind leuchtend korallenrot, zart und faltig. Die Blütezeit ist Juni/Juli.

Frucht

Die Frucht, der Granatapfel, ist rund, etwa apfelgroß und kann bis 500 g wiegen. Die etwa 5 mm dicke ledrige Fruchtschale ist gelbbraun oder orangegelb bis scharlachrot. Sie weist 6 meist verhärtete Kronzipfel auf, die wie ein kleines 'Krönchen' aussehen.

Die Frucht ist durch hautartige (bitter schmeckende) Fächer in 6 Teile unterteilt, in welchen sich die zahlreichen (300–400) Samen befinden. Diese sind etwa 7 mm lang und 1–2 mm breit. Jeder der Samen wird von einer

Punica granatum 'Tirol' Blüte und Habitus

Punica granatum

weißfleischigen, durchscheinenden, rosafarbenen, saftig und süß-aromatisch schmeckenden Samenschale umhüllt. Die Fruchtschale verursacht bräunliche Flecken, die sich mit Wasser nicht entfernen lassen.

Verwertung

Der essbare Teil des Granatapfels ist das hellrote bis weißliche Fleisch der Samenhüllen. Zum Öffnen der Frucht wird diese mehrfach eingeschnitten, geöffnet, man zieht die Spalten ab und legt somit das Innere der Frucht frei. Man kann die Früchte auch mit der Zitronenpresse auspressen. Der Saft schmeckt angenehm süß bis feinsäuerlich. Der Saftanteil an der Frucht beträgt etwa 37 %. Er wird zu Herstellung von Sorbets (in Mischung mit gesüßten Fruchtsäften und Früchten) verwendet. Auch Grenadine ist ein ähnliches, aus Granatapfelsaft hergestelltes Getränk. Weitere Verwendung finden Samen und Samenhüllen in Obstsalaten, Eisbechern und Gelees. In der orientalischen Küche verwendet man Granatapfelsamen auch zu Fleischgerichten und Fisch.

An Inhaltsstoffen sind je 100 g 16,4 (bis 19) g Kohlenhydrate, 0,5 g Eiweiß, 0,3 g Fett, 10,2 mg/100 g Ascorbinsäure, 10 mg/100 g Calcium und zahlreiche Mineralstoffe enthalten.

Aus den Fruchtschalen gewinnt man einen zitronengelben bis rotbraunen Farbstoff zum Färben von Orientteppichen und Leder. Stamm und Wurzelringe liefern den Ausgangsstoff für die Droge 'Cortex Granati', ein kräftiges Bandwurmmittel.

Standortansprüche und Pflege

Der Granatapfel wächst am Naturstandort auf mittelgründigen, mäßig nährstoffreichen Böden. Er benötigt einen durchlässigen Boden und sehr geschützten Standort. Normalerweise wird er als Kübelpflanze kultiviert und frostfrei überwintert.

Außerhalb von Gebieten mit Weinbauklima ist der Granatapfel nicht winterhart. Auch in Gebieten mit Weinbauklima benötigt er einen gut vor Winterkälte geschützten Standort. Er ist bis etwa –10 °C winterhart. Für die Ausreife der Früchte benötigt der Granatapfel etwa 5–7 Monate.

Sorten und Auslesen

Es werden in den Mittelmeerländern zahlreiche Sorten kultiviert. Diese haben bei uns in Mitteleuropa jedoch keine Bedeutung, da sie nicht winterhart sind.

'Göttin Juno': besonders großfrüchtige Sorte, Frucht bis 10 cm groß.

'Favorite'™ (Süd-Russland): Sorte mit hellorangen Blüten, mittelgroße, dunkelrote Früchte. Selbstfruchtbar. Reife Oktober/November.

'Crimson Sky'™ (Nikita botanischer Garten, Ukraine): Früh reifende und regelmäßig fruchtende Sorte mit großen, kräftig rot gefärbten, schmackhaften Früchten.

Sorten in den USA

'Phil's Sweet Pomegranate': mittelgroße Früchte, leicht rosa Fruchtschale, Samen mit hohem Zuckergehalt mit leicht säuerlichem

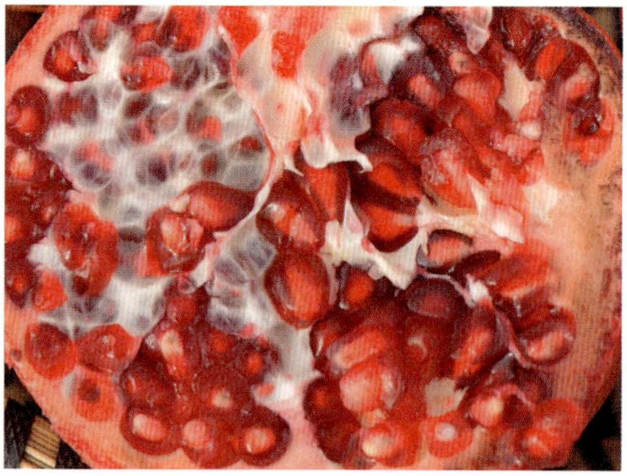

Punica granatum Frucht aufgeschnitten

Punica granatum in Gesellschaft seltener Obstarten

Beigeschmack. Fruchtreife Ende September. Nicht sehr frosthart (Zone 7–10).

'Austin': Stammt aus Syrien. Sorte mit besonders großen Früchten. Sehr saftreich, dunkelrosa Fruchtschale mit rotem Farbton. Der Saft hat einen leicht bitteren Geschmack (Zone 8).

'Red Silk' (syn. **'Crab'**): Reichfruchtende Sorte. Früchte mit gutem, leichtem Mandelgeschmack und schöner roter Farbe. Wird etwa 2 m hoch. Nicht frosthart (Zone 8–9).

'Eve': Reichfruchtende Sorte mit roter Fruchtschale (Zone 7B–9).

'Salavatsky': Sehr winterharte Auslese des Granatapfels. Soll in Zone 6 winterhart sein (sonst Zone 7–9).

'Parfianka' (Garrigala Agricultural Station, Turkmenistan): Große und gut ausgefärbte, leuchtend rote Frucht, höchste Qualität, selbstfruchtbar (Zone 7–9).

'Desertnyi' (Turkmenistan): Sehr saftreiche Früchte. Terracottafarbene Fruchtschale, ausgewogenes süßsaures Aroma (Zone 7–9).

'Lyubimy' (Russland): Mittelstark wachsend. Relativ gut winterhart. Zone 6 (sonst Zone 7–9).

'Kazake Hardy Pomegranate' (Usbekistan): Ist neben 'Salavatski' die härteste Sorte (Zone 6–9).

'Kaj-acik-anor' (Cray-a keek-a-nor, Usbekistan-Tadschikistan): Relativ gut winterharte Sorte mit großen runden Früchten, hohem Zuckergehalt und ausgewogenem süß-säuerlichem Geschmack (Zone 7–8).

Internetseiten

http://de.wikipedia.org/wiki/Granatapfel
http://ediblelandscaping.com/products/shrubs/Pomegranates/
http://www.crfg.org/pubs/ff/pomegranate.html
http://www.schreiber-baum.at/alternativ.htm

JUJUBE

Ziziphus Mill. (*Rhamnaceae*, Kreuzdorngewächse)

Neben *Ziziphus jujuba* sind noch *Z. lotus* (L.) Lam. und die tropische *Z. mauritiana* Lam. (Indian Jujube) weitere verwandte Arten. Jujuben dürfen aber nicht mit der Jojobe (*Simmondsia chinensis*, Jojobastrauch) verwechselt werden.

Jujuben sind bereits in der Antike im Mittelmeergebiet bekannt. Plinius berichtete über sie:
Gleichfalls fremd sind die Brustbeeren und die Tuberes, welche beide erst kürzlich, diese aus Afrika, jene aus Syrien, nach Italien gekommen sind. Sextinus Papinius, den ich als Consul gekannt habe, brachte sie zuerst zu uns in den letzten Lebensjahren des Kaisers Augustus, und ließ sie im Lager auspflanzen. Sie gleichen mehr den Beeren als den Äpfeln, dienen aber den Wällen zur grossen Zierde, denn sie reichen jetzt schon bis an die Dächer."

Vor dem 16. Jahrhundert war sie in Mitteleuropa bekannt als 'Brustbeerlein' (Hieronymus Bock) oder 'Rot-Brust-Beerlin' (Clusius und Dodoens).

Ziziphus jujuba Habitus

Ziziphus jujuba 'Lang' Habitus mit Früchten

JUJUBE

Ziziphus jujuba Mill. (*Rhamnaceae*, Kreuzdorngewächse)

Weitere Namen

Chinesische Brustbeere, Chinesische Dattel, Indische Brustbeere, Brustbeere, Rote Dattel, Judendorn, engl. Jujube, Chines Jujube; franz. Jujubier; ital. Giuggiolo; span. Azufaifo Chino, Yujaba, Ginga; niederl. Jujubes; norweg. Brystbaer.

Pflanzenmerkmale und Verbreitung

Die Jujube stammt ursprünglich aus Nord- und Nordostchina. Sie wird heute aber in ganz China, Nordwestindien, Japan, Korea, Indien, Vietnam, Georgien, Afghanistan, Sudan und Westasien bis in den Mittelmeerraum und Nordafrika sowie in Nord- und Südamerika

Ziziphus jujuba Detail mit Blüte

Ziziphus jujuba 'Lang' Detail mit Früchten

kultiviert. Bereits seit Jahrtausenden wird die Jujube in den Halbwüstengebieten Chinas kultiviert und auch heute noch zählt sie zu den wichtigsten Obstarten in China.

Die Jujube ist ein bis zu 10–12 m hoher, strauchartiger, oft knorriger und häufig bedornter Baum mit lockerer Krone. Meist bleibt sie jedoch kleiner und erreicht Wuchshöhen von 4–7 m.

Ihre Zweige sind hin und her gebogen. Die kleinen, eiförmigen Blätter sind 3–6 cm lang, glänzend hellgrün gefärbt und weisen bei vielen Arten zwei Dornen an der Unterseite auf.

Blüte

Ihre kleinen grünlich gelben Blüten sitzen achselständig zu 2–3, sind kurz gestielt und erscheinen im späteren Frühjahr (Mittelmeergebiet) oder Frühsommer (Juni/Juli). Die Blüten werden von Bienen, Fliegen und anderen Insekten bestäubt. Die Jujube ist selbstfruchtbar und benötigt keinen Befruchter. Die Sträucher oder Bäume sind sehr reichfruchtend.

Frucht

Jujuben-Früchte sind 3–5 cm große, längliche, braunrot glänzende Steinfrüchte, sie sehen oft aus wie Oliven oder kleine Datteln. Anfangs sind sie gelblich grünlich gefärbt, erst mit zunehmender Reife werden sie braunrot und glänzend. Im Inneren befindet sich ein länglicher, auf beiden Seiten zugespitzter Kern. Zur Vollreife sind sie essbar. Ihr gelblich weißes, mildsüßes Fruchtfleisch erinnert im Geschmack an Äpfel. Im trockenen Zustand nehmen sie eine 'mehlige' Konsistenz an. Ihre Haut erscheint dann etwas angewelkt und ist leicht runzelig, dann schmecken sie mild-süß.

100 g Jujuben enthalten etwa 1,4 g Eiweiß, 0,3 g Fett und 24 g Kohlenhydrate. Der Zuckergehalt beträgt etwa 20 g/100 g, für einige Kultursorten wird ein Zuckergehalt von bis zu 45 % (wahrscheinlich bei getrockneten Früchten?) angegeben. Sie sind auch sehr reich an Mineralstoffen und Vitaminen: etwa 21 mg Calcium, 0,5 mg Eisen, 3 mg Natrium, Vitamin A und ca. 70 mg Vitamin C sind in den Früchten enthalten. Daneben sind noch Mineralstoffe wie Kalium, Phosphor, Calcium und Eisen enthalten.

Verwertung

Eine amerikanische Lady beschreibt die Jujube als *„crispy like an apple, and sweet like a date"*, was soviel bedeutet wie *„knackig wie ein Apfel und süß wie eine Dattel"*.

Die Früchte reifen von September bis Oktober und werden bei uns gelegentlich von Oktober bis Dezember angeboten. In Westeuropa werden Jujuben von August bis Oktober gehandelt. Sie werden als italienische 'Giuggiole' oder Französische Jujuben auf den Märkten angeboten.

Jujuben werden ähnlich wie Datteln verwendet. Man verzehrt sie üblicherweise roh mit der Schale, solange sie noch fest sind bzw. wenn sie schon zu schrumpfen beginnen. In getrockneter Form stellen sie ausgezeichnete

Ziziphus jujuba 'Lang' Früchte

Ziziphus jujuba Fruchtverarbeitung

Energiespender dar. In Südeuropa werden sie als Tafelfrucht verzehrt und im Winter getrocknet gegessen. Auch Marmelade wird aus den Früchten bereitet, darüber hinaus werden sie in Honig eingelegt oder kandiert. Nach kurzzeitigem Erhitzen der Früchte (z. B. bei der Zubereitung für Marmelade) ändert sich der Geschmack der Jujuben: Aus den vorher wenig aromatischen Früchten werden Früchte, die in der Konsistenz und auch im Geschmack (!) an süße, reife Datteln erinnern.

In Italien werden aus den Früchten unter anderem auch alkoholische Getränke und ein Likör (brodo die guiggiolo) hergestellt.

In China entkernt man die Früchte und trocknet sie. Dann werden sie wie Rosinen verwendet, man kocht sie auch auf und isst sie mit Reis und Honig vermischt. Mit Zucker und Honig kandierte Früchte sind in Asien als Handelsware bekannt. In Amerika werden aus Jujuben Bonbons und 'Zuckerln' hergestellt.

In der Volksmedizin werden sie als Sirup oder getrocknet als Brusttee ('Brustbeere') verwendet und sollen bei Erkältungsbeschwerden Linderung bringen. Die Blätter werden auch – ähnlich wie jene des Maulbeerbaumes – als Seidenraupenfutter verwendet. Das rote und sehr dauerhafte Holz wird gerne von Tischlern verwendet.

Standortansprüche und Pflege

Die Jujube benötigt ein sehr mildes Klimagebiet (Winterhärtezone 8, Weinanbaugebiete), kann in Mitteleuropa eher nicht bzw. nur in günstigsten Lagen und bei entsprechendem Winterschutz gepflanzt werden. Sie übersteht angeblich kurzzeitig Temperaturen bis –15 °C, wobei die Winterhärte mit bis zu –20 °C angegeben wird. In wintermilden Gebieten (z. B. Rheintal, Küstengebiete) ist es möglich, Jujuben im Garten anzupflanzen, allerdings ist ein Schutz (zumindest bei jungen Pflanzen!) vor der Wintersonne angeraten (Abdeckung mit Reisig, Vlies o. Ä.). Von einer Überwinterung außerhalb dieser begünstigten Klimalagen wird abgeraten.

In kälteren Regionen wird die Jujube üblicherweise als Kübelpflanze kultiviert und frostfrei überwintert.

Krankheiten und Schädlinge

Weitgehend schädlingsfrei, in extrem heißen Sommern können Spinnmilben auftreten.

Vermehrung und Anzucht

Lässt sich aus Samen vermehren. Junge Pflanzen beginnen ab einem Alter von 3–4 Jahren zu tragen. Allerdings bringen die Samen mitunter keine zufriedenstellenden Nachkommen, wenn man auf die Früchte Wert legt. Samen von großfrüchtigen Auslesen, die selbstfruchtbar sind, produzieren eine größere Anzahl tauber (nicht keimfähiger) Samen (mehr als 50 %). Die Samen, die durch eine Fremdbestäubung entstanden sind, keimen wesentlich besser. Zur Keimförderung sollte man die Steinkerne mit einer Baumschere öffnen. Die Samen sollten zwei Monate lang stratifiziert werden, dürfen dabei aber keinen Minustemperaturen ausgesetzt werden. Die Sämlinge benötigen etwa zwei Jahre, bis sie veredelt werden können. Von wurzelechten Sorten kann man auch

Wurzelausläufer sowie Wurzelschnittlinge zur Vermehrung heranziehen. Normalerweise werden die Sorten aber veredelt (Chip-Budding, Okulation und Kopulation mit Gegenzunge).

Jujube-Aktivitäten

Das oberitalienische Städtchen Arquà Petrarca bei Padua ist bekannt für die Ernte von 'Brustbeeren' (ital. = giuggiole). Hier findet einmal jährlich im Herbst die „Festa delle Giuggiole" statt. Dann werden verschiedene Produkte aus den Früchten hergestellt, wie etwa Schnäpse und Konfitüren.

Zhanhua (Binzhou) in der Provinz Shandong wird als „China's Winter Jujuben Hauptstadt" bezeichnet. In dieser Region existiert eine durchgängige industrielle Kette von der Produktion über das Verpacken, Transport, Verarbeitung und den Verkauf. Auf etwa 33.000 ha werden hier Jujuben produziert und etwa 700.000 t Jujuben geerntet. Auf Bildern aus dieser Region kann man sehen, dass die Winter-Jujuben beinahe die Größe von kleineren Äpfeln erreichen. Sie werden wohl vorwiegend industriell verarbeitet.

In Zhanhua findet seit 1999 alljährlich im Oktober das „Winter Jujuben Festival" statt. Im Rahmen dieses Festivals findet der Jujuben-Industrie-Gipfel statt. Es wird ein Jujuben-Qualitäts-Wettbewerb durchgeführt, Jujuben-Ernte-Veranstaltungen abgehalten, Jujube-Produkte werden präsentiert u. v. m. Winter-Jujuben werden bereits seit Tausenden von Jahren in Zhanhua kultiviert. Sie sind berühmt für ihren süßen, saftigen Geschmack, ihre knackige Konsistenz und die reichhaltigen Inhaltsstoffe (viele Vitamine und 19 essentielle Aminosäuren).

Ziziphus jujuba 'Lang' Früchte Detail aufgeschnitten

Sorten und Auslesen

Für den mitteleuropäischen Raum sind bislang kaum Auslesen bekannt, da die Pflanzen bisher als nicht ausreichend frosthart eingestuft wurden. Inzwischen hat sich aber herausgestellt, dass die *Ziziphus jujuba* in wintermilden Gebieten wohl ausreichend winterhart ist. Für wirklich 'extreme' Winter liegen bisher allerdings noch keine Ergebnisse vor.

In China und Indien wird die Jujube auch in Plantagen angebaut. In China und Korea soll es über 500 Sorten geben. Darunter sind auch Sorten, die für den Frischverzehr nicht geeignet sind, sondern nur verarbeitet werden. Um 1900 wurden von dem Sammler Richard Meyer zahlreiche Kultivare in China gesammelt. Diese schickte er in das Forschungszentrum in Chico, Kalifornien. Auch heute noch werden zahlreiche neue Sorten von Sammlern in verschiedenen Ländern in Amerika eingeführt.

Deshalb ist die Jujube in den wärmeren Regionen Amerikas (z. B. Arizona) schon seit Langem in Kultur und es gibt hier inzwischen zahlreiche Sorten.

Auch in Italien werden an der Versuchsanstalt für Obstbau in der Provinz Verona seit 1995 sechs Sorten von *Ziziphus jujuba* (**'Bulu-osuzao'**, **'Dabaizao'**, **'Dongzao'**, **'Hupingzao'**, **'Meimizao'** und **'Zanhuangdazao'**) aus China eingeführt, um diese auf deren Anbaueignung zu erproben. Es hat sich bestätigt, dass sie auch hier die aus China bekannten Eigenschaften aufwiesen. Die eingeführten Sorten produzieren etwa zwei- bis dreimal so große Früchte wie die bislang hierzulande verwendeten Sorten. Das einzige Problem, welches bei diesen Sorten aufgetreten ist, ist, dass die Früchte bei Regen Risse bekommen. Die Fruchtreife dieser Sorten beginnt Mitte September mit **'Meimizao'** (dattelgroß, ver-

'Da Baizao' (H. R. Müller)

'Meimizao' (H. R. Müller)

'Li' (Dattel *Ziziphus LuLi*) (Lubera Ag)

'Black Sea' (Powell Garden)

'Coco' (Powell Garden)

'Lang'

gleichbar mit den in Italien bekannten Sorten) und endet in der dritten Oktoberwoche mit **'Dongzao'**. Die Ernte muss in zwei bis vier aufeinanderfolgenden Durchgängen erfolgen. Die Früchte einiger Sorten, insbesondere bei **'Dabaizao'**, sind allerdings nicht homogen bezüglich ihrer Größe. Insgesamt sind sie jedoch für den Frischverzehr hervorragend geeignet, sie besitzen ein knackiges Fruchtfleisch und schmecken sehr gut. Vorteile dieser Sorten sind die schnelle Baumentwicklung sowie die frühen und hohen Erträge, die großen Früchte und die Verfügbarkeit über einen längeren Erntezeitraum. Der Geschmack und die Konsistenz ähneln einem trockenen Apfel. Bei regnerischem Wetter besteht die Gefahr von Rissbildungen in der Fruchtschale.

Im August 2014 fand in Brisbane, Australien, ein Internationales Jujube-Symposium statt. In Mitteleuropa werden folgende Sorten angeboten:

'Guiggiolo': Italienische Sorte mit aromatischen Früchten, Früchte sind klein bis mittelgroß, hoher Zuckergehalt, gute Winterhärte.

'Li' (syn. **LULI**): Fruchtgrößen von etwa 1,3–4,5 cm, groß, rundlich, sie schmecken süß und fruchten frühzeitig.

'Lang' (syn. **LULANG**): Die Frucht ist etwas größer als jene von **'Li'**, länglicher oder birnenförmig, 1,5–4,5 cm groß und süß. Fruchtreife setzt ebenfalls frühzeitig ein.

Weiters noch: **'Pera'**, **MELA LI** (syn.: **'Li'**), **'Sativa'**, **'JuTao Zao'**

In Amerika kultivierte Sorten

'Sheerwood': Hat kleinere Früchte als Li und reift später. Die Früchte lassen sich bis zu 6 Wochen im Kühlschrank aufbewahren.

'Silverhill': Sorte mit großen Früchte.
'So': Bringt hochwertige Früchte hervor.
'Shui Men': Früchte mit gutem Geschmack und mittlerer Reifezeit.
'GA 866': Zeichnet sich durch einen besonders hohen Zuckergehalt aus.
'Black Sea' (Nikita Botanic Garden in Yalta, Ukraine): Produziert große birnenförmige Früchte, beliebte Sorte mit hohem Ertrag. Die Früchte sind süßlich und aromatisch.
'Coco': Rundliche Früchte.
'Honey Jar': Kleine rundliche Früchte.
'Sugar Cane': Früchte oval, ähnlich jenen der Sorte **'Lang'**, jedoch kleiner.
'Tsao': Schmale längliche Früchte.
Weitere Sorten sind noch: **'Chin Sze Tsao', 'Hu Ping Tsao', 'Lang Tsao'** (Mello Jujube), **'Ming Tsao', 'Mu Shing Hong Tsao', 'Tsui Lang Tsao** (Fragile Jujube), **'Tun Ku Yu Zsao', 'Twen Ku Lu Tsao', 'Wuhu Tsao'** (Seedless Jujube), **'Ya Tsao', 'Yuen Ling Tsao', 'Yu Tsao'** (Tooth Jujube) sowie **'Li#2', 'Shanxi Li', 'Redlands#4', 'Chico'** (GI 7-62), **'Sihong', 'Kitaiska#60'** und **'Ant Admire'**

Ziziphus jujuba Früchte (Bassem Samaan)

Jujube *Ziziphus jujuba* frisch, Khansar Basar

Literatur

Cossio, F., Bassi, G., 2013. FIELD PERFORMANCE OF SIX CHINESE JUJUBE CULTIVARS INTRODUCED AND TESTED IN NORTHERN ITALY. Acta Hort. (ISHS) 993, S. 21–28. http://www.actahort.org/books/993/993_2.htm

Internetseiten

http://pflanzenspezl.de/pflanzen/chinesische-dattel--22/pflege.html
http://www.ernaehrung.de/lebensmittel/de/F551000/Jujube.php
http://www.papayatreenursery.com/gallery/main.php?g2_itemId=164
http://www.arquapetrarca.com/index.php?option=com_content&id=122&Itemid=126&lang=it
http://www.treesofjoy.com/content/jujube
http://www.ihc2014.org/symposium_43.html
http://www.lecooke.com/cms/fruit-trees/jujube-trees.html
http://english.boeun.go.kr/boeunContents.html?menucode=S01M03
http://www.ihc2014.org/symposium_43.html

ROSINENBAUM

Hovenia dulcis (Thunb.) (*Rhamnaceae*, Kreuzdorngewächse)
(syn. *Hovenia acerba* Lindl., *Hovenia inequalis* DC.)

Weitere Namen

Japanischer Rosinenbaum

Pflanzenmerkmale und Verbreitung

Der Rosinenbaum ist von Japan über China bis nach Korea verbreitet. Er ist sommergrün und wächst zu einem etwa 8–10 m hohen Baum heran. Die 10–20 cm großen Blätter sind breit eiförmig bis elliptisch und zugespitzt.

Blüte

Grünlich weiß bis gelblich grün, 6–8 mm breit, in 5–7 cm breiten vielblütigen zymösen Blütenständen zusammengefasst. Sie erscheinen von Juni bis August und verbreiten einen streng süßlichen Duft.

Hovenia dulcis Habitus

Hovenia dulcis Blüten und Früchte

Frucht

Hell graubraun, bis 7 mm dick, ungenießbar, Früchte werden jedoch selten ausgebildet. Die 'vermeintlich' essbare Frucht ist jedoch die verdickte, zur Reife fleischig werdende, rötlich braune Fruchtstandsachse. Reife von August bis Oktober.

Standortansprüche und Pflege

Wärmeliebend, in der Jugend frostempfindlich.

Krankheiten

Keine bekannt.

Anzucht und Vermehrung

Durch Samen.

Verwertung

Die süßen, duftenden Fruchtstiele können roh verzehrt und auch gekocht werden. Sie ähneln im Aussehen den Rosinen, deshalb auch der Name. Aus ihnen wird ein Süßstoff gewonnen.

In Korea wird auch das Holz des Baumes in Alkohol eingelegt und aufgekocht und als Heilmittel verkauft.

Internetseiten

http://de.wikipedia.org/wiki/Japanischer_Rosinenbaum
http://www.agrafood.co.kr/news/news_view.asp?seq=2698&category=1010

WILD-APFEL

Malus sylvestris Mill. (*Rosaceae*, Rosengewächse)

Weitere Namen

Holz-Apfel, Essig-Apfel; engl. Wild Crab; franz. Pommier sauvage; ital. Mela; span. Manzana.

Der Holz-Apfel oder Wild-Apfel war wahrscheinlich schon in prähistorischer Zeit ein wichtiges Fruchtgehölz. Er ist einer der Ausgangsformen unserer Kultur-Äpfel.

Die Heimat des Holz-Apfels erstreckt sich von Europa bis nach Westasien. Er kommt vom Tiefland bis in Höhenlagen von 1.100 m in den Alpen vor. Sommergrüner, bis 10 m hoch wachsender Baum mit aufsteigenden oder abstehenden Ästen und nicht blühenden Seitentrieben, oft in Dornen endend. Die Blätter sind eiförmig, zugespitzt, 6–9 cm lang, stumpf-dunkelgrün und anfangs dicht behaart. Die weißen, außen rosa überlaufenen Blüten entwickeln sich in endständigen, wenigblütigen Doldentrauben. Sie öffnen sich von April bis Mai und sind gering selbstbefruchtend. Die Früchte sind 2,5–3 cm große, feste, gelbgrüne, mitunter sonnenseitig leicht gerötete, herb-säuerlich schmeckende Äpfel.

Malus sylvestris Früchte

ORIENTALISCHER APFEL

Malus orientalis UGLITZK. (syn.: *Malus sylvestris* Mill. subsp. *orientalis* (UGLITZK.))

Weitere Namen

Kaukasus-Apfel

Dieser Wild-Apfel (wird in der fachbotanischen Literatur nicht als eigene Art geführt) ist von Nordanatolien und dem Nordiran bis in den Kaukasus beheimatet. Er wächst zu einem Baum von 9–12 m heran, ist meist dornenlos und bringt 10–30 mm dicke, kugelige Früchte hervor. Die 10–25 mm langen Fruchtstiele sind behaart, die Früchte süß bis sauer, oft auch bitter und adstringierend. Der Kaukasus-Apfel ist anfällig für Schorf und Feuerbrand, je nach Herkunft auch für Mehltau. Breznev & Korovina berichten von einer reich fruchtenden Zwergform in Nachitschevan mit großen schmackhaften Früchten.

Dieser Apfel ist neben Siever's Apfel ein sehr wichtiger Vorfahre unseres Kultur-Apfels.

Malus orientalis (P. A. Schmidt)

SIEVER'S APFEL

Malus sieversii (Ledeb.) M. Roem. (*Rosaceae*, Rosengewächse)

Weitere Namen

Altai-Apfel.

Malus sieversii ist der Kulturform unseres Apfels genetisch ähnlich. Biologen haben im Tianshan-Gebirge in Kasachstan somit (mit großer Wahrscheinlichkeit) den Vorfahren des Apfels entdeckt. Sein Erbgut ist mit dem des Kultur-Apfels nahezu identisch – es handelt sich hierbei also wahrscheinlich um den eigentlichen „Urapfel".

Siever's Wildapfel ist in Zentralasien von Tadschikistan über Kirgisien, Kasachstan bis Westchina beheimatet, er wächst dort in den Bergwäldern von 800–2.000 m Seehöhe. Er wächst dort nicht als Einzelexemplar wie unser Wild-Apfel, sondern bildet mitunter große Apfelwälder, wie sie sonst nirgends bekannt sind. Die leicht bedornten Bäume erreichen dort Wuchshöhen von 2–10 m, auch Exemplare von 14 m Höhe kommen noch vor. An sich schwankt die Fruchtgröße der kugeligen bis leicht länglichen Apfelfrüchte zwischen 35 und 60 mm. Die Wildapfelbäume am Naturstandort in Kasachstan werden bis zu 30 m hoch, haben einen Durchmesser von zwei Metern und ein geschätztes Alter von 300 Jahren. Sie sind jedoch sehr alt und bringen eine große Anzahl von Früchten ganz unterschiedlicher Größe, Farbe und Geschmack hervor.

Der Ur-Apfel kann auch verzehrt werden. Dieser Apfel hat sowohl einen etwas bitteren wie auch einen sauren Geschmack.

Der Wild-Apfel bzw. Auslesen davon sind weniger anfällig für Krankheiten wie Feuerbrand, Apfelschorf oder Mehltau. Auch ist er robuster gegenüber Klimaveränderungen. Ihre Bäume gedeihen noch bei +40 °C, aber auch noch bis –40 °C. Somit könnte diesem Wild-Apfel eine wichtige Rolle bei der Züchtungsarbeit des Kultur-Apfels zukommen.

Malus sieversii Kasachstan, Aksu Zhabagly (T. Ster)

Malus sieversii (Sary Chelek, Kyrgyzstan) (Brian Kabbes)

Malus sieversii (Sary Chelek, Kyrgyzstan) (B. Kabbes)

Internetseiten

http://www.3sat.de/mediathek/?mode=play&obj=26373
http://www.kabbes.nl/fruitandfeltfotos.html

ZIERAPFEL

Malus-Arten und -Sorten sowie *Malus*-Hybriden (*Rosaceae*, Rosengewächse)

Pflanzenmerkmale und Verbreitung

Die etwa 35 verschiedenen Wildapfelarten sind von Asien über Europa bis nach Nordamerika verbreitet. Neben dem eigentlichen heimischen Wild-Apfel werden etwa 10 weitere Apfelarten und zahlreiche Hybriden als Ziergehölze in unseren Gärten und Parkanlagen verwendet.
Die meisten Zieräpfel wachsen strauch- bis baumförmig und können 4–6 (–8) m hoch werden, wobei Kronendurchmesser von 3–4 (–5) m erreicht werden. Die Blütenfarbe variiert je nach Art und Sorte von Weiß über Rosa bis Dunkelrot. Auch die Blütengröße ist sortenabhängig, sie beträgt in der Regel etwa 2,5–3,5 cm. Blütezeit ist der Mai, wobei die Blüte sich bis Anfang Juni erstrecken kann. Neben normalen grünlaubigen Formen gibt es auch rotlaubige Sorten.

Eignung

Zieräpfel sind reich blühende, kleinkronige Bäume oder Sträucher, die im Hausgarten als Solitärgehölze kaum mehr wegzudenken sind. Als Blickfang kommen sie besonders im Vorgarten gut zur Geltung, denn Wuchs, Blüte und Fruchtbehang sind äußerst attraktiv. Sie benötigen mittelschwere Böden, die gut mit Nährstoffen versorgt und mäßig feucht sein sollten. Der Standort sollte sonnig sein. Die Zieräpfel sind auch gut frosthart und können somit auch in kühleren Regionen gepflanzt werden. Sie sind gute Bienenweiden sowie als Pollenspender für Kulturapfelsorten geeignet.

Frucht

Die Früchte sind etwa 1,5–3,5 cm groß, variieren natürlich je nach Sorte. Auch Form und Fruchtfarbe sind recht unterschiedlich. Sie können gelb sowie gelbrot bis dunkelrot ausgefärbt sein und bereits ab September abfallen oder bis lange in den Winter hinein an den Bäumen verbleiben. Auch bezüglich Geschmack und Bekömmlichkeit gibt es große Unterschiede. An Inhaltsstoffen sind Kohlenhydrate, insbesondere Zucker, aber auch die Vitamine A, B und C in geringen Mengen sowie organische Säuren, Mineralstoffe und Gerbstoffe zu nennen.

Verwertung

Die Früchte eignen sich prinzipiell zur Herstellung von Most und Apfelwein, aber auch Schnäpse, Marmeladen und Gelees, vorwiegend in Mischungen, sind bekömmlich. Sie sind auch als Kompott gut verwertbar. Die Früchte des Wildapfels sollen auch für therapeutische und Medizinalzwecke geeignet sein. Die Schalen sind Bestandteil von Apfelschalentees und Kräutermischungen.

Standortansprüche und Pflege

Der Zierapfel stellt keine besonderen Bodenansprüche. Nährstoffreiche, mittelschwere, gut durchlüftete Lehmböden mit mäßiger Bodenfeuchte sind günstig. Sonnige bis halbschattige Lagen werden bevorzugt. Schnittmaßnahmen sind nur bei Jungbäumen empfehlenswert (Aufbauschnitt), später sollte nur mehr im Bedarfsfall geschnitten werden.

Malus 'John Downie' Habitus mit Blüten

Malus 'Jown Downie' Früchte

Krankheiten und Schädlinge

Manche Sorten sind mehltau- oder schorfanfällig.

Vermehrung und Anzucht

Reine Wildformen lassen sich durch Samen (müssen stratifiziert werden) vermehren, Sorten und Hybriden werden durch Veredelung vermehrt.

Sorten und Auslesen

'John Downie': 1875 in England entstanden, er hat bis 4,5 cm große weiße Blüten, die Früchte sind bis 4 cm lang und 3 cm dick, länglich, orangerot gefärbt, sehr früh reifend und bald abfallend. Da sie sehr wohlschmeckend und süß sind, darüber hinaus auch einen hohen Anteil an Pektin besitzen, eignen sie sich besonders für Mus- und Kompottzubereitung. Auch der Zierwert ist sehr hoch, zumal diese Zierapfelsorte kaum anfällig für Schorf ist.

Innerhalb des ungemein umfangreichen Zierapfelsortiments gibt es natürlich noch viele Sorten, deren Früchte sich für eine Verwertung anbieten, dies hier weiter auszuführen, würde aber den Rahmen des Buches sprengen.

WILD-BIRNE

Pyrus pyraster L. Burgsd. (*Rosaceae*, Rosengewächse)

Weitere Namen

Wilder Birnbaum, Holz-Birne, Saubirne; engl. Wild Pear; franz. Poirier Sauvage.

Die Birne war bereits den Griechen und Römern bekannt. Die Römer kannten bereits Techniken des Veredelns und bereiteten aus den Birnen Most und Kompott. *Pyrus* war bereits der Name des Birnbaumes bei den Römern. Die (*P. pyraster*) Holz-Birne ist zusammen mit der Ölweidenblättrigen Birne (*P. elaeagrifolia*) wichtigster Vorfahre der Kulturbirne.

Pflanzenmerkmale und Verbreitung

Die Wild-Birne ist von Westeuropa bis zum Kaukasus beheimatet. Sie kommt an sonnigen Hängen, Gebüschen, Hecken und lichten Mischwäldern vor. Sie wächst sowohl in den Ebenen, kommt aber auch noch in den Alpen bis in Seehöhen von 900 m vor.

Oft wächst sie nur strauchig, kann aber zu einem kleinen bis mittelgroßen Baum (5–15, mitunter bis 20 m) mit einer breit-pyramidalen Krone heranwachsen. Die Borke ist grau und kleinschuppig. Die Triebe der Wild-Birne sind teils mit verdornten Kurztrieben versehen. Ihre lang gestielten, 3–7 cm langen, rundlich bis breit elliptischen, glänzenden Blätter verfärben sich im Herbst gelblich bis orangerot.

Pyrus pyraster Früchte

Blüten

Bereits im April, meist vor dem Laubaustrieb, erscheinen die weißen Blüten mit roten Staubblättern. Sie sind am Ende beblätterter Kurztriebe in 3–9-blütigen Doldentrauben angeordnet. Außerdem riechen sie aufgrund des Trimethylamins etwas unangenehm und werden von Bienen und Fliegen bestäubt.

Frucht

Die bis 3 cm großen, langstieligen, kugeligen bis birnenförmigen Früchte sind meist graugrün bis bräunlich punktiert oder gefleckt. Ihr Geschmack ist herb und adstringierend, außerdem befinden sich in den Früchten zahlreiche Steinzellennester (verholzte Zellen im Fruchtfleisch). Wild-Birnen reifen im Oktober. An Inhaltsstoffen sind vor allem Kohlenhydrate, Mineral- und Gerbstoffe, Pektin sowie geringe Konzentrationen an Fruchtsäure und Vitaminen enthalten und sie weisen einen hohen Rohfasergehalt auf.

Eignung

Nur für große, naturnahe Gärten als Fruchtgehölz interessant, allerdings nicht zur Fruchtgewinnung. Diesbezüglich sind zahlreiche Birnensorten als Obstsorten im Handel. Sie können jedoch für hohe Abpflanzungen, sonnige Böschungen, Angrenzungen zur freien Landschaft gepflanzt werden, denn sie sind sehr anpassungsfähig. Sie ist ein ökologisch wertvolles Gehölz, eine Bienenweide und ein Vogelschutzgehölz.

Verwertung

Die Früchte können zur Saft- und Marmeladenherstellung verwendet werden, aber auch zur Bereitung von Obst- und Branntwein. Darüber hinaus sind sie eher für medizinale bzw. therapeutische Zwecke (*Diureticum* = zum Entwässern) geeignet.

Außerdem ist das Holz des Birnbaumes sehr wertvoll, denn es ist hart und schwer, dauerhaft und gut polierbar. Es wurde vor allem für Fruchtpressen, Messinstrumente usw. verwendet.

Standortansprüche und Pflege

Die Wild-Birne ist anpassungsfähig, meidet eher nasse Standorte, ist hitzeverträglich und etwas spätfrostempfindlich. Sie wächst aber sowohl auf saurem wie auch auf kalkhaltigem Untergrund sowie auf feuchten bis sommertrockenen Standorten.

Krankheiten und Schädlinge

Wie Obstsorten. Sie ist gering frostempfindlich, aber für Feuerbrand und für Schorf anfällig.

Vermehrung und Anzucht

Durch Aussaat, das Saatgut muss stratifiziert werden.

Sorten und Auslesen

Von der Wild-Birne selbst sind keine Sorten bekannt.

Allerdings sind Mostbirnenbäume in einigen Gebieten landschaftsprägende Elemente. Most-Birnen zählen allerdings bereits zur Kultur-Birne (*Pyrus communis*) und sind keine Wild-Birnen.

SCHNEE-BIRNE

Pyrus nivalis Jacq. (*Rosaceae*, Rosengewächse)

Weitere Namen

Leder-Birne; engl. Snow Pear.

Die Schnee-Birne ist im südlichen Mitteleuropa und in Kleinasien beheimatet. Die westlich verbreitete Unterart wird als Echte Schnee- oder Leder-Birne bezeichnet (*P. nivalis* ssp. *nivalis*). Diese Art wird mitunter auch als Hybridgruppe zwischen *P. pyraster* und *P. elaeagrifolia* angesehen. Sie wächst zu einem kleinen Baum von 10 m heran, wird aber mitunter bis 20 m hoch. Ihre Zweige sind nicht bedornt. Die verkehrt eiförmigen bis elliptischen Blätter färben sich im Herbst dunkelrot. Ihre

'Hirschbirne' (A. Wilfling)

'Hirschbirne' (A. Wilfling)

Früchte sind kugelförmig bis kreiselförmig, etwa 30–50 mm im Durchmesser, hellgelb bis gelbgrün, orangegelb punktiert, sonnseitig rötlich, herb schmeckend, spät reifend, nach Frosteinwirkung genießbar. Sie ist gering frostempfindlich, aber feuerbrandanfällig.

Die Schnee-Birne ist die Stammform verschiedener Mostbirnensorten, insbesondere der 'perry cider pears' aus England und Nordwestfrankreich.

Die Schnee-Birne (Wildformen) galt in Österreich lange als verschollen bzw. ausgestorben, in der Steiermark, Niederösterreich und im Burgenland sind nachweislich noch einige alte Bäume vorhanden. In der Steiermark wurde die Schnee-Birne häufig als Unterlage für großkronige Mostbirnbäume verwendet. Die Sorte **'Hirschbirne'** ist ebenfalls ein Abkömmling der Schnee-Birne (dafür sprechen Merkmale wie Staubblattanzahl, dicht filziges Laub/Kelch etc., Art der Herbstverfärbung u. a. m.). Die genetische Überprüfung (Sequenzierung) ergab eindeutig, dass 'Hirschbirnen' zur Art *Pyrus nivalis* zu zählen sind.

Die steirische Sorte **'Hirschbirne'**, heute vor allem als 'Pöllauer Hirschbirne' bekannt, stammt von der Schnee-Birne ab. Der Name 'Hirschbirne' hat nichts mit dem Hirsch zu tun, sondern bezieht sich auf das mundartliche 'Hiascht', was 'Herbst' bedeutet. Die Birne reift als letzte im Jahreskreis. Sie wächst in Höhenlagen von 350–1.000 m und ist für die Oststeiermark typisch. In der Region um Pöllau wird sie seit jeher entsprechend genutzt. Die Bäume werden bis zu 16 m hoch und können 200 Jahre alt werden. Ihre Früchte reifen von Mitte September bis Ende Oktober. Die Früchte sind rundlich, etwas breiter als hoch (etwa 50 x 54 mm), das Fruchtgewicht beträgt durchschnittlich 80 g (je nach Höhenlage 60–100 g). Mit wirtschaftlich relevanten Erträgen kann man nach ca. 12 Jahren rechnen, im Vollertrag produziert ein Baum ca. 600 kg Früchte (vereinzelt bis zu 1.000 kg).

Der Phenolgehalt (Gerbstoffe) der Pöllauer Hirschbirne ist im Verhältnis zu anderen Mostbirnensorten sehr hoch. Früher wurden die Früchte meist getrocknet und als Dörrbirnen (so genannte 'Kletzen') genossen, heute steht die Nutzung als Saft und Edelbrand im Vordergrund. Es werden aber auch andere Produkte, wie Hirschbirn-Schokolade, Hirschbirn-Essig, Hirschbirn-Pastete etc., daraus bereitet.

Chemische Vollanalysen der Inhaltsstoffe ergaben, dass die Hirschbirne aufgrund ihres hohen Polyphenolanteils vorbeugend gegen Herz- und Kreislauferkrankungen wirken kann. Zudem kann der hohe Ballaststoffanteil der Hirschbirne (entspricht dem von Weizen-Vollkornmehl) so manche Zivilisationskrankheiten (z. B. Verstopfungen u. v. m.) vermeiden helfen.

Die Hirschbirne dürfte als Zufallssämling schon um 1800 entstanden sein. Die ältesten, noch heute in der Region wachsenden Bäume stammen aus einer Auspflanzung um 1870. Der hohe wirtschaftliche Stellenwert in der Region um Pöllau (Export nach Wien etc.) wurde bereits 1893 schriftlich in der Pöllauer Chronik durch Franz Eigel dokumentiert.

WEIDENBLÄTTRIGE BIRNE

Pyrus salicifolia Pall. (*Rosaceae*, Rosengewächse)

Weitere Namen

Weiden-Birne; engl. Willow Leaved Pear; franz. Poirier á Feuilles de Saule.

Diese Birnenart kommt im Kaukasus und im Iran natürlich vor. Bei uns ist sie zumeist nur als Gartenform (*P. salicifolia* 'Pendula') in Gärten und Parks anzutreffen. Es ist ein 2–3 m hoher und ebenso breit wachsender Strauch mit grausilbrigem, breit lanzettlichem Laub. Sie bringt typische Birnenblüten hervor, ebenso Früchte. Diese sind kreiselförmig, 2–3 cm lang, grün, hart mit herbem Geschmack. Vielfach wird diese Birne auf Hochstämmchen veredelt, oft auch als Formgehölz geschnitten.

Pyrus salicifolia 'Pendula' Habitus, Blüten und Früchte

ÖLWEIDENBLÄTTRIGE BIRNE

Pyrus elaeagrifolia Pall. (*Rosaceae*, Rosengewächse)

Weitere Namen

Kleinasiatische Birne, Ölweiden-Birne.

Die Ölweidenblättrige Birne ist gemeinsam mit der Schnee-Birne die wichtigste Ausgangsart unserer Kulturbirnen. Sie ist von Bulgarien ostwärts bis über die Türkei und zur Krim heimisch. Sie wächst zu einem Strauch oder kleinen Baum heran, meist breit aufrecht, mitunter kandelaberartig. Die Triebe sind filzig, dornig bis unbewehrt. Ihre kugelförmigen bis kreiselförmigen Früchte von 20 mm Dicke und 13 mm Länge sind grün und nach Lagerung und Trocknung essbar.

Diese Birnenart zeichnet sich durch weitgehende Trockenheitstoleranz und Kälteresistenz aus, ist aber feuerbrandempfindlich.

Internetseiten

http://www.agrar.steiermark.at/cms/beitrag/11405600/61254549/
http://www.pflanzen-lexikon.com/Box/Pyrus_pyrifolia.html

HAGEBUTTENBIRNE

x *Sorbopyrus auricularis* (Knoop) C. K. Schneid. (*Rosaceae*, Rosengewächse)
(1799: *Pyrus malifolia*, *Pyrus tomentosa*, *Bollwilleria auricularis*, *Azarolus pollvilleriana* und *Sorbus bollwilleriana*)

Weitere Namen

Bollweilers Birnbaum, Hainbuttenbirne, Hagebuttenbirne, (1799: Azerolbirn, Rothe Azerolbirn, Rothe Hainbuttenbirn, Rothe Hongbirn, Neapolitanische Mispeln); engl. Bollwyller Pear.

J. B. Stickler schreibt in 'Der teusche Obstgärtner' 1799:

Sie gehört zu Nr. 15. der Vten Klasse der Birnenformentafel, zu den plattbauchigen stumpfspitzigen Birnen. Der Stiel diese Birn ist sehr lang, und enthält oft zweimal die Grüße ihrer Länge. Die Farbe der Birn ist größtentheils hell oder ziegelroth und fällt auf der von der Sonne abstehenden Seite etwa ins Gelbe, und es scheint als wäre sie im Rothen mit vielen gelben Pünktchen besetzt. Die Schale ist eine dünne. Das Kernhaus sitzt gleich unter der Blume und ist ziemlich rund. Die Kernkammern sind geräumlich und offen; die Kerne länglich und zugespitzt, aber gröſsthentheils taub. Der Kernkammern sind aber nur vier, oft findet man deren nur drey. Das Fleisch ist weiſsgelb und zart; der Saft süſs und angenehm, behagt aber doch nicht jedem. Die Birn hat wirklich etwas von dem Geschmack der bekannten Hainbutten, von der sie ja auch ihren Namen hat. Sie wird Ende des Septembers reif, hält sich aber nur vierzehn Tage, worauf sie teigig wird. Sie trägt nicht alle Jahre, aber wenn sie trägt, so trägt sie voll und die Früchte sitzen gern büschelweise an ihrem Tragholze beisammen.

x *Sorbopyrus auricularis* Detail mit Blüte

x *Sorbopyrus auricularis* Detail mit Früchten

x *Sorbopyrus auricularis* Früchte, Detail

Man genießt sie frisch, kann aber nicht viel von ihnen essen. Man pflegt sie auch einzumachen ehe sie noch recht reif werden' .

Weiters: *'Sie (Früchte) sind am Baum recht schön anzusehen, obgleich mehr Lust als Nutzen davon zu erwarten ist. Am Rhein wird sie 'Mispelbirn' genannt, vielleicht weil Sie am Fleisch etwas mispelhaftes hat.*

Bei dieser Art handelt es sich um eine Hybride zwischen der Mehlbeere (*S. aria*) und der Birne (*Pyrus communis*), die erstmals im 16. Jahrhundert im Elsass gefunden und von Baron Bollweiler beschrieben wurde. Von dort aus wurde diese Art dann als Obst- und Ziergehölz verbreitet. Heute ist sie nur mehr selten zu finden, auch diesbezügliche Literatur gibt es nur mehr in alten Werken. Sie wurde 1959 vom ehemaligen Jugoslawien als **'Shipova'** in die USA gebracht. 1986 wurde sie ein zweites Mal (diesmal aus Mazedonien), jetzt allerdings unter dem Namen **'Smokvarka'**, in die USA gebracht.

Der Hagebuttenbirnbaum ist ein kleiner Baum von etwa 5–6 (–15) m Wuchshöhe. Die Blätter sind langgestielt, ähnlich jenen der Mehlbeere, doch etwas schmäler, zugespitzt, etwa 7,5 cm lang und 3,5 cm breit. Im Austrieb sind sie beiderseits graufilzig, später bleiben nur die Unterseiten filzig behaart, oberseits werden sie glatt. Ihre Herbstfärbung ist bemerkenswert, sie leuchten in kräftigen gelb-orange-roten Farbtönen.

Die Blüten sind relativ groß, 2–2,5 cm, weiß mit auffällig roten Staubblättern, Kelch und Blütenstiel sind filzig behaart. Blütezeit etwa zwei Wochen nach den Birnen. Sie sind selbstfertil. Aber sie bilden kaum Früchte aus, auch wenn sie fremdbestäubt werden. Die Früchte sind leicht birnenförmig, 2–3 cm lang, langgestielt, in den Stiel auslaufend, erst grünlich, dann hell- oder ziegelrot (gelborange) und sonnseits gerötet. Sie sind essbar, der Geschmack erinnert ein wenig an überreife Mostbirnen.

Die Hagebuttenbirne ist heute sehr selten anzutreffen, gelegentlich wird sie als Parkbaum gepflanzt. Könnte als interessanter Hausbaum dienen, der Fruchtfall ist jedoch zu beachten. Sie stellt keine besonderen Ansprüche an Boden und Klima, gedeiht auch noch in kalten Regionen.

Vermehrung durch Veredelung auf *Sorbus*-Arten (gute Ergebnisse mit *S. intermedia* als

x *Sorbopyrus auricularis* 'Shipova' (S. Maksymiuk)

Unterlage) oder auf Birnensämlingen bzw. auch auf Quitte. Durch Veredelung auf *Aronia* bleiben die Pflanzen wesentlich kleiner, werden kaum 2,0–2,5 m hoch (werden in den USA als 'Dwarf Shipova' angeboten).

Ist nicht anfällig für Krankheiten, jedoch wie die *Pyrus* und *Sorbus* feuerbrandgefährdet.

x *Sorbopyrus auricularis* var. *bulbiformis* **'Baciu'** (stammt aus Rumänien, ist in allen Teilen kleiner, 2-facher Chromsomensatz: je einer von Pyrus und Sorbus): Das ist wahrscheinlich der Typ mit den ziegelroten birnenförmigen Früchten.

'Shipova' und **'Smokvarka'** sind wahrscheinlich ident. Sie sind triploid (2 x *Pyrus* und 1 x *Sorbus*). Die Früchte dieser Sorten sind ähnlich, kugelig, 4–6 cm dick, mit muskatähnlichem Geschmack und süß. In den USA wird auch eine **'Baby Shipova'** angeboten, die zwar genauso aussieht, allerdings als Baum wesentlich kleiner bleibt.

Internetseite
http://www.ars-grin.gov/cor/presentations/Intergeneric%20Pomes%20HTML/IntergenericPomes_frame.html

QUITTENBIRNE

x *Pyronia veitchii* (Trab.) *Guillaumin*
(syn.: × *Pyronia veitchii* var. *luxemburgiana Guillaumin*, *Pyronia veitchii Guillaumin*)

Hybride zwischen Quitte (*Cydonia oblonga*) und der Birne (*Pyrus communis*).

Wuchs anfangs strauchig, später mehrstämmig, bis 4 m hoch, 2–3 m breit. Blüte weiß bis rosaweiß im Mai bis Juni, Nachblüte im Herbst. Bevorzugt leicht sauren bis neutralen Boden. Früchte ca. 8 cm lang, rundlich, süßlicher Geschmack, weiches Fruchtfleisch, für Frischgenuss oder Weiterverarbeitung zu Kompott und Mischmarmelade geeignet.

x Pyronia veitchii (S. Maksymiuk)

x Pyronia veitchii Früchte

Internetseite
http://www.ars-grin.gov/cor/presentations/Intergeneric%20Pomes%20HTML/IntergenericPomes_frame.html

SAND-BIRNE

Pyrus pyrifolia var. *pyrifolia* (Burm. F.) Nakai (*Rosaceae*, Rosengewächse)
China-Birne, engl. Sand Pear

Die Sand-Birne kommt von Zentral- bis Südostchina sowie in Korea vor. Sie ist die Ausgangsform der asiatischen Birne ('Nashi'), die in Asien seit etwa 2.000 Jahren kultiviert wird. Der Baum wird etwa 5–12 m hoch und entwickelt eine breit ovale bis ausladende Krone. Die jungen Triebe sind flockig behaart und später kahl und rötlich bis braun mit großen Lentizellen. Ihre Früchte sind fast kugelig mit einem Durchmesser von 20–30 mm, grün bis braun und hell punktiert sowie berostet. Das Fruchtfleisch ist hart und mit zahlreichen Steinzellen versehen.

x Pyrus pyrifolia Blüte

NASHI-BIRNE

Pyrus pyrifolia var. *culta* (Makino) Nakai

Weitere Namen

Asiatische Birne, Japanische Birne; engl. Nashi Pear.

Pflanzenmerkmale und Verbreitung

Die Kulturform der Nashi-Birne wächst zu einem 7–15 m hohen Baum heran. Ihre bis 12 cm großen Blätter sind anfangs wollig behaart, die Blattoberfläche ist später glatt.

Blüten

Die weißen, 2,5–3,5 cm großen Einzelblüten sind zu je 6–9 in traubigen Blütenständen zusammengefasst. Sie sind selbstfertil und verströmen einen süßlichen angenehmen Geruch.

Frucht

Die beinahe kugeligen Früchte weisen eine harte und oft raue Haut auf, Grundfarbe ist bronzebraun. Die Ernte erstreckt sich je nach Region von Juli (japanischen Varietäten) bis Oktober (Chinesische Sorten).

Die neueren japanischen Kultursorten haben eine dünne, gelbe bis hellgrüne essbare Schale und ein helles, festes, saftiges Fruchtfleisch mit nur wenigen Steinzellen. Der Name 'Sand-Birne' (wurde gelegentlich auch für die Nashi-Birne verwendet) kommt davon, dass bei den älteren Sorten häufig Steinzellennester (Körnungen) im Fruchtfleisch vorhanden waren.

Pyrus pyrifolia Nashi Birne 'Hosui' Habitus mit Früchten

Pyrus pyrifolia 'Er Shi Shinge' (S. Maksymiuk)

Pyrus pyrifolia 'Shinseiki' (S. Maksymiuk)

Pyrus pyrifolia 'Hosui'

Pyrus pyrifolia 'Nijiseiki' (Häberli)

Eignung
Obstbaum in Gärten und Plantagenanbau.

Verwertung
Das Fruchtfleisch ist sehr hell, etwas durchscheinend, sehr knackig und saftig. Es vereinigt das Birnenaroma mit der Säure und der knackigen Konsistenz eines Apfels. Nashi-Birnen können wie Äpfel oder Birnen mit oder ohne Schale gegessen werden.

Inhaltsstoffe
Die Inhaltsstoffe der Nashi sind vergleichbar mit jenen unserer mitteleuropäischen Birne. Allerdings ist ihr Fettgehalt etwas geringer, dafür ist ihr Wassergehalt etwas höher als der unserer Birne.

Standortansprüche und Pflege
Nashi-Bäume sind robust und frostfest. Gegenüber Krebs und Feuerbrand sind sie jedoch empfindlich. Ihre Ansprüche gleichen jenen der Birnbäume, sie sind aber wegen ihrer frühen Blüte mehr spätfrostgefährdet als diese. Sie gedeihen am besten in geschützter, sonniger Lage in einem nährstoffreichen, tiefgründigen Boden. Allerdings meiden sie zu schwere oder zu kalkreiche Böden. Wegen der frühen Blüte benötigen sie spätfrost- und windgeschützte Standorte.

Da sie sehr reich fruchten, ist ein Ausdünnen der Früchte erforderlich. Durch den Wind können bei den Früchten Reibschäden oder Vorerntefruchtfall auftreten.

Krankheiten und Schädlinge
Wie Obstsorten. Sie ist gering frostempfindlich, aber für Feuerbrand und für Schorf anfällig.

Vermehrung und Anzucht
Vermehrungsmethoden wie bei der Birne.

Plantagenmäßiger Anbau
Die Nashi-Birne wird vorwiegend in Japan, Korea, Neuseeland, Australien angebaut, aber

es gibt inzwischen auch in Italien und Südfrankreich Nashi-Plantagen. Nashi-Pflanzen werden – ähnlich wie Kiwis – plantagenmäßig als 1,8–2,0 m hohe Spaliere gezogen ('Japanisches Pergola'-Sytem)

Sorten und Auslesen

In Japan, China und den übrigen Anbauländern gibt es eine große Anzahl an Sorten. Erhältliche Sorten sind:
'Kosui': Frucht mittelgroß, gelbbraun berostet, angenehm honigartiges Aroma, Geschmack süß und saftig; Reifezeit Anfang September.
'Shinseiki': Frucht mittelgroß, glattschalig gelb, besonders reichtragend, Geschmack saftig-süß; Reifezeit Mitte September. Wird auch als besonders guter Pollenspender angeführt.
'Nijisseiki': Frucht mittelgroß, glattschalig gelb, Geschmack saftig-süß; Reife ab Mitte September. Diese Sorte ist in Japan Hauptsorte, sie liefert den größten Anteil der etwa 220.000 t betragenden japanischen Nashi-Produktion.
'Hosui': Frucht mittelgroß, gelbbraun bis gelbrötlich berostet, angenehm honigartiges Aroma, Geschmack süß und saftig; Reife ab Anfang September.

Internetseiten

http://www.naturpark-poellauertal.at/de/essen-trinken/poellauer-hirschbirne/die-birne
http://www.agrar.steiermark.at/cms/beitrag/11405600/61254549/
http://www.pflanzen-lexikon.com/Box/Pyrus_pyrifolia.html
http://www.ho.haslo.pl/article.php?id=2183
http://translate.google.at/translate?hl=de&sl=pl&u=http://www.ho.haslo.pl/article.php%3Fid%3D2183&prev=search
http://translate.google.at/translate?hl=de&sl=pl&u=http://www.ho.haslo.pl/article.php%3Fid%3D2122.&prev=search

SCHEINQUITTE, ZIERQUITTE

Chaenomeles Lindl. (*Rosaceae*, Rosengewächse)

Neben der Japanischen und der Chinesischen Scheinquitte werden vor allem Hybriden aus diesen beiden Arten kultiviert.

JAPANISCHE SCHEINQUITTE, ZITRONENQUITTE

Chaenomeles japonica (Thunb). Lindl. ex Spach (*Rosaceae*, Rosengewächse)
(syn. *Cydonia japonica* (Thunb.) Pers., *Cydonia maulei* (Mast.) T. Moore, *Pyrus japonica* Thunb., *Pyrus maulei* Mast.)

Weitere Namen

Japanische Scheinquitte, Wilde Quitte, Busch-Quitte; in der Schweiz, volkstümlich Brennender Dornbusch, Feuerbusch, Feuerstrauch; engl. Japanese Quince, Maule's Quince; franz. Cognassier du Japon; ital. Cotogno della Ciba; span. Membrillero Japonés; niederl. Japanse Kwee; poln. Pigwowiec Japónski; dän. Lille Japankvaede; schwed. Rodenkvitten; russ. Ajjva Japonskaja.

Pflanzenmerkmale und Verbreitung

Die Schein- oder Zierquitte stammt aus Ost-China und Japan und wird seit etwa 1880 in Europa kultiviert. Es handelt sich hier um einen kleinen, etwa 1 m hohen und ebenso breiten Strauch mit sparrigem Wuchs und dornigen Trieben. Der sommergrüne Strauch besitzt wechselständige, breit eiförmige und bis zu 5 cm lange, gestielte Blätter, deren nierenförmige Nebenblätter auffällig stängelumfassend sind.

Blüte

Blütenknospen werden vorwiegend an Kurztrieben des Altholzes gebildet, die Blüten selbst stehen meist zu 2–4 zusammen, sind von ziegelroter Farbe und erscheinen knapp vor oder mit den Blättern im April (Mai). Sie sind selbstfruchtbar, etwa 3–4 cm groß und sehr attraktiv.

Frucht

Apfel-, birnen- oder walzenförmige Scheinfrüchte, die gelb, gelbgrün oder gelbrot gefärbt sein können. Die Oberfläche der Früchte ist deutlich gefurcht oder gerippt, jedoch glattschalig. Die Früchte erreichen ein Fruchtgewicht von 30–65 g, sind dünnschalig, festfleischig, stark aromatisch und sauer (Säuregehalt um 5–7 %). An Inhaltsstoffen sind der hohe Vitamin-C-Gehalt (70–120 mg/100 g), reichlich Pektin (1,3–2,8 %) sowie ein Zuckergehalt bis 2 % und Aromastoffe erwähnenswert. Fruchtreife September/Oktober.

Der Fruchtertrag liegt bei etwa 1–3 (–5) kg pro Strauch, teilweise können sogar höhere Erträge erzielt werden, es werden jedoch viele Samen (bis 10 % der Fruchtmasse) gebildet.

Eignung

Zier- oder Scheinquitten sind sehr dankbare, attraktive Blütensträucher für den Hausgarten mit langer Blütezeit, wobei sowohl schwachwüchsige (*C. japonica*) und starkwüchsige (*C. speciosa, C.* x *superba*) Sorten zur Verfügung stehen. Abgesehen von stark kalkhaltigen Böden sind sie anpassungsfähig, auch in kälteren Regionen ausreichend winterhart und wegen der Früchte als Wildobst interessant. Auch ökologisch sind sie wertvoll, da sie gerne von

Chaenomeles japonica 'Cido' Habitus mit Blüte

Chaenomeles japonica 'Cido'-Sämling mit weißer Blüte

Insekten besucht werden und ein gutes Schutz- und Nährgehölz für Vögel und Kleinsäuger darstellen.

Verwertung

Die Früchte der Scheinquitte reifen ab September und sind nicht für den Rohverzehr, sondern ausschließlich zur Verarbeitung geeignet. Man sollte sie vor der Verarbeitung kurzzeitig blanchieren, dadurch wird ein intensiverer Geschmack der Verarbeitungsprodukte erzielt. Die Früchte selbst – bzw. deren Saft – werden in der Regel in Mischung mit säurearmen Fruchtarten wie Apfel, Birne, Schwarzer Holunder, aber auch Kürbis, Melone und Quitte verwendet. Weiters werden die Früchte zu Gelee, Marmelade, Obstpasteten und Quittenbrot verarbeitet. Auch kandierte Früchte, Süßmost, Likör und Wein kann man daraus bereiten. Der hocharomatische Saft eignet sich auch zum Ansäuern von Fruchtsalaten. In den Heimatländern finden die Früchte auch in der Parfümherstellung Verwendung.

Erwähnenswert ist die Tatsache, dass die Früchte bei 2,5 °C bis 4 Monate haltbar sind, die Ernte sollte jedoch vor Frosteintritt abgeschlossen sein. In Lettland wird die Scheinquitte in großen Mengen (auf mehr als 100 ha Fläche) angebaut und industriell verwertet, sie dient dort als Ersatz für die Echte Quitte, da diese hier nicht mehr ausreichend winterhart ist.

Standortansprüche und Pflege

Die Scheinquitte bevorzugt nährstoffreiche, mittelschwere bis lehmige Böden bei leicht sauren bis neutralen pH-Werten. Bei hohen Kalkgehalten im Boden neigt sie leicht zu Chlorose. Der Standort sollte sonnig bis leicht schattig sein. Sie ist gegen Industrieabgase und Herbizide empfindlich, erträgt allerdings noch Wintertemperaturen von –28 °C.

Schnittmaßnahmen sind nicht unbedingt erforderlich, ein Auslichten (5-jährige und ältere Triebe nach der Blüte entfernen) in mehrjährigem Turnus ist jedoch vorteilhaft, da dadurch die nötige Auflockerung der Sträucher gewährleistet ist. Langjährige Beobachtungen zeigten, dass die Pflanzen an den dreijährigen Trieben besonders reich fruchten.

Krankheiten und Schädlinge

Gelegentlich kann Monilia-Fäule (an Früchten oder Zweigen) auftreten, befallene Pflanzenteile sind sorgfältig zu entsorgen.

Vermehrung und Anzucht

Die Art lässt sich problemlos durch Samen vermehren (stratifizieren), spaltet dann aber natürlich auf. Man kann auch Wurzelschnittlinge oder Abrisse von angehäufelten Pflanzen machen bzw. diese Pflanzen teilen. Früher wurden Sorten durch Winterhandveredelung auf eigene Sämlinge oder auf die Quitte veredelt (Chlorose-Problem, Durchtrieb der Unterlage), heute werden diese vorwiegend durch Grünstecklinge vermehrt. *Chaenomeles*, vor allem flachwachsende Sorten, werden auch auf Birnensämlinge veredelt und ergeben damit kleine Bäumchen (Höhe 0,6–0,8 m).

Sorten und Auslesen

'Cido': Die 'Cido-Buschquitte', eine in Lettland selektierte Form, ist die bekannteste zur Fruchtnutzung angebotene Sorte. Es handelt sich hierbei um dornenlose Kulturformen der Japanischen Quitte (*C. japonica*) und wird aufgrund des hohen Säure- und Vitamin-C-Gehaltes auch als 'Nordische Zitrone' bzw. 'Zitronenquitte' bezeichnet. Sie hat orangerote Blüten und damit einen hohen Zierwert. Soll selbstunfruchtbar sein. Es gibt auch Sämlinge von 'Cido' mit cremeweißen Blüten und ähnlichen Früchten.

Jungpflanzen werden gerne von Kaninchen verbissen, ansonsten sind diese Selektionen gesund und frei von Schädlingen, allerdings mäßig feuerbrandanfällig. Sie benötigt kalkarme Böden, ansonsten tritt Chlorose auf. Fruchtsaftausbeute bis 60 % der Gesamtmasse, Zucker 2–3 %, Säuren bis 7,2 %, Vitamin C bis 145 mg/100 g, hoher Mineralstoff- und Phosphorsäuregehalt.

Chaenomeles japonica 'Cido' Früchte

CHINESISCHE SCHEINQUITTE

Chaenomeles speciosa (Sweet) Nakai (syn.: *Chaenomeles lagenaria* (Loisel) Koidz.,) (*Rosaceae*, Rosengewächse)

Weitere Namen

engl. Chinese Quince; franz. Cognassier du Japon.

Diese Art stammt aus China und wurde 1796 nach Europa eingeführt, unterscheidet sich von *C. japonica* durch stärkeren Wuchs (bis 3 m), rosa bis dunkelrote Blüten mit 3–5 cm Durchmesser und gelblich grüne, manchmal etwas gerötete längliche, glatte Früchte. Die Früchte sind ebenfalls essbar.

ZIERQUITTE

Chaenomeles x *superba* (Frahm) Rehder (*C. japonica* x *C. speciosa*) (*Rosaceae*, Rosengewächse)

Weitere Namen

Scheinquitte; engl. Flowering Quince; franz. Cognassier du Japon.

Unter diesem Artnamen werden die meisten Sorten zusammengefasst, die aus *C. japonica* x *C. speciosa* entstanden sind. Entstehung etwa um 1900. Es sind mehr als 100 Sorten mit weißen, rosa und scharlach- bis feuerroten Blüten im Handel. Sie werden je nach Sorte etwa 1,5–2 m hoch. Prinzipiell können die Früchte aller Sorten verwendet werden, wenn auch Unterschiede im Geschmack feststellbar sind.

'Fusion': Wurde aus der Sorte 'Crimson and Gold' gezüchtet, wächst breit aufrecht und ist etwa 1 m hoch, bevorzugt tiefgründigen, kalkarmen Boden. Die gelben, länglich birnenförmigen Früchte duften aromatisch und

Chaenomeles x *superba* 'Nivalis'

Chaenomeles 'Fusion' Früchte

erreichen ein Gewicht von 100 g. Die Früchte enthalten 5,5 % Fruchtsäure und 100 mg Vitamin C/100 g Frischsubstanz. Hier eine kleine Auswahl der in Baumschulen erhältlichen Sorten, die sich für eine Fruchtnutzung eignen: **'Friesdorfer 205'** (Versuchsanstalt Köln Auweiler): 1,5–2 m hochwachsende Sorte mit hellrosa Blüten; regelmäßiger Fruchtansatz, Frucht relativ groß, oval rund, im reifen Zustand leuchtend goldgelb, gut verwertbar.

Es gibt zahlreiche weitere Zierformen, wie z. B. **'Carl Ramcke'**, mit zinnoberroter Blüte, bis 1,5 m; **'Crimson and Gold'**, dunkelrot, bis 1 m; **'Ernst Finken'**, feuerrot, 1–2 m; **'Fire Dance'**, intensivrot, bis 1 m; **'Pink Lady'**, dunkelrosa, bis 1 m; **'Umbilicata'**, kirschrosa, 1–2 m; **'Nivalis'**, weiß, 1–2 m etc.

In der Ukraine gibt es ebenfalls zahlreiche Sorten, die hinsichtlich einer Fruchtverwertung selektioniert wurden. Unter anderem sind dies die Sorten **'Svjatkovyi'**, **'Vitaminniy'** und **'Pomaranchevyi'**. Sie zeichnen sich durch orange, rote oder weiße Blüten aus. Das Fruchtgewicht beträgt zwischen 40 g und 120 g, sie sind leuchtend gelb gefärbt, rundlich oder zylindrisch geformt. Ihr Vitamin-C-Gehalt beträgt 250–300 mg/100 g, der Gehalt an organischen Säuren beträgt zwischen 2,5 und 3,0 %, der Geschmack der Früchte ist sehr gut.

Chaenomeles speciosa Habitus mit Blüte

Chaenomeles 'Friesdorfer 205' (H.-R. Müller)

Chaenomeles sp. 'Pomaranchevyi' (S. Klymenko)

Chaenomeles sp. 'Sviatkovyi' (S. Klymenko)

Chaenomeles sp. 'Vyshukanyi Svitlany' (S. Klymenko)

QUITTE

Cydonia oblonga L. (*Rosaceae*, Rosengewächse)
C. oblonga var. *maliformis* (Mill.) C.K.Schneid.: Apfel-Quitte
C. oblonga var. *oblonga*: Birnen-Quitte

Weitere Namen

Kido, Kütten; engl. Quince; franz. Cognassier commun, Coping; ital. Cotonogna, Mele cotongne; span. Membrillo; niederl. Kwee, Kweepeer.

Die Quitte ist wohl eine der ältesten Obstarten. Sie wurde angeblich bereits vor 4.000 Jahren von den Babyloniern kultiviert. Botanisch gehört sie zur Familie der Rosengewächse und ist somit mit Apfel, Birne, Mispel etc. verwandt, ist jedoch eine völlig eigenständige Gattung.

Pflanzenmerkmale und Verbreitung

Die ursprüngliche Heimat der Quitte ist Südwestasien, das Gebiet um den Kaukasus. Von dort ausgehend wurde sie im nahen, mittleren, fernen Osten und in ganz Südeuropa

Cydonia oblonga Blüte

verbreitet. Mit den Phöniziern und Griechen gelangten sie später in die Länder nördlich und südlich des Mittelmeeres. In die nördlichen Provinzen Roms gelangte sie vermutlich bereits vor etwa 2.000 Jahren durch die Römer.

Die Quitte wächst meist strauchartig oder zu einem kleinen Baum mit niedrig ansetzender Krone heran und erreicht dabei eine Wuchshöhe von 3–4 m bei einer Kronenbreite von 2–4 m.

Blüten

Die rosaweißen Blüten der Quitte sind wesentlich größer als jene der Äpfel und Birnen. Sie entwickeln sich an kurzen Seitensprossen und öffnen sich im Mai. Deshalb ist die Spätfrostgefahr sehr gering, allerdings ist die Gefahr einer Feuerbrandinfektion dadurch höher. Die Blüten (mit Ausnahme jener der Sorte 'Leskovacz") sind selbstfruchtbar, benötigen also keinen Befruchter. Allerdings erhöht sich bei einer Pflanzung von zwei Sorten der Ertrag merklich.

Eignung

Wegen der geringen Wuchsgröße ist die Quitte für die Verwendung als Obst- und Zierbaum für kleinere Gärten geeignet. Auslesen der Quitte wurden und werden als schwach wachsende (kalkempfindliche) Unterlage für Birnensorten verwendet.

Frucht

Man unterscheidet prinzipiell birnenförmige und apfelförmige Quittensorten. Allerdings

Cydonia oblonga Birnenquitte Habitus mit Früchten

Cydonia oblonga Apfelquitte

Cydonia oblonga Birnenquitte

gibt es Bestrebungen, Quitten in fünf Gruppen zu unterteilen, da die ursprüngliche Einteilung in Apfel- und Birnenquitten ihrem Formenreichtum nicht gerecht wird.

Die Frucht ist eine unregelmäßig geformte Scheinfrucht, die besonders am Anfang ihrer Entwicklung stark filzig-behaart ist. Der filzig-wollige Belag auf der Schale schwindet bis zur Vollreife, bleibt bei manchen Sorten jedoch erhalten. Er muss vor jeder weiteren Verarbeitung gründlich entfernt werden. Später ist die Fruchtschale glatt, ledrig-hart und zur Vollreife goldgelb bis leuchtend zitronengelb. Reife Früchte verströmen einen angenehmen, zitronenähnlichen Duft, der durch 150 flüchtige Aromastoffe hervorgerufen wird.

Quitten fruchten in der Regel früh (bereits als junge Pflanze) und regelmäßig. Das Einzelfruchtgewicht beträgt etwa 100 bis 800 g, in südlichen Ländern sogar 1,5 bis 2 kg. Die Fruchtreife erfolgt von Ende September bis Mitte Oktober. Man sollte die Früchte jedenfalls vor den ersten länger anhaltenden Frösten ernten. Früchte, die zur so genannten „Fleischbräune" neigen, erntet man, wenn die grüne Grundfarbe in Gelb umschlägt. Bei zu später Ernte oder längerem Lagern baut sich Pektin ab, man pflückt deshalb spätestens vor den ersten, länger anhaltenden Frösten.

Inhaltsstoffe

Die Früchte enthalten Weinsäure, Apfelsäure, Zucker (15,5 %), Tannin sowie Mineralstoffe wie Kalium, Calcium, Phosphor und auch Vitamin C (ca. 13 mg/100 g) sowie einen hohen Anteil an Pektin.

Cydonia oblonga Früchte

Cydonia oblonga Frucht aufgeschnitten mit Verbräunung

Verwertung

Gesunde Früchte lassen sich schonend einreihig auf Obststeigen lagern, eventuell auf einer Unterlage aus Papierschnipseln oder Holzwolle. So gelagert, halten sie sich je nach Sorte und Jahr bis Dezember oder April. Wenn möglich, sollten Quitten nach der Ernte möglichst schnell verarbeitet werden.

Für den Rohgenuss sind Quitten ohnehin nicht geeignet. Das Fruchtfleisch ist fest, körnig, herb-säuerlich bis bitter und adstringierend. Sie sind aber hervorragende Verarbeitungsfrüchte. Man kann daraus Kompott, Gelee und Marmelade bereiten, Quittenbrot und Quittenkonfekt daraus herstellen. Aber auch zu Saft, Likör, Most und Wein, Bränden, Essig und noch mehr lassen sich die Früchte verarbeiten, oft werden sie auch für Mischgetränke verwendet. Besondere Bedeutung erhielt die Quitte in letzter Zeit für die Obstbrennerei.

In südlichen Ländern gibt es allerdings auch Sorten, deren Früchte so weich sind, dass man sie wie Äpfel roh essen kann (z. B. **'Cydora'**, **'Cydopom'**, **'Krymska'** und **'Limon Ayvasi'**).

Das sehr aroma-, vitamin- und ballaststoffreiche Obst ist nicht nur in der Küche, sondern auch als Naturheil- und Kosmetikmittel vielfältig verwendbar.

Standortansprüche und Pflege

Im Kaukasus gedeiht die Quitte zwar noch auf 1.000–1.200 m Höhe, aber nördlich des Alpenhauptkamms ist sie doch etwas frostempfindlich und das Holz kann durch zu niedrige Wintertemperaturen geschädigt werden. Um Frostschäden, insbesondere zur Zeit des Einwurzelns und Anwachsens zu vermeiden, sollte man in raueren Gegenden Quittenbäume erst im Frühjahr pflanzen. Es ist auch zu beachten, dass die Quitte kalkempfindlich ist. Bei zu kalkhaltigen, schweren und mageren Böden können Chlorose und/oder Wuchsstörungen auftreten. Während der Anwachszeit innerhalb der ersten Jahre sollte der Boden freigehalten werden. Außerdem sollte während Trockenperioden gewässert und der Boden von Zeit zu Zeit mit Kompost verbessert werden.

Cydonia oblonga 'Angers'

Schnittmaßnahmen sind normalerweise nicht notwendig. Sie beschränken sich auf ein maßvolles Auslichten und dem Entfernen des alten, abgetragenen Fruchtholzes, und auch das ist nicht jedes Jahr notwendig. Beim Schnitt muss man darauf achten, dass die jungen Fruchttriebe nicht entfernt werden. Quitten sollte man von Ende Februar bis Anfang März schneiden, wenn keine tieferen Fröste (unter –5 °C) mehr zu erwarten sind.

Krankheiten und Schädlinge

Quitten zählen zu den Feuerbrand-Wirtspflanzen und sind gegenüber Schädlingen sowie Pilzen (Blattbräune und Monilia), aber auch gegenüber Viren anfällig. Das schuppige Ab-

Cydonia oblonga 'Aromatnaya' aufgeschnitten

blättern der Borke bei älteren Pflanzen ist dagegen ein natürlicher Vorgang.

Vermehrung und Anzucht

Die Vermehrung der Quittensorten erfolgt durch Veredelung auf spezielle Quittenklone wie **'Quitte A'** und **'Quitte C'** sowie **'BA 29'**, **'Adams'**, das sind jene Unterlagen, die auch für die Veredlung von Birnen verwendet werden. Früher verwendete man *Crataegus* oder auch *Sorbus* als Unterlagen, sie werden heute seltener verwendet. Früher wurden auch Wurzelausläufer als Vermehrungsmaterial weitergegeben.

Plantagenmäßiger Anbau

Die Quitte wird vorwiegend in den Mittelmeerländern wie Spanien, Portugal, Italien, den Balkanstaaten und in Nordafrika plantagenmäßig angebaut. Auch im Osten Österreichs gibt es einige ha Quittenanlagen. Die Türkei ist jedoch der weltweit größte Quittenanbauer. Im Vollertragsstadium wird ein Kronendurchmesser von 2 m (Spindel) bis 4 m (Rundkrone) erreicht. Pflanzweiten von 2 x 4,5 bis 2,5 x 5,0 m werden empfohlen. Schon nach 5–7 Jahren, wenn die Bäume im Vollertrag stehen, trägt ein Quittenbaum bereits 20–60 kg Früchte.

Cydonia oblonga 'Robusta' Habitus mit Früchten

Sorten und Auslesen

Sortensammlungen in der BRD und weltweit weisen zusammen sicher mehr als 1.000 Sorten und Lokalvarietäten auf. Das Vavilov-Institut (Leningrad) listet über 400 Sorten und Typen auf. Derzeit sind viele osteuropäische und türkische Sorten im Versuchsanbau, die sich zum Teil durch besondere Wuchs- und Fruchteigenschaften auszeichnen. Im Lehr- und Beispielsbetrieb Deutenkofen wurde 2006 eine umfangreiche Sichtungspflanzung von Quitten durchgeführt. Der Versuch beinhaltete mit 56 verschiedenen Sorten nahezu das gesamte in Deutschland verfügbare Sortiment.

Birnenförmige Sorten

'Bereczki': Ungarische Sorte, starkwüchsig, spätblühend, selbstfruchtbar, Reifezeit mittel, große bis sehr große Früchte, Ertrag mittelhoch, hoher Zuckergehalt, für wärmere Lagen geeignet.

'Portugiesische Birnenquitte': Bringt sehr große birnenförmige Früchte hervor, leicht wollige Fruchtschale, Ertrag hoch, Fruchtfleisch weißgelb und saftig.

'Vranja': Ältere Sorte. Starkwüchsig, leicht mehltauanfällig, sehr ertragreich, Reife mittel, sehr gut geeignet für Quitten-Süßmost, gering anfällig für Feuerbrand.

'Champion': Amerikanische Sorte. Große, gleichmäßig geformte Früchte, zitronengelbe Schale, geschmacklich hervorragend, Ertrag mittel, Reife mittel.

'Wolgogradskaja Miagkoplodnaja': Russische Fruchtsorte. Starkwachsende Sorte. Das Fruchtfleisch ist aromatisch und schmackhaft. Die mittelgroßen, birnenförmigen Früchte reifen sehr früh, bereits in der zweiten Septem-

'Bereczki' (S. Maksymiuk)

'Portugalska' (S. Maksymiuk)

'Vranja'

'Miagkoplodnaja Wolgogradskaja' (S. Maksymiuk)

'Leskova' (S. Maksymiuk)

'Konstantinopler'

'Darunok Onuku' (S. Maksymiuk)

'Aromatnaya'

'Robusta'

berhälfte. Sie werden weich und können vom Baum frisch genossen werden. Eine der besten zum Rohverzehr geeigneten Sorten. Allerdings sind die Früchte nicht lagerfähig.

Apfelförmige Sorten

'Cydora Robusta' (gezüchtet an der Forschungsanstalt Geisenheim): wird als 'robust' gegenüber Feuerbrand bezeichnet. Fruchtertrag sehr hoch, Reife früh, gering anfällig gegenüber der Fleischbräune.

'Riesenquitte von Leskovacz': Serbien. Ungewöhnlich groß, goldgelb, mit sehr tiefen Furchen, das Fruchtfleisch verfärbt sich beim Kochen nicht (wie bei den meisten anderen Sorten) rötlich, sondern bleibt reinweiß; die Früchte sind wohlschmeckend, Fruchtertrag mittel, Reifezeit mittel, Anfälligkeit für Fleischbräune sehr hoch.

'Konstantinopler': Apfelquitte mit deutlich hervortretenden Wülsten und Rippen, Fruchtschale wenig filzig, sehr aromatisch.

'Radonia': Mittelstarker Wuchs, mittelfrühe Blüte und Reife, ertragreich und großfrüchtig, Aroma und Säure baut sich rasch ab, deshalb nicht gut lagerfähig.
'Ronda': Neuere ertragreiche Sorte, Reife mittelspät, die Sorte ist reich an Inhaltsstoffen, aber anfällig für Fleischbräune.
'Darunok Onuku': Ukrainische Sorte. Entwickelt im Alter eine ausladende Krone, sehr frosthart. Fruchtfleisch sehr aromatisch, Fruchtgewicht etwa 270 g, reichfruchtend (ein 25-jähriger Baum bringt etwa 60–90 kg Früchte). Mittlere Reifezeit, Früchte sind gut lagerfähig und halten bis Februar/März. Diese Sorte ist nur bedingt selbstfertil, benötigt also einen Bestäubungspartner.
'Aromatnaya' (syn. **'Krymsk'**): Apfelförmige Quitte mit dünner Fruchtschale, für den Rohverzehr geeignet.

Weitere in den USA angebotene Sorten

'Crimea'™: Große rundliche Früchte mit Zitronengeschmack.
'Kaunching': Sorte aus Zentralasien, zitronengelbe Früchte, süß, kann angeblich frisch verzehrt werden.
'Kuganska': Stammt aus dem nördlichen Kaukasus, Nördliche Türkei und Armenien. Die Früchte schmecken süß und mild, können roh verzehrt werden, gute Verarbeitungsfrucht.
'Mellow'™: Ukrainische Varietät, mit Zitronengeschmack, schwachwüchsige Sorte.
'Orange': Leuchtend gelbe, sehr große Früchte.
'Smyrna': Starkwüchsiger Baum mit großen, zitronengelben, sehr aromatischen Früchten.
'Van Dem' (Burbank): bringt große und schmackhafte Früchte hervor, besonders gut für Marmeladen und Kuchen.

Literatur

SCHIRMER, M., 2010: 'Die Quitte – eine fast vergessene Obstart', Pflanzenkunde, Kulturgeschichte, Heilkundliches gestern und heute, zahlreiche Rezepte und Verbrauchshinweise.
INFODIENST Weihenstephan: Die Quitte – eine fast vergessene Obstart. Ausgabe Dezember 2009.

Internetseiten

http://www.lwg.bayern.de/gartenakademie/infoschriften/obst/linkurl_28.pdf
https://www.onegreenworld.com/Quince,%20Fruiting/368/
http://www.obstbau-deutenkofen.de/files/Quitten_in_Krze.pdf
http://www.quittensorten.de/
http://www.obstbau-deutenkofen.de/files/Quitten_in_Krze.pdf

MISPEL

Mespilus germanica L. (*Rosaceae*, Rosengewächse)

Weitere Namen

Echte Mispel, Deutsche Mispel, Gemeine Mispel, Mespele, Mespelen, Mispele, Nespel, Asperl, Espel, Hespel, volkstümlich Hundsärsch; engl. Medlar, Common Medlar; franz. Néflier commun, Néflier d'Alemagne; ital. Nespola; span. Nispero, Nispola; niederl. Mispel; poln. Nieszpulka Zwyzcajna, Niesplik; schwed. Mispel; finn. Saksanmispeli; russ. Mushmula, Mushmula Obyknovennaja.

Die Mispel sollte nicht mit der Wollmispel oder Loquat, ital. 'Nespoli' (*Eriobothrya japonica*), verwechselt werden.

Fossilfunde belegen, dass die Mispel im Kaukasus und im heutigen Georgien bereits im Tertiär vorkam. Seit 1000 v. Chr. ist sie um das Kaspische Meer in Kultur, in Babylonien und im alten Griechenland war sie ebenfalls bekannt. Sie wurde wahrscheinlich von den Römern nach Mitteleuropa gebracht. Karl der Große gab Anweisung, die Mispel in seinem Einzugsbereich zu pflanzen. Im Mittelalter war sie in Mitteleuropa ein allgemein geschätztes Fruchtgehölz.

Pflanzenmerkmale und Verbreitung

Die ursprüngliche Heimat der Mispel reicht von Kaukasus und Iran bis nach Kleinasien und Griechenland. Im Mittelalter in Europa weit verbreitete Obstart, in Mittel- und Westeuropa seit etwa 200 v. Chr. eingebürgert. Sie kommt hier an sonnigen Waldrändern, in Trockengebüschen oder an sonstigen wärmebegünstigten Standorten vor.

Die Mispel ist ein sommergrüner, etwa 3–6 m hoher, breitwachsender Strauch oder kurzstämmiger Baum mit etwas sparrigem Wuchs. Er kann ein Alter von 70 Jahren erreichen. Seine breit lanzettlichen, bis 12 cm langen Blätter sind unterseits auffällig graugrün und filzig behaart, bei den Pflanzen am natürlichen Standort enden die Kurztriebe in Sprossdornen (ähnlich wie beim Wild-Apfel).

Blüte

Die 5 cm großen weißen Blüten stehen einzeln am Ende der Triebe und entfalten sich im April/Mai.

Eignung

Mispelbäume und -sträucher eignen sich als Einzelpflanzen, aber auch für Abpflanzungen und Hecken, gemeinsam mit anderen wärmeliebenden Gehölzen im Garten und in Parks sowie in der Landschaft. Sie bevorzugen vollsonnige bis halbschattige, trockene Standorte in möglichst windgeschützten Lagen. Die Mispel ist etwas wärmebedürftig, gedeiht zwar noch in Höhenlagen bis 1.000 m (Kaukasus),

Mespilus germanica Blüte, Früchte und Habitus mit Früchten

Mespilus germanica Wildform Georgien

Mespilus germanica Sorte Detail aufgeschnitten

in unseren Breiten ist sie jedoch nicht für kalte Gebiete geeignet. Gute Bienenweide! Es sind attraktive kleinkronige Bäume für den Garten.

Frucht

Die Früchte der Wildvorkommen sind kaum 2–3 cm groß (etwa so groß wie die Früchte der Kornelkische) und wiegen etwa 15–20 g. Allerdings gibt es zahlreiche Kulturformen, deren Fruchtgröße 3–7 cm erreichen kann. Die Frucht selbst ist eine rostrote bis rostbraune Sammelsteinfrucht von leicht birnen- oder apfelförmiger Gestalt mit deutlich sichtbaren, bleibenden Kelchzipfeln. Bis zum Eintreten der ersten Fröste bleiben die Mispeln steinhart, erst danach nehmen sie eine schokoladenbraune Färbung an, werden teigig weich und schmecken dann angenehm säuerlich und aromatisch. Man kann die Früchte auch schon vor dem Frost ernten, muss sie dann allerdings etwa 20 Tage lagern, damit sie weich und essbar werden. Fruchtreife etwa ab Oktober.

Mispelfrüchte werden in Italien und in den letzten Jahren auch bei uns wieder häufiger auf den Märkten angeboten. Unter günstigen Bedingungen lassen sich bis zu 30 kg Früchte pro Baum (Vollertrag) ernten.

Die Früchte enthalten neben Zucker (bis 9 %, im Kaukasus bis 17 %), Stärke (3–4 %) und Äpfelsäure auch Vitamin C (22–30 mg/100 g), geringe Mengen an Eiweiß und Fett sowie Mineralstoffe, Ballaststoffe und etwas Pektin (0,8–1 %) und Tannin. Die Samen sind ölhaltig (2,5–5 %).

Mespilus germanica – verschiedene Sorten
(Früchteausstellung Baumschule Praskac)

Verwertung

Roh kann man die Früchte nach Frosteinwirkung oder nach längerer Lagerung essen. Besonders Gelee und Marmelade, aber auch Saft und Likör werden aus den Früchten hergestellt. Günstig sind Mischfruchtprodukte, vor allem mit anderen Wildobstarten. Man kann sie auch in Zucker, Wein und Butter dämpfen oder daraus Zucker-Essig-Früchte (eine Delikatesse) herstellen bzw. zu Püree und Kompott verarbeiten. Auch (Misch-)Marmeladen werden aus Mispeln bereitet. Früher hat man sie auch in Honig oder Birnendicksaft kandiert. Auch Obstwein werden Früchte beigemengt, was seinen Geschmack verfeinert und die Haltbarkeit erhöht. Mispeln Tees beigemengt verfeinern dessen Geschmack. Wegen der hohen

Gerbstoffgehalte gelangt die Mispel auch in der Volksmedizin zum Einsatz.

Standortansprüche und Pflege

Vollsonnige bis halbschattige Lagen sowie warme Standorte und ebenso tiefgründige Böden mit hohem Kalkgehalt werden bevorzugt. Sonst keine speziellen Ansprüche, Schnittmaßnahmen sind auch bei dieser Gehölzart nicht notwendig. Pflanzabstände von 6 x 5 m (bei auf Birne veredelten Halbstämmen) oder 3 x 3 m bei kleinwüchsigeren Sorten wären günstig. Da die Blütenbildung endständig an den Trieben erfolgt, ist von einem regelmäßigen Schnitt Abstand zu halten. Eventuell ist das Entfernen zu dicht stehender Äste sinnvoll. Mispelbäume sind sehr langlebig.

Krankheiten und Schädlinge

Mispelbäume werden kaum von Krankheiten oder Schadinsekten befallen. Sie sind aber auch für Feuerbrand wahrscheinlich nur gering anfällig. Wildverbiss und Fegeschäden können auftreten.

Vermehrung und Anzucht

Vermehrung durch Samen möglich, Sorten und Auslesen müssen vegetativ vermehrt werden. Zumeist erfolgt dies durch Veredelung auf Mispel, Weißdorn, Quitten-Typen-Unterlagen, Eberesche oder Birne.

Plantagenmäßiger Anbau

Die Mispel wird in Italien und in der Grafschaft Worcestershire in Großbritannien plantagenmäßig angebaut. Ein Pflanzabstand von etwa 4 x 3 m ist anzustreben.

Sorten und Auslesen

Es gibt zahlreiche, im Laufe der Jahrhunderte entstandene Auslesen mit unterschiedlichen Fruchtmerkmalen und -eigenschaften. Einige werden hier genannt. Ausgewachsene Mispelbäume können bis zu 60 kg Früchte tragen.

Bronvauxmispel: Es gibt auch Gattungshybriden mit dem Weißdorn (+ *Crataegomespilus dadari* Simon-Luis ex Bellair) (*Crataegus monogyna* x *Mespilus germanica*). Bronvauxmispel; engl. Bronvaus Medlar; franz. Néflier de Bronvaux.

'Kernlose' (var. *apyrena* oder **'Apyrena'**): Wurde im 18. Jahrhundert auf dem Balkan gefunden. Samenlose Sorte mit kleinen, schmackhaften Früchten, ertragreich, Reife Oktober.

'Nottingham' (syn.: **'Großfrüchtige von Nottingham'**, **'Frühe Englische'**): Um 1850 von Hoog in England gezüchtet, mit mittelgroßen bis großen (etwa 4 cm), runden, wenig aufspringenden Früchten mit dunkelbraunem, süß-säuerlichem Fruchtfleisch und geringem Kernanteil. Reifezeit ist Mitte Oktober. Ist die häufigste und geschmacklich beste Sorte, die in Baumschulen angeboten wird.

'Holländische Großfrüchtige' (syn.: **'Monstreuse de Hollande'**, **'Große Gartenmispel'**): Alte Sorte mit starkem Wuchs und großen Früchten von kreiselförmiger, flacher Gestalt. Früchte bis 6 cm breit und 65 g schwer. Mit angenehmem Geschmack und reichem Ertrag, Reife Oktober.

'Königliche' (**'Royal'**, **'De Ménage'**): 1870 in England entstanden, mittelstark wachsend, die Früchte sind mittelgroß, länglich rund, angenehmer Geschmack, ertragreich, Reife Ende Oktober.

'Kurpfalzmispel' (syn.: **'Süßmispel'**): Wurde in den 1960er-Jahren in Deutschland entdeckt. Sie bringt mittelgroße Früchte hervor, die sich schon vor Frosteinfluss zum Rohverzehr eignen! Sie enthalten kaum Gerbstoffe, dafür aber den höchsten Zuckergehalt unter allen Mispelsorten.

'Mispel von Metz': Spät reifende Sorte mit bräunlichen Früchten.

'Krim': Um 1840 durch Hartwiss in Jalta/Krim in Kultur genommen. Starkwüchsige Sorte mit sehr großen, runden bis kreiselförmigen Früchten, Geschmack süß-säuerlich, ertragreiche Sorte, Reife Ende September.

'Ungarische (Balkan- oder Serbische) Mispel': Sehr alte und weit verbreitete Sorte, schwacher Wuchs, mittelgroße Früchte, guter Geschmack und ertragreich, Reife September.

'Italienische Oktobermispel': kernlose Sorte

'Delice des Vannes'. Im botanischen Garten in Vannes gezüchtete französische Sorte. Sehr starkwüchsige Sorte. Sie fruchtet regelmäßig und reich. Frucht rund, von mittlerer Größe, mit ausgezeichnetem Geschmack.

'Apyrena' Detail mit Frucht

'Dutch Giant' (S. Maksymiuk)

'Kurpfalzmispel'

'Mispel von Metz'

'Delice des Vannes' (S. Maksymiuk)

'Monstrosa' (S. Maksymiuk)

'Macrocarpa'

'Dunkelsteiner Wald'

'Rossatz'

'Schönbrunner Riesenmispel'

Sortenvergleich 'Monstrosa' und 'Apyrena'

CRATAEGUS-MISPEL – PFROPFBASTARDE

Beim Veredeln von Mispeln (*Mespilus germanica*) auf Weißdorn-Unterlagen (*Crataegus monogyna*) sind so genannte 'Pfropfbastarde' entstanden.

+ *Crataegomespilus dardari* Simon-Luis: Die Früchte dieser Art sehen aus wie 'kleine' Mispeln.
+ *Crataegomespilus dardari* 'Asnieresii': Die Früchte dieser Art sind kleiner, rötlich und gleichen eher den Früchten von *Crataegus*.

+*Crataegomespilus* Detail mit Frucht

Internetseiten

https://www.rollingrivernursery.com/component/virtuemart/fruit-trees/hawthorne-crataegus-species
http://www.gartenakademie.rlp.de/Internet/global/themen.nsf/0/379D00CE19AD4846C1256F4F004BE670?OpenDocument&Highlight=%28MISPEL%29,[PTALE]=GARTENAKADEMIE,[VER%C3%96FFENTLICHEN]=JA
http://www.gartenakademie.rlp.de/Internet/global/themen.nsf/0/7E3034CB0ED875E5C12573A9003BA375?OpenDocument&Highlight=%28MISPEL%29,[PTALE]=GARTENAKADEMIE,[VER%C3%96FFENTLICHEN]=JA

FELSENBIRNE

Amelanchier Medik. (*Rosaceae*, Rosengewächse)

Weitere Namen

Korinthenstrauch, Fluhbirne, Steinbirne, Gamsbeere, Klingelbeere; engl. Juneberry, Serviceberry; franz. Amélanchier.

Die Zuordnung der Artnamen bzw. Sorten zu diversen Arten bei den Felsenbirnen ist höchst uneinheitlich, dadurch kann es leicht zu Verwechslungen kommen.

Pflanzenmerkmale und Verbreitung

Die Vertreter der Felsenbirnen (Gattung *Amelanchier*) sind mit Apfelbeeren (*Aronia*) und Ebereschen (*Sorbus*) verwandt, haben mit der Birne (*Pyrus*) aber nichts gemein (wie der deutsche Name vielleicht vermuten lässt). Sie sind vorwiegend in der nördlichen Hemisphäre beheimatet, die meisten der etwa 25 Arten kommen in Nordamerika vor. Zwei Arten sind in Europa bis Kleinasien und eine Art in Asien beheimatet. Gelegentlich findet man die Felsenbirne verwildert in Wäldern und Gebüschen, sie ist also mancherorts bereits 'eingebürgert'. Felsenbirnen sind malerische sommergrüne Sträucher bis kleine, mehrstämmige Bäume mit bis zu 10 m Wuchshöhe. Sie entwickeln unterirdisch kurze Ausläufer. Die rundlichen bis länglich eiförmigen oder ovalen Blätter werden je nach Art 3–8 (–10) cm lang. Sie sind im Austrieb unterseits mehr oder weniger behaart, je nach Art weißfilzig oder bronzefarben. Im Herbst ist das Laub prächtig gelborange bis rot gefärbt. Die 1–3 cm breiten weißen, auffälligen Blüten werden meist zu 5–8 in einfachen Trauben endständig an beblätterten Zweigen gebildet. Die auffallenden Blüten in weißen Blütentrauben erscheinen vor oder mit dem Laubaustrieb im April/Mai und sind überaus zierend. Sie werden durch Insekten bestäubt. Sie sind selbstfruchtbar, benötigen also keinen Befruchtungspartner. Die meisten Arten entwickeln essbare Früchte, bei einigen Arten sind diese sehr schmackhaft.

Eignung

Felsenbirnen eignen sich wegen der Zierwirkung durch alle Jahreszeiten hindurch recht gut als Solitärgehölze für Parks und Hausgärten, aber auch Klein- und Vorgärten. Auch als Gruppenstrauch und Heckenpflanze können sie verwendet werden. Sie bevorzugen sonnige Standorte, gedeihen aber ebenfalls im Halbschatten, blühen und fruchten dann jedoch entsprechend weniger. Man kann sie in allen Klimalagen, also auch in kälteren Regionen, verwenden. Felsenbirnensträucher und -bäume sind auch ökologisch wertvoll.

Frucht

Die Früchte sind etwa erbsengroße, anfangs rote, im reifen Zustand blauschwarze bis dunkelpurpurne Sammelscheinfrüchte (beerenartige Kernäpfel) mit bläulichem Wachsbelag. Sie reifen im Juni/Juli (bis August), daher kommt auch die englische Bezeichnung 'Juneberry'. Sie enthalten durchschnittlich 18 % Zucker, Gerbstoffe und Leucoanthocyane und sind reich an Mineralstoffen wie Eisen, Kalium, Calcium, Magnesium sowie Vitaminen aus den Gruppen A, B und C. Da die Früchte sehr gerne auch von Vögeln verzehrt werden, sollte man sie rechtzeitig ernten.

Verwertung

Die Früchte der Felsenbirnen wurden bereits seit langer Zeit von den Indianern gesammelt und verzehrt. Sie schmecken süß und sind saftig, sind schmackhaft und zum Frischverzehr geeignet. Da sie direkt vom Strauch gepflückt und verspeist werden können, sind sie hervorragende 'Naschfrüchte' für den Rohgenuss. Es lassen sich aber auch Kompott, Suppen, Saft, Mus und Wein daraus herstellen, aber auch Marmelade, z. B. mit säurereichen Früchten gemischt, da der Eigengeschmack der Felsenbirnen nicht sehr intensiv ist. Darüber hinaus können sie im getrockneten Zustand wie Rosinen oder 'Korinthen' verwendet werden. In Gartencentern wird die Felsenbirne gelegentlich als 'Korinthenstrauch' angeboten. Man kann die Früchte auch tieffrieren.

Standortansprüche und Pflege

Felsenbirnen gedeihen auf normalen, leicht sauren bis leicht kalkhaltigen Gartenböden mit mäßiger Bodenfeuchte. Auch trockene Böden werden toleriert. Dauerfeuchte Stellen und verdichteten Boden meiden Felsenbirnen allerdings. Der Standort sollte, will man einen guten Fruchtertrag erzielen, eher vollsonnig sein. Die anspruchslosen Sträucher sind durchwegs sehr frosthart, also auch in kälteren Regi-

Amelanchier ovalis Habitus, veredelt auf *Crataegus*

Amelanchier ovalis Blüte

onen zu empfehlen. Bei voller Winterruhe sind sie extrem frosthart. Zur Blütezeit im April/ Mai treten in der Regel keine Spätfröste mehr auf, und wenn die Eisheiligen Mitte Mai noch frostige Tage bringen, werden sie die Felsenbirnen nicht schädigen. Starke Fröste zur Blütezeit treten bei uns sehr selten auf, diese können die bereits geöffneten Blüten allerdings schon schädigen und den Fruchtertrag empfindlich mindern.

Schnittmaßnahmen erübrigen sich, da die Sträucher sehr locker und malerisch wachsen. Erst bei alten Pflanzen kann man einen Verjüngungsschnitt vornehmen. Besser wäre es allerdings, mit dem Auslichten (Herausschneiden der jeweils ältesten Triebe) schon frühzeitig zu beginnen, damit die unteren Kronenbereiche nicht verkahlen.

Krankheiten und Schädlinge

Im Großen und Ganzen werden Felsenbirnen kaum von Krankheiten und Schädlingen befallen. Besonders junge Pflanzen sollten im Winter vor Wildverbiss (Hasen und Rehe, z. B. mit Maschendraht) geschützt werden Als Vertreter der Rosengewächse zählen sie jedoch zu den Feuerbrand-Wirtspflanzen. Reife Früchte werden gerne von Vögeln verzehrt.

Vermehrung und Anzucht

Felsenbirnen lassen sich leicht durch Samen vermehren. Dazu die Früchte vor der Vollreife sammeln, danach kurz anrotten lassen und auswaschen, stratifizieren und ab Februar aussäen. Sie lassen sich auch leicht durch Grünstecklinge vermehren. Eine Teilung der Mutterpflanzen und die Absenker-Vermehrung sind möglich. Sorten müssen vegetativ vermehrt werden, z. B. durch Grünstecklinge oder durch Veredelung. Augenveredelungen im Sommer (Okulation) auf Weißdorn, Eberesche und Mehlbeere sind möglich.

Kommerzieller Anbau

Im kommerziellen Obstbau befinden sich etwa 30 Sorten, die hauptsächlich von der in den USA und in Kanada natürlich vorkommenden Erlenblättrigen Felsenbirne (*Amelanchier alnifolia*) abstammen. Sie werden vorwiegend in deren Heimatländern kultiviert. Es sind allerdings keine Züchtungen im engeren Sinne, sondern vorwiegend Auslesen mit guten Eigenschaften von Wildstandorten, die auch vor allem dort angebaut werden.

Normalerweise beginnen Felsenbirnen im Alter von 2–3 Jahren zu tragen. Aus kommerzieller Sicht bedeutsame Erträge treten allerdings erst nach 7–8 Jahren ein. Von Sträuchern einiger Sorten kann unter optimalen Bedingungen ein Ertrag von bis zu 15 kg erzielt werden Das Ertragsmaximum wird zwischen dem 12. und 15. Standjahr erreicht und kann bei guter Kultur nochmal die gleiche Zeitspanne anhalten. Felsenbirnen sind langlebige Sträucher, der produktive Zeitraum beträgt etwa 30–50 Jahre.

Amelanchier ovalis Detail mit Früchten

GEMEINE FELSENBIRNE

Amelanchier ovalis Medik. (syn.: *A. vulgaris* Moench, *A. rotundifolia* (Lam.) Dum.-Cours) (*Rosaceae*, Rosengewächse)

Weitere Namen

Gewöhnliche Felsenbirne, Mitteleuropäische Felsenbirne, Fluhbirne, Steinbirne, Herrgottsbirli, Klingelbeere, Gamsbeere, Edelweißstrauch; franz. Amélanchier de bois.

Die Gewöhnliche Felsenbirne hat ihre Heimat von Europa bis Nordafrika und Kleinasien. Sie wächst hier vom Flachland bis in 2.000 m Höhe in den Alpen. Oft wächst sie auf trockenen, kalkhaltigen Standorten, kommt also auch mit extremeren Standorten noch gut zurecht. Der locker breit aufrechte Strauch wird etwa 2–3 m hoch und ebenso breit, zeichnet sich durch weißfilzigen Blattaustrieb aus und blüht meist später (Anfang Mai) als dessen amerikanische Verwandte. Auf kalkärmeren Böden ist die Ausfärbung orangerot, auf stark kalkhaltigen dagegen leuchtend gelb. Wegen der geringen Wuchsgröße ist diese Felsenbirne besonders für kleine Vorgärten interessant. Auch für Pflanzkübel ist sie geeignet.

Amelanchier ovalis Früchte

Die weißen Blüten der Gewöhnlichen Felsenbirne erscheinen zu 3–8 in weißfilzigen aufrechten Trauben je nach Höhenlage im April/Mai (bis Juni). Ihre blauschwarzen Früchte sind etwa 0,8–1,2 m dick, bereift, sind saftig und süß, aber ohne ausgeprägten Geschmack.

Es gibt keine speziellen Fruchtsorten von *A. ovalis*, allerdings werden mit 'Helvetica' und 'Edelweiß' zwei sehr reichblühende Sorten angeboten.

KUPFER-FELSENBIRNE

Amelanchier lamarckii F. G. Schroed. (*Rosaceae*, Rosengewächse)

Weitere Namen

Kanadische Felsenbirne, Korinthenstrauch.

Die Kupfer-Felsenbirne ist die bekannteste innerhalb der Felsenbirnen, ihre ursprüngliche Heimat sind die Laubmischwälder des östlichen Nordamerikas. Allerdings ist diese Art in ihrer Heimat nicht mehr feststellbar, sondern wurde aufgrund ihres Vorkommens seit 100 Jahren im nordöstlichen Europa von F. G. Schroeder als eigenständige Art benannt. Sie wird wie andere Arten auch als 'Juneberry' bezeichnet. Unter günstigen Standortbedingungen wird diese Felsenbirne etwa 5–6 m, mitunter bis 10 m hoch und wächst mehrstämmig strauchförmig bis baumförmig. Der locker

Amelanchier 'Ballerina' Früchte

breit aufrecht wachsende Strauch kann im Alter eine Kronenbreite von 5–8 m erreichen. Er zeichnet sich durch seinen kupfrigroten Austrieb und seine überreiche Blütenfülle mit weißen, aufrechten bis nickenden Blütenrispen im April aus. Die jungen Triebe sind seidig behaart. Im Herbst sind die Sträucher gelbrot bis leuchtend rot verfärbt.

Die anfangs roten, zur Reife violettroten bis dunkelpurpurnen, bereiften Früchte von etwa 10 mm Größe schmecken süß und sind saftig. Sie reifen ab Ende Juni bis Juli und finden als wohlschmeckende Naschfrüchte Verwendung.

Dieser robuste, gut winterharte Strauch ist nicht nur als Solitärgehölz im Garten, sondern auch als Gruppen- und Heckenstrauch interessant und wird sogar als Straßenbegleitgrün verwendet. Auch für Pflanzkübel geeignet.

Bei stark kalkhaltigen Böden in Kombination mit Trockenheit kann es zu Chlorose-Erscheinungen und Wachstumsdepressionen kommen.

KAHLE FELSENBIRNE

Amelanchier laevis Wieg. (*Rosaceae*, Rosengewächse), wurde früher oft als *A. canadensis* kultiviert.

Weitere Namen

Allegheny-Felsenbirne; engl. Allegheny Service Berry.

Sie stammt ebenfalls aus Nordamerika, bildet ähnlich wie *A. lamarckii* vielstämmige, lockere Großsträucher bis etwa 6–8 m Höhe. Im Gegensatz zu *A. lamarckii* ist der Austrieb bronzefarben und die Blätter verkahlen bei dieser Art im Sommer. Ihre vielblütigen Blütenrispen sind locker überhängend. Die Früchte der Kahlen Felsenbirne sind mit etwa 1,5 cm Durchmesser die größten aller Amelanchier-Arten, purpurn bis fast schwarz, bereift und süß. Sie zeichnet sich durch ihre prächtige orange bis rote Herbstfärbung aus, ihre Ansprüche sind gleich wie jene von *A. lamarckii*.

Sorten und Auslesen

Die folgenden Sorten werden teilweise *A. laevis*, teilweise auch *A. lamarckii* zugeordnet. Auch *A.* x *grandiflora* wird gelegentlich als Art angegeben, wenn von Sorten die Rede ist.

Amelanchier 'Ballerina': Eine in Boskoop ausgelesene Sorte, deren Zugehörigkeit nicht eindeutig geklärt ist (möglicherweise eine Hybride, *A.* x *grandiflora*). Sie wird etwa 5 m hoch, der Wuchs ist überhängend und sie ist besonders reichblühend mit reinweißen, großen Trauben (April). Bemerkenswert ist auch die intensive leuchtend orangerote Herbstfärbung.

Amelanchier lamarckii Habitus mit Blüten

Amelanchier laevis Detail mit Blüten

Amelanchier 'Ballerina' Detail mit Früchten

Es ist eine reichfruchtende Sorte mit anfangs roten, später dunkelviolettblauen, besonders wohlschmeckenden Früchten. Die Früchte reifen Ende Juni/Anfang Juli. Die Blätter sind mitunter etwas anfällig für Mehltau. Weitere Sorten, die allerdings der reichen Blüte wegen selektiert wurden, sind noch **'Prince Charles'** (*A. laevis* oder *A. canadensis*) und **'Princess Diana'** (*A.* x *grandiflora*). Letztere überzeugt durch überreiche Blüte im April und große, purpurrot gefärbte köstliche süße Früchte in großer Anzahl.

ERLENBLÄTTRIGE FELSENBIRNE

Amelanchier alnifolia (Nutt.) Nutt. (*Rosaceae*, Rosengewächse)

Weitere Namen

engl. Saskatoon Service Berry; franz. Amélanchier á feulles d'aulne.

Ebenfalls aus dem Nordwesten Nordamerikas stammend. Diese Felsenbirne ist ein etwa 2–4 (–5) m hoher, straff aufrecht wachsender Strauch, der meist kurze Ausläufer treibt. Seine Triebe sind anfangs behaart, später kahl und rotbraun gefärbt. Ihre 3–5 cm großen, rundlich bis breit elliptischen Blätter sind anfangs weißfilzig, später allerdings kahl. Sie schmückt sich mit cremeweißen, aufrechten Blütentrauben im Mai. Besonders interessant sind bei dieser Art die Früchte. Die blauschwarzen bis purpurschwarzen bereiften Früchte werden 1,0–1,5 cm dick, sind saftig und schmecken süß. Sie werden zu Strudel, Marmelade, Wein und sogar zu Bier verarbeitet. Die Erlenblättrige Felsenbirne ist gut anpassungsfähig an Standort und Klima, bevorzugt aber schwach saure bis neutrale Böden.

Amelanchier alnifolia 'Smoky' Detail mit Blüte

Sorten und Auslesen

'Bluemoon' (Ukrainische Fruchtsorte): Strauch mit straff aufrechter Krone mit einer Wuchshöhe bis 2,5 m. Die dunkelblauen, rundlichen Beeren reifen Ende Juni. Sie sind süß, aromareich und saftig, durchschnittlich 1,2 (bis max. 1,5) cm dick und sind in lockeren Trauben zu je ungefähr 10 Früchten angeordnet. Man kann sie frisch oder getrocknet wie Rosinen verzehren oder auch verarbeiten. Wegen der geringen Wuchsgröße kann 'Bluemoon' besonders für kleine Gärten empfohlen werden, aber auch für die Produktion von Früchten im Erwerbsanbau könnte man sie verwenden.

'Forestburg' (Kanadische Sorte): Anfangs wächst sie aufrecht, erreicht bis 4 m Höhe und wird im Alter aber weit ausladend. Es ist eine sehr ertragreiche Sorte mit großen Beeren, die durchschnittlich 1–2,5 cm dick sind. Sie sind in dichten Trauben mit bis zu 10 Früchten angeordnet und reifen ziemlich gleichmäßig, mittelfrüh. Die Früchte der Sorte 'Forestburg' sind süß und schmackhaft, die Sorte wird auch für den Erwerbsanbau empfohlen.

'Krasnojarskaja': Wächst strauch- oder baumförmig, wird 4–5 m hoch. Die Früchte sind birnenförmig, überdurchschnittlich groß, schwarz, süß und weisen einen sehr angenehmen Geschmack mit leicht säurigem Nachgeschmack auf. Diese spät reifende Sorte ist überdurchschnittlich ertragsreich.

'Pembina' (Selektiert von J. A. Wallace, Kanada.): Aufrechter bis ausladender Strauch, der nur wenige Ausläufer bildet. Der Strauch wird etwa 5 m hoch und breit. Ebenfalls eine sehr ertragreiche Sorte mit großen, würzig schmeckenden Früchten. Die blauschwarzen Früchte werden etwa 1,4 cm dick.

'Saskablue' (**'Saskatoon Blue'**, Lubera, Dt.): Gesunde Pflanzen, Blüte Ende April, Frucht 8–15 mm groß, rotblau, süß, aromatisch, mit Heidelbeeraroma; Fruchtreife ab Ende Juni, Früchte reifen folgernd.

'Sleyt': Schwach wachsende Sorte, wird etwa 1,5–2 m hoch. Sie produziert große schwarze Früchte, die leicht länglich sind, und ist süß im Geschmack. **'Sleyt'** ist eine früh reifende Sorte.

'Smoky' (Kanadische Selektion, 1952): Der anfangs aufrecht wachsende Strauch wird 4–4,5 m hoch und erreicht im Alter einen Durchmesser von bis zu 6 m. Die Triebe sind anfangs gerade, biegen sich aber mit zunehmendem Alter bogenartig. Es ist die Sorte mit den süßesten Früchten und dem höchsten Verhältnis von Zucker zu Säure, sie schmecken mild und sind saftig im Geschmack. Die blauschwarzen, kugelförmigen Früchte werden etwa 1,3 cm dick und sind bereift. Sie enthalten zahlreiche Kerne. Sie sind in Trauben mit bis zu 11 Stück angeordnet und reifen ungleichmäßig ab Mitte Juni. Der Fruchtertrag ausgewachsener Sträucher kann bis zu 7,5–8 kg betragen. **'Smoky'** ist die ertragreichste aller Sorten (lt. amerikanischen Angaben gibt es mehrere **'Smoky'**-Typen).

'Thiessen' (1910 aus Samen von Pflanzen vom Saskatchewan-Fluss selektiert): Bis 5 m hoher Strauch mit anfangs säulenförmigem, später rundlichem Wuchs. Die zahlreich gebildeten Früchte sind rundlich, sehr groß und schmecken süß.

'Bluemoon'

'Forestburg' (S. Maksymiuk)

'Smoky'

ÄHREN-FELSENBIRNE

Amelanchier spicata (Lam.) K. Koch (syn. *A. ovalis* Borkh. Non Medik.) (*Rosaceae*, Rosengewächse)

Weitere Namen

Besen-Felsenbirne; engl. Garden Shadblow; franz. Amélanchier.

Diese aus Nordamerika stammende Felsenbirne ist in Europa teilweise verwildert und eingebürgert. Sie wird bei uns auch oft als *A. ovalis* angeboten. Sie wächst ebenfalls strauchförmig, unterscheidet sich aber durch den straffaufrechten Wuchs von 2,5–4 m Höhe. Ihre Blätter sind verkehrt eiförmig bis rundlich, fein gesägt, anfangs dicht weißfilzig, später kahl. Die 1–1,5 cm breiten Blüten bilden zu je 4–10 aufrecht stehende Blütentrauben. Ihre Früchte sind ähnlich wie jene der heimischen Felsenbirne, 0,8–1,0 cm dick, purpurschwarz, allerdings nicht so wohlschmeckend.

Amelanchier spicata Habitus mit Blüten

Amelanchier spicata Detail mit Blüten

Amelanchier spicata Früchte

SCHNEE-FELSENBIRNE

Amelanchier arborea (F. Michx.) Fernald (*Rosaceae*, Rosengewächse)

Weitere Namen

engl. Downy Service Berry, June Berry.

Die Schnee-Felsenbirne ist in Nordamerika und Kanada beheimatet. Sie ist starkwüchsig und kann in ihrer Heimat zu einem Baum von bis zu 20 m Höhe heranwachsen. Ihre Blätter sind zur Blütezeit noch gefaltet und dicht wollig behaart. Ihre Blüten sind 2–2,5 cm breit und zu 4–10 in dichten Trauben angeordnet. Sie blüht etwas zeitiger, mitunter bereits im März, sonst im April. Die Früchte sind 0,6–1 cm dick, rötlich braun bis purpurn und schmecken etwas fade. Sie reifen im Juni. **'Robin Hill'** (auch *A.* x *grandiflora* zugeordnet): 6–10 m hoher Baum mit durchgehendem Stamm und anfangs schmaler Krone. Die zahlreichen Blüten sind im knospigen Zustand rosafarben, 2–2,5 cm breit. Die Früchte dieser Sorte sind klein (0,6–0,8 cm), rötlich bis blauschwarz und süß, aber nur wenig aromatisch. Zusätzlich zu den hier genannten Sorten werden in den USA noch weitere 25 Sorten als Fruchtsträucher innerhalb der verschiedenen *Amelanchier*-Arten aufgelistet.

Amelanchier arborea 'Robin Hill' Detail mit Blüten

APFELBEERE

Aronia Medik. (*Rosaceae*, Rosengewächse)
Apfelbeere; engl. Chokeberry; franz. Aronia.

SCHWARZFRÜCHTIGE APFELBEERE

Aronia melanocarpa (Michx.) Elliott (*Rosaceae*, Rosengewächse)

Weitere Namen

Kahle Apfelbeere, Gewöhnliche Kahle Apfelbeere, Schwarze Eberesche; engl. Black Chokeberry; franz. Aronia.

Die aus dem Osten Nordamerikas stammende Schwarze Apfelbeere wächst strauchartig, wird etwa 1 (–2,5) m hoch und bildet im Alter durch die kurzen Ausläufer kleine Dickichte. Ihre Blätter sind 2,5–7,5 cm lang, verkehrt eiförmig und plötzlich zugespitzt. Im Herbst sind sie leuchtend rot mit Gelb und Purpur gefärbt. Die reinweißen, 1–1,5 cm breiten Blüten sitzen zu 7–15 in kahlen Trugdolden beisammen. Anfangs sind die Früchte noch eher dunkel auberginenfarbig, später allerdings glänzend schwarz. Zu *A. melanocarpa* zählt die Sorte 'Hugin'.

Aronia melanocarpa 'Hugin' Habitus mit Blüten

A. arbutifolia (li), *A. melanocarpa* 'Hugin' (mi), *A. x prunifolia* 'Viking' (re)

Aronia melanocarpa 'Hugin' Früchte

PFLAUMENBLÄTTRIGE APFELBEERE

Aronia x *prunifolia* (C. K. Schneid.) Graebn. (*Rosaceae*, Rosengewächse); (*A. arbutifolia* x *A. melanocarpa*)

(Da in der älteren Literatur sehr unterschiedliche Namen angegeben werden und diesbezüglich auch derzeit noch oft Unklarheit herrscht, sind hier auch die Synonyma aufgelistet. Syn.: *Aronia nigra* DIPP., *Mespilus arbutifolia* (MICHX) ELL./WILLD., *Pyrus melanocarpa* WILLD., *Sorbus melanocarpa* (MICHX)HEYNH., *Aronia mitschurinii* SKVORTSOV et MAJJULINA ssp. Nova)

Weitere Namen

Schwarze Apfelbeere, Pflaumenblättrige Apfelbeere; engl. Purple Chokeberry; franz. Aronia; span. Aronia; poln. Aronia Czarna; tschech. Temnoplodec Cernoplody; rumän. Scorus Cu Fructe Negre; bulg. Chernoplodnaja Skorusha; russ. Aronija, Rjabina Chernoplodnaja; ung. Fekete Töpeberkenye.

Ursprünglich wurden alle Sorten der Apfelbeere der Art *A. melanocarpa* zugerechnet. Mittlerweile hat sich aber herausgestellt, dass die meisten inzwischen verwendeten Sorten tetraploide Hybriden zwischen *A. melanocarpa* und *A. prunifolia* (Rote Apfelbeere) sind. Mit Ausnahmen von 'Hugin', die weiterhin zu *A. melanocarpa* zählt, werden diese Hybriden nun einer eigenen Art, nämlich *A.* x *prunifolia* (Pflaumenblättrige Apfelbeere), zugeordnet.

Pflanzenmerkmale und Verbreitung

Die Apfelbeere stammt ursprünglich aus dem östlichen Nordamerika. Sie wächst in ihrer Heimat bevorzugt auf feuchten, sauren Standorten mit Niederschlägen von 1.000 bis 2.000 mm.

Sie wurde um 1900 zu Züchtungszwecken von Deutschland nach Russland importiert. Dort wurde sie nach 1945 in großen Plantagen angebaut.

Die Schwarze Apfelbeere ist ein sommergrüner, locker aufrechter, mehrtriebiger, etwas Ausläufer bildender Strauch von 1,5 m (–2,5 m) Wuchshöhe mit relativ dünnen Trieben. Diese sind durch das Fruchtgewicht überhängend. Die elliptisch bis verkehrt eiförmigen, 5,5–10 cm langen, wechselständig angeordneten Blätter sind oberseits glänzend grün und unterseits behaart. Sie verfärben sich im Herbst leuchtend wein- bis dunkelrot, auf kalkhaltigen Böden bilden sie Rot mit Gelb.

Blüte

10–20 etwa 1–1,5 cm große, weiße zwittrige Einzelblüten sind zu Doldentrauben zusammengefasst und entwickeln sich im Mai überwiegend am Ende kurzer, einjähriger Seitentriebe entlang der vorjährigen Triebe. Ihre Staubblätter sind dunkelrot, die Pflanzen selbstfruchtbar.

Eignung

Apfelbeeren sind sehr frostharte, anspruchslose und anpassungsfähige Gehölze für Hecken, Gruppen und zur Einzelstellung im Garten. Sie bevorzugen eher kalkarme Standorte in vollsonniger Lage und gedeihen in kälteren bzw. in höheren Lagen noch recht gut. Wegen ihrer weißen Blüten im Mai bzw. ihrer verwertbaren Früchte und der schönen weinroten bis dunkelroten Herbstfärbung sind sie auch als Ziersträucher sehr empfehlenswert. Sie dienen auch als wertvolles Insekten- und Vogelnährgehölz.

Frucht

Zuerst rötlich, dann glänzend (violett-)schwarz bzw. auberginenfarben. Die apfelähnlichen, kugeligen, saftreichen, ca. 12 mm dicken, 0,8–1,0 g (bis 1,5 g) schweren Sammelscheinfrüchte erinnern in Form und Größe stark an die Früchte der Eberesche. Schale und Fruchtfleisch sind fest, herb-süßlich, der Saft stark färbend (dunkelrot). Der frische Saft riecht nach Bittermandel. Die Fruchtreife erfolgt Anfang bis Ende August. Erträge von 10–17 kg pro Strauch sind möglich.

Der gesundheitliche Wert der Aroniafrüchte ist besonders hervorzuheben. An Inhaltsstoffen ist vor allem der dunkelrote, stark färbende Farbstoff Anthocyan (850 mg/100 g bzw. ca. 1.500 mg/l) erwähnenswert. Auch Vitamin C (10–30 mg/100 g), Carotin (Provitamin A) sowie die Vitamine B_2, B_9, E und P sind enthalten. Vorteilhaft sind der geringe Säuregehalt (0,7–1,2 %) und der hohe Zuckergehalt (ca. 10–19 %). Der Pektingehalt beträgt etwa 0,75 %. Mineral- und Spurenelemente sind ebenfalls in größeren Mengen vorhanden.

Verwertung

Die Früchte sind essbar, schmecken im Rohzustand jedoch herb-säuerlich und adstringierend, sind also für den Rohgenuss nicht sonderlich empfehlenswert. Der Blausäuregehalt

Aronia x *prunifolia* 'Nero' Blüte

Aronia x *prunifolia* 'Nero' Herbstfärbung

Aronia x prunifolia 'Nero' Habitus mit Blüte

Aronia x prunifolia 'Nero' Früchte

Aronia-Produkte

(wirkt in größeren Mengen toxisch) wird beim Kochen bzw. bei der Verarbeitung abgebaut.

Sie finden inzwischen vor allem in der Lebensmittel-, Farbstoff- und Pharmaindustrie Verwendung. Der Presssaft (Saftausbeute 75 %) eignet sich hervorragend als biologischer Färbesaft (5–7 % zu hellen Säften) für Schaumweine, Aperitifs, Cocktails, Liköre und andere alkoholische Getränke sowie zur Geleeherstellung. Er wird auch für Molkereiprodukte (Joghurt etc.) sowie in der Süß- und Backwarenindustrie als Färbe- und Geschmacksmittel verwendet. Im Privathaushalt lassen sich die Früchte gut zu Mischmarmeladen (insbesondere mit Apfel) verarbeiten. Auch zu Saft, Sirup, Tees, Fruchtpulver- und -fasern werden sie verarbeitet.

Früchte und Blätter besitzen auch wertvolle pharmazeutische Eigenschaften. Aronia-Produkte werden heute von Kunden weitgehend aus medizinischen Grünen, therapeutisch

Aronia Produkte (Aronia Original Naturprodukte GmbH)

Aronia Plantage (Aronia Original Naturprodukte GmbH)

Aronia-Erntegerät (Aronia Original Naturprodukte GmbH)

oder prophylaktisch, erworben. Die Inhaltsstoffe der Aroniabeeren gelten als Krebsrisikomindernd, sie zeigen positive Wirkungen bei Kreislauferkrankungen, sind entzündungshemmend, wirken antibakteriell und sollen sogar den Alterungsprozess verzögern. Sie wirken wegen ihres hohen Gerbsäuregehaltes auch als Antioxidantien.

Die Früchte werden gerne von Vögeln gefressen.

Standortansprüche und Pflege

Apfelbeeren stellen keine besonderen Ansprüche an Boden und Klima und sind an das kontinentale Klima angepasst, da sie sehr gut frosthart (bis –30 °C) sind. Durch die späte Blüte Ende April/Mai sind sie auch kaum blühfrostgefährdet. Sie werden unter anderem auch in Sibirien, Schweden und Finnland angebaut. Optimal sind Standorte mit genügend Boden- und Luftfeuchte (600–800 mm Jahresniederschlag). Hoher Kalkgehalt in Kombination mit Trockenheit wirkt sich ungünstig aus. Steigt der Boden-pH-Wert über 7, dann können Chlorosen auftreten. Ansonsten sind Apfelbeeren sehr anpassungsfähig und gedeihen unter verschiedenen Bodenverhältnissen.

Eine Düngung ist in den ersten 2–3 Standjahren nicht notwendig. Später kann nach entsprechenden Bodenanalysen gedüngt werden.

Krankheiten und Schädlinge

Kaum bis selten beobachtet wurden Frostspanner, Ebereschenmotte, Kirschblattwespe, Blattläuse, Koma-Schildläuse. *Aronia* scheint gegen Pilz- und Virenkrankheiten resistent zu sein. Bei *A. melanocarpa* könnte Mehltau auftreten. Als Vertreter der Rosengewächse zählt sie prinzipiell auch zu den Feuerbrandwirtspflanzen, allerdings sind bislang keine Informationen zur Anfälligkeit gegenüber Feuerbrand bekannt. Größere Schäden können durch Mäuse verursacht werden. Auch Wildverbiss durch Rehe, welche die Terminalknospen abäsen, kann zu Problemen führen. Ebenso das 'Fegen' der Rehböcke kann auch zum Absterben einzelner Sträucher führen.

Vermehrung und Anzucht

Vermehrung durch Samen ist möglich, Selektionen und Sorten müssen jedoch vegetativ durch Stecklinge vermehrt werden. Auch Ableger und Abrisse sind möglich. Interessant für die Verwendung im Hausgarten sind neben

Aronia Grossernte (Aronia Original Naturprodukte GmbH)

den Sträuchern auch Meterstämme (Unterlage: *Sorbus aucuparia*, Pfropfen hinter die Rinde). Für den plantagenmäßigen Anbau ist auch die Mikrovermehrung (In-Vitro) interessant, weil man dadurch gesundes Pflanzmaterial erhält, das frei von Pilzen und anderen Krankheiten ist.

Schnittmaßnahmen beschränken sich ab dem 4.–6. Standjahr auf ein Auslichten (ähnlich wie bei Ribiseln – kontinuierliche Fruchtasterneuerung). Die Krone sollte locker aufgebaut sein, sollte aus ca. 40 Trieben (Ästen) bestehen, eine ausreichende Neutriebbildung sollte gewährleistet sein. Sollte es notwendig sein, dann ist sogar ein radikaler Rückschnitt möglich.

Plantagenmäßiger Anbau

Die Apfelbeere wird traditionsgemäß in den Staaten der ehemaligen Sowjetunion auch heute noch in großem Maßstab angebaut. Nach Schätzungen von Holzmüller (*Aronia*-Original) gibt es heute noch Plantagen von 20.000 ha in der Ukraine und 6.000 ha in Polen. Für Deutschland wurden 2010 etwa 80–90 ha angegeben. Eine der großen Aroniaplantagen mit rund 62 ha liegt bei Coswig bei Dresden.

Für eine wirtschaftliche maschinelle Beerntung ist eine Heckenpflanzung anzuraten. Dabei werden Pflanzabstände von 3–4,5 x 0,8–1,8 m angegeben, dies ist abhängig von der Ernteweise. Es sind auch Pflanzsysteme erprobt, bei welchen *Aronia* auf Ebereschenstämme (Meterstämme) veredelt wurden. Dadurch erhält man kleinkronige Pflanzen, die sich auch gut händisch beernten lassen. Die Pflückleistung bei der Handernte beträgt etwa 10–15 kg pro Stunde, dabei wird die gesamte Dolde geerntet.

Aronia Handernte (Aronia Original Naturprodukte GmbH)

Aronia Tresterpulver (Aronia Original Naturprodukte GmbH)

Aronia-Sträucher fruchten bereits im Jahr nach der Pflanzung, der Vollertrag setzt nach 3–4 Jahren ein. Abhängig von Sorte, Standort und Pflanzsystem beträgt der Ertrag pro Pflanzen zwischen 6 und 17 kg. Man rechnet damit, dass eine *Aronia*-Plantage 20 Jahre lang ertragsfähig ist. Die Erträge liegen dabei zwischen 5 und 14 t pro Hektar. Die Erntezeit liegt zwischen August und Oktober. Sie kann mit Rütteln und Kämmen, Ribiselerntemaschinen und Vollerntemaschinen erfolgen. Die geernteten Früchte sind gekühlt bei 0–2 °C auch lagerfähig (bis zu 4 Monaten), sollten aber dennoch alsbald verarbeitet werden.

Sorten und Auslesen

Die echte **'Schwarze Apfelbeere'** (*Aronia melanocarpa*) zeichnet sich durch 6–10 mm große, glänzend schwarze Früchte und kleinere, schmälere Blätter aus. Die Pflanzen sind nicht behaart (Hop, 1999). Demnach wird heute nur noch die Sorte 'Hugin' der Art *A. melanocarpa* zugerechnet.

'Hugin': Apomiktische Sorte aus Schweden, reichtragend, sehr winterhart, sortenechte Vermehrung durch Samen möglich. Früchte 1,5 cm groß.

Alle folgenden Sorten werden als apomiktische Hybriden mit tetraploidem Chromosomensatz zwischen *A. arbutifolia* und *A. melanocarpa* angesehen und nunmehr *A.* x *prunifolia* zugerechnet. Sie zeichnen sich durch größere Blätter, Früchte von 1,0–1,5 g von violettschwarzer Farbe (wenig glänzend) aus. Die Blätter der Sträucher sind leicht behaart.

'Viking': Finnische Sorte, eher aufrecht wachsend, wird etwa 2,5 m hoch. Fruchtgewicht ca. 1,5 g, Früchte vorwiegend an Triebenden, diese deshalb zur Erntezeit überhängend, ansonsten ähnlich 'Nero', allerdings sind die Früchte etwas kleiner.

'Fertödi': Sorte aus Ungarn

'Nero': Wuchs etwas aufrechter als bei der Wildform, wird bis 2,5 m hoch. Sie hat größere Doldentrauben, das Fruchtgewicht beträgt 1,0–1,5 g. Diese Sorte ist spät reifend.

'Rubina': In Ungarn gezüchtete Sorte, Kreuzung aus der finnischen Sorte **'Viking'** mit einer russischen Sorte (Züchter: Vellnagel, Sortenschutz). Sehr fristharter, 1,5–1,8 m hoher Strauch, regelmäßiger Schnitt empfehlenswert. **'Rubina'** ist eine früh reifende Sorte mit größeren Früchten (1,2–1,8 g).

'Aron': Aus Dänemark stammende Sorte, 1,5–2 m hoher Strauch. Diese Sorte ist reichfruchtend, die Früchte sind etwas kleiner, sonst wie *A.* x *prunifolia*.

'Königshof': Reichfruchtende Selektion mit relativ großen Früchten von 1,5 g (Selektion des LFZ für Gartenbau, Schönbrunn).

'Estland': Ausläufer bildend, 1,5–2,5 m hoher, aufrecht bis leicht überhängend wachsender Strauch. Früchte sind erst rot, dann schwarz, erbsengroß.

'Karhumäki': Neuere, gute Ertragssorte aus Finnland. Bis 3 m hoch, starkwüchsig, sehr

Aronia 'Hugin'-'Viking'-'Nero' Sortenvergleich Früchte

Aronia x *prunifolia* 'Karhumäki' (H.-R. Müller)

Aronia x *prunifolia* 'Aron' (H.-R. Müller)

Aronia x *prunifolia* 'Königshof'

Aronia x *prunifolia* 'Nero'

reichtragend und früh reifend ab Mitte August, Beeren zuerst rötlich, dann schwarz. Früchte etwa 1,0 cm dick.
'Serina': Bis 2,5 m hoch, anfangs schmal aufrecht, stark Ausläufer bildend, interessant ist der braunrote Laubaustrieb. Reife ab Ende August, große, schwarze Beeren, 1,1 cm dick.
'Moravska Sladkoploda': Sorte aus der Slowakei.
'Kashamachi': Sorte aus Estland; 'Hakkija' aus Dänemark.

FILZIGE APFELBEERE

Aronia arbutifolia (L.) Pers. (*Rosaceae*, Rosengewächse)

Weitere Namen

Rotfrüchtige Apfelbeere; engl. Red Chokeberry; franz. Aronia à feulles d'arbousie.

Ist ebenfalls im Osten Nordamerikas beheimatet. Bis 2,5 m hoher, locker aufgebauter Strauch mit elliptisch bis länglich verkehrteiförmigen Blättern, die unterseits dicht graufilzig sind. Blütezeit Mai – Juni. Die Früchte sind beinahe kugelig, 4–7 mm dick, leuchtend rot und glänzend. Spät reifend, bleiben bis Dezember an den Sträuchern.
'Brilliant': Zierform mit schöner Herbstfärbung und etwa 8 mm großen, glänzend roten Früchte. Sind nicht zum Verzehr geeignet.

Aronia arbutifolia 'Brilliant' Früchte

Veranstaltungen zu/mit Aronia

Großes Aronia-Erleben-Fest, Aronia Plantage in Coswig OT Brockwitz.

Literatur

ALBRECHT, H.-J., et. al., 1993: Anbau und Verwertung von Wildobst. Taspo Praxis, Bernhard Thalacker Verlag, Braunschweig. 161 S.
ALBRECHT, H.-J.,: Zur Benennung, Einführung und Nutzung der Arten und Sorten der Apfelbeere (Aronia MEDIK.)
BINDER, W., 2012: Aronia. Die Powerbeere aus der Eiszeit, VBN-Verlag für Naturmedizin und Bioenergetik, 220 S.
DÖLL, M., 2013: Aronia Kleine Beere – Große Wirkung, Edition buntehunde, 120 S.
EGGERT, P., Aronia. Von der Jungpflanze bis zur Ernte. Wektorverlag, Warszawa
GANTER, E. M., 2010: Aronia: eine heilsame Beere mit spannenden Facetten. Besseres Obst 10-1/2010, S. 15–17.
GRÜN, S., & NEIDHARDT, J., 2010: Aronia: Unentdeckte Heilpflanze, Edition buntehunde, 74 S.
HOP, M., 1999, Aronia. Dendroflora 36, 1999, S. 40–47.
JENSEN, D., 2010: Eine neue Beeerensorte entdeckt Westeuropa. Aronia/Pflanzenbau Nr.18/2010/die grüne
JENSEN, D., 2010: Aronia – 'Gesundheitsbeere' mit hohem Anthocyangehalt. Dt. Baumschule 11/2010, S. 24–26.
MEHRWALD, R. P.,2007: Das hohe antioxidative Potential der einheimischen Aroniabeere (Aronia melanocarpa. COmed, 05/07, 4 S.
NN, 2013: Aronia. Braten, Desserts, Kuchen und vieles mehr. Garant Verlag, Renningen
WAWER, S. I., EGGERT, P. & HOLUB B., Aronia, das polnische Paradox.
WILLGING, C., & Konrad, P., 2009: Bildungs- und Beratungsring Arenenburg. Kulturblatt Aronia, 4

Hop, M., 2008: persönliche Mitteilung.

Internetseiten

http://www.wlz-fz.de/Lokales/Waldeck/Bad-Arolsen/Beeren-Nachlese-bei-Aronia-Fest-in-Kuelte
http://www.berneraronia.ch/site/fileadmin/documents/pressestimmen/Presseartikel_die_Gruene_18__2010.pdf
http://www.berneraronia.ch
http://www.aronia-original.de/die-aroniabeere
http://www.aronia-erleben.de/
http://www.oekonews.at/?mdoc_id=1078998
http://www.aroniabeere.ch

GEWÖHNLICHE EBERESCHE

Sorbus aucuparia L., *Sorbus aucuparia* ssp. *aucuparia* (*Rosaceae*, Rosengewächse)

Weitere Namen

Gewöhnliche Vogelbeere, Gewöhnliche Eberesche, Ebschbeerbaum, Drosselbeere, Quitschernbaum, Quickenbeerbaum, Pielbeerbaum: engl. mountain ash, rowan; franz. sorbier des oiseleurs, sorbier des oiseaux; span. serbal de los cazadores; ital. sorbi degli uccelatori; niederl. lijsterbes; poln. jazab pospolity, jarzebina; tschech. jerab obecny, ptaci; bulg. oifka, kalina; rumän. scorus de munte; ung. vorös berkenye; russ. rjabina obyknovennaja; dän. ron; schwed. rönn; finn. kotipihlaja.

Pflanzenmerkmale und Verbreitung

Die Eberesche ist im gesamten europäischen Raum und bis Westasien verbreitet. Auch in Kleinasien, im Kaukasus, von West- bis nach Mittelsibirien und sehr weit in den Norden Europas kommt sie ebenfalls noch vor. Sie ist gegenüber tiefen Temperaturen sehr unempfindlich und wächst vom Tiefland bis in klimatisch ungünstige Gebirgslagen bis in 2.400 m Höhe. Dann allerdings meist nur mehr strauchförmig, eher Dickichte bildend als eigene Unterart (*S. aucuparia* ssp. *glabrata* (Wimm. et Grab.) Cajander), die einige Wochen vor der Unterart ssp. *aucuparia* blüht. In der freien Natur wächst die Eberesche zu einem kleinen bis mittelgroßen Baum von 6–12 m heran, kann aber gelegentlich auch Wuchshöhen von bis zu 20 m erreichen. Nicht selten entwickelt sie sich mehrstämmig und erhält dadurch einen recht malerischen Habitus. Anfangs entwickelt sie eine relativ lockere, schmale Krone von 4–6 m Breite, die mit der Zeit jedoch eine breit rundliche Gestalt annimmt.

Die jungen Triebe sind leicht behaart, ihre dunkelbraunen Triebe weisen Lentizellen auf und die filzig behaarten Winterknospen sind wechselständig angeordnet. Etwa Anfang April erscheinen die wechselständigen, unpaarig gefiederten Blätter mit vier bis neun Fiederblättchen. Letztere sind grob gesägt, im unteren Drittel aber ganzrandig. Prächtig präsentiert sich die orange bis leuchtend rote Herbstfärbung der Blätter.

Blüte

Im Mai/Juni nach dem Laubaustrieb entfalten sich die cremeweißen, unangenehm duftenden Blüten. Sie werden in endständigen Trugdolden von etwa 15 cm Breite am Ende

Sorbus aucuparia Detail mit Blättern und Blüten

Sorbus aucuparia Habitus mit Früchten

der vorjährigen Triebe gebildet und bestehen aus 200–300 Einzelblüten.

Die Eberesche wächst in Jugendjahren (die ersten 20 Jahre) sehr rasch, später wird sie trägwüchsig und kann ein Alter von 50–80 (selten bis 100) Jahren erreichen.

Eignung

Die Eberesche ist ein attraktiver Solitärbaum (Wuchs, Blüte, Früchte, Herbstfärbung) für den Hausgarten in allen Höhenlagen. Sie eignet sich auch für hohe Hecken und Abpflanzungen (strauchförmig) sowie für die Begrünung von sonnigen Böschungen. Allerdings benötigt sie ausreichende Boden- und Luftfeuchte! Auch für die Tierwelt sind Ebereschen wichtige Elemente in Natur und Garten. So sind sie ein wichtiges Gehölz für Insekten (Blüten) und Vögel (z. B. Drosseln). Aber auch Säugetiere naschen gerne an deren Früchten.

Aus gestalterischer Sicht wird die Eberesche auch als Straßenbaum, hier insbesondere für Überlandstraßen im ländlichen Raum, aber auch in der Dorfbegrünung verwendet.

Frucht

Die Früchte der Eberesche sind kugelige, 0,8–1 (–1,5) cm große, orangefarbene bis scharlachrote, apfelartige Scheinfrüchte, sie werden in großer Anzahl in Trugdolden gebildet. Deren Oberfläche ist mit wenigen kleinen Lentizellen besetzt. Botanisch gesehen gehören die Ebereschen zum Kernobst.

Ernte

Die Baumreife erfolgt bereits ab August bis Mitte September (zu dieser Zeit ist der Vitamin-C-Gehalt am höchsten). Deshalb eignen sie sich in dieser Form besonders für die Herstellung von Saft etc. Die Fruchtreife (Vollreife) selbst tritt erst etwa drei bis vier Wochen später – je nach Höhenlage – im Oktober ein. Die Fruchtschalen sind nun weich, die Früchte sind nun für das Schnapsbrennen sehr gut geeignet. Ebenso können diese nun getrocknet (zu 'Rosinen') und als Kompott verarbeitet werden. Von einem ausgewachsenen Baum können etwa 20–40 kg Früchte geerntet werden.

Roh schmecken die kleinen 'Kernäpfel' bittersäuerlich und sind deshalb für den Rohverzehr ungeeignet. Nicht einmal Vögel fressen diese anfangs. Der bittere Geschmack wird durch die als leicht giftig eingestufte Parasorinsäure verursacht.

Die Fruchtstände werden händisch geerntet. Dabei muss jedoch darauf geachtet werden, dass die an der Basis der Fruchtstände sitzenden Blütenknospen (für das nächste Jahr) nicht abgebrochen werden! In Anlagen kann man mit einer Arbeitsleistung von 14–24 kg /AKh rechnen.

Die Früchte lassen sich in möglichst luftigen Kisten, Steigen oder Körben auch über größere Distanzen gut transportieren. Sie sind auch gut lagerbar, allerdings geht dabei viel vom Zucker und vom Vitamin C verloren.

Erträge ab dem fünften Standjahr von 2–3 kg sind möglich. Im vollen Ertragsstadium (ab dem 10. Standjahr) kann der Ertrag bei maximal 20–40 kg/Baum liegen. Bei Einzelbäumen sind mitunter sogar 50–100 kg pro Baum möglich. Im Gegensatz zu Äpfel und Birnen sollten Ebereschen nicht alternieren. Allerdings gibt es auch Informationen, wonach in Anlagen gepflanzte Ebereschen nach einigen Jahren keine oder nur mehr sehr wenige Früchte ansetzen! Der Grund hierfür ist nicht bekannt, möglicherweise handelt es sich dabei um eine gewisse Selbststerilität, die sich im Laufe der Zeit aufbaut?

Sorbus aucuparia Früchte

Inhaltsstoffe

Ebereschenfrüchte enthalten zahlreiche interessante Inhaltsstoffe. Zum Beispiel viel Vitamin C (50–120 mg/100 g Frischsubstanz), Provitamin A, große Mengen an Fruchtsäure, vor allem Äpfelsäure (2,3–3,2 %) im Saft. Zucker (9,4 %), insbesondere auch Sorbit, welcher als Zuckerersatz für Diabetiker verwendet wird. Die enthaltene Sorbinsäure wird zur Lebensmittelkonservierung verwendet, da sie die Entwicklung verschiedener Schimmelpilze und Bakterien hemmt. Daneben sind noch ätherische Öle und Anthocyane in den Früchten enthalten. Sie enthalten vor allem Parasorbinsäure, die neben den ebenfalls vorhandenen Phenolen den herben, adstringierenden Geschmack verursacht. Der Verzehr roher Früchte kann bei Menschen verschiedene Probleme wie Durchfall und Gastritis auslösen. Beim Erhitzen der Früchte wird die Parasorbinsäure jedoch zu Sorbinsäure umgewandelt. Den Früchten der so genannten Edel-Eberesche fehlt die Parasorbinsäure allerdings, deshalb schmecken diese auch nicht bitter!

Verwertung

Die zur Reifezeit geernteten Früchte können zu Marmeladen, Gelee, Fruchtmark, Kompott und kandierten Früchten verarbeitet werden. Möchten Sie den herb-sauren Geschmack der Vogelbeeren etwas mildern, dann geben Sie bei der Verarbeitung der Früchte entweder Äpfel, Birnen oder Quitten dazu. Auch eine Mischung mit anderen Wildfrüchten, wie Brombeeren, Holunderbeeren oder Hagebutten, schwächt den herb-sauren Geschmack ab und bringt interessante neue Geschmacksvarianten hervor.

Auch für die Backwarenherstellung und die Süßwarenindustrie sind sie von Bedeutung. Werden die Früchte zur Vollreife geerntet, so bereitet man daraus Kompott, Saft, Likör, Wein und Schnaps. Die Ausbeute beträgt etwa 2,7 Liter (bei der Edel-Eberesche 4,5 l) Alkohol aus 100 Litern Maische, vorausgesetzt man verwendet vollreife Früchte. Auch Fruchtnektar und Essig kann aus den Früchten hergestellt werden. Darüber hinaus werden getrocknete Früchte ('Rosinen') als Dörrobst

Sorbus aucuparia Marmelade

oder zur Teebereitung verwendet. Das Konzentrat kann als Ersatz für Zitronen oder Essig in der Küche eingesetzt werden. Die Früchte der Edel-Eberesche sind darüber hinaus auch für den Rohverzehr geeignet.

Das weiße, im Kern rotbraune Holz ist elastisch und feinfaserig und wird für Furniere und Büchsenschäfte von Drechslern, Schnitzern und Tischlern verwendet.

Standortansprüche und Pflege

Die Eberesche bevorzugt frische bis feuchte, mäßig nährstoffreiche Böden mit leicht saurer bis kalkhaltiger Bodenreaktion. Sie kommt aber mit allen Bodenarten einigermaßen zurecht. Auf zu leichten Böden wie auf Kalkböden zeigen die Ebereschen Wachstumsdepressionen und sind unter diesen Umständen auch sehr kurzlebig. Sie ist zwar ein Flachwurzler, meidet aber flachgründige Böden und reagiert bei Sommertrockenheit mit frühzeitigem Blattwurf. Der frostharte Baum wächst an sonnigen bis halbschattigen Standorten, reagiert aber empfindlich auf Trockenheit und Hitze. Im aufgeheizten trockenen Stadtklima versagt die Eberesche!

Vermehrung und Anzucht

Die Wildform wird durch Samen, die stratifiziert werden müssen, vermehrt. Selektionen und Auslesen müssen veredelt werden. Die dabei übliche Veredelungsmethode ist die Okula-

Sorbus aucuparia Herbstfärbung

tion auf 2-jährige Sämlinge von *S. aucuparia*. Als Unterlagen werden also Sämlinge der Art verwendet. Es entwickeln sich daraus jedoch recht große Bäume und auch die Erträge setzen spät ein.

Es kommen jedoch auch Quitten und Weißdorn als Veredlungsunterlagen in Frage. Werden diese verwendet, so ergibt das einen schwächeren Wuchs und der Fruchtertrag setzt früher ein. Diese Veredelungsvarianten sind jedoch kurzlebiger, was natürlich ein Nachteil ist. Darüber hinaus ist bei der Verwendung von *Crataegus* als Unterlage das Infektionsrisiko für Feuerbrand erhöht. Sogar *Aronia* scheint als Unterlage geeignet. Das gilt auch umgekehrt: veredelt man *Aronia* auf Stämme von *Sorbus aucuparia*, kann man Viertel-, Halb oder gar Hochstämme der Apfelbeeren erzielen. Die weitere Erziehung der Ebereschen erfolgt in der Regel zu Halb- oder Viertelstämmen. Mitunter werden sie auch als Heister gehandelt.

Bei einer Neuanlage einer Ebereschenanlage werden besser einjährige Veredelungen verwendet, weil diese besser anwachsen. In Abhängigkeit von der Unterlage werden Standweiten von etwa 5 x 4 m angegeben. Bei schwachwüchsigen Unterlagen (wie z. B. bei *Aronia*) werden 4 x 4 m, bei der Verwendung von Sämlingsunterlagen bis zu 7 x 6 m empfohlen. Schnittmaßnahmen sind nicht nötig. Die Eberesche regeneriert sich nach einem Rückschnitt, falls dies aus Platzgründen einmal notwendig werden sollte, aber sehr gut. Um guten und frühzeitig einsetzenden Fruchtertrag zu erhalten, sollten die Pflanzen im zweiten Standjahr formiert werden, dies gilt insbesondere auch für die Essbare Eberesche. Die Triebe sollten dazu etwa 1–2 m lang sein, sie werden dann auf einen 45°-Winkel heruntergebogen. Dadurch werden ein früherer Ertragsbeginn und eine günstigere Verzweigung erzielt. Später sollte möglichst wenig geschnitten werden, da sich nur an den Endknospen älterer Fruchtruten oder Fruchtspieße Blüten bilden. In der Ertragsphase sollte allerdings alle drei bis vier Jahre ein leichter Auslichtungsschnitt durchgeführt werden.

Krankheiten und Schädlinge

Die Ebereschenfruchtmotte (*Argyrestia conjugella*; besonders in luftfeuchten Lagen) tritt auch an Äpfeln (Apfelmotte) auf und kann an den Früchten beträchtliche Schäden verursachen. Daneben können noch zahlreiche weitere Insektenarten, wie die Ebereschensägewespe (*Hoplocama alpina*) und die Ebereschensamenwespe (*Negastigmus brevicaudis*) auftreten. Dazu kommen noch gelegentlich Blattläuse und Milben.

Weiters treten gelegentlich Schäden durch Ebereschen-Monilia (Zweigdürre und Fruchtfäule), Ebereschenrost und Schorf (schwarze Flecken) auf. Die Eberesche zählt leider auch zu den Feuerbrand-Wirtspflanzen, die Pflanzen sind deshalb auf Feuerbrandbefall sorgfältig zu kontrollieren.

Schäden durch Wildverbiss durch Hasen und Rotwild können gelegentlich beobachtet werden.

Sorten und Auslesen

Von der Vogelbeere gibt es mehrere Zierformen (z. B. Säulen und Hängeform, gelbe Fruchtsorten), die für die Fruchtgewinnung aber nicht zweckmäßig sind, da bei diesen Sorten der Zierwert der Früchte im Vordergrund steht. Besonders interessant – auch in wirtschaftlicher Hinsicht – sind die so genannten Edel-Ebereschen.

AMERIKANISCHE EBERESCHE

Sorbus americana Marsh. (*Rosaceae*, Rosengewächse)

Bis 10 m hoher, oft mehrstämmiger Baum, ähnlich der Eberesche, aber mit größeren Blättern und größeren Fruchttrauben. Diese Art wird meist als Veredelung (Unterlage *Crataegus*) angeboten. Fruchtet als junge Pflanze bereits, doch diese Veredelungen sind eher kurzlebig. Hoher Fruchtertrag, Früchte wie bei der gewöhnlichen Eberesche, orangerot, 0,6–0,9 mm, sehr zahlreich, herb und adstringierend schmeckend. Ergibt, mit Apfel gemischt, eine sehr gute Marmelade.

Sorbus americana Früchte

Sorbus americana Habitus mit Früchten

ESSBARE/MÄHRISCHE EBERESCHE, EDEL-EBERESCHE

Sorbus aucuparia var. *edulis* Dieck, Syn.: *S. aucuparia* ssp. *moravica*, oft auch als *S. aucuparia* 'Edulis' im Handel (*Rosaceae*, Rosengewächse)

Weitere Namen

Süße Eberesche.

Bei der Benennung der Sorten dieser Gruppe gibt es unterschiedliche Auffassungen: In der „Namenliste Gehölze 2005–2010" von M. H. A. Hoffmann werden die Sorten der Essbaren Eberesche als Sorten von *Sorbus aucuparia*: **'Konzentra'**, **'Rosina'** und **'Rossica Major'** geführt, **'Rossica'** jedoch nur als Synonym von *S. aucuparia* var. *edulis* betrachtet. Hierbei handelt es sich um eine Pflanze mit (fast) bitterstofffreien Früchten, die um 1810 von Hirtenjungen in Nordböhmen (Altvatergebirge) als Mutante in einem Bestand von *Sorbus aucuparia* gefunden wurde. Sie wächst zu einem 15 m hohen Baum mit steiler Mittelachse heran, ihre fruchtenden Triebe neigen sich bogenförmig. Sie unterscheidet sich von der Gemeinen Eberesche durch die Blätter (größer, die Basis ist spitz, die Blättchen sind im unteren Drittel ganzrandig, die Blattspindel rötlich).

Blüte

Die Blüte bzw. der Blütenstand ist größer, flach ausgebreitet, die Einzelblüten etwa 1 cm breit. Blütezeit Mai/Juni, sie sind selbstfruchtbar.

Früchte

Die apfelartigen Scheinfrüchte sind nicht bitter, sondern süßsauer, etwa 1–1,5 cm groß, unreif orangefarben, vollreif glänzend scharlachrot, hellgelb punktiert. Das Aroma der Früchte erinnert an Preiselbeeren. Fruchtreife Ende August bis Mitte September, Vollreife im Oktober.

Edel-Ebereschen bevorzugen Standorte mit Niederschlagsmengen von 800–900 mm/Jahr, der pH-Wert des Bodens sollte zwischen 5 und 6 liegen.

Erträge zwischen 20 und 40 kg pro Pflanze sind möglich. Edel-Ebereschen werden in Bulgarien, Polen und Russland in Plantagen angebaut. Mit zunehmender Fruchtreife nimmt der Säure- und Vitamin-C-Gehalt ab (etwa 20–30 %), der Zucker- und Sorbitgehalt dagegen zu. Der Vitamin-C-Gehalt der Früchte bei einzelnen Edel-Ebereschen-Sorten beträgt 80–100 (–220) mg/100 g Frischgewicht bzw. bis 250 mg/100 g im Saftkonzentrat. Der Gehalt an Apfelsäure beträgt 2–3 g/100 g, Carotin ist in Mengen von 10–15 g/100 g enthalten. Auch Anthocyane und ätherische Öle sind enthalten. Daneben ist noch ein beachtlicher Zuckergehalt von 5–10 % anzuführen. Sorbit dient als Zuckerersatz für Diabetiker.

Sorbus aucuparia ssp. *moravica* Früchte

Sorbus aucuparia ssp. *moravica* Detail mit Blüten

Die Verwertung erfolgt wie bei der Gemeinen Eberesche, allerdings mit dem Unterschied, dass bei der Edel-Eberesche der herb adstringierende Geschmack fehlt und die Produkte durch den höheren Zuckergehalt qualitativ besser werden. Vor allem Süßmost, Sirup und Saftkonzentrat können daraus gewonnen werden, aber auch ein besonders feiner Schnaps (Ausbeute ca. 4,5 Liter reiner Alkohol pro 100 Liter Maische) lässt sich daraus bereiten. Wegen des herb-sauren Geschmacks der Ebereschenfrüchte ist bei deren Verarbeitung zu Marmelade eine Mischung mit süßen Früchten wie Brombeeren, Quitte und Apfel zu empfehlen. Daneben kann man noch Kompott, Likör, Wein und kandierte Früchte daraus bereiten. Der daraus entstandene Bienenhonig ist sehr aromatisch.

Edel-Ebereschen werden in den neuen Bundesländern für den erwerbsmäßigen großflä-

Sorbus aucuparia ssp. *moravica* 'Rosina' (H.-R. Müller)

chigen Anbau zur Fruchtgewinnung für die Lebensmittelindustrie empfohlen. Edel-Ebereschen eignen sich besonders auch für die Verwendung in Hausgärten, insbesondere auch dann, wenn man den herb-adstringierenden Geschmack der Gewöhnlichen Eberesche nicht so gerne mag. Sie sind allerdings trocken-, hitze- und salzempfindlich, sonst aber wenig anfällig für Krankheiten und Schädlinge.

Das elastische rötliche Holz der Edel-Eberesche ist für Drechsler-, Tischler- und Schnitzarbeiten gut geeignet. Auch als Ziergehölz und Bienenweide verfügt die Edel-Eberesche über zusätzlichen Nutzwert.

Sorten und Auslesen

Bereits um 1900 wurden durch die Baumschule Späth in Berlin die bitterstoffarmen Sorten **'Rossica'** (*Sorbus aucuparia rossica* Späth) und **'Rossica Major'** (*Sorbus aucuparia rossica major* Späth), letztere mit 1,5 cm großen Früchten, in den Handel gebracht. Diese stammten ursprünglich aus Südrussland (Kiew) und waren dort unter dem Namen **'Neschinskaja'** verbreitet. Sie wurden dort auch baumschulmäßig vermehrt und die Früchte wurden roh verwendet und verarbeitet. In dieser Region werden sie auch als Frischobst gegessen und verarbeitet. 1946 wurden zwei weitere Sorten der Edel-Eberesche mit besonderen Eigenschaften vom Institut für Gartenbau in Dresden-Pillnitz in den Handel gebracht. Der wesentliche Unterscheid zur 'wilden' Eberesche besteht darin, dass die Früchte der Edel-Eberesche zwar sauer, aber nicht bitter schmecken. Das Aroma der Früchte erinnert an Preiselbeeren.

Die alten russischen Landsorten **'Krasnaja'**, **'Kubovaja'** und **'Zheltaja'** zählen ebenfalls zu den Edel-Ebereschen.

'Nevezhinsker Eberesche' (Sortengruppe): Klonselektionen, die 1954 unter den Sortennamen **'Krupnoplodnaja'** und **'Sakharnaja'** in den Handel gebracht wurden.

'Konzentra': Stammt aus Annaburg, ist starkwüchsig, sie wurde vom Institut für Gartenbau in Dresden-Pillnitz selektiert. Die Pflück- und Genussreife erfolgt Mitte bis Ende September. Es werden kleine bis mittelgroße Dolden mit kleinen bis mittelgroßen Früchten sowie dicker, fester, rötlich oranger Fruchtschale entwickelt. Das Fruchtfleisch ist gelblich orange gefärbt. Die Erträge sind regelmäßig und hoch. Die Sortenbezeichnung **'Konzentra'** erfolgte aufgrund des hohen Vitamin-C-Gehaltes von 220 mg/100 g Frischsubstanz.

'Rosina': Zuchtsorte aus Dresden-Pillnitz. Stammt aus Sebnitz in Sachsen. Diese Sorte ist mittelstark wachsend, weist steil aufwärts ge-

Sorbus aucuparia ssp. *moravica* 'Rosina' Habitus mit Früchten (H.-R. Müller)

richtete Äste und eine breit pyramidale Krone auf. Pflück- und Genussreife treten Mitte bis Ende September ein. Die Früchte werden in großen Dolden gebildet, sind orangefarben bis rötlich und das Fruchtfleisch ist hell gelborange gefärbt. Früchte kugelig, 1,0–1,5 cm Durchmesser. Wegen des süß- bis herb-säuerlichen, aromatischen Geschmackes und des hohen Vitamin-C-Gehaltes (70–120 mg/ 100 g Frischsubstanz) ist **'Rosina'** eine wertvolle Sorte mit vielen Verwendungsmöglichkeiten. Diese Sorte kann durch Veredelung auf *Sorbus intermedia* als kleinerer Baum kultiviert werden, benötigt aber einen jährlichen Rückschnitt, damit die Fruchtqualität entsprechend ausgebildet wird. Erträge sind regelmäßig und hoch, sie setzen bereits früh ein.

'Klosterneuburger IV' (Züchter HBLA Klosterneuburg): Kleiner bis mittelgroßer Baum mit kegelförmiger Krone. Eine Selektion mit hohem Ertrag, sehr reich an Inhaltsstoffen, besonders an Vitamin C, und reift im September. Früchte orangerot, kugelig, bis 1,5 cm dick, Fruchtfleisch gelborange, Doldengewicht etwa 250 g, hoher Zucker- (Sorbit) und Vitamin-C-Gehalt. Reife im September. Diese Sorte bevorzugt schwach sauren Boden in sonniger Lage und findet auch als schöner Hausbaum Verwendung. Nicht trocken- und hitzetolerant, salzempfindlich.

'Moravska Uroshajna' (Züchter V. Mezhenskyj, Ukraine): Der Name bedeutet soviel wie 'sehr fruchtbare Moravica'; Baum von 5 m Wuchshöhe, bringt rundliche, rote, säuerliche, jedoch bitterstofffreie Früchte hervor; das Fruchtgewicht beträgt 0,8 (max. 1,5) g; Reife im August.

'Rabina' (Russische Selektion): Wird in den USA angeboten. Der aufrecht wachsende Baum kann durch Schnitt unter 4 m Höhe gehalten werden. Die Früchte sind nicht bitter, sondern süßlich-herb und aromatisch.

Weitere Arten

Folgende Arten bzw. Hybriden werden wegen ihrer bitterstoffarmen Früchte auch zur Gruppe der 'Edel-Ebereschen' gestellt. Darunter sind die 'Lombarts-Hybriden' (Kreuzungen aus *S. aucuparia* L., *S. discolor* (Maxim.) und *S. prattii* (Koehne)); die Früchte dieser Hybriden zeichnen sich durch unterschiedliche Fruchtfarben aus. Unter anderem sind das **'Apricot Queen'**, **'Brilliant Yellow'**, **'Chamois Glow'**, **'Pink Queen'**, **'Salmon Queen'**, **'Kirsten Pink'**, **'Red Tip'**, **'Schouten'**, **'Golden Wonder'** u. a. m.

'Golden Wonder' (*Sorbus* x *arnoldiana* **'Golden Wonder'**): Arnolds Eberesche, diese gelbfrüchtige Mehlbeere ist ein kleiner Baum oder breit kegeliger Großstrauch von 7–10 m Wuchshöhe und großen Fruchtständen mit auffallend ockergelben Früchten. Allerdings bringt sie keine allzu hohen Erträge. Reifezeit August. Da ihre Früchte sehr arm an Bitterstoffen sind, können sie gut als Gelee, Marmelade und Kompott verwertet werden. Aus vollreifen Früchten lässt sich auch Saft, Likör und Schnaps herstellen.

'Kirsten Pink' (*Sorbus* x *arnoldiana* **'Kirsten Pink'**): Schwachwüchsiger Baum mit 3–4 m Wuchshöhe, Früchte etwa 1 cm dick, kugelig bis abgeflacht kugelig, weißlich bis zartrosa, auffällig gepunktet.

'Red Tip' (*Sorbus* x *arnoldiana* **'Red Tip'**): 5–7 m hoher Baum mit breit kegelförmiger Krone. Früchte 0,8–1 cm dick, kugelig, weiß bis hellrosa mit karminroten Punkten.

'Schouten' (*Sorbus* x *arnoldiana* **'Schouten'**): 6–8 m hoher Baum mit rundlicher, dicht geschlossener Krone, Blätter groß, leicht wollig behaart, Früchte ab August, orangegelb, 0,8–1 cm dick, fruchtet weniger reich als andere Sorten.

Sorbus x *arnoldiana* 'Kirsten Pink' (H.-R. Müller)

Hybriden zwischen der Eberesche (*Sorbus aucuparia*) und der Apfelbeeere (*Aronia melanocarpa*) bzw. Weißdorn (*Crataegus* sp.)

HYBRID-EBERESCHEN

Die seit 1905 von Mitschurin durchgeführten Gattungs- und Artkreuzungen von *Sorbus aucuparia* führten zur Entstehung völlig neuer Hybriden. Er beschreibt, dass durch die Hybridisierung wirtschaftlich sehr wertvolle Sorten mit großen Beeren und geringen oder keinen Bitterstoffen entstanden sind. Die Früchte dieser Hybriden weisen verschiedene Farben auf, von 'Tiefschwarz bis zu krassem Violettrot und völligem Grün'. Diese Beeren sollten sowohl zum Einkochen als auch zur Herstellung von Konfitüren geeignet sein.

Unter anderem wurde die Apfelbeere (*Aronia melanocarpa* oder *A. prunifolia*), der Weißdorn (*Crataegus sanguinea*) und die Mispel (*Mespilus germanica*) eingekreuzt. Die daraus entstandenen Sorten (*X Sorbaronia* sp.) könnten im weitesten Sinne ebenfalls zu den Edel-Ebereschen gerechnet werden.

Auch bei dieser Gruppe gibt es keine einheitliche Zuordnung: In der 'Namenliste Gehölze 2005–2010' von M. H. A. Hoffmann werden die folgenden Sorten als *Sorbus* **'Titan'**, *S.* **'Likjornaja'** und *S.* **'Burka'** bezeichnet.

'Titan' (*Sorbus* **'Titan'**): Es wird vermutet, dass diese Sorte aus einer Kreuzung zwischen *Sorbus aucuparia* und *Crataegus sanguinea* oder *Aronia melanocarpa* hervorgegangen ist. Jeppsson (2000, zit. in Albrecht & Schmidt, 2013) vermutet sogar, dass diese Sorte aus einer Kreuzung von **'Burka'** x *Malus* sp. x *Pyrus* sp. hervorgegangen sein soll. Wuchsform und

Sorbus 'Titan' Blüte

Sorbus 'Titan' Früchte

Sorbus 'Titan' Habitus im Herbst

Sorbus 'Likjornaja' Habitus mit Blüten

Sorbus 'Likjornaja' in Herbstfärbung mit Früchten

Blätter sind der Eberesche ähnlich, aber 'Titan' wächst zumindest anfangs strauchförmig und entwickelt sich später zu einem kleinen Baum von 3–4 m Wuchshöhe und breit rundlicher Krone. Die kleinen Bäume sind sehr reichfruchtend, unter guten Bodenbedingungen sind Erträge zwischen 15 und 35 kg realistisch. Allerdings fruchten sie nicht regelmäßig. Ihre Früchte sind etwa 1,5 cm groß, stumpf dunkelrot und enthalten im Vergleich zur Eberesche einen wesentlich geringeren Bitterstoffgehalt. Fruchtreife September bis Oktober. Sie lassen sich zu Saft oder einer wohlschmeckenden Marmelade (mit geringem Apfelanteil) verarbeiten. Ähnlich den Preiselbeeren kann man aus den Früchten auch ein Kompott bereiten.

Die Ansprüche sind ähnlich jenen der Eberesche, ihre Blätter weisen eine tief dunkelrote Herbstfärbung auf. Veredelungen auf *Sorbus aucuparia* sind günstiger als jene auf Weißdorn (*Crataegus monogyna*).

'Likjornaja' (syn.: **'Likernaja'**; X *Sorbaronia fallax* **'Likjornaja'**, bzw. *Sorbus* **'Likjornaja'**): Entstanden ist diese Sorte durch Kreuzung von *Sorbus aucuparia* und *Aronia melanocar-*

Sorbus 'Burka' Früchte

Sorbus 'Burka' Habitus mit Blüten

Sorbus 'Granatnaja' Blüten

Sorbus 'Granatnaja' Früchte

pa Neynhold (entspricht den heute als *A.* x *prunifolia* bezeichneten Pflanzen). Sie wächst eher strauchartig und erreicht Höhen von etwa 2–2,5 m. Der Ertrag ist im Vergleich zu **'Titan'** deutlich geringer, ihre Fruchtstände sind wesentlich kleiner. Die Blätter sind in Größe und Form ähnlich jenen von *Aronia* x *prunifolia*, jedoch bis zur Blattmitte gefiedert. Die Früchte sind schwarzrot, im vollreifen Zustand purpurschwarzrot, der Geschmack etwas adstringierend bis süß. Verwertung zu Marmelade (mit Apfelanteil).

'Burka' (*Sorbus* **'Burka'**): Ist lt. Mitschurin eine Kreuzung zwischen der Gemeinen Vogelbeere (*Sorbus aucuparia*) und der Alpeneberesche (*Sorbus alpina*). *Sorbus alpina hort.* wiederum soll aus *Sorbus aria* x *Sorbus melanocarpa* (= *Aronia melanocarpa*) entstanden sein. 'Burka' wurde 1918 gewonnen, ihre Früchte sind etwa doppelt so groß wie jene der Gemeinen Eberesche, rötlich braun und süß. Ich vermute jedoch, dass die ursprüngliche Sorte mit diesen Eigenschaften in Mitteleuropa vielleicht doch nicht in Kultur ist. Die etwa 25-jährige Pflanze im Wildobstquartier der Prüfstelle Marquart (Potsdam) trägt dunkel- bis purpurrote Früchte mit süßsaurem, herb-adstringierendem Geschmack. Verwertungsmöglichkeiten der Früchte wie bei **'Likjornaja'**. Ihre Blätter sind teils fiederteilig bis gefiedert mit großem Endblättchen, sie verfärben sich im Herbst goldgelb. Fruchtet nicht regelmäßig.

'Granatnaja' (*Sorbus* **'Granatnaja'**): Eine weitere Kreuzung zwischen der Gemeinen Eberesche und dem Sibirischen Blutdorn (*Crataegus sanguinea*), 1930 gab es die ersten Früchte von

Sorbus 'Titan' (li.), 'Likjornaja' (Mitte) und 'Burka' (re.)

einem 5-jährigen Sämling. Die Blättchen sind unsymmetrisch, die Früchte kantig und erreichen (lt. Beschreibung von Mitschurin) die Größe einer Wild-Kirsche. Sie sind von „sauersüßem Geschmack ohne Bitterkeit und für die Konfitüren-Erzeugung geeignet". Die schönen Fruchtdolden sind granatfarben, weshalb Mitschurin diese Sorten **'Granatnaja'** nannte.
'Vseslava' (*Sorbus* **'Vseslava'**; X *Sorbaronia fallax* **'Vseslava'**, Züchter V. Mezhenskyj, Ukraine): Wächst strauchförmig, wird etwa 2 m hoch, die Frucht ist rundlich, purpurschwarz, säuerlich; Fruchtgewicht 1,2 (max. 1,8) g. Reife Ende August.
'Mitschurina Desertnaja': Mitschurins Dessert-Eberesche ist aus einer Kreuzung der Hybrid-Eberesche **'Likjornaja'** mit der Mispel (*Mespilus germanica*) hervorgegangen. Sie ist schwachwüchsig, trägt mittelgroße, mispelähnliche, rotbraune Früchte, die süß mit pikantem, leicht bitterem Geschmack sind.
'Ivan's Belle'TM: Ist eine Kreuzung von Mitschurin. Aus der Kreuzung der Eberesche (*S. aucuparia*) mit einem Weißdorn (*Crataegus* sp.) entstand die Sorte 'Ivans Belle", die sich durch schwachen Wuchs und dunkelgrünes, attraktives Laub auszeichnet. Ihre weinroten schmackhaften, leicht bitteren Früchte haben die Größe kleiner Weichseln, können lt. Angaben frisch verzehrt oder zu Marmelade oder Wein verarbeitet werden.
'Ivan's Beauty'TM: Kreuzung von Mitschurin aus *Sorbus aucuparia* und *Aronia*. Die Blätter dieser Sorte sind größer als jene der Eberesche und dunkelgrün glänzend. Diese Sorte bringt rosa getönte Blüten und große Fruchtstände mit etwa 1,4 cm großen dunkelpurpurnen Früchten hervor. Die Früchte können frisch verzehrt werden. Der Saft aus den Früchten ist ebenfalls dunkelpurpur und sehr geschmackvoll.

MEHLBEERE

Sorbus aria (L.) Crantz, (*Rosaceae*, Rosengewächse)

Weitere Namen

Echte Mehlbeere, Gewöhnliche Mehlbeere, Mehlbeerbaum, Weißbaum; engl. whitebeam; franz. alisier blanc, alouchier; span. serbal blanco.

Pflanzenmerkmale und Verbreitung

Die Mehlbeere ist von Mittel- bis Südeuropa sowie in England, Skandinavien und Nordafrika natürlich verbreitet und kommt vorwiegend von der Hügelstufe bis in Mittelgebirgslagen vor. In höheren Lagen (in den Alpen bis über 2.000 m) ist sie allerdings nur mehr strauchförmig anzutreffen. Sie wächst zu einem kleinen bis mittelgroßen Baum (6–15 m) mit breit kegeliger bis kugelförmiger Krone heran, entwickelt sich gelegentlich aber auch nur strauchförmig (Großstrauch), insbesondere im Unterwuchs von Laubmischwäldern. Der sommergrüne Baum kann bis zu 200 Jahre alt werden.

Seine Blätter sind wechselständig, derb, oval eiförmig, oberseits dunkelgrün glänzend und unterseits dicht weißfilzig. Die 1,5 cm breiten weißen Blüten entwickeln sich endständig in 5–8 cm breiten filzigen rispenartigen Trug-

Sorbus aria 'Magnifica' Habitus mit Blüten

Sorbus aria Detail mit Blüte

dolden, sie blühen von Mai bis Juni. Sie sind selbstfruchtbar.

Eignung

Als Großstrauch kann die Mehlbeere für hohe Abpflanzungen und Sichtschutzhecken verwendet werden. Mit seinem Blatt-, Blüten- und Fruchtschmuck ist dieser Baum ein schöner, rundkroniger Solitär für den Vorgarten oder Garten. Er wächst vorzugsweise an sonnigen Standorten, gedeiht im Halbschatten aber ebenso gut und ist für die Verwendung auf stark kalkhaltigen Böden und in höheren Lagen noch gut geeignet. Darüber hinaus lässt er sich für sonnige Böschungen und als Kübelpflanze sowie für das mobile Grün (wie in Trögen) verwenden. Darüber hinaus wird er auch als Straßenbaum verwendet.

Frucht

Die orangen bis korallenroten, kugeligen, apfelförmigen Scheinfrüchte werden etwa 1–1,5 cm groß und reifen im Oktober. Sie enthalten keine Parasorbinsäure (die den bitteren Geschmack der Ebereschenfrüchte verursacht) und schmecken deshalb süßlich, können also roh gegessen werden. Neben Vitamin C, Provitamin A, Pektin und reichlich Zucker sind noch Sorbin-, Äpfel- und Zitronensäure enthalten.

Verwertung

Nach Frosteinwirkung werden die mehlig-fade schmeckenden Früchte weich, süß und essbar und können für Kompott verwendet werden. In Mischung mit anderen, eher sauren Früchten, wie Berberitzen, sauren Äpfeln, Kornelkirschen, Hagebutten und Roten Johannisbeeren, können sie zu Gelee, Konfitüre, Mus oder Saft verarbeitet werden. Sie lassen sich auch trocknen, ebenso lassen sich daraus Essig und Wein herstellen. In Notzeiten wurden die Früchte auch zu Mehl verarbeitet und das 'Hutzelbrot' daraus gebacken.

Das Holz des Mehlbeerbaumes wird für Tischler- und Drechslerarbeiten verwendet. Es zeichnet sich durch eine schöne Maserung, einen gelblich weißen Splint und einen rotbraunen Kern aus.

Standortansprüche und Pflege

Die frostharte, wärmeliebende und hitzeverträgliche Mehlbeere kommt mit den meisten Standorten gut zurecht. Sie bevorzugt schwach saure bis stark kalkhaltige Böden und ist trockenheitsresistent. Sie ist anpassungsfähig, wenngleich sie auf mäßig frischen, durchlässigen Böden am besten gedeiht. Die Mehlbeere weist ein hohes Ausschlagvermögen auf, dennoch sind Schnittmaßnahmen nicht nötig (außer, sie wird zu groß).

Krankheiten und Schädlinge

Treten kaum auf.

Vermehrung und Anzucht

Eine Vermehrung durch Samen ist möglich (Aussaat im Herbst oder Stratifizieren). Man kann die Mehlbeere auch auf Sämlinge der Art, auf die Schwedische Mehlbeere, den Weißdorn oder die Vogelbeere veredeln (durch

Sorbus aria Detail mit Früchten

Kopulation im Winter/Frühjahr oder Okulation im Sommer).

Sorten und Auslesen

Es gibt einige Zierformen, die aber zur Fruchtgewinnung nicht interessant sind. Daneben gibt es noch zahlreiche Hybriden, die eigens behandelt werden.

'Majestica' (Syn.: **'Decaisneana'**): 6–12 m hoher Baum mit breit kegelförmiger Krone. Die Sorte hat größere, ovale, dunkel orangerote Früchte und die Blattunterseiten dieser Sorte sind silberweiß.

Sorbus aria f. *longifolia* (Pers.): Eine weitere Varietät mit ebenfalls größeren, orangefarbenen, wohlschmeckenden Früchten.

ZWERG-MEHLBEERE

Sorbus chamaemespilus (L.) Crantz. (*Rosaceae*, Rosengewächse)

Ist eine bis 2 m hoch wachsende strauchförmige Verwandte der Mehlbeere mit rosa Blüten, die in höheren Lagen vorkommt. Ihre braunroten bis scharlachroten, kugeligen bis eiförmigen Früchte sind essbar, sind aber herb im Geschmack.

Hybriden zwischen der Eberesche (*Sorbus aucuparia*) und der Mehlbeere (*Sorbus aria*)

Zwischen den beiden Sorbus-Arten gibt es mehrere natürlich auftretende Hybriden und die bekannteren bzw. häufiger verwendeten sollen hier angeführt werden. Sie sind durchwegs selbstfruchtbar, die Früchte werden apomiktisch gebildet. Sie lassen sich, obwohl es sich hierbei um Hybriden handelt, durch Samen vermehren!

Sorbus chamaemespilus var. *sudetica* Habitus

Sorbus chamaemespilus var. *sudetica* Früchte

Sorbus chamaemespilus var. *sudetica* Detail mit Büten

SCHWEDISCHE MEHLBEERE

Sorbus intermedia (Erh.) Pers. (syn.: *S. suecica*) (*Rosaceae*, Rosengewächse)

Wird auch Oxelbeere oder Oxelbirne genannt, sie kommt in Nordeuropa (Skandinavien, Baltikum) natürlich vor. Die Schwedische Mehlbeere wächst zu einem mittelgroßen Baum (10–12 m) heran, ist dabei der Mehlbeere sehr ähnlich und unterscheidet sich von dieser aber durch ihre eiförmigen, unterseits weißgraufilzigen, fiederartig gelappten Blätter deutlich. Die endständigen, rispenartigen Blüten erscheinen im Mai (bis Juni). Sie sind selbstfruchtbar und apomiktisch.

Die apfelartigen, bis 1,5 cm großen, orange- bis ziegelroten, hell punktierten Scheinfrüchte mit dem gelblichen Fruchtfleisch reifen im September/Oktober. Nach den ersten Frösten schmecken die Früchte süß-säuerlich. Die Inhaltsstoffe sind ähnlich der Mehlbeere, sie enthalten Vitamin C, Äpfel- und Zitronensäure, Gerbstoffe, Pektin, Flavonolglycoside, aber keine Parasorbinsäure (die den bitteren Geschmack verursacht!). Auch die Fruchtverwertung ist vergleichbar mit jener der Mehlbeere.

Sorbus intermedia Detail mit Blüte

Die Schwedische Mehlbeere wird vorwiegend als Zier- und Straßenbaum verwendet. Sie bevorzugt frische Böden mit alkalischer bis schwach saurer Bodenreaktion, gedeiht auch noch im lichten Schatten, ist anpassungsfähig.

Als Sorte ist **'Brouwers'** zu nennen, eine Selektion mit straff aufrechtem Wuchs, sie wird als Straßenbaum verwendet.

THÜRINGISCHE EBERESCHE

Sorbus x *thuringiaca* (Ilse) Fritsch (*Rosaceae*, Rosengewächse)

Entstand ebenfalls aus einer Kreuzung der Eberesche mit einer Form der Mehlbeere (*S. aucuparia* x *S. aria*). Der kleine bis mittelgroße Baum weist einen lockeren Kronenaufbau auf. Seine Blätter besitzen an der Basis 1–4 freie einzelne Blättchen oder Fiederpaare, zur Mitte hin sind sie wie bei der Schwedischen Mehlbeere fiederförmig gelappt. Die Früchte dieser Art sind größer (bis 1,5 cm) als bei der vorigen, schmecken angenehm süß bis süß-säuerlich und werden zur Reifezeit besonders gerne von Vögeln verzehrt. Sie sind gut verwertbar.

Sorten und Auslesen

'Fastigiata': 5–8 m hoher, langsam wachsender Baum mit steil aufsteigenden Ästen und anfangs schmal kegelförmiger Krone. Blüten in weißen Schirmrispen, Früchte 1–1,5 cm, orangerot, werden zahlreich gebildet, ab August bis September reifend.

'Leonard Springer': Kleiner Baum mit an der Basis tief eingeschnittenen Blättern, Früchte 1,2–1,5 (–2) cm dick, eiförmig, orangerot, ab August reifend und lange haftend.

Sorbus x *thuringiaca* 'Fastigiata' Blüten

Sorbus x *thuringiaca* Früchte

Sorbus x *thuringiaca* 'Fastigiata' Habitus mit Blüten

FINNLAND-MEHLBEERE, BASTARD-MEHLBEERE

Sorbus x *hybrida* L. (syn.: *S. fennica*, *S. aucuparia* x *S. intermedia*) (*Rosaceae*, Rosengewächse)

Ist eine weitere Hybride aus dieser Gruppe, die von Südwestfinnland bis Mittel- und Südnorwegen beheimatet ist. Der bis 10 m hohe Baum hat relativ derb-ledrige, 7–10 (–12) cm große, oberseits dunkelgrüne Blätter, die unterseits graufilzig sind. Auch hier sind die ersten 1–2 Paar Fiederblätter freistehend, der Rest der Blattspreite ist fiederblättrig gelappt. Die Triebe sind flockig-filzig behaart. Blüten sind weiß, etwa 1 cm breit, in 6–10 cm breiten, filzigen Trugdolden und erscheinen im Mai/Juni. Die kugeligen Früchte sind 0,8–1,2 cm dick, rot, spärlich punktiert und schmecken süß-säuerlich, sie erinnern damit ein wenig an jene der Essbaren Eberesche.

Sorten und Auslesen

'Gibbsi': Ist ein kaum 7 m hoher, schwachwachsender Baum mit anfangs schmaler, später breiter Krone. Die Früchte sind bis zu 1,5 cm dick, tiefrot. Diese Sorte ist sehr reichfruchtend.

BERG-MEHLBEERE

Sorbus mougeotii Soy.-Will. (*Rosaceae*, Rosengewächse)

Wächst in den Bergregionen Mittel- und Südeuropas. Tritt als Strauch oder Baum bis 20 m Wuchshöhe auf, wächst aber langsam, ist nahe verwandt mit *S. intermedia* und *S. latifolia*. Blätter mit 8–12 gesägten Blattlappen, unterseits weißfilzig. Blüten sind weiß und in filzigen Trugdolden angeordnet, Blütezeit Mai. Früchte mehr oder minder kugelig, 1–1,3 (–1,5) cm dick, rot, essbar. Reife September bis Oktober. Früchte sind nach Frosteinwirkung roh essbar. Verwertung vorwiegend in Mischung mit säurearmen Obstarten zu Marmelade etc.

ÖSTERREICHISCHE MEHLBEERE

Sorbus austriaca (Beck) Hedl. (*Rosaceae*, Rosengewächse)

Kleiner Baum, ähnlich *S. intermedia*, natürliche Vorkommen Schweiz bis Rumänien. Krone eher breit kegelförmig. Blätter tief gelappt, scharf gesägt, unterseits grauweiß-filzig. Früchte kugelig, bis 1,3 cm dick, rot, dicht punktiert.

Sorbus austriaca Detail mit Früchten

Sorbus austriaca Habitus mit Früchten

DONAU-MEHLBEERE

Sorbus danubialis (Jáv.) Kárpati (*Rosaceae*, Rosengewächse)

Strauch oder kleiner Baum ähnlich der Mehlbeere, aber mit besonders großen Blättern und großen, bis 1,5 cm dicken Früchten. Früchte sind mehlig, nicht adstringierend. Schöner Zier- und Fruchtbaum.

Sorbus danubialis Detail mit Blüte

Sorbus danubialis Früchte

BREITBLÄTTRIGE MEHLBEERE, RUNDBLÄTTRIGE MEHLBEERE

Sorbus latifolia (Lam.) Pers. (*Rosaceae*, Rosengewächse)

Starkwüchsiger Baum mit einer Wuchshöhe von 8–10 (–15) m Wuchshöhe mit breit kegelförmiger Krone. Die rundlich eiförmigen Blätter sind fiedrig gelappt und unregelmäßig scharf gesägt. Blätter oberseits dunkelgrün, matt glänzend, unterseits graugelbfilzig. Früchte kugelig bis elliptisch, 1–1,4 cm dick, gelb bis rotbraun, punktiert. Früchte schmecken angenehm mild-säuerlich, werden zur Weinherstellung verwendet.

Sorten und Auslesen

'Baccarella': Großfrüchtige Sorte aus Italien
'Hunk Vink': Wird bis 10 m hoch, ist eine Sorte mit schmal kegelförmiger Krone und rostroten Früchten.

Sorbus latifolia Detail mit Früchten

Literatur

EDER, R.,1990: Edel-Ebereschen auch für den Marktobstbau (2. Teil), Besseres Obst, 12/1990, S. 22–23.
EDER, R.,1991: Die süße Eberesche, Garten 2/91, S. 80–82.

Sorbus-Arten (v. l. n. r.): *S. aucuparia, S. torminalis, S. aria, S. domestica*

Aronia x prunifolia 'Viking', *Sorbus*-Hybride 'Titan', *S. aucuparia* var *moravica*

Sorbus aucuparia ssp. *moravica* (li.), *Sorbus*-Hybride 'Titan' (mi.), *Crataegus sanguinea* (re.)

Fruchtpotpourri aus *Sorbus*-Arten

(v. o. n. u.) *S. aucuparia* ssp. *moravica*; *Sorbus*-Hybriden: 'Bursinka', 'Likjornaja', 'Burka', 'Titan'

Hybriden zwischen der Mehlbeere (*Sorbus aria*) und der Birne (*Pyrus communis*)

HAGEBUTTENBIRNE

siehe Kapitel *Pyrus*, S. 244 ff.

ELSBEERE

Sorbus torminalis (L.) (Crantz) (*Rosaceae*, Rosengewächse)

Weitere Namen

Elzebeere, Atlasbeere, Arschrösel, Eschrösel, Aresel, Adlasbeer, Wilder Sperberbaum; engl. wild service tree; franz. alisier torminal; span. serbal silvestre.

Pflanzenmerkmale und Verbreitung

Europa, Kleinasien, Transkaukasien und Nordafrika sind die Heimat der Elsbeere. Diese wärmeliebende Gehölzart kommt in den Alpen bis in 900 m Seehöhe vor. Es ist ein mittelgroßer (8–20 m, in Ausnahmefällen sogar bis 25 m hoher), sommergrüner Baum mit rundlich-eiförmiger Krone. Er ist mit 100 Jahren ausgewachsen, kann aber ein Alter von 200–300 Jahren erreichen.

Die Elsbeere wächst oft auch nur strauchförmig, ist mehrtriebig und kann Dickichte bilden. Ihre wechselständigen Blätter sind breit eiförmig, im Umriss dreieckig bis oval, mit 3–4 dreieckigen Lappen. Ihre oberseits glänzend grünen, derb-ledrigen Blätter färben sich im Herbst prächtig gelborange bis rot. Die reinweißen Blüten sitzen in 7–12 cm breiten, filzig-behaarten Schirmrispen, sie sind selbstfruchtbar, unangenehm riechend. Blütezeit ist Mai/Juni.

Eignung

Obwohl dieser attraktive, etwas wärmebedürftige Baum mit seiner schönen Herbstfärbung interessant ist, kann er seiner Größe wegen nur für große Gärten, als Hausbaum in ländlichen

Sorbus torminalis Habitus mit Blüte, Bäume im Wienerwald

Sorbus torminalis Detail mit Blüte

Sorbus torminalis Früchte

Gebieten (z. B. bei Bauernhöfen) oder Parkanlagen empfohlen werden. Auch als Landschaftsgehölz ist der Elsbeerbaum in Verwendung. Im Wienerwald östlich von Wien wird die Elsbeere seit Jahrhunderten genutzt, hier finden sich prächtige große Bäume auf den Anwesen der hier ansässigen Bauern. Die Ernte wird hier mit hohen Leitern durchgeführt, die Früchte werden per Hand gepflückt.

Frucht

Die 1,2–1,8 cm großen ovalen, apfelartigen Scheinfrüchte sind erst olivgrün, später rötlich gelb mit hellen Punkten und zur Reife schließlich lederbraun mit großen Lentizellen. Sie reifen im Oktober/November, bleiben aber länger am Baum. Das Fruchtfleisch weist zahlreiche Steinzellen auf, in den Früchten sind bis zu 7 mm große Samen enthalten. Die Ernte erfolgt per Hand.

Vitamin C, Gerbstoffe, Fruchtsäuren, Pektin und Flavonolglycoside sind als Inhaltsstoffe anzuführen.

Verwertung

Erst nach Frosteinwirkung werden die Früchte teigig und essbar, sie schmecken dann säuerlich aromatisch, ähnlich den Mispeln, also

Sorbus torminalis Habitus mit Herbstfärbung (Verein Elsbeerreich)

Sorbus torminalis Ernte mit hohen Leitern (Verein Elsbeerreich)

apfelmusartig. Vorwiegend werden sie aber verarbeitet. Es lassen sich daraus (in Mischung mit anderen säurearmen Früchten) Kompotte, Marmeladen, Gelees und Säfte bereiten.

Elsbeermost (etwa 1 %) fördert als Zusatz zu Obstwein und Obstmost deren Klärung, Geschmack und Aussehen sowie die Haltbarkeit. In Frankreich stellt man aus den Früchten einen Branntwein mit der Bezeichnung 'Eau d'Alizer' her. Auch bei uns (Österreich) wird ein Edelbrand aus Elsbeerfrüchten destilliert (Adlitzbeerwasser). Dies ist einer der kostbarsten Schnäpse, für den Preise von etwa 150 Euro pro Liter erzielt werden. In der Volksheilkunde wurden getrocknete, unreife Früchte gegen die Ruhr verwendet (Plinius). Das Holz der Elsbeere ist weißgelb, dunkelt rötlich nach, ist sehr hart und zäh und wird zur Herstellung von Flöten und Kleinmöbeln verwendet. Aber nicht nur bei Tischlern, sondern auch bei Drechslern und Bildhauern ist es sehr begehrt. Es wird oft als 'Birnbaum' bezeichnet und als Furnier für wertvolle Innenausstattungen und im Möbelbau verwendet. Für dieses wertvolle Holz werden in Fachkreisen Spitzenpreise bezahlt.

Standortansprüche und Pflege

Wächst auf nährstoffreichen, kalkhaltigen Lehmböden, aber auch tiefgründigen, durchlässigen Gesteinsböden. Die Elsbeere ist ein Lichtgehölz, welches lichten Schatten noch duldet, sommerwarme bzw. wintermilde Klimalagen sind günstig.

Krankheiten und Schädlinge

Außer gelegentlichem Befall von Blattläusen sind keine speziellen Krankheiten und Schädlinge bekannt.

Vermehrung und Anzucht

Die Vermehrung ist durch Aussaat möglich (Samen stratifizieren), aber auch durch Veredelung. Als Unterlagen dienen Weißdorn und Birnensämlinge.

Sorten und Auslesen

Keine bekannt bzw. werden in Baumschulen keine Sorten angeboten.

Am Lehr- und Forschungszentrum für Obst- und Weinbau in Klosterneuburg werden verschiedene groß- und reichfruchtende Auslesen der Elsbeere aus dem Wienerwald auf deren Eignung als Fruchtsorten getestet. Dazu wurden 20 Typen mit gutem Fruchtbehang aus Michelbach (Genussregion Wiesenwienerwald Elsbeere) und Klosterneuburg ausgewählt und auf BA29 (Quittenunterlage) veredelt. Die Ver-

Sorbus torminalis beim Abrebeln (Verein Elsbeerreich)

Sorbus torminalis Sämlinge

edelungen der 2011 gepflanzten Anlage haben bereits 2012–2013 das erste Mal gefruchtet. Anzumerken ist jedoch, dass das Reisermaterial von alten Bäumen stammte und bereits durchwegs vergreist war. Würden die Edelreiser von jungen vitalen Bäumen stammen, dann hätten die Bäume möglicherweise um 1–2 Jahre später zu fruchten begonnen. Es ist geplant, das Sortiment um fünf ausgesuchte Typen noch zu erweitern. Darüber hinaus wurde begonnen, diese Typen auf Sämlinge zu veredeln, da das Wachstum auf Quitte möglicherweise zu schwach ist. Es ist auch noch nicht klar, ob Affinitätsprobleme auftreten und wie sich diese bei den jeweiligen Herkünften auf der Quittenunterlage auswirken werden.

Im Wienerwald haben sich mehrere Gemeinden zur Genussregion 'Wiesenwienerwald Elsbeere' zusammengeschlossen. Die Mitglieder bzw. Produzenten vermarkten ihre inzwischen sehr umfangreichen Produkte gemeinsam unter diesem Markennamen. Neben den inzwischen bekannten essbaren Elsbeer-Produkten werden aus dem Elsbeerholz auch verschiedene kunsthandwerkliche Arbeiten hergestellt. Darüber hinaus werden Wanderungen zu den Elsbeerbäumen in der Region angeboten, in regelmäßigen Abständen wird eine Elsbeer-Königin gewählt.

Sorbus torminalis Wiesenwienerwald

Literatur

KAUSCH-BLECKEN von SCHMELING, W., 1994: Die Elsbeere, Eigenverlag Schmeling, Bovenden

KUMMERT, F., 2001: Die Elsbeere, Obst – Wein – Garten, Nr. 11/2001, S. 3–5

MEYER, N., & KLUMPP, R. Th., 2013: Elsbeere in Österreich – Monographie. Eigenverlag Meyer & Klumpp, Verein zur Erhaltung, Pflege und Vermarktung der Elsbeere-Genussregion Wiesenwienerwald Elsbeere. Michelbach. 384 S.

POLZIN, W.-P., 2011: Vom Bettler zum König. Niedergang und Aufstieg der Elsbeere (Sorbus torminalis). 21. Nordische Baumtage 22.–24. Juni 2011, Rostock-Warnemünde. Tagungsband. 37 S.

Internetseiten

http://www.elsbeerreich.at/elsbeerreich/Willkommen.html
http://www.elsbeerreich.at/elsbeerreich/Fotos.html#1

SPEIERLING

Sorbus domestica L. (*Rosaceae*, Rosengewächse)

Weitere Namen

Spierling, Schweizer Birnbaum, Sperbel, Sperwe, Sperberbaum, Spierapfel, Butzelbeer, Ledersäck, Mauchbeer, Schneebirne, Aeschrösle, Aeschgriesle; engl. service tree; franz. cormier; ital. sorba, sorbo domestica; span. serbal común; niederl. lijsterbes; poln. jarzab domowy; tschech. Jerab oskeruse; bulg. Skorusha, oskrusha; rumän. scorus cultivat; russ. rjabina domashnjaja, rjabina sadovaja, rjabina krupnoplodnaja.

Diese beinahe vergessene alte Obstart war bereits den Griechen (Theophrast, 4. Jh. v. Chr.) bekannt und wurde im Mittelalter besonders von Mönchen häufig in Klostergärten angepflanzt. Im Mittelalter wurden Speierlingbäume oft in der Nähe von Burgen gepflanzt, dort wurde auch Wein angebaut. Allerdings scheint man den Speierling in früheren Zeiten wegen seines adstringierenden Geschmackes eher als Arznei, denn als Nahrungsmittel verwendet zu haben. Der Name 'Speierling' bezieht sich ja auch auf den überaus herben Geschmack der Früchte. Heute scheint die Art gesichert, denn in den letzten Jahren wurden etwa 100.000 Exemplare in Deutschland in Wäldern, auf Streuobstwiesen und in Hausgärten ausgepflanzt. Inzwischen werden auch die noch vorhandenen alten Bäume wieder gepflegt.

Pflanzenmerkmale und Verbreitung

Der Speierling ist in Südwest- und Südosteuropa, Kleinasien bis Transkaukasien sowie in Nordostafrika beheimatet und wurde schon frühzeitig in Mitteleuropa eingebürgert. Er ist seit mehr als 1.000 Jahren, bevorzugt in Weinbaugebieten, als Obstgehölz in Verwen-

Sorbus domestica Speierling Habitus mit Früchten (Stoob) (Ch. Holler)

Sorbus domestica Detail mit Blüte

Sorbus domestica Früchte

dung. Der sommergrüne Laubbaum steht der Eberesche im Aussehen sehr nahe. Er wächst zu einem etwa 15 m hohen Baum mit dickem Stamm und ovaler bis rundlicher Krone heran. In Kronsberg im Taunus steht zum Beispiel ein prächtiger Speierling mit einem Kronendurchmesser von 21 m. Das größte Speierling-Vorkommen, das schon vor vielen Jahrzehnten, wenn nicht schon vor mehr als hundert Jahren, zur Obsterzeugung gepflanzt wurde, befindet sich im Raum Wiesbaden-Frankfurt-Friedberg-Hochstadt. Hier stehen rund 300 großkronige Speierlinge in freier Feldflur, darunter der wahrscheinlich größte Speierling Deutschlands. Dieser ist als der 'Dicke von Ockstadt' bekannt. In Gießhübl bei Wien steht der zweitdickste Speierling: Mit einem Durchmesser in Brusthöhe (BHD) von 145 cm und einer gleichmäßigen Krone ist dies in jeder Hinsicht ein herausragender Baum (W. Kausch-Blecken von Schmeling, 2000).

Sorbus domestica Borke

Seine Borke ist schuppig – ähnlich der Birne. Winterknospen sind grünlich, nur wenig behaart und klebrig. Die wechselständigen, unpaarig gefiederten Blätter werden bis zu 23 cm lang und sind leicht behaart. Im Herbst färben sich die Blätter gelblich bis orange. Seine weißen, in filzigen Doldentrauben angeordneten Blüten (Einzelblüten werden bis zu 1,7 cm groß) erscheinen im Mai, sie sind selbstfruchtbar. Die Bäume brauchen allerdings 8–20 Jahre, bis sie das erste Mal blühen und fruchten, und können ein Alter von etwa 150 Jahren erreichen.

Eignung

Der Speierling ist ein relativ großer, breitkroniger Baum und deshalb nur für wirklich große Gärten geeignet. Vielmehr ist er ein Solitär- und Gruppengehölz für die Kulturlandschaft bzw. in der Dorfgestaltung. Seine Verwendung beschränkt sich auf Gebiete mit Weinbauklima.

Das Holz des Speierlings ist ebenfalls sehr gefragt und hat einen hohen Marktwert. Es ist zwar schwierig zu verarbeiten, dafür ist es sehr dauerhaft. Früher wurden daraus Druckspindeln für Obstpressen sowie Radnaben gefertigt. Auch heute ist es noch vielseitig in Verwendung für Musikinstrumente, Schnitzarbeiten und als Furnierholz.

Frucht

Speierlingsfrüchte sind kugelig-apfelförmig oder birnenförmig, etwa 2–5 cm groß bei einem Gewicht von 10–20 (–40) g. Diese

Sorbus domestica Speierling Frucht (Ch. Holler)

Scheinfrüchte sind anfangs grün, sie können sonnseits gelb oder rötlich (rotbackig) gefärbt sein. Es werden 3–10 (seltener bis 20) Früchte pro Fruchtdolde gebildet. Die Baumreife erfolgt im September/Oktober, bei Vollreife wird die Frucht bräunlich und teigig. Die Früchte sind aufgrund des herb-sauren Geschmackes, der durch den hohen Phenolgehalt verursacht wird, roh nicht genießbar. Fruchterträge von 20 kg sind bei jüngeren Bäumen möglich, bei alten Bäumen können bis zu 100 kg Früchte pro Baum anfallen. Die wirklich alten Speierlingbäume können unter Umständen in guten Jahren bis zu 1.000 kg (!) Früchte produzieren.

Samenvermehrte Speierlinge brauchen etwa 8–12 (bis 20) Jahre, bis sie das erste Mal fruchten, bei veredelten Pflanzen setzt der Ertrag natürlich wesentlich früher ein. In den ersten Ertragsjahren kann man mit 2–5 kg an Früchten rechnen. Die Ernte der Früchte an den großen Bäumen erfolgt mit Hilfe von Leitern mit Harken bzw. per Hand.

An Inhaltsstoffen sind Vitamin C (bis 40 mg/100 g), Gerbstoffe (bis 2,5–9,7 %), Gesamtsäure (6,9 %), Zucker (12,3 %) und Pektin zu erwähnen.

Verwertung

Wenn die Früchte überreif sind, schmecken sie etwas herb-säuerlich-süß und können roh verzehrt werden. Vorwiegend werden sie jedoch verarbeitet: Marmelade, gemischt mit Äpfeln, Birnen oder Quitten, ergibt eine Spezialität mit besonderer Geschmacksnote. Daneben kann man auch ein 'Speierlingsbrot' (ähnlich dem Quittenbrot) herstellen.

Auch Apfelwein wird daraus bereitet (Most, Cider), indem die Früchte säurearmem Apfel- und Birnenmost zugesetzt werden (etwa 1 %). Dies dient der Klärung, Haltbarmachung und Geschmacksverbesserung und wird durch die Tannine verursacht. Für diesen Verwendungszweck müssen die Früchte im hartreifen Zustand geerntet werden. Man mengt beim Pressen entweder 2–4 Hände voll Speierling auf etwa 100 kg Kernobst bei oder man fügt nach getrenntem Pressen 4–5 Liter Speierlingssaft zu 100 Liter säurearmem Obstpresssaft hinzu. Dieses Mischungsverhältnis wird heute in der Maingegend angewandt, daraus entsteht der für die Gegend typische 'Speierlingswein'. Reife Früchte werden eingemaischt und daraus wird ein hervorragender, unverkennbarer Obstschnaps mit typischem Aroma gebrannt.

In Frankreich werden die Früchte 'Sorbolen' genannt, der daraus hergestellte Branntwein ist als 'Sorbette' bekannt. Die Früchte können auch süßsauer eingelegt werden. Auch heute noch scheinen die unreifen Früchte wegen ihres hohen Gerbstoffgehaltes in der Volksmedizin eine Rolle zu spielen.

Das Holz des Speierlings ist feinfaserig, hart, fest, aber elastisch, gleichzeitig das schwerste der europäischen Laubhölzer und hat auch heute noch einen sehr hohen Marktwert. Man stellt daraus insbesondere Furniere her. Das Holz wird aber auch von Drechslern, Bildhauern und Tischlern geschätzt.

Sorbus domestica Früchte, aufgeschnitten

Standortansprüche und Pflege

Der Speierling bevorzugt trockene bis mäßig frische, kalkhaltige Lehmböden, ist wärmeliebend und vorwiegend in Gebieten mit Weinbauklima anzutreffen. Überdies ist er besonders lichtbedürftig. Nach Möglichkeit sollten mehrere Bäume in der Umgebung gepflanzt werden, weil dadurch der Fruchtansatz wesentlich erhöht wird. Schnittmaßnahmen sind nicht notwendig und beschränken sich eventuell auf ein vorsichtiges Auslichten.

Sorbus domestica Sämlinge

Krankheiten und Schädlinge

Im Jugendstadium kann ein Schorfpilz (*Fusicladium orbiculatum*) auftreten. Der Befall von Blattläusen kann Blätter und Triebspitzen verunstalten und Wildverbiss kommt ebenfalls vor.

Vermehrung und Anzucht

Der Speierling kann durch Samen vermehrt werden, dazu müssen die Samen ausgewaschen, ab Dezember stratifiziert (in Sand eingebettet, ca. 3 Monate im Kühlraum) und im März bei +20 °C im Glashaus aufgestellt werden. Jungpflanzen reagieren sehr empfindlich auf Umfallkrankheiten. Deshalb ist eine Behandlung der Jungpflanzen mit einem Bodenfungizid angebracht.

Will man besonders wertvolle Auslesen vermehren, so kann dies durch Veredelung (Kopulation und Geißfuß im Frühjahr) erfolgen. Als Unterlagen dienen Quitte, Mispel, Weißdorn (diese Verbindungen sind jedoch kurzlebig) oder Vogelbeere sowie die eigene Art. Auch eine Okulation auf 2–3-jährige Sämlinge der Art sowie auf Birnensämlinge ist möglich. Diese wie auch der Weißdorn als Unterlage bringen zwar früh einsetzenden Fruchtertrag, doch sind die Pflanzen kurzlebig und nicht standfest. Optimal ist die Kopulation im Frühjahr auf Sämlinge der eigenen Art. Es wird auch eine Vermehrung von Auslesen mit großen und inhaltsstoffreichen Früchten über die Gewebevermehrung angestrebt.

Junger Speierlingbaum auf Quitte (L. Wurm)

Eine Vermehrung durch Stecklinge, die an der Basis bereits leicht verholzt sind, ist unter Zuhilfenahme von Wuchsstoffen (Indolbuttersäure) ebenfalls möglich.

Für die Auspflanzung am endgültigen Standort sollten 2–3-jährige Bäume verwendet werden, weil hier die besten Anwachsergebnisse festgestellt wurden. Ein Pflanzabstand von 4 m x 5 m sollte angestrebt werden. Es sollte auch versucht werden, durch Schnitt und Abbinden der Äste die Wuchskraft etwas zu bremsen.

Sorten und Auslesen

Es sind zwei Fruchtformen bekannt:
Sorbus domestica f. pomifera: mit apfelförmigen größeren Früchten.
Sorbus domestica f. pyriformis: mit birnenförmigen Früchten.

Es gibt Auslesen mit recht unterschiedlichen Früchten hinsichtlich Aussehen, Fruchtgröße, -geschmack und -ertrag. W. Kausch-Blecken von Schmeling stellt in seinem Buch über den Speierling mehrere Auslesen vor.

Typ Whst-Park

Typ Königshof

'Bovender Nordlicht': Gute Speierlingssorte mit großen, inhaltsstoffreichen, birnenförmigen Früchten. Die gelben Früchte weisen sonnseits eine starke Rotfärbung auf. Beginnt frühzeitig zu fruchten, danach steigen die Erträge jährlich an.

'Sossenheimer Riesen' (Veitshöchheim): Die Frucht ist birnenförmig, sonnseits auffällig rot gefärbt, 2–4 cm lang und 3 cm dick, Geschmack herb-sauer; Reife September bis Oktober.

Die zur Obstgewinnung angepflanzten Speierlinge in Wiesbaden-Frauensten bringen gelbbraune Früchte ohne rote Farbtöne hervor.

'Pear Form' (Ukraine): Wird in den USA angeboten. Selektion aus der Ukraine mit attraktiven, länglich birnenförmigen, rotwangigen Früchten.

Daneben gibt es noch birnenförmige Typen mit reingelber Färbung und geringem Phenolgehalt sowie Formen mit starker brauner Berostung ohne den üblichen, feinen typischen Duft (beide aus Ungarn).

Weiters gibt es Formen mit mehr ockerfarbenen Früchten und solche von eher pflaumenförmiger Fruchtform (Monosló, Ungar. Nationalpark Balaton-Oberland).

In Veitshöchheim wurden 1991 zur Fruchterzeugung besonders gute Speierlingstypen veredelt und angepflanzt. Unter anderem die Sorten **'Sossenheimer Riesen'**, **'Sossenheimer Schraube'** und **'Frauensteiner'**. Darüber hinaus wurden 1998 hier noch 14 Herkünfte der derzeit noch vorhandenen gut fruchtenden Altspeierlinge etabliert.

Am LFZ Klosterneuburg wurde 2002 eine Anlage mit 30 Speierlingstypen (ein Querschnitt des Speierlingsbestandes in Wien, Niederösterreich und dem Burgenland) ausgepflanzt. Als Unterlagen dienten hier Sämlinge des Speierlings. Die ersten Erträge gab es bereits zwischen 2006 und 2009.

Ein weiteres Quartier mit den Sorten **'Bovender Nordlicht'** und **'Sossenheimer Riesen'** wurde 2007 auf Sämlinge direkt am Standort veredelt. Dazu gibt es bislang noch keine Erträge.

'Sossenheimer Riesen' (H.-R.Müller)

'Pear Form' (One Green World)

'Jabluczko' (V. Mezhenskyj)

Die jüngste Anlage wurde 2011 gepflanzt. Zwei obstbaulich interessante großfruchtige Typen sind die einzigen, die auf der Quittenunterlage BA 29 angewachsen sind. 2013 fruchteten ca. 30–40 Prozent der Bäume erstmals.

Es ist noch geplant, die zwei quittenverträglichen Typen als Zwischenveredelung für die Speierlingssorten zu testen.

Literatur

KAUSCH-BLECKEN von SCHMELING, W., 2000: Der Speierling, Eigenverlag Schmeling, Bovenden
KUMMERT, F., 2001: Der Speierling, Obst – Wein – Garten, Nr. 5/2001, S. 19–21.

Internetseiten

http://www.waldwissen.net/wald/baeume_waldpflanzen/laub/wsl_speierling/index_DE

Aktivitäten in Zusammenhang mit dem Speierling

Es gibt Förderkreise, die Aktivitäten beziehen sich unter anderem auf die Kartierung vorhandener Bestände, Pflege von alten Bäumen, die Nachpflanzung junger Bäume, Ausstellungen und Verkostungen von Speierlingsprodukten, Vorträge zum Thema, Rezeptesammlungen usw.

http://www.kob-bavendorf.de/Service/kulturbeschreibungen/wildfruechte-und-sonstige-obstarten/speierling
http://www.botanikos-sodas.vu.lt/gallery/main.php/v/Pomologijos-skyrius/sorbus/
http://www.wald-in-not.de/download13/ges13.pdf
http://www.sornziger-wilde.de/speierling-i.html
http://www.ogv-kronberg.de/Speierlingprojekt.htm

WEISSDORN

Crataegus L. (*Rosaceae*, Rosengewächse)

Weitere Namen

engl. Hawthorn; franz. Aubépine, Epine.

Sommergrüne Kleinbäume oder große Sträucher. Zweige bedornt oder unbewehrt. Blätter einfach bis fiedrig, gelegentlich mit Nebenblättern. Blüten weiß (bei Kulturformen auch rosa oder rot), in endständigen Trugdolden am Ende beblätterter Kurztriebe. Die Früchte reifen im September/Oktober. Sie sind apfel-

Crataegus laevigata 'Paul's Scarlet' Habitus mit Blüten

förmig, 1–2,5 cm lang, rot (bei manchen Arten auch gelb oder schwarz), das Fruchtfleisch ist mehlig. An Inhaltsstoffen sind Flavonoide, Carotinoide, Anthocyan-Farbstoffe, Gerbstoffe, Vitamin C, Pektin, viel Zucker, Eiweiß und Mineralstoffe enthalten. Blüten, Blätter und Früchte enthalten herzwirksame und kreislaufregulierende Substanzen, die zur Herstellung von Medikamenten verwendet werden.

Es gibt etwa 200 Arten in Eurasien und Nordamerika, etwa 20 Arten werden in Europa unterschieden. Sie wachsen meist an Waldrändern, in Gebüschen und in Heidelandschaften. Sie stellen keine besonderen Ansprüche an den Boden, sind jedoch kalkliebend und benötigen offene, sonnige Lagen.

EINGRIFFELIGER WEISSDORN

Crataegus monogyna Jacq. (*Rosaceae*, Rosengewächse)

Weitere Namen

Gewöhnlicher Eingriffeliger Weißdorn, Mehlbeere, Mehlfässel, Mehldorn; engl. English Hawthorn, May; franz. Aubépine monogyne; span. Espino albar, Esbino blanco, Majuelo; ital. Biancospino, Biancospino commune.

Pflanzenmerkmale und Verbreitung

Verbreitung von Europa bis Westasien und Nordafrika, kommt an sonnigen Waldrändern, in natürlichen Hecken und Gebüschen, an felsigen Hängen, in Laub- und Nadelmischwäldern in Höhen bis zu 1.300 m vor.

Der Weißdorn ist ein sommergrüner, bedornter (Dornen 1–2,5 cm lang) Großstrauch von 6–8 m, kann auch baumförmig und mitunter bis zu 10 m (–15 m) hoch wachsen und dabei sehr alt (mehr als 100 Jahre) werden. Ein Stammumfang von 70 cm kann erreicht werden. Junge Pflanzen wachsen oft sehr sparrig, dagegen können alte Exemplare recht malerische Wuchsformen aufweisen. Die weißen, in Doldenrispen angeordneten Blüten erscheinen etwa 10 Tage nach jenen von *C. laevigata*. Seine eirunden Blätter sind etwa 1–3 cm groß, 3–7-lappig, oft bis zur Mittelrippe eingeschnitten und dunkelgrün gefärbt. Sie können im Herbst gelb oder tiefrot gefärbt sein. Die in endständigen Schirmrispen angeordneten weißen Blüten erscheinen im Mai in großen Mengen.

Eignung

Die heimischen Weißdornarten sind sehr anpassungsfähige Gehölze (Bodenfestiger) für Landschaft und größere Hausgärten (hier besonders auch für extremere Situationen, Böschungen, als Solitärbaum, für dichte, undurchdringliche Hecken etc.).

Sie haben auch einen sehr hohen ökologischen Wert, denn die Blätter und nektarreichen Blüten bieten Nahrung für zahlreiche Schmetterlinge. Der Weißdorn ist auch ein wichtiges Vogelschutz- und -nährgehölz und wird auch von Säugern und zahlreichen Insekten angenommen.

Allein dessen Anfälligkeit auf Feuerbrand ist zu berücksichtigen.

Crataegus monogyna Habitus mit Blüten

Crataegus monogyna Blüte

Crataegus monogyna Früchte

Frucht

Die apfelartigen, etwa 8–9 mm großen dunkelroten Früchte reifen im September/Oktober. Sie sind essbar, besitzen nur einen Steinkern und schmecken mehlig-fade. Sie enthalten Flavonoide, Carotinoide, Anthocyanfarbstoffe, Gerbstoffe, Vitamin C (bis 230 mg/100 g), ätherische Öle, Pektin, Zucker (bis 19 g/100 g), Eiweiß und Mineralstoffe.

Verwertung

Das Fruchtfleisch schmeckt roh mehlig und fade, mitunter etwas süß-säuerlich. Es eignet sich gemischt mit anderen, insbesondere pektinarmen Früchten wie Brombeere und Holunder zur Herstellung von Gelees, Marmeladen, Kompott sowie zur Bereitung von Süßmost und Limonaden. Getrocknete Früchte wurden in Notzeiten gemahlen und als Mehlzusatz beim Brotbacken verwendet. Daher stammen auch die in manchen Regionen verwendeten Bezeichnungen 'Mehlbeere', 'Mehlfässel' und 'Mehldorn'.

Die in Blüten, Blättern und Früchten enthaltenen Substanzen werden zur Herstellung von Medikamenten und homöopathischen Mitteln für Herz und Kreislauf (sie wirken gefäßerweiternd, blutdrucksenkend und entzündungshemmend) verwendet.

Crataegus monogyna Ansatzfrüchte im Glas

Standortansprüche und Pflege

Der Weißdorn stellt keine besonderen Ansprüche an Boden und Klima, er ist anpassungsfähig und kalkliebend, bevorzugt jedoch offene, sonnige Lagen und mittelschwere, eher tiefgründige, nahrhafte Böden. Schnittmaßnahmen sind in der Regel nicht nötig, doch besitzt der Weißdorn ein sehr gutes Regenerationsvermögen.

Krankheiten und Schädlinge

Der Weißdorn wird von zahlreichen Krankheiten und Schädlingen, ähnlich jenen der Obstbäume, befallen. Gefährlich ist vor allem der Feuerbrand (*Erwinia amylovora*). Im Falle des Auftretens dieser Krankheit sind die Pflanzen sofort zu roden und zu vernichten. Infektionen erfolgen vorwiegend über die Blüte, infizierte Triebe welken und vertrocknen. Die vertrockneten Triebspitzen hängen herab. Weißdorn sollte nicht in der Nähe von Obstplantagen oder Baumschulen ausgepflanzt werden.

Crataegus monogyna Habitus mit Früchten

Vermehrung und Anzucht

Die Samen müssen gleich nach der Ernte ausgewaschen werden, Aussaat nach Stratifizieren der Samen. Ältere Pflanzen lassen sich schlecht verpflanzen. Veredelte Gehölze beginnen früher zu fruchten als Sämlinge. Eine Vermehrung durch Absenker oder Stockteilung ist ebenfalls möglich. Der Weißdorn wird auch als Unterlage für andere Vertreter der Rosengewächse (z. B. *Mespilus*, *Sorbus*, *Amelanchier* etc.) verwendet.

Anbau und Pflege

Der Weißdorn kann plantagenmäßig angebaut werden, nur junges Pflanzenmaterial verwenden. Ältere Pflanzen wachsen schwer an. Veredelte Pflanzen kommen früher ins Ertragsstadium, als Unterlage wird der Weißdorn verwendet. Die Ernte kann maschinell erfolgen.

Sorten und Auslesen

Fruchtauslesen von *Crataegus monogyna* sind nicht bekannt, allerdings einige Zierformen. (*C. monogyna* **'Aurea'** mit gelben Früchten; *C. monogyna* **'Compacta'** mit niedrigem, kompaktem Wuchs, unbedornt; *C. monogyna* **'Flexousa'** mit gedrehten Trieben; *C. monogyna* var. *eriocarpa* mit dunkelroten Früchten; *C. monogyna* **'Stricta'** mit mehr oder minder säulenförmigem Wuchs, kleinen mattroten Früchten, gilt als feuerbrandresistent.)

ZWEIGRIFFELIGER WEISSDORN

Crataegus laevigata (Poir.) DC. (Syn.: *C. oxyacantha* auct. non L.), (*Rosaceae*, Rosengewächse)

Weitere Namen

Gewöhnlicher Zweigriffeliger Weißdorn; engl. English Hawthorn, May; franz. Aubépine á deux styles; ital. Craaego digino; span. Espino navarro, Majuelo de dos huesos.

Crataegus laevigata Detail mit Früchten

Der Zweigriffelige Weißdorn ist von Europa bis Nordafrika verbreitet. Er wird 2–6 m (bis 10 m) hoch und bis zu 6 m breit. Dieser Weißdorn kann bis zu 500 Jahre alt werden. Die Dornen werden 1–2 cm lang. Seine Blätter sind eiförmig und höchstens bis zur Mittelrippe eingeschnitten. Seine Blüten erscheinen im Mai, etwa 2 Wochen früher als *C. monogyna*, mit 2 (seltener 1 oder 3) Griffeln. Die Früchte sind länglich (ca. 1 cm), blutrot, mit 2 (1–3) Samen, die Reife erfolgt im September/Oktober. Verwertung der Früchte wie *C. monogyna*.

Es gibt zahlreiche Zierformen, darunter der bekannte Echte Rotdorn **'Paul's Scarlet'** sowie **'Aurea'** mit gelben Früchten, **'Crimson Cloud'** mit roten Blüten mit kleinem, weißem Herz, **'Plena'** mit weiß gefüllten Blüten, **'Rosea'** mit

einfachen rosa Blüten, **'Rosea Flore Pleno'** mit gefüllten rosa Blüten.
'Autumn Glory': hat besonders große, glänzende Früchte, die verwertbar sind. Diese Sorte ist relativ mehltaufrei.

Crataegus laevigata 'Autumn Glory' Früchte

AZAROLE

Crataegus azarolus L. (*Rosaceae*, Rosengewächse)

Weitere Namen

Azaroldorn oder Azarolapfel, Welsche Mispel; engl. Azerole, Mediterranean Medlar; franz. Azérolier; ital. Azzeruolo.

Stammt aus Westasien und ist im Mittelmeerraum vielfach in Kultur. Früher war der Azarolapfel auch nördlich der Alpen als Obstgehölz weit verbreitet. Er wächst zu einem Strauch oder kleinem Baum von 4–5 m, seltener bis 10 m Wuchshöhe heran. Seine Zweige sind oft unbewehrt, die jungen Triebe filzig. Mit 3–7 cm sind die Blätter etwas größer als jene von *C. monogyna*, Basis keilförmig, tief 3–5-lappig, anfangs beiderseits behaart, zuletzt oberseits grün glänzend. Die etwa 2 cm großen Blüten sind zu wenigen in 5–7 cm breiten Trugdolden angeordnet.

Die Azarolfrüchte sind etwa 2 cm groß, können bei Kulturformen aber bis zu 4 cm groß werden. Sie können rundlich, birnenförmig oder mispelähnlich sein, ihre Farbe kann von Orangerot bis Gelblich Weiß variieren. Das hellgelbe bis orange Fruchtfleisch schmeckt süß-säuerlich (apfelähnlich).

Sehr hoher Vitamin-C-Gehalt! Die Früchte werden entweder frisch (mit Zucker) oder mit Honig konserviert gegessen. Sie dienen auch zur Herstellung von Konfitüren, Kompotten, Likören und Backwaren.

Sorten und Auslesen

'Rote Azarole' und **'Gelbe Azarole'** unterscheiden sich nur durch die Farbe der Früchte.

In den USA wird unter der Bezeichnung **'Red Azarole'** (*Crataegus azarolus*) offensichtlich eine andere *Crataegus*-Art, nämlich *C. pedicelleta*, oder eine nahe Verwandte dieser *Crataegus*-Art verkauft.

Crataegus azarolus mit Früchten

Crataegus azarolus Früchte

ORIENTALISCHER WEISSDORN

Crataegus laciniata Urica, (*Rosaceae*, Rosengewächse)

Weitere Namen

engl. Oriental Thorn.

Die Heimat dieses Weißdorns ist Europa, insbesondere das südliche Europa mit der Iberischen Halbinsel, Balkan, Osteuropa und Nordafrika.

Der Orientalische Weißdorn ist ein 5–7 m hoher, etwas sparriger bis lockerkroniger Baum. Die Kurztriebe sind zu Dornen umgebildet. Blätter 5 cm lang, 5–9-lappig, beiderseits graufilzig. 1,5 cm breite Blüten sind bis zu 12 in behaarten Trugdolden angeordnet, Blütezeit ist Juni. Die etwa 1,5 cm dicken, kugeligen Früchte sind orangerot und behaart.
'Zlat' (Züchter: V. Mezhenskyj, Ukraine): Diese Sorte ist eine Selektion des in der Krim beheimateten Pojarkova's Weißdorns (*Crataegus pojarkovae*, syn. *Crataegus orientalis* var. *pojarkovae*, (= *C. laciniata*). Der Strauch wird etwa 3 m hoch und hat dornenlose Triebe. Die rundlichen bis länglichen Früchte sind goldgelb, sie schmecken süß-säuerlich und sehr angenehm. Das Fruchtgewicht beträgt 3 (bis max. 5,5) g, die Früchte reifen Mitte September.
'Mark' (Züchter: V. Mezhenskyj, Ukraine): Diese Sorte ist eine Selektion des Orientalischen Weißdorns (*Crataegus orientalis*, syn. *Crataegus laciniata*). Der Strauch wird etwa 3 m hoch und hat dornenlose oder nur gering bedornte Triebe. Die rundlichen, leicht gerippten Früchte sind orangerot, sie schmecken süßsäuerlich und schmecken sehr angenehm. Das Fruchtgewicht beträgt 3–3,5 g, die Früchte reifen Mitte bis Ende September.

Crataegus laciniata Früchte BGR

Crataegus laciniata (*orientalis*) 'Zlat' (V. Mezhenskyj)

CHINESISCHER WEISSDORN

Crataegus pinnatifida (Bunge) var. major N. E. Br., (*Rosaceae*, Rosengewächse)

Weitere Namen

Fiederblättriger Weißdorn.

Der Chinesische Weißdorn ist in China beheimatet. Er wird dort seit etwa 2.000 Jahren als Kulturpflanze angebaut, ist bei uns aber meist nur in botanischen Sammlungen anzutreffen. Der Strauch oder kleine Baum wird etwa 4–7 m hoch, seine Triebe besitzen nur wenige, bis 1 cm große Dornen. Die Blätter sind bis zu 8 cm groß und 3–4 cm tief eingeschnitten. Die Blattlappen wiederum sind scharf und unregelmäßig gesägt, oberseits glänzend dunkelgrün, unterseits heller. Blüten von 1,8 cm Durchmesser werden in wenigblütigen, 5–8 cm breiten, zottig behaarten Trugdolden gebildet.

Die kugeligen, kurz eiförmigen Früchte sind etwa 1,5 cm dick, dunkelrot und hell punktiert

(Wildform). Bei der var. *major*, die meist in Kultur ist, werden die zahlreich gebildeten, rundlichen Früchte bis 3 cm groß, sie sind leuchtend rot und fein punktiert. Man kann sie roh essen (mehlig, säuerlicher Geschmack), sie dienen aber vorwiegend zur Herstellung verschiedener Produkte wie Gelee, Marmelade, weichen Kaubonbons und kandierten Weißdornfrüchten. Sogar Saft und Weißdornwein werden in dessen Heimatländern daraus bereitet.

Die Früchte besitzen sehr viele interessante Inhaltsstoffe von pharmakologischer Bedeutung. Dazu werden die Früchte im Herbst geerntet, in Stücke geschnitten und getrocknet. Die Produkte des Chinesischen Weißdorns werden in der Volksmedizin bei Verdauungsstörungen und Durchfall-Erkrankungen verwendet. Darüber hinaus werden in China zahlreiche Sorten der essbaren Früchte wegen kultiviert.

Sorten und Auslesen

'Mao Mao' (Züchter: V. Mezhenskyj, Ukraine): Dieser Weißdorn wächst zu einem Strauch oder Baum bis 4 m Wuchshöhe heran und ist dornenlos. Es ist eine großfruchtige Sorte mit rundlichen, leuchtend roten, weiß punktierten Früchten. Ihr Geschmack ist säuerlich, später mehlig. Die Reifezeit der Früchte ist Oktober.

Crataegus pinnatifida var. *major* Früchte

Crataegus pinnatifida var. *major* 'Mao Mao' (V. Mezhenskyj)

Fruchtvergleich *C. monogyna* (li), *C. laevigata* 'Autumn Glory' (mi), *C. pinnatifida* var. *major* (re)

Crataegus pinnatifida var. *major* Habitus mit Früchten

APFELDORN

Crataegus x *lavallei* Hérincq ex Lavallée, (*Rosaceae*, Rosengewächse).

Weitere Namen
Lederblättriger Weißdorn; engl. Lavell Hawthorn; franz. Aubépine de Lavallée.

Hybride (C. *crus-galli* x C. *pubescens* fo. *stipulacea*). 5–7 m hoher, mehrstämmiger Strauch oder kleiner Baum, im Alter schirmförmige Krone. Nur wenig bedornt. Das Laub ist stark glänzend, die 5–12 cm langen Blätter haften bis in den Winter hinein an den Bäumen und verfärben sich im Herbst orangegelb. Die etwa 2 cm breiten Blüten erscheinen in vielblütigen, graufilzigen Trugdolden im Mai. Die 1,5–2 cm großen orangeroten Früchte bleiben bis in den Dezember hinein am Strauch haften. Die Früchte sind zur Gelee-, Konfitüre-, Saft-

Crataegus x *lavallei* Habitus, Blüten und Früchte

Crataegus x *grignonensis* Detail mit Früchten

und Kompottherstellung geeignet. Es ist vor allem die Sorte **'Carrierei'** in Kultur.
'Grignonensis' (syn. *Crataegus* x *grignonensis* Mouill.): Hybride (*C. crus-galli* x *C. pubescens*): Dieser Weißdorn wird etwa 3–4 m hoch, ist fast dornenlos und wächst strauchförmig. Die etwa 7 cm langen Blätter sind eiförmig mit 2–4 kurzen Lappen, Basis keilförmig, oberseits glänzend und unterseits kurz weich behaart, lange an den Sträuchern haftend. Die Blüten werden im Mai in kleinen Büscheln gebildet. Die Früchte sind etwa 1,5 cm dick, glänzend rot

Crataegus x *grignonensis* Habitus mit Früchten

mit grauen Punkten. Sie haften den Winter über, mitunter sogar bis ins nächste Frühjahr an den Sträuchern. Die Früchte sind zur Gelee-, Konfitüre-, Saft- und Kompottherstellung geeignet.

SCHARLACHDORN

Crataegus pedicellata Sarg. (syn. *C. coccinea*), (*Rosaceae*, Rosengewächse).

Weitere Namen

Scharlach-Weißdorn; engl. Scarlet Hawthorn; franz. Aubépine pédicellée.

Der Scharlachdorn stammt aus dem Osten der USA. 3–5 (–7) m hoher mehrstämmiger, locker breitwüchsiger Großstrauch oder kleiner rundkroniger Baum. Die 3–5 cm langen Dornen sind gerade bis leicht gebogen. Die 5–10 cm großen Blätter sind breit eiförmig und oft doppelt gesägt (sie erinnern ein wenig an die Blätter der Elsbeere). Herbstfärbung ist gelborange. Die 1,5–2 cm großen Blüten erscheinen in großen, lockeren behaarten Trugdolden im Mai. Die Früchte sind etwa 1,5 cm groß, birnenförmig oder elliptisch und glänzend scharlachrot. Die Früchte reifen im September/Oktober. Sie sind zur Gelee-, Konfitüre-,

Crataegus pedicellata Früchte

Saft- und Kompottherstellung geeignet. Der Habitus des Scharlachdorns mit seinen relativ großen, locker überhängenden Apfelfrüchten erinnert ein wenig an einen Zierapfelbaum.

'Zbigniew' (V. Mezhenskyj)

'Ljudmyl' (V. Mezhenskyj)

'Shamil' (V. Mezhenskyj)

Weitere Arten und Sorten

Züchtungen von Volodimir Mezhenskyj, Ukraine.

'Zbigniew' (2001 registrierte Sorte in der Ukraine. Engl. Zbigniew Hawthorn): Diese Sorte ist eine Selektion des Arnold-Weißdorns (*Crataegus arnoldiana* Sarg., *C.* x *anomala*). Der Strauch wachst zu einer Höhe von 4 m heran, ist dicht verzweigt, diese sind mit 5–6 cm langen Dornen besetzt. Die rundlichen Früchte sind leuchtend hellrot, sie schmecken süß-säuerlich, leicht mehlig und sind sehr schmackhaft in frischem Zustand. Das Fruchtgewicht beträgt 3–5 g. Sie können mit anderen Früchten gemischt zu Marmeladen verarbeitet werden, da sie viel Pektin enthalten und deshalb gut gelieren. Die Fruchtreife erfolgt Mitte bis Ende August.

'Ljudmyl' (2001 registrierte Sorte in der Ukraine. Engl. Ljudmyl Hawthorn): Diese Sorte ist eine Selektion des Punktierten Weißdorns (*Crataegus punctata* Jaqc.). Der Strauch wird etwa 5 m hoch und hat unbedornte Triebe. Die Früchte sind rundlich, orangerot, süß-säuerlich im Geschmack mit einer leicht bitteren Note. Das Fruchtgewicht beträgt 4,5 (bis max. 10) g, die Früchte reifen in der zweiten Septemberhälfte. Sie sind lange lagerfähig.

'Shamil' (2001 registrierte Sorte in der Ukraine. Engl. Shamil Hawthorn): Diese Sorte ist eine Selektion des Pennsylvanischen Weißdorns (*Crataegus pennsylvanica*). Der Strauch wird etwa 5 m hoch und hat wenig bedornte (Dornen 3–4 cm lang) Triebe. Die mehr oder weniger rundlichen Früchte sind orangerot, sie schmecken süß-säuerlich und schmecken sehr angenehm. Das Fruchtgewicht beträgt 4 (bis max. 7) g, die Früchte reifen in der zweiten Septemberhälfte.

PFLAUMENDORN

Crataegus x *persimilis* Sarg. 'McLead' (syn.: *Crataegus* x *persimilis* Sarg. 'Prunifolia'; *Crataegus* x *prunifolia*), (*Rosaceae*, Rosengewächse)

Weitere Namen

Pflaumenblättriger Weißdorn; franz. Aubépine á feuilles de prunier.

Hybride (*C. crus-galli* x *C. succulenta* var. *macrantha*). Großer Strauch oder 6–7 m hoher sparriger ausladender Baum mit dichter Krone. Zweige mit gekrümmten Dornen mit 4–7 cm Länge, Blätter bis 8 cm und von verkehrt eiförmiger bis rundlicher Form. Die Herbstfärbung ist intensiv gelborange bis rot. Die Blüten erscheinen im Mai/Juni zahlreich in dichten, behaarten Trugdolden. Der reiche Fruchtbehang besteht aus 1,5 cm dicken scharlachroten Früchten, die allerdings sehr früh abfallen. Die Früchte sind zur Gelee-, Konfitüre-, Saft- und Kompottherstellung geeignet.

'Splendens': Wertvolle Selektion mit geradem Stamm und schöner, regelmäßiger Krone.

Crataegus x *persimilis* Habitus mit Früchten

Crataegus x *persimilis* Früchte

BLUT-WEISSDORN

Crategus sanguinea Pall. (*Rosaceae*, Rosengewächse)

Der aus Mittel- und Ostrussland stammende Blut-Weißdorn wächst zu einem Strauch oder Baum von 5–7 m heran. An seinen Zweigen sitzen 3 cm große Dornen. Die breit eiförmigen Blätter mit keilförmiger Basis weisen 2–3 kurze, scharf doppelt gesägte Blattlappen auf. Etwa 1,5 cm breite Blüten erscheinen in kleinen unbehaarten Trugdolden im Mai. Die Früchte sind kugelig, etwa 1 cm dick und leuchtend rot. Sie schmecken leicht säuerlich, etwas mehlig und fallen sehr früh ab.

Crataegus sanguinea Früchte

TANACETUMBLÄTTRIGER WEISSDORN

Crataegus tanacetifolia (Lam.) Pers. (*Rosaceae*, Rosengewächse)

Weitere Namen

Rainfarn-Weißdorn; engl. Tansy leaved Thorn.

Dieser Weißdorn stammt aus Westasien und erinnert im Aussehen und den Blättern an den Orientalischen Weißdorn (*C. laciniata*). Er wächst strauchig und kann 3–5 (bis max. 10) m hoch werden.

Die Triebe sind filzig, seine etwa 2,5 cm langen Blätter besitzen 5–7 schmale, drüsig gesägte, zottig behaarte Blattlappen. Die duftenden Blüten sind 2,5 cm breit, sie sitzen zu 6–8 in filzigen Trugdolden an den Trieben und öffnen sich im Mai/Juni. Seine Früchte sind relativ groß, sie können

Crataegus tanacetifolia Früchte

Crataegus tanacetifolia Früchte

2,5 cm dick und gelb, gelblich oder rot gefärbt sein.

Literatur

Mezhenska, L., & Mezhenskyi, V., 2013: Genus Hawthorn (Crataegus L.) in Ukraine. Introduction, Breeding and Eco-Biological Characteristics. Kiyv, Comprint 2013, 234 S.

Internetseite

https://www.rollingrivernursery.com/component/virtuemart/fruit-trees/hawthorne-crataegus-species

SCHLEHDORN

Prunus spinosa L. (*Rosaceae*, Rosengewächse)

Weitere Namen

Schlehe, Schlehendorn, Schwarzdorn, Hagdorn, Hagedorn, Heckendorn, Haagpflaume, Dornschlehe, Bockbeeri; engl. Blackthorn, Sloe; franz. Epine noir, Prunelle, Prunellier; ital. Prugnola, Prugno; span. Enarina, Endrinera, Espino negro; niederl. Sleepruim, Sleedoorn, Slee; norweg. Slapetorn; poln. Sliwa tarnina, Tarnina; tschech. Slivon trnka; bulg. Trunka; rumän. porumbar; russ. Tern, Ternovik, Sliva koljuchaja.

Prunus spinosa Blüten

Pflanzenmerkmale und Verbreitung

Woher der Name Schlehe stammt, ist nicht ganz sicher. Möglicherweise ist Schlehe aus dem Slawischen 'sliva' (Zwetschke) abgeleitet. Ursprünglich war die Schlehe in Vorder- bis Mittelasien beheimatet. Sie war im Kaukasus maßgeblich bei der Entstehung der Pflaume (Zwetschke) beteiligt. Heute reicht ihr Verbreitungsgebiet von Europa bis Westasien, sie ist auch in Nordwestafrika eingebürgert. Bei uns

Prunus spinosa Habitus am Naturstandort

Schlehdorn, Zweig mit Blättern und Früchten

Schlehdorn, Zweig mit Früchten

in Mitteleuropa kommt sie schon sehr lange vor, man fand Steinkerne der Schlehe in den Pfahlbauten am Bodensee.

In den Alpen findet er sich an sonnigen Waldrändern noch bis in 1.600 m Höhe. Als Sonne und Licht liebendes Gehölz kommen Schlehdornsträucher in Hecken und Gebüschen, an Waldrändern, auf Kahlschlägen, Halden, Fels und Schutthängen, Steinriegeln, Böschungen, Weinbergen und aufgelassenen Steinbrüchen etc. vor. Sogar eine ganze Region, nämlich das Gebiet zwischen Schwarzwald, Strohgäu und Enztal, wird aufgrund des häufigen Vorkommens dieser Pflanze 'Hecken- oder Schlehengäu' genannt.

Schlehdornsträucher können sich hinsichtlich Fruchtgröße, Blütezeit und Reifezeit unterscheiden. Es sind 1–3 (–5) m hohe, sommergrüne, sparrig verzweigte, dornige Sträucher mit starker Wurzelausläuferbildung und Dickichtbildung. Vor allem die jungen Sträucher sind stark bedornt, alte Pflanzen weisen nur mehr vereinzelt Dornen auf. Die 3–4 cm kleinen Blätter sind stumpfgrün. Der Schlehdorn blüht bereits sehr zeitig im Frühjahr, knapp nach oder gleichzeitig mit der Myrobalane Mitte März bis Mitte April, in der Regel vor dem Laubaustrieb. Seine weißen Blüten sind etwa 1–1,5 cm groß, meist einzeln, kurz gestielt und erscheinen in großer Anzahl entlang der Triebe. Aufgrund der zeitigen Blüte ist der Schlehdorn ein guter Pollen- und Nektarspender für Wildbienen.

Eignung

Der Schlehdorn eignet sich im Hausgarten wegen seines unbändigen Ausbreitungsdranges (Ausläufer bis 10 m) nur zur Begrünung und Festigung von sonnigen Böschungen oder in freiwachsenden Hecken mit viel Platzangebot. Schlehenhecken sind undurchdringlich und zur Abgrenzung bestimmter Gebiete gut geeignet. Der Schlehdorn ist ökologisch sehr wertvoll und dient als Vogelschutzgehölz. Zum Beispiel spießt der Neuntöter seine Beute auf den Dornen des Schlehdorns auf.

Frucht

Kugelige bis eiförmige, 1,0–1,8 cm große, schwärzlich und blau bereifte Steinfrüchte. Der Fruchtfleischanteil ist gering, das Fruchtfleisch selbst schlecht steinlösend, der Steinkern mit 0,7–1,3 cm verhältnismäßig groß. Die Fruchtreife erfolgt erst sehr spät ab Ende

Prunus spinosa Früchte Detail, aufgeschnitten

Prunus spinosa 'Godenhaus' (H.-R. Müller)

Prunus spinosa 'Nittel' (H.-R. Müller)

September bis Oktober/November. Die Früchte verbleiben oft bis in den Winter hinein am Strauch. Sie schmecken adstringierend, werden erst nach Frosteinwirkung essbar und schmecken dann süß-säuerlich.

Schlehen enthalten Fruchtsäuren (0,4–0,5 %), Pektin und Gerbstoffe (adstringierender Geschmack), Farbstoffe und Zucker (bis 10,7 %) sowie Mineralstoffe. Auch Vitamin C (etwa 50 mg/100 g) sowie die Vitamine B_1 und B_2 sowie Carotine, Flavone und Amygdalin sind enthalten. Auf sonnigen Standorten können Erträge bis zu 30 kg pro Strauch erreicht werden. Man vermutet, dass Zwetschken, Pflaumen, Mirabellen und Reineclauden vor langer Zeit aus einer Kreuzung zwischen der Schlehe und der Kirschpflaume entstanden sind.

Verwertung

Auch wenn der herb-saure und adstringierend wirkende Geschmack der Früchte nach Frosteinwirkung gemildert wird und diese dann süß-säuerlich schmecken, sind sie für den Rohverzehr nicht unbedingt geeignet. Die Verwertung wird durch den hohen Steinanteil (20 %) und die schlechte Lösbarkeit des Fruchtfleisches erschwert. Sie können aber anderen säurearmen Obstarten als Mischfrucht beigemengt werden und zu Mehrfruchtmarmelade, -gelee, -sirup und -säften verarbeitet werden. Besonders vorzüglich schmecken aber Schle-

Prunus spinosa 'Godenhaus' Veredelungen (Marquart)

Prunus spinosa Früchte

Fruchtvergleich *Prunus spinosa* 'Wienerwald' (li.) und *Prunus spinosa* (re.)

hengeist, Schlehenlikör, Schlehenwein und Schlehensüßmost. Eingelegt in Essig-Zucker-Wasser, dienen sie als Beilage zu Rindfleisch. Die Früchte wurden bereits zur Pfahlbauzeit in Mitteleuropa verwertet. Getrocknete Blüten und Blätter dienen zur Teeherstellung, diesem wird eine blutreinigende Eigenschaft nachgesagt. Etwas Vorsicht sollte man bei der Verwendung der Blüten walten lassen (keine Überdosierung!), denn sie enthalten Spuren des giftigen Blausäureglykosids.

Bedeutung in der Volksmedizin

Der Schlehe werden zahlreiche heilende Wirkungen zugeschrieben. Bereits Hildegard von Bingen empfahl die Schlehe bei Appetitlosigkeit, Entzündungen und Schlaflosigkeit sowie bei Blasenbeschwerden. Hieronymus Bock (1498–1554) schreibt: *So man die beere oder der rinden von wurzlen inn wasser oder sauren wein siedet / ein wenig Alaun und Honig dazu thut / dem mund damit auspület / oder gurglet / ist es gut zu den geschwären des mundes / des zanfleisches / des hals und zäpflein.*
Sebastian Kneipp bezeichnete sie „als das schuldloseste Abführmittel“ und meinte, sie solle in keiner Hausapotheke fehlen (W. Hartmann, 2010).

Standortansprüche und Pflege

Wächst auf allen Standorten, von trockenmageren bis frisch-nährstoffreichen Böden, auf steinigen bis lehmigen, kalkhaltigen (kalkliebend!) bis mäßig sauren Böden; sehr frosthart. Wegen der zeitigen Blüte etwas spätfrostgefährdet. Schnittmaßnahmen sind nicht notwendig.

Krankheiten und Schädlinge

Auftreten der Pflaumengespinstmotte, Pflaumensägewespe, Schild- und Blattläuse, Spinnmilben. Auch Infektionen mit dem Scharka-Virus sind möglich, daher nicht in der Nähe von Obstbaugebieten pflanzen. Ähnlich den Zwetschken können sich an Schlehen auch so genannte 'Narrentaschen' entwickeln.

Vermehrung und Anzucht

Vermehrung durch Aussaat (Samen vor Vollreife ernten, stratifizieren), Auslesen und Zierformen durch Veredelung auf Pflaumenunterlagen.

Sorten und Auslesen

Die Fruchtgröße und -form bei Schlehen kann sehr stark variieren. Es gibt zwar großfrüchtige Auslesen und solche mit geringem Gerbstoffgehalt (welche mitunter sehr großfrüchtig sind, den Früchten fehlt jedoch der typische adstringierende Geschmack – wahrscheinlich handelt es sich hier um Hybriden mit Zwetschken), doch werden diese zurzeit noch nicht oder nur selten angeboten (Auslesen in Süddeutschland und Österreich). Allerdings fruchten diese Typen nur sehr wenig.
'Wienerwald' (Praskac, Tulln): Früchte sind deutlich größer als jene der Wildform, Strauch wird etwa 3 m hoch, wahrscheinlich handelt es sich hier um eine Hybride (*P. spinosa* x *P. domestica* ?).
'Godenhaus' (Züchter: DLR Rheinlandpfalz, Kompetenzzentrum Gartenbau Ahrweiler, Schlehenselektion aus dem Raum Trier): Strauch mit sparrigem, starkem Wuchs, großen Früchten und reichem Fruchtansatz.

Prunus cerasifera, -insititia, -spinosa Fruchtvergleich

'Nittel' (Züchter: DLR Rheinlandpfalz, Kompetenzzentrum Gartenbau Ahrweiler, Schlehenselektion aus dem Raum Trier): Strauch mit kompaktem dichtem Wuchs, Zweige sind nur leicht bedornt, produziert große Früchte. **'Maarli'** (Züchter M. Artner): Zufallssämling mit besonders großen Früchten, die relativ leicht zu pflücken sind, sehr reichtragend. **'Merzig'** (stammt aus der Pfalz): Der Strauch wird 2–4 m hoch. Großfruchtige Auslese, Früchte ähnlich jenen von **'Maarli'**; Früchte blau, süß-säuerlich. 'Merzig' blüht früh, ist selbstfruchtbar, die Früchte reifen im Oktober nach dem ersten Frost. **'Reto':** Großfruchtige Kulturschlehensorte, deren Früchte weniger gerbstoffhaltig sind. Veredelte Pflanzen brachten im zweiten Standjahr die ersten Früchte. Einzelfrucht war größer als jene von **'Maarli'** und **'Merzig'**.

Es gibt einige Zierformen: **'Plena'** mit gefüllten Blüten, und **'Purpurea':** rosablühend, rotlaubig und wenig bedornt.

'Riegersburg', 'Merzig', *P. spinosa* Wildform

Kriecherl-Varietäten (Bildautor ARCHE NOAH Rupert Pessl)

WEITERE SCHLEHEN- UND PFLAUMENVERWANDTE ARTEN

HAFERSCHLEHE

Prunus domestica L. subsp. *insititia* C. K. Schneider var. *juliana* (L) Poiret)
(*Rosaceae*, Rosengewächse)

Weitere Namen

Krieche, Kriechele, Kricken, Krete, Haferpflaume, St. Julien-Pflaume, Sau- und Scheißpfläumle, Weinkrieche, Weinling und Saukrieche

Pflanzenmerkmale und Verbreitung

Die systematische Zuordnung der Haferschlehe ist nicht ganz unumstritten. H. Werneck (1958) vertritt die Ansicht, dass Haferschlehen den Schlehen näher als den Kriecherln stehen. Früher wurden sie als 'zahmer Schlehenbaum' bezeichnet. Sie sind schon seit vorgeschichtlicher Zeit bei uns heimisch, also schon lange, bevor es Zwetschken und Pflaumen gab. Sie besitzen einen fünffachen Chromosomensatz. Ihr Name Krieche oder Kriechele ist möglicherweise auf deren Eigenschaft zurückzuführen, dass sie zu starker Wurzelausläuferbildung neigt, also 'kriecht', und damit ganze Horste bilden kann. Es gibt zahlreiche ähnliche Typen und Formen, deren Zuordnung und Unterteilung sehr schwierig ist. Eine praktische Variante wäre, sie einzuteilen, wie Hartmann (2010) vorschlägt: Haferpflaumen sind Formen mit süßlichen Früchten und wenig Gerbstoffen, Haferschlehen haben bittere Früchte, Zibarten sind ähnlich wie Haferschlehen, jedoch gelbgrün, und St.-Julien-Pflaumen werden eher als Unterlage verwendet und stammen aus Frankreich.

Die Haferschlehe ist in den Vogesen, im Schwarzwald und in der Schwäbischen Alb und im Bodenseegebiet beheimatet und wurde dort eingehend untersucht (U. Körber-Grohne). Die baumartigen Sträucher sind mittelstark wachsend und werden etwa 3–4 (–7) m hoch. Sie sind stark Wurzelausläufer treibend (im Gegensatz zu den Kirschpflaumen, die nur Stammschösslinge ausbilden). Dadurch können sich regelrechte Dickichte bilden. Die Zweige sind in der Regel dornenlos. Allerdings können gelegentlich an zwei- bis dreijährigen Trieben kräftige Sprossdornen auftreten.

Die Haferschlehe ist durch breit ovale, am Rande fein gesägte Blätter gekennzeichnet, die Blattrippen auf der Unterseite sowie die Blattstiele sind behaart. Sie werden hauptsächlich als Unterlage (Damas 1869) für Pflaumen und Zwetschken verwendet.

Die Pflanzen sind selbstfruchtbar, die Genussreife erfolgt von September bis Oktober.

Frucht

Die Früchte der Haferschlehe sind rund bis rundlich und blau gefärbt mit dünner Bereifung. Sie werden etwa 1,7–2,7 cm groß, das

Prunus insititia Fränkische Haferschlehe Blüte

Prunus insititia Fränkische Haferschlehe Früchte

Prunus insititia Fränk. Haferschlehe Früchte, aufgeschnitten

Fruchtgewicht beträgt 6–8 g. Sie sitzen auch direkt an älteren dickeren Zweigen im Inneren der Sträucher. Die Konsistenz des Fruchtfleisches ist relativ fest. Die Fruchtreife erfolgt zwischen Anfang und Ende September.

Die Früchte der Haferpflaumen sind ähnlich jenen der Haferschlehe, rundlich, meist blau und mit einem Durchmesser von 1,7–3,2 cm etwas größer als Schlehen. Der Name Haferpflaume (auch Haferschlehe) bezieht sich auf die Reifezeit, die mit der Halerernte zwischen Mitte August und Mitte September zusammenfällt. Das Fruchtfleisch ist süßlich und löst sich meist schlecht vom Stein.

Verwertung

Die Früchte schmecken roh säuerlich bis sauer, herb, teils adstringierend (abhängig von der Herkunft und Klima). Gekocht (ohne Zucker) ergeben die Früchte ein dunkelrotes, säuerliches, herbes, aber wohlschmeckendes Kompott. Es lassen sich Marmelade und Gelees daraus herstellen. Haferschlehen eignen sich nicht zum Frischverzehr, sie lassen sich an der Luft trocknen, ohne zu faulen. So getrocknet, werden sie in der Provence als Prunellen verkauft. Der Steinkern löst sich nicht. Sie sind madenfrei.

Haferpflaumen hingegen kann man, da sie weniger Gerbstoffe enthalten, auch frisch essen, sie werden aber auch destilliert oder getrocknet. In der Provence (vorwiegend aus der Gegend von Brugnoles) werden die Früchte der Haferpflaumen geschält und ohne Stein getrocknet und verkauft sie so als Prunellen oder Brünellen. Früher hießen sie fälschlicherweise 'Spanische Pfläumchen'. Aus Blüten und Blättern wird ein Tee bereitet.

Waldviertler Kriecherl: Im Waldviertel (Niederösterreich) gibt es heute noch eine grüngelbe, stark bereifte und kugelige Kriecherl-Sippe von ausgezeichnetem aromatischem Geschmack. Zwischen den einzelnen Herkünften kann man deutliche Unterschiede in Größe, Form oder Fruchtzeitpunkt erkennen. Es wird inzwischen als 'Waldviertler Kriecherl' bzw. auch als 'Waldviertler Hochland Kriecherl' vermarktet. Ziel ist es, bestehende Kriecherlbaumbestände wieder zu pflegen und zu reaktivieren bzw. die Neuauspflanzung von Kriecherlbäumen zu forcieren.

Steirisches Kriecherl: Die Früchte des Steirischen Kriecherls sind kleine bis mittelgroße, rundliche, 7–10 g schwere, intensiv blau gefärbte Pflaumenverwandte. Das weiche Fruchtfleisch ist grünlich und löst sich schwer vom kugeligen, relativ glatten Steinkern. Ihr Geschmack ist dem von Zwetschken ähnlich, jedoch dezenter und feiner im Aroma und zeigt ein interessantes Zusammenspiel

Prunus insititia Steirisches Kriecherl (G. Innerhofer)

Prunus insititia Waldviertler Kriecherl (C. Bisich)

von Süße und herber Säure. Erträge von mehr als 30 kg/Baum wurden von den selektierten Typen geerntet. Der daraus destillierte Brand wird ausschließlich aus dem blauen Steirischen Kriecherl gebrannt und wird als Spezialität unter dem Namen 'Steirisches Kriacherl' vermarktet bzw. ist als 'Steirisches Kriacherl' für das geographische Gebiet Steiermark geschützt (Codex Alimentarius Austriacus).

Standortansprüche und Pflege

Siehe Schlehdorn.

Krankheiten und Schädlinge

Siehe Schlehdorn.

Vermehrung und Anzucht

Wurzelausläufer, Veredelung auf Sämlinge oder Zwetschken-Unterlagen und Myrabolanen.

ZIBARTE

Prunus domestica L. subsp. *insititia* C. K. Schneider var. *viridiflava*, *Prunus domestica* L. subsp. *prisca* (*Rosaceae*, Rosengewächse)

Weitere Namen

Zibärtle, Ziparten, Zippate, Ziber, Ziberl, Zibertl, Zibelle, Zwiferl, Seiberl, Seiferl, Gallerpflumle, Scheißpfläumle.

Pflanzenmerkmale und Verbreitung

Zibarten sind seit der Jungsteinzeit fast unverändert erhalten geblieben. Diese Feststellung beruht darauf, dass man in den steinzeitlichen Pfahlbauten am Bodensee Steine fand, die der Zibarte zugeordnet werden konnten.

Botanisch gesehen handelt es sich bei den Zibarten eigentlich um grünlich gelbe Kriecherln. Trotzdem werden sie als eigene Obstart geführt. Es gibt Typen mit unterschiedlicher Reifezeit und Fruchtgröße. Die Zibarte ist, wie die Haferschlehe auch, in den Vogesen, im Schwarzwald und in der Schwäbischen Alb sowie im Bodenseegebiet beheimatet und wurde dort eingehend untersucht (U. Körber-Grohne). Aber auch in Österreich und der Schweiz ist sie anzutreffen. Sie wächst bis in Höhenlagen von über 900 m, im Wallis kann sie noch in Höhenlagen von 1.200 m angetroffen werden. Man findet sie häufig halbwild an Bächen, Hängen und meist in der Nähe von Höfen in Hecken.

Zibarten Habitus

Zibarten Blüten

Die baumartigen Sträucher sind mittelstark wachsend und wurzelausläufertreibend, sofern sie nicht veredelt sind. Zibarten werden heute in den Baumschulen meist als veredelte Sträucher oder Bäume angeboten. Sie erreichen Wuchshöhen von etwa 5–6 m, die Zweige sind in der Regel bedornt. Die Zibarte ist durch breit ovale, teils leicht zugespitzte, am Rande fein gesägte Blätter gekennzeichnet. Die Pflanzen sind selbstfruchtbar, die Genussreife erfolgt von Mitte September bis Mitte Oktober.

Frucht

Die Früchte sind rundlich und grüngelb gefärbt mit dünner, nicht umfassender Bereifung. Sie werden etwa 1,6–1,9 (–2,1) cm groß und hängen oder stehen an kurzen Stielen. Das Fruchtgewicht liegt zwischen 4 und 7 g. Während der Fruchtreife und besonders in warmen, sonnenreichen Jahren wandelt sich die zuerst grünliche Farbe mehr nach Gelb, wobei sich rötliche Flecken auf der Sonnenseite bilden können. Ertrag pro Pflanze bis 27 kg (gelbe Zibarte). Die blauen Zibarten sind deutlich weniger ertragreich, hier bewegen sich die Erträge bei etwa 15 kg pro Baum. Allerdings sind deren Früchte etwas größer als die der gelben Formen, sie erreichen bei einem Durchmesser von ca. 2,7 cm eine Fruchthöhe von 1,9 cm. Die Konsistenz des Fruchtfleisches ist relativ fest, der Steinkern löst sich nicht. Zibarten sind scharkatolerant.

Verwertung

Unreife Früchte haben einen hohen Gerbstoffgehalt und erinnern im Geschmack eher an Schlehen. Die reifen Früchte schmecken roh säuerlich, aber nicht adstringierend, auch ohne bitteren Nachgeschmack. Nach den ersten Nachtfrösten ändert sich der Geschmack nach süß-säuerlich mild, etwas aromatisch in Richtung Grüner Reineclaude. Die Früchte bleiben auch im Zustand der Reife etwa ab Mitte Oktober, während des Laubfalles, noch längere Zeit am Baum. Sie fallen erst nach starken Frösten ab.

Es lassen sich Marmelade und Gelees daraus herstellen. Die Früchte werden jedoch vorwiegend destilliert. Besonders bekannt und teuer ist der Obstbrand, der als 'Zibärtle' eine bekannte regionale Spezialität darstellt. Zu diesem Zweck wird die Zibarte auch in

Zibarte gelb Früchte

Zibarte blaue Früchte

Plantagen angebaut. 100 kg Zibarten ergeben nur 3–4 Liter Destillat von feinem Aroma und mit leicht herbem, typisch vollem Geschmack mit Marzipantönen.

Standortansprüche und Pflege

Siehe Schlehdorn.

Krankheiten und Schädlinge

Siehe Schlehdorn.

Vermehrung und Anzucht

Wurzelausläufer, Veredelung auf Sämlinge oder Zwetschken-Unterlagen und Myrabolanen. Durch das Veredeln auf Myrabolanen (*Prunus cerasifera*) gibt es stärkerwüchsige Zibartenstämme und auch größere Früchte mit höherem Zuckergehalt.

Sorten und Auslesen

Es werden Gelbe Zibarten und Blaue Zibarten angeboten.

ST.-JULIEN-PFLAUME

Auch die St.-Julien-Pflaume zählt zur Gruppe der Schlehdorn-Verwandten. Nach französischen Angaben handelt es sich um eine alte Pflaumengruppe aus dem mittleren Loiretal, deren Früchte im Mittelalter getrocknet wurden. Als um 1850 dort die großen Baumschulen entstanden, pflanzte man sie nur noch zur Saatgutgewinnung für Unterlagen. Sie sind ein Gemisch zahlreicher Formen, die sich in Farbe, Größe, Geschmack und Reifezeit unterscheiden. Sie beinhalten Haferschlehen, Haferpflaumen und Landrassen. Das bedeutet, dass die **'St.-Julien-Pflaume'** als Art oder Sorte eigentlich gar nicht existiert. Bestimmte Auslesen wurden vegetativ vermehrt und dann als Unterlage verbreitet. Am bekanntesten ist **'St. Julien A'** von Hatton/East Malling (1934) und **'Pixy'**, die ebenfalls aus East Malling stammt. Eine der am häufigsten verwendeten Zwetschkenunterlagen ist **'St. Julien GF 665/2'**, sie stammt aus La-Grande Ferrade/Bordeaux und bildet aber viele Ausläufer. Die Früchte von St. Julien-Unterlagen sind unterschiedlich. **'St. Julien A'** hat rundliche, gelbgrüne, reneclaudengroße Früchte, jene von **'GF 665/2'** ähneln Kriecherln in Größe, Farbe und Geschmack. Ähnlich sind auch die Früchte der Unterlage **'Pixy'**, nur sind diese etwas kleiner.

Weitere Sorten, Typen und Varietäten, welche dieser Gruppe zugeordnet werden (können): **'Pogauner':** Wildpflaume aus der „Fränkischen Schweiz". Die Frucht ist rund bis lang oval, besitzt einen kurzen Stiel und ist rötlich violett gefärbt und bereift. Fruchtgröße 3,4–3,8 cm, Fruchtgewicht 3,2–3,6 g. Reifezeit Anfang bis Mitte Oktober. Süßaromatisches Aroma, nicht für den Frischverzehr geeignet, aber gut für Marmeladen und zum Destillieren.

'Wagenstädter Pflaume', **'Reizensteiner Zwetschge'**, **'Beckele'**, **'Kroosjes'**, **'Kreeke'**.

PRIMITIVPFLAUMEN UND LANDRASSEN

In der bäuerlichen Obstkultur wurden seit jeher auch schon Zwetschken und Pflaumen verwendet. Wurde ein Sämling mit guten, verbesserten Eigenschaften gefunden, so vermehrte man diesen durch Wurzelausläufer. So entstanden nach und nach wurzelechte Bestände von Primitivpflaumen und so genannte Landrassen. Gelegentlich entwickelte sich daraus sogar eine überregional verbreitete Sorte. Später, als neue verbesserte Sorten zur Verfügung standen, gerieten diese lokalen Sorten der Primitivpflaumen in Vergessenheit. 1797 werden im Buch 'Der Teutsche Obstgärtner', II. Abtheil, Vermischte Abhandlungen, folgende Pflaumensorten aufgelistet: Grüne Reine Claude, Gelbe Zwetschge, Violette Haferpflaume, Grüne Zwetschge, Große Mirabelle, Aprikosenpflaume, Cyprische Eierpflaume, Kleine

Ringlotte Bertigam

Mirabelle. Es wird auch von einer 'Gelben Spätzwetschke' berichtet, dessen Beschreibung auf den 'Gelben Spilling' passt, allerdings soll diese 'nicht gut steinlösend und von Mitte September an bis tief in den Oktober hinein nach und nach reifen'. Insgesamt beschreibt 'Der Teutsche Obstgärtner' in seinen 24 Bänden (1794–1805) bereits insgesamt '35 Pflaumen und Zwetschen', die nach heutiger Erkenntnis wohl größtenteils den Primitivpflaumen und Landrassen zuzurechnen sind.

H. Werneck (1958), der über Landrassen und Primitivpflaumen in Oberösterreich berichtete, stellte einerseits fest, dass man diese seltenen Formen besonders in höheren Lagen noch in zahlreichen Varietäten antreffen kann. Gleichzeitig hatte er bereits damals die Befürchtung geäußert, dass diese alten Sorten möglicherweise den Flurbereinigungsaktionen zum Ofer fallen könnten.

Franz Höglinger führte 2001 im Rahmen einer Pflaumenerhebung am Attersee die Arbeiten von Werneck fort. Er konnte bestätigen, dass das Seengebiet um Salzburg ein uraltes Mannigfaltigkeitszentrum von Pflaumen ist. Viele der von Werneck beschriebenen Formen und Rassen, z. B. Punze, Pfluder, Bidling oder Zwispitz, fand er noch vor. Ein Teil davon wurde in der Zwischenzeit in die Österreichische Genbank für Obst übernommen.

Auch in der Schweiz gibt es noch eine Reihe interessanter Sorten. Nach Angaben von Fructus wachsen vor allem in der Westschweiz auf jedem 4. Hochstamm Pflaumen. Er konnte in der Schweiz im Rahmen einer 5-jährigen Aktion noch über 200 Sorten nachweisen, viele davon sind vom Aussterben bedroht.

Im Rahmen der Stiftung Herzogtum Lauenburg sammelte Peter Schlottmann (Deutschland) bisher über 300 Herkünfte von Schlehen, Krieche, Bunten Pflaumen, Kreeken und Spillingen und pflanzte sie in Ratzeburg auf. Auch an den Universitäten Hohenheim und Tübingen und seit Kurzem auch am Fachgebiet Obstbau in Weihenstephan wurden Sammlungen von Primitivpflaumen und alten Landrassen angelegt.

GELBER, GELBROTER UND ROTER SPILLING

Prunus domestica L. subsp. *oeconomica* C. K. Schneider var. *odorata*; (syn. *P. domestica* ssp. *pomarum*) (*Rosaceae*, Rosengewächse)

Weitere Namen

Spillen, Spilken, Spenling, Spendling, Spänling, Spändling.

Spillinge sind eine regional begrenzte Sortengruppe der Primitivpflaumen. Die Ursache dürfte darin liegen, dass sie kaum transportfähig sind und sich schon kleine Druckstellen nach 2–3 Tagen bräunlich verfärben. Dadurch werden die Früchte unansehnlich und sind somit nicht mehr vermarktbar. Steinfunde aus der Römerzeit, die ident sind mit dem 'Gelbroten Spilling', belegen, dass diese Sortengruppe schon sehr alt ist. Der Name Spilling bezieht sich auf die Form der Früchte, die einer Spindel gleichen. Obwohl sie früher eine weite Verbreitung aufwiesen, sind sie heute nur mehr ganz selten anzutreffen. Unter anderem sind sie heute noch unter Synonymen, wie z. B. 'Spänling' oder 'Hundspflaume' bekannt und gelegentlich in alten Bauerngärten anzutreffen.

'GELBER SPILLING'

'Gelber Spilling' ist noch unter zahlreichen weiteren Name bekannt: 'Katalonischer Spilling', 'Prune jaune hative', 'Gelbe Frühpflaume', 'Gelbe Spindelpflaume', 'Katalonische Krieke' sowie „Kleiner Gelber Spilling'.

Er ist der bekannteste Vertreter der Spillinge und hat die größten Früchte. Er wurde erstmals von Tabernaemontanus (1588) beschrieben. Die Mitte Juli reifenden Früchte sind 3,0–3,4 cm lang und wiegen 10–13 g.

Über den Wert des Spillings war man schon immer unterschiedlicher Meinung. So schreibt Mayer 1776 in seiner Pomona Franconica:

Die Pflaume hat ein grobfasriges Mark, dem die äußere Haut einen säuerlichen Geschmack mittheilet. Man hält sie deshalb an vielen Orten für so ungesund, dass man nicht einmal den öffentlichen Verkauf gestatten will. Sie ist aber eingemacht und überzuckert ganz unschädlich. Demgegenüber schreibt Sickler 1797:

Der Wert besteht in der frühen Reife. In einem alten Volkslied wird er als einer der schönsten Früchte besungen. Um dieser Dinge willen sollte man, wenn auch die Frucht nicht von der Güte wäre, als sie doch ist, auf die Fortpflanzung dieser Obstsorte stehen, und ihr auch ein Plätzchen auf der Tafel der Vornehmen einräumen.

Noch um 1900 waren die Früchte aber reichlich auf den Märkten zu finden.

Hartmann (2011) beurteilt den 'Gelben Spilling' folgendermaßen: *Die Frucht hat ein gelbes, festes, süßes, mirabellenartiges Fleisch. Für den heutigen Anbau ist sie allerdings zu klein. Die Sorte ist deshalb nur noch ganz selten anzutreffen.*

Im oberen Murtal in der Steiermark (Österreich) mit relativ rauem Klima empfahl F. Haempel (1949) unter anderem den Anbau des 'Gelben Spenlings', nicht nur der Früchte wegen, sondern auch als gut geeignete Unterlage für empfindlichere Zwetschken-, Pflaumen- und sogar Marillensorten. In dieser Region bestehen Bestrebungen, den 'Gelben Spenling' als Leitprodukt zu etablieren.

Prunus domestica var. 'Roter Spilling', aufgeschnitten

Prunus domestica var. 'Gelber Spenling' (Ch. Holler)

'GELBROTER' UND 'ROTER SPILLING'

Der 'Gelbrote Spilling', auch als 'Rotbunter Spilling' bezeichnet, war weniger stark verbreitet als 'Gelber Spilling', obwohl diesen auch schon die Römer kannten. 'Gelbroter' und 'Roter Spilling' werden heute noch im Bundesland Brandenburg angebaut. Die Früchte haben eine gelbgrüne Grundfarbe und sind auf der Sonnenseite rot bis violett gefärbt. Die Sorte ist etwas blühempfindlich, trägt in der Regel aber reichlich.

Pflanzenmerkmale und Verbreitung

Die baumartigen Sträucher sind mittelstark wachsend und werden etwa 4–5 m hoch. Die

Blätter des Spillings sind im vorderen Drittel am breitesten und verschmälern sich etwa von der Blattmitte linear zum Stielende. Die Blattfarbe ist mittel- bis dunkelgrün, die Blattrippen auf der Unterseite sowie die Blattstiele sind flaumig behaart. Die Pflanzen sind selbstfruchtbar, die Fruchtreife früh, bereits ab Mitte Juli bis August. Ein sehr hoher, regelmäßiger Fruchtertrag ist gewiss. Die Früchte fallen bei der Reife ab oder werden zur Ernte vom Baum geschüttelt.

Frucht

Die Früchte sind länglich, asymmetrisch, nach unten zugespitzt und mit breitester Stelle im obersten Drittel. Sie sind etwas kleiner als die der Schwestersorte, zwischen 2,6 und 4,0 cm lang und nur 7–8 g schwer. Farbe der Haut auf der Sonnenseite rot mit dunkel rotvioletten Flecken, die Schattenseite gelbgrün, bei Hochreife auch rot, Fruchtfleisch dunkelgelb. Die Konsistenz des Fruchtfleisches ist von mittlerer Festigkeit, der Steinkern löst sich vom Fleisch. Die Haltbarkeit beträgt einige Tage. Ihr Geschmack ist süß-säuerlich, sehr gut, geschmacklich sind sie aber die besten aller Spillinge. Die rohen Früchte verströmen einen ausgesprochen guten, aromatischen Geruch. Im gekochten Zustand schmecken die Früchte leicht nach Bittermandel. Die Früchte des 'Gelben Spilling' sind von sattgelber Farbe.

Prunus domestica var. 'Roter Spilling' Habitus

Prunus domestica var. 'Roter Spilling' Blüten

Prunus domestica var. 'Roter Spilling' Früchte

'BLAUER SPILLING'

Der 'Blaue Spilling' war bereits in Vergessenheit geraten und ist der kleinste aus der Gruppe der Spillinge. Die Früchte haben einen Durchmesser von 1,0–1,5 mm und sind 18–20 mm lang. Sie reifen Anfang bis Mitte August und schmecken süß. Erstmals wird ein 'Langer Blauer Spilling' im 'New Kreuterbuch' von Tabernaemontanus (1588), ergänzt durch K. Bauhin (1664), erwähnt und abgebildet. In neuerer Zeit gibt es bei nach Werneck (1958) einen 'Blauen Spilling' in Österreich, aber bisher nur im Hausruckviertel. Außerdem scheint der 'Blaue Spilling' in Brandenburg und auch rund um Berlin noch vereinzelt vorzukommen (Schlottmann 2010).

'WEIDENBERGER SPINDLING'

Die Sorte ist im Weidenberger Raum (Oberfranken) schon seit mehr als 100 Jahren bekannt und kam dort früher in jedem Bauerngarten und auch in den Streuobstwiesen vor. Ihre kleinen, gelben, ovalen Früchte reifen Mitte August und wiegen zwischen 14 und 16 g. Der Stein löst nicht vollständig vom Fleisch, das bei mittlerer Festigkeit leicht würzig bis säuerlich schmeckt. Die wohlschmeckenden Früchte wurden vor allem zu Marmeladen und Kuchen, aber auch zur Herstellung von Likör verwendet. Mit der Zeit gerieten sie fast in Vergessenheit. Der Landschaftspflegeverband hat jetzt noch vorhandene Bäume ausfindig gemacht, vermehrt und auch Bäume abgegeben (Hartmann, 2011).

'STANZER SPÄNLING'

Die Gemeinden Stanz, Grins und Pians liegen im Bezirk Landeck, im westlichen Teil Nordtirols, im so genannten Tiroler Oberland, auf einer nach Süden ausgerichteten Hangterrasse am Fuß der Lechtaler Alpen auf etwa 1.000 m Seehöhe. Neben Zwetschkenkulturen ist hier der Spänling (*Prunus domestica* subsp. *pomariorum*) eine lokale Besonderheit. Dieser produziert besonders große hellrosa gefärbte Früchte mit intensivem Rosenduft und bis 4,0 cm Durchmesser.

Sein Fruchtfleisch ist hellgelb, mehlig und mit einer dezenten Fruchtsäure versehen, der Stein ist flach länglich. Er wird besonders zur Marmeladebereitung (intensive Rotfärbung) und zum Destillieren empfohlen. Der Spänlingschnaps mit seiner würzigen intensiven Mandel-Zimt-Note wird als wahre Rarität gepriesen.

Prunus domestica var. 'Stanzer Spänling' (M. Auer)

WEITERE PRIMITIVPFLAUMEN

In den Quartieren der Versuchsstation für Gartenbau in Hohenheim wurden Bäume dieser Sorten veredelt und aufgepflanzt. Man kann dort u. a. **'Goldzwetschge'**, **'Gelbe Zwetschge'**, **'Große Gelbe Eierpflaume'**, **'Hammmelsack'**, **'Zuckerpflaume'**, **'Rote Eierzwetschge'**, **'Roßwampn'**, **'Elsässer Pflaume'** sowie **'Blaue Pflaume Arlisberg'**, **'Blaue Pflaume Luimooser Alm'** und **'Damascener Mindelheim'** antreffen.

Verwertung

Die Früchte schmecken roh aromatisch süß und sind für den Rohverzehr geeignet. Es lassen sich Kompott, Marmelade und Kuchenbelag (Spillingkuchen) herstellen. Die Früchte zerfließen leicht und sind auch zum Einfrieren geeignet. Auch zu Chutney können die Spillinge verarbeitet werden. Es kann auch ein 'Spenlingssorbet' daraus hergestellt werden.

Standortansprüche und Pflege

Siehe Schlehdorn.

Krankheiten und Schädlinge

Siehe Schlehdorn.

Vermehrung und Anzucht

Wurzelausläufer, Veredelung auf Sämlinge oder Zwetschken-Unterlagen und Myrabolane.

Literatur

KLEIN, K., 2006: Zibärtle aus dem Schwarzwald. Originales und Originelles. Verlag E. Kaufmann, 152 S.
KÖRBER-GOHNE, U., 1996: Pflaumen, Kirschpflaumen, Schlehen: heutige Pflanzen und ihre Geschichte seit der Frühzeit. Konrad Theiss Verlag GmbH & Co., Stuttgart.
HARTMANN, W., 2010: Wildpflaumen Ursprung der Pflaume. Obst und Garten 07/2010, S. 252–253.
HARTMANN, W., 2010: Wildpflaumen Teil 2 Myrobalanen. Obst und Garten 08/2010, S. 284–285.
HARTMANN, W., 2010: Wildpflaumen Teil 3 Kriechele. Obst und Garten 09/2010, S. 326–327.
HARTMANN, W., 2010: Wildpflaumen Teil 4 Schlehe. Obst und Garten 10/2010, S. 376–377.
HARTMANN, W., 2010: Alte Wildpflaumensorten Teil 5 Primitivpflaumen und Landrassen. Obst und Garten 08/2011, S. 294–297.
MAURER, J., Arche Noah, 2013: Der Spenling – Eine Rarität des oberen Murtals. Obst – Wein – Garten 10/2013, S.3–4.
PIRC, H., 2013: Primitivpflaumen, Wilde Zwetschken, Spänling & Co. Baumwärter 2013, S. 8–10.
SCHLOTTMANN, P., 2013: Bestimmung wichtiger Sippen der Gattung Prunus, Sektion Prunus mit besonderer Berücksichtigung der Primitivpflaumen– Kieler Notizen zur Pflanzenkunde (Kiel. Not. Pflanzenkd.) 39, S. 54–65.
SCHRAMAYER, G., & Wanninger, K., 2014: Die Kriecherl, Prunus domestica subsp. insitita (L.) POIRET. Herausgeber: Amt der NÖ Landesregierung, 3109 St. Pölten.
SCHRAMAYER, G., & Wanninger, K., 2008: Die Schlehe Prunus spinosa. Herausgeber: Amt der NÖ Landesregierung. 3109 St. Pölten.

Internetseiten

http://www.rgv.co.at/Prunus.html
http://shop.baumschuleritthaler.de/wilde-halbwilde-Pflaumen/Zusatzsortiment/187765.html?UID=D1FF47A9195133AEFF471FC5DEEED569756FA15BAAEFA92E

KIRSCHPFLAUME

Prunus cerasifera Ehrh. ssp. *cerasifera* (*Rosaceae*, Rosengewächse)

Weitere Namen

Türkische Pflaume, Türkenkirsche, Myrobalane, Juden-Kirsche, (fälschlicherweise auch Kriecheln, Kriecherl); engl. Cherry plum, Myrobalan plum; franz. Myrobolan, Prunier-cerise; ital. Mirobalano, Ciliego-susine; span. Mirobalano; niederl. Kerspruim; poln. Sliwa wisniowa, Mirobalana; tschech. Myrobolan;

Prunus cerasifera 'Hessei' Alter Baum, Habitus mit Blüte

Prunus cerasifera Blüten

Prunus cerasifera 'Trailblazer'

bulg. Dzhanka; rumän. Corcodus, Mirobalana; ung. Paradicsomszilva; russ. Alycha, Sliva rastopyrennaja.

Pflanzenmerkmale und Verbreitung

Die Heimat der Kirschpflaume reicht von Südwestsibirien über Zentralasien, den Kaukasus bis nach Kleinasien. Der Name Türkenkirsche bezieht sich wahrscheinlich auf die Tatsache, dass Myrobalanen in der Türkei bereits seit Langem als Frischobst bekannt sind. Der Name Kirschpflaume lässt sich durch die Ähnlichkeit der Früchte der rotfrüchtigen Typen mit Kirschen erklären. Auch in den Balkanländern ist die Kirschpflaume oftmals anzutreffen. Allerdings war sie dort nicht heimisch, vielmehr wurde sie als Zierpflanze oder als Unterlage eingeführt und ist daraufhin verwildert.

Sie wurde vor mehr als 2.000 Jahren bereits nach Griechenland und Italien eingeführt, seit dem 16. Jahrhundert ist sie auch in Mitteleuropa eingebürgert. Steinfunde in einem römischen Brunnen der Saalburg (Taunus) belegen, dass es die Kirschpflaume hier schon etwa 200 v. Chr. gab.

Es sind sommergrüne, als Jungpflanzen manchmal bedornte Großsträucher oder kleinere Bäume von bis zu 8 m Höhe. In ihren Heimatländern kann man aber auch Bäume mit einem Stammdurchmesser von 70 cm antreffen. Im Gegensatz zu den Kriecherln (*P. insitia*), die ja Wurzelausläufer treiben, bilden die Myrobalanen nur Stammschösslinge! Typisch und auch als Bestimmungsmerkmal brauchbar ist die kahle glänzende Rinde der jungen Zweige.

Die wechselständigen Blätter sind elliptisch bis eiförmig und werden 5–8 cm groß. Sehr zeitig im Frühjahr (Mitte März bis April), vor (oder seltener mit) den ersten Blättern, erscheinen die 2–2,5 cm lang gestielten Blüten an den Kurztrieben vorjähriger Langtriebe. Es sind kleine, weiße (oder rosa), meist einzeln stehende, selbstunfruchtbare Blüten. Durch

Prunus cerasifera 'Nigra' Habitus mit Blüte

Prunus cerasifera Blüte

Prunus cerasifera 'Nigra' Blüte

die frühzeitige Blüte besteht auch die Gefahr von Spätfrostschäden. Nach der Befruchtung ist diese Gefahr jedoch deutlich geringer.

Eignung

Die Kirschpflaume ist ein reichblühender, starkwüchsiger Großstrauch für hohe Abpflanzungen oder Hecken bzw. als schöner kleinkroniger Solitärbaum für den Hausgarten interessant. Sie ist sehr anspruchslos und kommt mit allen Boden- und Klimabedingungen zurecht. Dient auch als Vogelschutz- und Windschutzgehölz. Myrobalanen sind auch wertvolle Nektar- und Pollenspender für verschiedene Insektenarten.

Frucht

Die zahlreichen Typen unterscheiden sich insbesondere durch die Fruchtfarben und Reifezeiten. Die rundlichen Früchte haben einen Durchmesser von 1,8–3,0 cm, bei Selektionen auch bis 5 cm, das Einzelfruchtgewicht beträgt etwa 8–16 g. Sie sind gelb, können aber auch braun- bis dunkelviolett, manchmal auch rosa bis rot und dunkelrot gefärbt sein. Ihre Reifezeit erstreckt sich von Juli bis August/September, manche Typen reifen aber auch erst im Oktober. Die Fruchtschale ist dick mit einem leichten Wachsüberzug und schmeckt säuerlich. Das Fruchtfleisch ist weich und wässrig, meist ohne bestimmtes Aroma. Es gibt aber auch Typen von Myrobalanen, die durchaus wohlschmeckend, saftig und zumeist süß sind. Manche Typen wiederum produzieren auch weniger wohlschmeckende Früchte mit einem unangenehmen Beigeschmack. Die Kirschpflaumen sind oft sehr reichfruchtend.

Über Inhaltsstoffe ist wenig bekannt, ein ausgewogenes Zucker-Säure-Verhältnis verleiht den Früchten eine angenehme Geschmacksnote.

Verwertung

Die Früchte können roh gegessen werden, zumeist werden sie jedoch verarbeitet: ein gut schmeckendes Kompott, Gelee und Saft können daraus bereitet werden. Marmelade erhält durch die säuerliche Fruchtschale eine besondere Geschmacksnote. Die Früchte lassen sich auch destillieren, allerdings benötigt man dazu aromatische Früchte. Im Kaukasus wird aus unreifen und reifen Früchten 'Tkemali' bereitet (dies ist eine Art Chutney), das zu verschiedenen Fleischspeisen serviert wird. In der Türkei werden ebenfalls unreife, grüne Früchte mit einer Salzzugabe verzehrt. In der

Grüne unreife Kirschpflaumen werden im Orient gesalzen und so verspeist.

ehemaligen DDR wurden einige Kultursorten (**'Anatolia'**, **'Fertilia'** und **'Ceres'**) ausgelesen. Die Früchte von **'Ceres'** sind hell bräunlich violett gefärbt, wiegen etwa 20 g und reifen Mitte August. Es wurde empfohlen, sie für Nasskonserven und zur Bereitung von Marmelade zu verwenden. Allerdings haben sich diese Sorten bis heute nicht durchgesetzt.

Standortansprüche und Pflege

Am heimatlichen Standort können Sie Temperaturen von –40 °C durchaus ertragen. Unter unseren Klimaverhältnissen im mitteleuropäischen Raum können nach Warmwettereinbrüchen und nachträglichen darauffolgenden Kälteperioden schon Temperauren von –25 °C dazu führen, dass die Pflanzen stark geschädigt werden oder gar absterben.

Es werden kalkhaltige, leichtere und trockenere Böden in spätfrostgeschützten Lagen bevorzugt, staunasse Böden sind ungünstig. Die sehr frühe Blüte ist frostgefährdet. Befruchtungspartner müssen aus der *Prunus-cerasifera*-Gruppe stammen!

Schnittmaßnahmen sind eventuell nur im Rahmen eines Aufbau- und Formierungsschnittes durchzuführen, nötigenfalls kann man zu dicht wachsende Kronen vorsichtig auslichten.

Krankheiten und Schädlinge

Ähnlich wie bei Pflaumen – Pflaumengespinstmotten und Sägewespen, deshalb nicht in der Nähe von Pflaumenanbaugebieten pflanzen! Bei feuchtwarmer Witterung kann es auch zu Botrytisfäule der Früchte kommen.

Prunus cerasifera mit aprikosenfarbenen Früchten (Karpathos)

Vermehrung und Anzucht

Wildformen durch Samen, Auslesen und Sorten durch Veredelung auf Sämlinge der Art oder auf Unterlagen, die auch für Zwetschken verwendet werden. Vegetativ vermehrte Typen der Kirschpflaume werden auch als Unterlage für Pflaumen verwendet. Da sie sich auch für Extremstandorte noch eignen, scharkafrei und billig sind, wurden und werden sie auch heute noch in vielen Ländern als Unterlagen für Zwetschken und Pflaumen verwendet. Im Erwerbsobstbau spielt sie allerdings keine Rolle mehr, da sie zu starkwüchsig sind.

Sorten und Auslesen

Vor allem in der Park- und Landschaftsgestaltung werden Sämlinge der Kirschpflaume in größerer Anzahl verwendet. Die rotlaubigen Sorten (*Prunus cerasifera* **'Atropurpurea'**, *P. cerasifera* **'Nigra'** etc.) werden als 'Blutpflaumen' bezeichnet. 'Atropurpurea' hat weiße Blüten mit einem rosa Farbton und meist wenige, je-

Prunus cerasifera mit gelben, rotwangigen Früchten

Prunus cerasifera mit roten Früchten

'Trailblazer'

'Atropurpurea'

'Hamyra' (H.-R. Müller)

'Myrobalan' (H.-R. Müller)

'Myruni' (H.-R. Müller)

'Kievskaia gibridnaia' (S. Klymenko)

doch größere, dunkelrote Früchte. Diese Sorte wurde etwa um 1880 aus Persien eingeführt. **'Nigra'** (1916 aus den USA eingeführt) hat schwarzrote Blätter, die ihre Farbe bis zum Herbst behalten. Die Blüten sind kräftig rosa gefärbt. Sie werden als große Ziersträucher oder Kleinbäume im Garten, Park- und Straßenbereich verwendet. Ihre Fruchtverwertung ist unbedeutend.

Auch in der Unterlagen- und Sortenzüchtung wurden Myrobalanen verwendet. Daraus entstanden die so genannten **'Docera'**-Unterlagen (das sind gegenüber dem Scharkavirus hypersensible Klone), mit deren Hilfe Scharka in den Baumschulen ausgerottet werden soll. Ebenfalls aus diesen Kreuzungsexperimenten ging der Zuchtklon **8396** hervor. Dieser bringt sehr aromatische, gelbe, 18–20 g schwere Früchte mit einem hohen Zuckergehalt hervor. Diese Frucht scheint für Brennereizwecke geeignet zu sein.

'Trailblaizer' (syn.: **'Hollywood'**; Kreuzung zwischen *Prunus cerasifera* **'Nigra'** und einer Japanischen Pflaume): Bis 5 m hoher Strauch mit 4 cm großen, kirschroten Früchten, angenehm schmeckend.

'Hamyra' (Züchter Dr. Hartmann, Stuttgart): Selektion aus Myrobalanen mit gelben Früchten, wird als Pflaumenunterlage verwendet.

'Myruni' (Deutschland): Selektion aus Myrobalanen, wird als Pflaumenunterlage verwendet, es besteht Sortenschutz.

'Myrobalan': Auslese aus dem Myrobalanen Formenkreis

'Ceres' (Züchter M. Schmidt, Müncheberg): Türkische Pflaume **'Ceres'**. Sorte mit weißen Blüten, nicht selbstfruchtbar. Frucht trübviolett gefärbt, pflaumenartig bereift, mit deutlicher Bauchnaht, Fruchtgröße etwa 36 mm lang und breit, Fruchtgewicht 20 g. Ertrag beginnt frühzeitig und ist sehr hoch, Fruchtreife Mitte August. Nicht für frostgefährdete Gebiete.

Prunus cerasifera 'Trailblazer' Habitus mit Früchten

Prunus cerasifera Detail mit gelben Früchten

'Anatolia' und **'Fertilia'** sind reichtragende und geschmacklich wertvolle Sorten, es handelt sich dabei um Auslesen aus Wildformen aus der Türkei, die 1955 in Deutschland in den Handel gebracht wurden und heute nur vereinzelt angeboten werden.

'Kievskaia gibridnaia' (Kiew, Ukraine): Sorte mit lilablauen Früchten.

'Gojeh Sabz': Kirschpflaumensorte aus dem Iran; dort sehr wichtiges Obst; grünliche Früchte, die halbreif geerntet und mit Salz roh gegessen oder mit anderen Zutaten zu einem traditionellen Gericht verarbeitet werden.

'Ruby': Kirschpflaumen-Hybride; große dunkelrote Früchte mit dunkelrotem Fruchtfleisch; süßes Pfirsicharoma; selbstfertil.

Prunus cerasifera Habitus mit Früchten

MANDEL

Prunus dulcis var. *dulcis* (Mill.) D.A. Webb. (*Prunus amygdalus*) (*Rosaceae*, Rosengewächse)

Weitere Namen

Süße Mandel; engl. Almond; franz. Amande, Amandier; ital. Mandorla; span. Almendra; niederl. Amadel; norweg. Mandel.

Mandelbäume zählen zu den ältesten Kulturpflanzen des Mittelmeerraumes. Sie waren bereits bei den Griechen und Römern in verschiedenen Rassen bekannt. Seit etwa 812 soll sie in Mitteleuropa bekannt sein.

Pflanzenmerkmale und Verbreitung

Als Heimat der Mandeln gelten Vorderasien und Zentralasien. Mandeln zählen zum Steinobst, sind die nächsten Verwandten der Pfirsiche, wachsen aber baumartiger als diese und sind langlebiger. Es sind aber aufrecht wachsende Sträucher oder bis 10 m hohe Bäume. Wachsen oft mehrstämmig und drehwüchsig. Die Bäume bilden neben Langtrieben auch kurzes, verzweigtes Fruchtholz, an dem die Früchte sitzen. Die jungen Zweige sind grün, manchmal auch sonnseits gerötet. Die 7–11 cm langen Blätter der Mandeln sind linealisch, 15–20 mm, langgestielt, beidseitig kahl und bläulicher als jene des Pfirsichs.

Eignung

Als Fruchtbaum im Weinbauklima, lässt sich auch ohne Schnitt kultivieren. Sowohl als Fruchtbaum für den Garten, aber auch als wegbegleitendes Gehölz in Weinbaugegenden sind Mandelbäume gut geeignet.

Blüte

Die Blüten sitzen zu zweit an unbeblätterten Kurztrieben. Sie erscheinen lange vor dem Laubaustrieb ab Anfang März. Sie ähneln jene des Pfirsichs, sind allerdings viel größer, weiß bis hellrosa. Sie sind auf Fremdbestäubung durch Insekten (Hummeln oder Wildbienen) angewiesen. Offene Blüten erfrieren bei –2,2 °C, was wegen der frühen Blüte durchaus von Bedeutung sein kann.

Prunus amygdalus Habitus mit Blüte

Prunus dulcis var. *dulcis* Blüten

Frucht

Die Früchte sind Steinfrüchte, die anfangs Pfirsichen ähneln. Das „Fruchtfleisch" entwickelt sich hier aber nicht weiter, bleibt trocken, ist ledrig-pelzig und springt zur Reifezeit auf. Die Mandel selbst besteht aus dem Endokarp und dem Samen. Die Fruchtreife erfolgt im September/Oktober. Nach dem Abfallen bzw. Herunterklopfen der Früchte sollten die Fruchtschalen entfernt werden, um Schimmelbildung vorzubeugen, Die Früchte sollten dann flachschichtig in Kisten an der Sonne getrocknet werden. So behandelt können Mandeln 2–3 Jahre gelagert werden.

Mandeln enthalten etwa 20 % Eiweiß, 40–55 % fettes Mandelöl und 13–16 % Kohlenhydrate zusammen, daneben sind noch wichtige Mineralstoffe (Kalium, Phosphor, Eisen, Calcium, Magnesium) sowie Vitamine (B_1 und B_2) enthalten.

Verwertung

Die Früchte werden vor allem für Süßspeisen verwendet. Vielerlei Kleingebäck und Süßigkeiten werden daraus bereitet. Durch Kochen und anschließendes „Enthäuten" bekommt man „geschälte" Mandeln, die sehr beliebt sind und meist in Scheiben geschnitten, gestiftelt oder gemahlen verwendet werden. Aus gemahlenen Mandeln werden Marzipanprodukte hergestellt.

Grüne Mandeln mit noch weicher Schale werden in der Zuckerbäckerei verwendet und als Konserven in Salzwasser eingelegt. Auch „gebrannte" Mandeln, das sind mit Zucker und verschiedenen Gewürzen geröstete Mandeln, sind besondere Köstlichkeiten.

Industriell werden Mandeln zu Mandelöl, Mandelkleie, Mandelmilch etc. verarbeitet. Mandelöl ist ein geruchloses, mild schmeckendes Öl. Deren Hauptbestandteile sind Ölsäure (77 %) und Linolsäure (20 %). Es wird in teuren Kosmetikas und Cremen verwendet.

In der Volksheilkunde wurden Mandeln gegen Geschwülste und Geschwüre eingesetzt, man versuchte auch, mit dem Mandelöl Hautkrankheiten zu heilen.

Standortansprüche und Pflege

Mandeln sind eigentlich Bäume des Mittelmeerraumes. Deshalb sind nicht zu harte Winter und lange, möglichst regenarme Sommer mit niedriger Luftfeuchtigkeit Voraussetzung für gutes Gedeihen und Fruchten. Regen während der Blütezeit kann den Bienenflug stark behindern, andererseits besteht auch die Ge-

Prunus dulcis var. *dulcis* Frucht

Prunus dulcis Mandel-Frucht

Prunus dulcis Habitus

fahr einer Infektion mit Steinobstmonilia. Sie benötigt geschützte Lagen (Weinbauklima) und gute, durchlässige, nicht zu feuchte und nach Möglichkeit kalkreiche Böden. Südwest- und Südhänge sind zu bevorzugen, sie verträgt keine Kälteseen. Sie benötigt allerdings wenige Schnittmaßnahmen.

Krankheiten und Schädlinge

Robust gegenüber Krankheiten, nur selten tritt die Kräuselkrankheit und Steinobstmonilia (*Monilinia laxa*) auf.

Vermehrung und Anzucht

Vermehrung durch Samen, die stratifiziert werden müssen. Meist werden die Mandelsorten auf Pfirsichsämlinge okuliert oder gechippt, weil dadurch die Standfestigkeit der Bäume erhöht wird. Auch Mandelsämlinge, Pfirsich-Mandel-Typenunterlagen und Typenunterlagen von Zwetschken (hier ist eine Reiserveredlung möglich) kommen als Unterlage in Frage.

Plantagenmäßiger Anbau

Die Mehrzahl der Mandelproduzenten sind in den Mittelmeerländern angesiedelt (Apulien, Sizilien (88.000 t), Spanien (273.000 t), Portugal, Griechenland, Marokko, Iran (112.000 t), etc.). Bittere Mandeln werden in Avola (Italien) und Malaga (Spanien) produziert und Prinzess-Krach-Mandeln kommen aus der südfranzösischen Provence. Die USA (Kalifornien) sind inzwischen allerdings der weltgrößte Produzent von Mandeln, es wurden 627.000 t produziert, die Produktionsfläche betrug 1998 etwa 182.000 ha. 1999 wurden in den USA 236.364 t geöffnete Mandeln produziert. Man rechnet in diesen Plantagen mit einer Ernte von 11–15 kg geöffneter Mandeln pro Baum. Die Weltproduktion an Mandeln betrug 1999 etwa 1.576.000 t.

Sorten und Auslesen

Man unterscheidet Bitter-Mandeln, Süße Mandeln und Krach-Mandeln.

Bitter-Mandel (*P. dulcis* var. *amara*), engl. Bitter-Almond: hat bedornte Triebe und bitter schmeckende Samen. Das Glykosid Amygdalin (5–8 %) verleiht den Samen den bitteren Geschmack. Amygdalin wird durch das Enzym Emulsin gespalten, dadurch wird hochgiftige Blausäure freigesetzt. Für Kinder können 7–10, bei Erwachsenen können 50–70 Bitter-Mandeln tödlich wirken. Durch Kochen werden Bitter-Mandeln ungiftig. Bittermandel-Öl wird in Nordafrika und Sizilien gewonnen und zur Aromatisierung von Speisen und in der Parfüm-Industrie verwendet.

Süße Mandel (*P. dulcis* var. *dulcis*), engl. Almond, franz. Almondier: Die Früchte der Süßen Mandel enthalten nur geringe Mengen an Amygdalin. Sie werden vorwiegend für Backwaren verwendet und bei der Marzipanherstellung verarbeitet.

Folgende Mandelsorten werden angeboten: **'Zartschalige Krachmandel'**, **'Weiße Krach-**

Prunus dulcis Mandelkerne

mandel', 'Ferragnes', 'Keilmandel', 'Kaisermandel', 'Ferraduel', 'Lauranne Avijor', 'Dürkheimer Riesen', 'Dürkheimer Sehr Große', 'Tetenyi's Fruchtbare', 'Tetenyi's Rekord', 'Robijn' etc.

Knack-Mandel (*P. dulcis* var. *fragilis*): Diese Mandel, auch Krach-Mandel genannt, zeichnet sich durch leicht zerbrechliche Steinkerne aus und wird auch wegen ihrer süßen Samen kultiviert.

WEINGARTEN-PFIRSICH

Prunus persica L. Bartsch (*Amygdalus persica*, Linné 1753) (*Rosaceae*, Rosengewächse)

Weitere Namen

engl. Peach; franz. Pecher commun.

Pfirsiche sind sehr alte Nutz- und Kulturpflanzen, sie wurden (in China) bereits vor 4.000 Jahren kultiviert. Über den Vorderasiatischen Raum und Kleinasien gelangten sie schließlich in den Mittelmeerraum, wo sie seit etwa 1.000 Jahren kultiviert werden. Von hier wurden sie von den Römern nach Süd- und Mitteleuropa gebracht.

Pflanzenmerkmale und Verbreitung

Der Weingarten-Pfirsich ist eine Pfirsichart, die durch Samen vermehrt wird und in zahlreichen Lokalsorten vorkommt. Er wächst zu einem kleinen Baum von 3–5 m heran. Aussehen und Blüten sind ähnlich den Pfirsichsorten. Da Weingarten-Pfirsiche aber in der Regel kaum geschnitten werden, bilden sich im Gegensatz zu den geschnittenen Kultursorten oft viele dünne überhängende, teils auch etwas verkahlte Zweige aus.

Eignung

Als Fruchtbaum im Weinbauklima, lässt sich auch ohne Schnitt kultivieren, bringt dann allerdings wesentlich kleinere Früchte und tendiert dazu, frühzeitig zu vergreisen. Er wurde um die Jahrhundertwende verstärkt in Weinbaugebieten (z. B. südlich von Wien, Thermenregion) gepflanzt. In dieser Zeit waren die Weinbaugebiete durch die Reblaus weitgehend zerstört, man bebaute das Land deshalb (und auch mangels vorhandener Geldmittel) mit den einfach aus Samen gezogenen Weingarten-Pfirsichen. Dadurch entwickelte sich eine große genetische Vielfalt.

Frucht

Sehr gut schmeckende, aromatische Pfirsiche unterschiedlicher Größe und unterschiedlicher Ausfärbung von gelbrötlich bis grünrot. Sehr intensiver Pfirsichgeschmack. Es gibt früh- und spät reifende Sorten, grüne und rotbackige Typen, aber auch rotfleischige. Die Früchte reifen folgernd, deshalb müssen sie mehrmals

Prunus persica Weingarten-Pfirsich Blüte

Prunus persica Steirischer Weingarten-Pfirsich

Prunus persica Steirischer Weingarten-Pfirsich Früchte

durchgeerntet werden. Zu früh geerntete Früchte reifen nicht nach, was sich auf das Aroma niederschlägt! Vollreif sind sie ebenfalls nur 2–3 Tage lagerfähig.

Verwertung

Die Früchte können roh verzehrt werden, außergewöhnlich intensiver Geschmack. Es wird auch Marmelade, Gelee, Mischfruchtmarmelade und Branntwein daraus bereitet.

Gelegentlich werden Weingarten-Pfirsiche auch auf lokalen Märkten angeboten.

Standortansprüche und Pflege

Benötigt geschützte Lagen und einen guten, eher kalkarmen, gut durchlässigen Boden. Da die Weingarten-Pfirsiche an den Langtrieben fruchten und dadurch die dickeren Äste zur Verkahlung neigen, ist es empfehlenswert, diese abgetragenen Triebe regelmäßig einzukürzen.

Krankheiten und Schädlinge

Robust gegenüber der Kräuselkrankheit, Mehltau sowie Winterfröste und Blütenfrost.

Vermehrung und Anzucht

Vermehrung durch Samen, die stratifiziert werden müssen. Die Keimrate ist in der Regel sehr hoch. Inzwischen werden auch 'veredelte' Weingarten-Pfirsiche angeboten und wie die Kultursorten behandelt. Dadurch erhält man größere Früchte, die für den lokalen Markt interessant sind.

Prunus persica Steirischer Weingartenpfirsich Sämlinge

Sorten und Auslesen

Steirischer Weingarten-Pfirsich 'Innerhofer 3' (syn.: **'Marianne'**): eine neue Pfirsichsorte aus dem Hügelland der Weinregion Südweststeiermark. Die Frucht ist mittelgroß mit rot und gelb gefärbter Haut, leicht behaart und hat ein helles saftiges Fruchtfleisch, welches vom Kern her stark rot eingefärbt ist. Sie hat einen sehr intensiven Pfirsichgeschmack mit leichtem Mandelton. Die Früchte reifen Anfang September.

Poysdorfer Weingarten-Pfirsich: Eine Selektion aus Weingarten-Pfirsichen mit dem typischen Wildpfirsichgeschmack, reift Mitte bis Ende September. Die Frucht ist groß und geschmacklich sehr gut. Die Schale ist grünrot gefärbt und für einen Weingarten-Pfirsich nur wenig behaart.

Roter Weingarten-Pfirsich (syn.: Roter Weinberg-Pfirsich): Sehr alte Sorte, Blüte intensiv rosafarben, Früchte nicht sehr groß, Haut pelzig. Das Fruchtfleisch ist rot, der Geschmack intensiv würzig, die Sorte ist gut steinlösend.

Red Robin (Schreiber 2007): Kräftig wachsender Baum, reichblühend, sehr ertragreich. Alter bewährter Weingarten-Pfirsich mit rötlichem Fruchtfleisch, vom Kern her stark eingefärbt. Früchte sind dunkel rubinrot und lassen sich

Prunus persica 'Roter Weinbergpfirsich' Häberli

Prunus persica Poysdorfer Weingarten-Pfirsich

noch fest ernten. Fruchtfleisch ist aromatisch, angenehm säuerlich im Geschmack. Gute Winterfrostfestigkeit.

Wachauer Weingarten-Pfirsich: Sehr robuste Sorte. Frucht mittelgroß, mit rot und gelb gefärbter Schale, leicht behaart; Fruchtfleisch weiß, saftig, vom Kern her stark rot eingefärbt, mit intensivem Pfirsichgeschmack und leichtem Mandelton.

Weißer Weingarten-Pfirsich: Frucht mittel bis klein, grünrote Haut, weißes Fruchtfleisch, aromatisch, süß, typischer Wildpfirsichgeschmack. Robust gegenüber Mehltau, Kräuselkrankheit, Winter- und Blütenfrost.

Weingarten-Pfirsich Eibesthal: Lokale Sorte, wurde 1995 selektioniert. Früchte klein mit heller Fruchtschale, weißem Fruchtfleisch, Geschmack eher „neutral". Sehr robust gegenüber Kräuselkrankheit.

Kutschenpfirsich: Der Kutschenpfirsich wird wie der Weingarten-Pfirsich bereits seit Generationen ausschließlich über Samen vermehrt. Er wächst kräftig, ist reichfruchtend. Die rot gefärbten Früchte sind weißfleischig und saftig.

WILD-APRIKOSE

Prunus armeniaca L. (*Armeniaca vulgaris* Lam. 1783) (*Rosaceae*, Rosengewächse)

Weitere Namen

Marille, Gemeiner Aprikosenbaum, Aprikose; engl. Apricot; franz. Abricot

Wild-Aprikosen oder Marillen sind von Nord- und Nordostchina über Zentralasien bis in die Gebirgsregionen der Türkei heimisch. Sie wurde bereits sehr früh aus Westasien nach Südeuropa eingeführt. Sie sind die Vorfahren unserer Kulturaprikosen (Marillen).

Pflanzenmerkmale und Verbreitung

Der 'wilde' Marillenbaum wächst strauchig, aber er ist auch ein kleiner Baum von 3 m bis max. 8 m Höhe.

Eignung

Als Fruchtbaum im Weinbauklima, lässt sich auch ohne Schnitt kultivieren, bringt dann

Fruchtvergleich Wild-Aprikose (li), Aprikosensorte (re)

allerdings wesentlich kleinere Früchte und tendiert dazu, frühzeitig zu vergreisen.

Blüte

Einzeln oder zu wenigen sitzend, hellrosafarben oder rötlich weiß. Sie sind 2,5 cm im Durchmesser und erscheinen Ende März bis Anfang April.

Frucht

Sehr variabel, von 15–30 mm Durchmesser, kugelig bis länglich, meist gelb mit roten Flecken oder sonnseits rot, samtig weichhaarig, fleischig. Die Früchte sind meist genießbar, sauer bis süßsauer, mehlig, meist steinlösend, der Steinkern (Same) ist stark ölhältig.

Verwertung

Die Früchte der Wildform können roh verzehrt werden, sind aber (im Vergleich zu den Kultursorten) nicht sehr schmackhaft. Es wird auch Branntwein daraus bereitet.

Prunus armeniaca 'Himalaya-Aprikose' (W. Voitech)

Prunus armeniaca 'Hunza-Marille' (W. Voitech)

Standortansprüche und Pflege

Benötigt geschützte Lagen und einen guten, gut durchlässigen Boden. Trockenresistent, aber spätfrostgefährdet.

Krankheiten und Schädlinge

Robust gegenüber der *Monilia laxa*, *Stigmina caryophylla* (Schrotschuss-Krankheit) und Winterfröste.

Vermehrung und Anzucht

Vermehrung (der Wildformen) durch Samen, die stratifiziert werden müssen. Auslesen und Sorten durch Veredelung auf diverse Unterlagen (Marillen- und Zwetschken-Unterlagen).

Sorten und Auslesen

Hunza-Aprikose (*Prunus armeniaca* L.)

Diese „wilde Aprikose" stammt aus dem Norden Pakistans. Sie wächst im Hunza-Tal, das

Prunus armeniaca Aprikosenkerne

auf 2.500 m Seehöhe liegt und von den drei höchsten Gebirgen der Welt umgeben ist. Da sie spät blüht, ist sie weniger spätfrostgefährdet als andere. Die Früchte der Hunza-Marille sind kleiner, geschmackvoller und süßer als herkömmliche Marillensorten. Sie sind frühreif. Martin Fliri Dane aus dem Vinschgau bereiste das Hunza-Tal mehrmals und hat festgestellt, dass es dort zirka 15 verschiedene Marillensorten gibt. Er testet inzwischen einige Hundert Bäume auf seinem Versuchsfeld im Vinschgau, diese Versuche werden von Amt für Pflanzenschutz und vom Versuchszentrum Laimburg regelmäßig betreut und überwacht. Demnach reifen die Hunza-Marillen 7 Tage bis 3 Wochen später als die Vinschgauer Sorten. Die Pflanze ist absolut winterhart. Öffnet man die Kerne, dann gelangt man zu den kleinen, süß schmeckenden Aprikosenkernen.

Trocknen der Himalaya-Marillen (W. Voitech)

Briana-Aprikose (*P. armeniaca Briana*)

Bis 5 m hoher Strauch/Baum. Samenechte Aprikose aus Nordrussland; eventuell wurde hier *Prunus sibirica* eingekreuzt; besonders winterhart und pflegeleicht; zartrosa Blüte; kleine (3–4 cm Durchmesser) Früchte, wohlschmeckend, außen hell-, innen dunkelorange; leicht zu trocknen; soll unter Aprikosenkennern eine der schmackhaftesten Sorten sein.

Prunus armeniaca Georgien (J. Rabensteiner)

Prunus cocomilia Ten. (*P. pseudoarmeniaca*)
Griechische Pflaume

Literatur

ARCHE NOAH, 2013: Obstraritäten aus dem Weingarten. Garten und Haus 5/2013, S. 53.
KATJA, B., 2008: Der Weingartenpfirsich. Arche Noah Magazin 4/2008, S. 8-9.
VOITECH, W., 2014: Hunza-Marille und LAdakh-Marille zwei vom Dach der Welt. Obst – Wein – Garten 11/2014, S. 3-5.

Internetseiten

www.traditionelle-lebensmittel.at/article/articleview/
http://www.eurac.edu/de/research/institutes/imr/NewsDetails.html?entryid=42381
http://www.deaflora.de/Shop/Pfirsich--Aprikose-und-Pflaumen/Hunza-Aprikose--Pflanze-.html

APRIKYRA® – PRUNUS-HYBRIDE

Prunus armeniaca x *Prunus avium* oder *P. pumila* (*Rosaceae*, Rosengewächse)

APRIKYRA® ist eine interspezifische Kreuzung zwischen einer Kirsche und einer Marille (Aprikose). Züchter: Artevos.

Pflanzenmerkmale und Verbreitung
Diese Hybride wächst zu einem kleinen Baum heran. Sie ist auch gut frosthart.

Blüte
Die Blüten entwickeln sich am 1- und 2-jährigen Holz. Die Sorte ist selbstfruchtbar und benötigt keinen Befruchtungspartner. Sie blüht zwar früh, aber später als die Marillen.

Prunus-Hybride 'APRIKYRA'® (Häberli Fruchtpflanzen AG)

Frucht
Rundlich, dunkel lilarot; die Fruchtgröße liegt zwischen jener der Kirschen und Marillen, die Früchte reifen im Juli, etwa mit mittelfrühen Marillen-Sorten. Ihr Geschmack ist gut und erinnert an den Geschmack der Kirschen. Diese Hybride bringt gute und regelmäßige Erträge.

Eignung
Interessante Sorte für den Hausgarten, lässt sich gut in eine Naschhecke integrieren oder als Einzelbaum verwenden.

Verwertung
Eignen sich für den Rohgenuss, sind also „Naschfrüchte". Sie können auch zu Säften, Konfitüre, Marmelade und Kompott verarbeitet und als Kuchenbelag verwendet werden.

Standortansprüche und Pflege
Stellt keine besonderen Bodenansprüche, ist gut frosthart. Um einen guten Geschmack der Früchte zu gewährleisten, wird eine Frucht-Ausdünnung empfohlen

Krankheiten und Schädlinge
Wird nicht von Monilia befallen.

APRIMIRA® - APRIKOSENMIRABELLE (PFLAUMENMIRABELLE)

P 55-73-95, 'Mirabelle von Herrenhausen' x 'unbekannt' (*Rosaceae*, Rosengewächse)

APRIMIRA®: 1994 in der Forschungsanstalt Geisenheim als Zufallskreuzung aus einer unbekannten Pflaume und der **'Mirabelle von Herrenhausen'** entstanden. Sie gilt als Verbesserung der weit verbreiteten **'Mirabelle von Nancy'**.

Sie ist eine interspezifische Kreuzung zwischen einer Marille (Aprikose) und einer Zwetschke (Pflaume) Züchter: Hochschule Geisenheim.

Gemäß Prof. Dr. Peter Braun von der Forschungsanstalt Geisenheim (Auskunft August 2009) zeigen genetische Untersuchungen an APRIMIRA®, dass es sich in der Tat um eine europäische Kultur-Pflaume handelt und nicht um ein Kreuzungsprodukt mit der Aprikose. Alles, was wir sicher wissen, ist, dass die Muttersorte die **'Mirabelle von Herrenhausen'** ist, die anscheinend vom Pollen einer nicht bekannten europäischen Kultur-Pflaumensorte bestäubt worden ist.

Prunus-Hybride 'APRIMIRA'® (Häberli Fruchtpflanzen AG)

Pflanzenmerkmale und Verbreitung

Kompakt wachsender Strauch bis kleiner Baum von 3–4 m Wuchshöhe und 2–3 m Kronendurchmesser. 'Aprimira" ist winterhart und auch für kältere Regionen geeignet.

Blüte

Blüht zur selben Zeit wie die Marillen im April, die Sorte ist selbstfruchtbar.

Frucht

Erinnert an eine kleinere, rosagelbe Zwetschge; das gelborange Fruchtfleisch schmeckt aromatisch süß, das Fruchtfleisch löst sich problemlos vom Stein; 120° Oechsle; der aromatische Geschmack erinnert an Aprikosen. Sehr reichfruchtend. Reifezeit: Mitte August bis Mitte September.

Eignung

Interessante Liebhaber-Sorte für den Hausgarten, lässt sich gut in eine Naschhecke integrieren oder als Einzelbaum verwenden.

Verwertung

Die Früchte von **'APRIMIRA'**® sind neben dem Frischverzehr gut geeignet für das Zubereiten von Kuchen, Fruchtaufstrichen, Likör, Kompott und Bränden.

Standortansprüche und Pflege

Stellt keine besonderen Bodenansprüche, ist gut frosthart.

Krankheiten und Schädlinge

Der robuste Baum ist scharkatolerant und nicht anfällig für Monilia. Blütenfröste, die bei Pfirsich und Aprikosen ein hohes Risiko darstellen, treten bei **'APRIMIRA'**® deutlich seltener auf.

APRIKOSEN-PFLAUME

(in J. B. Sickler, 'Der teutsche Obstgärtner' 1801).

Weitere Namen

Marillenpflaume, Perdrigon; franz. L'Apricotée, Prune d"Apricote; engl. The Apricot Plum.

Es ist die eine mittelmäßig große Pflaume, fast von der Gestalt einer Reneclaude. Sie ist rundlich, und hat in der Höhe und Breite einerley Maaß, nur mißt sie etwas weniger in der Dicke. Die Höhe hat einen Zoll und drey Linien, die Breite eben so viel. Die Dicke aber eine und eine halbe Linie weniger. Vom Stiele bis zum entgegengesetzten Punkte läuft eine zarte doch sichtbare Furche, und macht auf dieser Seite eine kleine Abtheilung. Das Blütenpünktchen ist aber nicht sehr zu bemerken. Der Stiel hat fast gar keine Vertiefung, sitzt flach und locker. Die Farbe ist, wenn sie recht reif ist, weiß gelb, aber der auf ihr stark aufliegende Duft macht sie fast fahl. Die Haut ist zart und zäh, so daß sie sich auch gut abziehen läßt. (... sie ist der Reneclaude viel ähnlich, aber sie ist größer, an Farbe mehr gelb, mit dichtem Thau bedeckt, und wird an der Sonne leicht röthlich. Ihr Fleisch hat an Farbe und Geschmack viele Ähnlichkeiten mit der Aprikose, und hiervon stammt auch ihr Name ab.

Das Fleisch ist gleichsam wachsgelb und sehr zart. (... Der Saft ist, wenn die Frucht recht zeitig, häusig, ziemlich angenehm und muskiert, behält aber doch fast allezeit etwas wildes (Gout de Sauvageon). Eine Linie unter der Haut schlängelt sich eine sehr zarte aber doch deut-

lich in die Augen fallende Fiber im Umkreis, von welcher Seitenfibern nach dem Mittelpunkt abstrahlen. Das Fleisch löst sich recht gut vom Steine und enthält eine Menge des süßesten Saftes vom erhabensten Geschmacke. Der Stein ist nach Verhältnis gegen das Fleisch klein zu nennen, und man sieht in seiner äußerlichen Bildung an ihm den Aprikosenstein im Kleinen. Die breite Kante hat drey scharfe Ecken, zwischen welchen zwey Furchen laufen. Er mißt sieben und eine halbe Linie in der Länge. Die Frucht wird in der Mitte des Septembers reif; und dauert, indem sie nach und nach reif werden, drey bis vier Wochen.

SCHWARZFRÜCHTIGE APRIKOSE

Prunus armeniaca var. *dasycarpa* (syn. X *Armenoprunus dasycarpa)* (von E. Jähnchen 1958 beschrieben).

Weitere Namen

Aprikosenpflaume, (Baumschule J. Kraft, Wien 1792): 'apricot noir' – sie stammte aus Frankreich; Hofgärtner Mayer (1776) nannte sie 'schwarze oder alexandrinische Aprikose', er vermutete, dass es ein Bastard von Pflaume und Aprikose sei; 1785 wurde sie als 'Apricot du Pape' (Papstaprikose) bezeichnet; F. Erhart benannte sie erstmals 1791 als „*Prunus dasycarpa*", Borkhausen änderte für diese Pflanze 1797 jedoch den Namen und bezeichnete sie nunmehr als „*Armeniaca dasycarpa*".

Sie stammt aus der Mandschurei, bis 2,5 m hoher Strauch mit dornigen Stämmen. Ihre Blüten messen 2 cm im Durchmesser, sind weitgehend selbssteril. Die Früchte sind rund, 2–2,5 cm im Durchmesser, die Fruchtfarbe ist erst gelb, dann rot und schließlich purpurfarben bis fast schwarz. Sie ist fein samtartig behaart, mit rötlichem, saftigem Fleisch und kleinem, an beiden Seiten stumpfkantigem Stein. Der Kern löst sich nicht.

Die Schwarze Aprikose war in der ersten Hälfte des 19. Jh.s in Europa bei Pflanzenliebhabern sehr weit verbreitet, ging dann aber weitgehend verloren. Sie ist bis heute aber in der Ukraine und in Kasachstan nach wie vor weit verbreitet. Der russische Botaniker F. Kostina (arbeitete in Nikita, Krim) fand 1936 sieben weitere Formen des seltenen Bastards, darunter auch eine mit glatten Früchten. Inzwischen ist erwiesen, dass es sich um eine Hybride zwischen einer Pflaume und der Aprikose handelt: *Prunus* x *dasycarpa* (*Prunus armeniaca* x P. *cerasifera*).

Literatur

WIMMER, C., 2010: Die verbotenen Aprikose. Jahresheft des Pomologenvereins 2010/3, S. 4–5.

APRISALI® – PRUNUS-HYBRIDE

Prunus armeniaca x *Prunus domestica* oder *P. salicina* (*Rosaceae*, Rosengewächse)

APRISALI® ist eine interspezifische Kreuzung zwischen einer Marille (Aprikose) und einer Zwetschke (Pflaume) Züchter: Artevos.

Pflanzenmerkmale und Verbreitung

Kompakt wachsender Strauch bis kleiner Baum. 'Aprisali"® ist winterhart und auch für kältere Regionen geeignet.

Blüte

Blüht zur selben Zeit wie die Marillen, die Sorte ist selbstfruchtbar.

Frucht

Pflaumengroße, runde, dunkelrot blauschwarze Früchte mit gelbgrün marmoriertem Fruchtfleisch, Fruchte reifen im Juli, steinlö-

Prunus-Hybride 'APRISALI'® (Häberli Fruchtpflanzen AG)

Prunus-Hybride 'APRISALI'® (Häberli Fruchtpflanzen AG)

send. Ihr Geschmack vereint die Aromen der Marille und der Zwetschke. Fruchtet bereits im zweiten Jahr.

Eignung
Interessante Liebhabersorte für den Hausgarten, lässt sich gut in eine Naschhecke integrieren oder als Einzelbaum verwenden.

Verwertung
Eignen sich für den Rohgenuss, sind also „Naschfrüchte“. Sie können auch zu Säften, Konfitüre, Marmelade und Kompott verarbeitet werden.

Standortansprüche und Pflege
Stellt keine besonderen Bodenansprüche, ist gut frosthart.

Krankheiten und Schädlinge
Wird nicht von Monilia befallen.

CHERRYCOT

Prunus armeniaca x *Prunus besseyi*

Kreuzung aus Aprikose und Sandkirsche (süß); etwa 2,5 m hoher Strauch oder kleiner Baum. Kombiniert die guten Fruchtqualitäten der Aprikose mit der Kälteresistenz der Sandkirsche; dunkle Früchte von der Größe einer kleinen Aprikose; wohlschmeckend; möglicherweise handelt es sich hier um die Sorte **'Yuksa'** (gezüchtet von N. E. Hansen in Brookings, South Dakota und eingeführt im Jahre 1908).

PLUMCOT

Prunus armeniaca x *Prunus* spp. 'Mesch Mesch Amrah'

Wahrscheinlich Hybride zwischen einer japanischen Pflaume (*Prunus salicina* Sorte) und **'Mesch Mesch'** (Moschus-Aprikose); sehr dunkle rote Früchte; an Himbeeren erinnerndes Aroma, süß und fruchtig, aber wetterabhängig in jedem Jahr und an jedem Standort etwas anders; stammt wahrscheinlich aus Tripolis/Libyen.

VOGEL-KIRSCHE, SÜSS-KIRSCHE

Prunus avium L. (*Rosaceae*, Rosengewächse)

Weitere Namen

Wildkirsche, Süß-Kirsche; engl. Gean Mazzard, Wild Cherry; franz. Cerise, Cerisier des Oiseaux; ital. Ciliega; span. Ceresa; niederl. Kers; norweg. Kirsebaer.

Stammart der Kulturkirsche. Sie wurde bereits in vorchristlicher Zeit in Kultur genommen und dann als Kulturform über das Römische Reich nach Mitteleuropa verbreitet.

Pflanzenmerkmale und Verbreitung

Die Vogel-Kirsche ist von Europa bis zum Kaukasus und südlich bis nach Nordafrika verbreitet. Sie zeichnet sich durch sehr rasches Jugendwachstum (bis 70 cm/Jahr) aus. Meist wächst sie in Laubmischwäldern, Hartholzauen und als Pionier auf Böschungen und Brachflächen. Sie erreicht ein Alter von 80–90 (mitunter bis 150) Jahren. Der etwa 15–20 m hohe Baum hat eine dichte, kurzästige und locker belaubte Krone.

Die glänzend rotbraune Borke löst sich in horizontalen Ringeln ab. Die wechselständig angeordneten Blätter sind länglich, verkehrt eiförmig, grob gesägt und zugespitzt. Am Blattstiel sitzen zwei große, rote Drüsen. Herbstfärbung meist intensiv und leuchtend rot.

Langgestielte, zwittrige weiße Blüten sitzen zu 2–4 in abstehenden Dolden an vorjährigen Kurztrieben. Sie öffnen sich im April kurz vor der Laubentfaltung.

Prunus avium Detail mit Blüten

Eignung

Attraktiver Solitärbaum (Wuchs, Blüte, Herbstfärbung) für die freie Landschaft und große, naturnahe Gärten sowie als Baum in gemischten Hecken im Übergang zur Landschaft geeignet. Die Vogel-Kirsche bevorzugt tiefgründige Lehmböden.

Frucht

Langgestielt, kugelig, ca. 1,0 cm groß, erst rot, vollreif schwarzrot, mit glattem Steinkern. Die Fruchtreife erfolgt im Juli.

An Inhaltsstoffen sind unter anderem Vitamine (A, C, E), Folsäure und Kalium enthalten.

Verwertung

Die Früchte ähneln im Geschmack den Süß-Kirschen, haben aber mehr Säure und schme-

Prunus avium Detail mit Früchten

Prunus avium Wild-Kirsche Früchte

cken oft leicht bittersüß. Man kann sie roh essen. Verarbeitet werden sie zu Marmeladen, Gelees und gelegentlich werden sie destilliert (Kirschwasser). Wegen des leicht bitteren Geschmacks werden sie manchmal für die Herstellung von Likör verwendet.

Auch aus ökologischer Sicht ist die Kirsche sehr wertvoll. Es ist eine gute Bienenweide und die Früchte werden gerne von Amseln, Staren und Krähen gefressen. Die Früchte dienen auch Mäusen, Marder, Fuchs, Dachs und Wildschweinen als Nahrungsmittel.

Das rötliche Holz ist sehr wertvoll und wird zur Möbelherstellung und für Furnierarbeiten verwendet, auch im Musikinstrumentenbau und für Kunstgegenstände ist Kirschbaumholz begehrt.

Heilkunde sind Rezepte mit Kirschkernen seit dem Mittelalter bekannt. Tee aus Kirschenharz wurde gegen Husten eingesetzt. Rindenextrakte gegen Bronchitis und Verdauungsstörungen. Kirschkernkissen werden auch heute noch gelegentlich angeboten – sie dienen als Wärmeflaschenersatz.

Prunus avium Habitus mit Blüten

Standortansprüche und Pflege

Die Vogel-Kirsche, Süß-Kirsche ist sehr anpassungsfähig an den Standort und gedeiht in allen Klimagebieten. Sie stellt keine besonderen Ansprüche. Bevorzugt allerdings tiefgründige, kalkhaltige frische (Lehm-)Böden. Ist allerdings empfindlich gegenüber Staunässe. Die Blüte ist etwas spätfrostempfindlich.

Krankheiten und Schädlinge

Kirschfruchtfliege ist vor allem bei der Fruchtnutzung von Bedeutung und die Schwarze Kirschenlaus. Es kann bei Verletzungen Gummifluss auftreten. Wurzel- und Kernfäule können bereits im Alter von 35 Jahren auftreten. Gefahr von Fege-Schäden durch Rotwild bzw. Verbiss der Wurzeln durch Mäuse.

Vermehrung und Anzucht

Die Wildform wird durch Samen, die stratifiziert werden müssen, vermehrt. Kirschen-Sämlinge werden für zahlreiche Zier-Kirschen-Arten und -Sorten als Unterlagen verwendet.

Sorten und Auslesen

Die Vogel-Kirsche wird als Wildgehölz verwendet. Es sind keine Frucht-Auslesen bekannt. Aber sie ist die Stammform der Süß-Kirsche.

Prunus avium Habitus mit Herbstfärbung

STEPPEN-KIRSCHE

Prunus fruticosa Pall. (syn. *Prunus chamaecerasus, Cerasus fruticosa, Cerasus chamaecerasus, Chamaeceraus fruticosa*) (*Rosaceae*, Rosengewächse)

Weitere Namen

Zwerg-Kirsche, Zwergweichsel, Zwerg-Kirschenbaum; engl. Ground Cherry; franz. Prunier nain. Natürlich vorkommende Hybriden von *Prunus fruticosa* x *Prunus cerasus* werden unter *Prunus* x *eminens* geführt. Allerdings wird im Zander *Prunus* x *eminens* Beck als Hybride zwischen *P. cerasus* und *P. glandulosa* angeführt!

Pflanzenmerkmale und Verbreitung

Die Steppen-Kirsche ist eine eurasische Gehölzart, die von Europa über den Kaukasus bis nach Sibirien und Zentralasien verbreitet ist. In Mitteleuropa ist sie wild nur in wenigen Gebieten heimisch, vor allem in Rheinhessen (westlichste Vorkommen), in Unterfranken, im Saale-Unstrut-Gebiet, an der Oder und in Böhmen, Mähren und Niederösterreich und Burgenland. Sie wächst an Wegrändern und -böschungen, Felskanten und Weinbergmauern.

Die Steppen-Kirsche ist ein kolonienbildender Strauch von etwa 1–1,5 m Wuchshöhe. Sie bringt kurz gestielte, verkehrt eiförmige bis verkehrt lanzettliche Blätter von leicht ledriger Konsistenz hervor. Sie sind oberseits dunkel bläulich grün, unterseits hell bläulich grün. Vor oder knapp mit dem Laubaustrieb erscheinen die kurz gestielten, 13–15 mm großen weißen Blüten, sie sind zu je 3–6 in einer Dolde angeordnet. Sie erscheinen im Mai.

Eignung

Wird gelegentlich als Ziergehölz verwendet. Insbesondere die Kugel-Steppen-Kirsche (*P. fruticosa* **'Globosa'**).

Frucht

Die Früchte der Steppen-Kirsche sind kugelig, scharlachrot, etwa 1 cm im Durchmesser und von herb-säuerlichem Geschmack. Allerdings können die Früchte mancher Typen im vollreifen Zustand durchaus süß und wohlschmeckend sein. Fruchtreife ist die zweite Julihälfte. Neben Zucker enthalten die Früchte auch organische Säuren und Vitamin C. Das Fruchtgewicht kann je nach Sorte von 2 bis max. 4 g betragen, pro Strauch können 4–7 kg geerntet werden.

Prunus x eminens-Selektion Habitus mit Herbstfärbung

Prunus fruticosa Detail Blätter

Prunus fruticosa Detail mit Früchten

Verwertung

Die Früchte der in Mitteleuropa wachsenden, beziehungsweise als Landschaftsgehölz kultivierten Pflanzen sind wegen des herb-säuerlichen Geschmacks zum Rohgenuss nicht gut geeignet. Die Wildform der Zwergweichsel ist jedoch vielseitig in der Gartengestaltung verwendbar. Hervorragend geeignet ist sie zum Beispiel für die Bepflanzung von Böschungen, die sie durch ihr weitreichendes Wurzelwerk schnell stabilisieren kann. Sehr gut ist sie auch für Formsteine und Natursteinmauerkronen sowie für die Kübelbepflanzung. Sie passt auch in Kleinstrauchhecken. Die Blüten sind eine wichtige Nektarquelle für Bienen und die Früchte werden gerne von Vögeln gefressen.

Standortansprüche und Pflege

Die natürlichen Verbreitungsgebiete der Zwergweichsel sind Gegenden mit trockenen und warmen bis heißen Sommern. Sie bevorzugt steinige und kalkhaltige Lehm- und Lössböden und ist lichtbedürftig. Die Steppen-Kirsche benötigt einen vollsonnigen Standort und meidet nasse Böden. Ansonsten ist sie anspruchslos. Wird in Kultur ohnehin meist auf die Vogel-Kirsche (*P. avium*) veredelt – und produziert dann natürlich keine Ausläufer.

Krankheiten und Schädlinge

In Jahren mit sehr hohen Niederschlagsmengen (und insbesondere bei ungeeigneten Bodenbedingungen) kann Monilia auftreten und die Pflanzen schädigen.

Vermehrung und Anzucht

Lässt sich leicht aus Samen heranziehen, Sorten (nur als Ziergehölze bekannt) werden veredelt.

Sorten und Auslesen

Es gibt in Mitteleuropa keine Fruchtauslesen, deren Früchte für den Verzehr geeignet sind.

Die Steppen-Kirsche hybridisiert leicht mit der Sauerkirsche (*Prunus cerasus*). Daraus entstand *Prunus* x *eminens*, eine Kreuzung aus *P. fruticosa* x *P. cerasus*. Diese Hybriden werden dann meistens höher, haben etwas größere Blätter und fruchten nur wenig. Ein polnischer Forscher hat herausgefunden, dass die Durchbastardierung der Wildbestände von Osten nach Westen deutlich zunimmt.

In Russland wird die Steppen-Kirsche auch als Obstgehölz genutzt. Sie wird mit Kirschen oder Sauerkirsche gekreuzt, aber es werden auch reine Auslesen von *Prunus fruticosa* verwendet.

So werden dort 29 Sorten der Steppen-Kirsche (deren Hybriden mit einbezogen) als Fruchtsorten angeboten. Da sie sehr winterhart und kleinwüchsig sind, werden sie für die Verwendung in Hausgärten empfohlen. In Russland werden einige Sorten auch für eine Kultur als Plantagenfrucht empfohlen, da die Pflanzen auch maschinell beerntet werden können. Allerdings wird für zahlreiche Sorten auf die Anfälligkeit von Monilia hingewiesen.

Auch in Kanada wurde inzwischen mit *P. fruticosa* mit *P. cerasus* gekreuzt, um möglichst gut winterharte Fruchtbäume für die kalten Regionen zu erhalten. Diese Kreuzungen

Prunus fruticosa-Selektion Habitus mit Blüte

Prunus fruticosa-Selektion Habitus mit Blüte

wurden an der 'University of Saskatchewan' im Rahmen eines Programms zur Züchtung winterharter Kirschen durchgeführt. 2004 wurden daraus drei zwergwüchsige Weichselsorten als **'Romance-Serie'** auf den Markt gebracht. Es sind dies **'Crimson Passion'**, **'Juliet'** und **'Romeo'** (sowie **'Cupid'** und **'Valentine'**) . Diese Sorten sind selbstfertil, extrem winterhart, werden kaum 2,0–2,5 m hoch und produzieren (wenige) Wurzelausläufer. Der erste Fruchtansatz erfolgt nach 3 Jahren, der Vollertrag setzt nach 5–6 Jahren ein. Die Früchte sind für den Frischverzehr, zum Kochen und als Kuchenbelag verwendbar.

'Crimson Passion': Früchte sind dunkelrot, festfleischig, hoher Zuckergehalt, Fruchtgewicht 6 g, Fruchtertrag 10–15 kg pro Pflanze. Fruchtreife Ende Juni bis Anfang Juli (in Kanada), fruchtet nicht jedes Jahr.

'Romeo': Früchte sind dunkelrot bis fast schwarz, festfleischig, hoher Zuckergehalt und aromatisch, besonders für den Frischverzehr und für Fruchtsaft geeignet; Fruchtgewicht 4 g, Fruchtertrag 10–15 kg pro Pflanze. Fruchtreife Anfang Juli (in Kanada), fruchtet nicht jedes Jahr.

'Juliet': Früchte sind dunkelrot, hoher Zuckergehalt und aromatisch, besonders gut als Fruchtsaft; Fruchtgewicht 5 g, Fruchtertrag 10–15 kg pro Pflanze. Fruchtreife Ende Juni/Anfang Juli (in Kanada), fruchtet nicht jedes Jahr.

An der HBLFA Schönbrunn in Wien wurden mehrere Auslesen aus Wildformen selektiert. Diese unterscheiden sich hinsichtlich der Wuchsform deutlich von der Wildform. Sie

Prunus fruticosa-Hybride 'Crimson Passion Cherry' (Honeytree Nursery)

Prunus fruticosa-Hybride 'Juliet' (Honeytree Nursery)

Prunus fruticosa-Hybride 'Romeo' (Honeytree Nursery)

werden veredelt, als kleinkronige Bäume kultiviert und als Ziergehölze in der Garten- und Landschaftsgestaltung verwendet.
Prunus fruticosa (syn. P. x eminens) **'Globosa'**, die Kugel-Steppen-Kirsche, wird hochstämmig veredelt und als kleinkroniger Baum in der Garten- und Landschaftsgestaltung verwendet.

Internetseiten

http://translate.google.at/translate?hl=de&sl=ru&u=http://www.vniispk.ru/felt_cherry.php&prev=/search%3Fq%3Dhttp://www.vniispk.ru/felt_cherry.php%26biw%3D2560%26bih%3D1250
http://www.thehoneytreenursery.com/Fruit--and--Nut.php

KOREA-KIRSCHE

Prunus tomentosa Thunb. ex Murray (*Rosaceae*, Rosengewächse) (syn.: *Cerasus tomentosa*)

Weitere Namen

Filz-Kirsche, Nanking-Kirsche, Japanische Mandel-Kirsche, Ando; engl. Downy Cherry, Nanking Cherry.

Pflanzenmerkmale und Verbreitung

Japan, China bis Korea und Himalaja, deshalb wird sie auch als Nanking-Kirsche oder Korea-Kirsche bezeichnet. Sie wächst in ihrer Heimat in Wäldern, an Berghängen und an Waldrändern. Die Korea-Kirsche ist ein sommergrüner, mäßig dicht verzweigter, 1,5 (bis maximal 2,5–3) m hoch wachsender Strauch. Auffallendes Merkmal sind die stark filzigen, jungen Triebe. Die verkehrt eiförmigen, 4–6 cm langen Blätter sind oberseits stumpfgrün und behaart, unterseits graugrün und filzig behaart (Filz-Kirsche!).

Blüte

Etwa 1,5 cm große weiße Blüten mit zartrosa getönter Mitte erscheinen entlang der Triebe in reicher Fülle in der Regel vor dem Laubaustrieb ab April. Um einen guten Fruchtertrag zu erzielen, ist eine Fremdbestäubung vorteilhaft, obwohl die Blüten selbstfertil sind. Als Bestäubungspartner eignen sich auch *P. virginiana* (Chokecherry), *P. pensylvanica* (Pincherry) und *Prunus besseyi* (Sandcherry).

Prunus tomentosa Blüten

Prunus tomentosa Habitus mit Blüten

Eignung

Reichblühender Zier- und Fruchtstrauch für sonnige Lagen, in Blütenhecken, als Einzelstrauch mit Stauden kombiniert oder für größere Kübel. Er blüht und fruchtet bereits als 3–4-jähriger Sämling, ist allerdings nur recht kurzlebig (etwa 10–15 Jahre).

Frucht

Die Früchte werden vorwiegend entlang der zweijährigen Triebe gebildet, also im Inneren der Sträucher. Die ungestielten Früchte sitzen dicht an den Zweigen. Sie sind klein, etwa 1–1,5 (–1,8) cm groß, kugelig, hell scharlachrot, etwas durchscheinend, Fruchtgewicht bis 3,5 g. Die saftigen, aromatisch süß bis süßsäuerlich schmeckenden Kirschen haben eine sehr angenehme Fruchtsäure. Im Geschmack erinnern sie an süße Weichselkirschen, sind gut steinlösend und vielseitig verwertbar. Sie reifen Ende Juni bis Juli. Die Früchte müssen nach der Ernte sogleich verarbeitet werden, denn sie sind nicht lange lagerfähig.

An Inhaltsstoffen sind Fruchtsäuren (0,7 %), Zucker (bis 12 %), Farbstoffe, Vitamine (ca. 30 mg/100 g) und Mineralstoffe zu erwähnen.

Verwertung

Eignen sich vorzüglich für den Rohgenuss, sind also echte „Naschfrüchte". Sie können auch zu Säften, Konfitüre, Marmelade und Kompott verarbeitet und als Kuchenbelag verwendet werden. Auch zur Likörbereitung empfehlenswert.

Prunus tomentosa Blätter

Prunus tomentosa Früchte

Prunus tomentosa Habitus mit Früchten (Honeytree Nursery)

Standortansprüche und Pflege

Bevorzugt etwas schwerere bis sandig-lehmige, humose Böden, vollsonnige Standorte und mäßige Bodenfeuchte. Auch in kalten Regionen gut winterhart, denn sie toleriert noch Temperaturen von (angeblich!) –34 °C. Da die Pflanzen zwar durchwegs reich blühen, aber nicht immer reich fruchten, sollten zur Erreichung eines besseren Fruchtansatzes mehrere Pflanzen zusammen gepflanzt werden.

Schnittmaßnahmen sind nicht notwendig, doch ein kräftiger Verjüngungsschnitt kann in mehrjährigen Abschnitten ein vorzeitiges Vergreisen verhindern. Schneidet man die zweijährigen Triebe sogleich nach der Blüte auf 5–10 Knospen zurück (natürlich fruchten sie dann in dieser Saison nicht!), so entwickeln sich im selben Jahr noch lange einjährige Ru-

Prunus tomentosa Früchte

Prunus tomentosa 'Oksamytova' (V. Mezhenskyj)

ten, die im Folgejahr wieder reich mit Blüten besetzt sind.

Krankheiten und Schädlinge

Gelegentlich, insbesondere wenn der Sommer feucht und regnerisch ist, kann verstärkter Befall von Zweig-Monilia auftreten. In diesem Fall sollte man die Pflanzen kräftig bis ins gesunde Holz zurückschneiden. In der Regel treiben sie wieder gut aus und blühen und fruchten im Jahr darauf wieder normal.

Vermehrung und Anzucht

Korea-Kirschen lassen sich leicht durch Samen vermehren (stratifizieren), auch eine Vermehrung (z. B. reichfruchtender Auslesen) durch Grünstecklinge ist möglich. Lässt sich (lt. Mitschurin) nicht auf Weichsel- oder Kirschenunterlagen veredeln. Als Unterlage sollte *Prunus divaricata* geeignet sein. Folgende Unterlagen wurden in den USA bereits mit Erfolg getestet: *P. cerasifera, P. communis, P. hortulana, P. domestica* ssp. *insititia, P. munsoniana, P. nigra. P. persica* und *P. ussuriensis.*

Sorten und Auslesen

Sind, außer der Ziersorte **'Orient'** mit etwas größeren, leicht rosafarbenen Blüten, nicht bekannt. Es sollten jeweils mehrere Sträucher reichfruchtender Samenauslesen gepflanzt werden. Mitschurin empfahl, diese Gehölzart in Windschutzpflanzungen einzubringen, da sie gut frostresistent ist und alljährlich gute Erträge bringt.

Nach Mitschurin, der sich auch mit der Züchtung der Korea-Kirsche (als Filz-Sauerkirsche) beschäftigte, ist diese Art weder durch Hasen noch durch Mäuse gefährdet. Sie sollte sich (lt. Mitschurin) für Kreuzungen mit europäischen Pflaumen- und Sauerkirschensorten eignen.

In Russland wurden 18 verschiedene Sorten *Prunus tomentosa* (syn. *Microcerasus tomentosa* (Thunb.) Erem. et Yuschev) aufgelistet und beschrieben. Die Früchte dieser Auslesen werden bis 1,8 cm groß und können ein Fruchtgewicht bis zu 3,6 g erreichen. Die Fruchtfarben variieren von dunkelrosa bis fast schwarz. Bei diesen Sorten können etwa 5–7 (–10) kg von einem Strauch im Vollertragsstadium geerntet werden. Diese Sorten sind in Europa bisher aber nicht erhältlich. Folgende Sorten werden in Russland unter anderem angeführt: **'Amurka'**, **'Ogonek'**, **'Pionerka'**, **'Samaya Rannaya'**, **'Kabarovchanka'** sowie **'Alisa'**, **'Chereshnevaya'**, **'Detskaya'**, **'Natali'**, **'Okeanskaya'**, **'Smuglyanka'** und **'Vostochnaya'**.

Neben den Auslesen von *P. tomentosa* werden in Russland auch Kreuzungen von *P. tomentosa* mit der Westlichen Sand-Kirsche *P. bessey* durchgeführt. Die Früchte der daraus

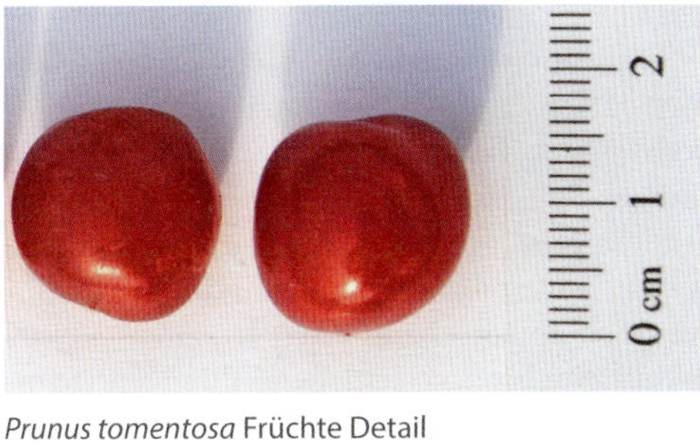

Prunus tomentosa Früchte Detail

entstandenen Hybriden weisen ein gutes Aroma auf, das Fruchtfleisch variiert von Hellrosa (**'Leto'**) über Dunkelkirschrot (**'Damanka'** und **'Karamelka'**) bis beinahe Schwarzrot (**'Smuglyanka'**).

'Efimka' (*Prunus tomentosa* x *Prunus ulmifolia*, Züchter: V. Mezhenskyj, Ukraine): Diese Hybride wird als **'Manchu cherry'** bezeichnet. Der Strauch wird etwa 2 m hoch. Ähnlich wie bei *P. tomentosa* entwickeln sich kugelige, dunkelrote Früchte, das Fruchtgewicht beträgt 2,5 g, die Fruchtreife erfolgt Ende Juni.

'Oksamytova' (*Prunus tomentosa* x *Prunus ulmifolia*, Züchter: V. Mezhenskyj, Ukraine): Diese Hybride wird ebenfalls als **'Manchu cherry'** bezeichnet. Der Strauch wird etwa 2 m hoch. Ähnlich wie bei *P. tomentosa* entwickeln sich kugelige, weinrote festfleischige Früchte, das Fruchtgewicht beträgt 1,5–2,0 g, die Fruchtreife erfolgt Ende Juni.

'Montmorency Cherry': Hybride zwischen *P. avium* und *P. tomentosa*. Der Baum wird etwa 4–5 m hoch. Die Montmorency-Kirsche produziert mittelgroße, leuchtend rote Früchte mit festem, gelbem Fruchtfleisch und klarem Saft. Sie ist selbstfertil und reift sehr früh (Anfang bis Mitte Juli). Eine der beliebtesten und winterhärtesten Kirschen in Kanada, wird gerne für Kuchen verwendet und zu Marmelade verarbeitet.

Literatur

PIRC, H., 2013: Winterharte Korea-Kirsche. Obst & Garten 6/2013, S. 214–215.

Internetseiten

http://de.hortipedia.com/wiki/Prunus_tomentosa
http://www.thehoneytreenursery.com/Fruit--and--Nut.php
http://translate.google.at/translate?hl=de&sl=ru&u=http://www.vniispk.ru/felt_cherry.php&prev=/search%3Fq%3Dhttp://www.vniispk.ru/felt_cherry.php%26biw%3D2560%26bih%3D1250
http://koreana.kf.or.kr/view.asp?article_id=7430

WESTAMERIKANISCHE SAND-KIRSCHE

Prunus pumila var. *besseyi* L. H. Bailey. (syn. *Prunus pumila* L.; *Prunus besseyi* L. H. Bailey.) (*Rosaceae*, Rosengewächse)

Weitere Namen

Sand-Kirsche; engl. Sand Cherry; franz. Cerisier des sables.

Pflanzenmerkmale und Verbreitung

Die Sand-Kirsche stammt aus dem westlichen Nordamerika und wächst dort auf sandigen Hügeln, offenen Flächen oder an Küsten. Ihr Wuchs ist strauchig, sie wird etwa 1,5 m hoch, hat lanzettliche, bläulich grüne Blätter, die sich im Herbst meist intensiv rot ausfärben.

Die Blüten sind weiß, klein und erscheinen entlang der vorjährigen Triebe. Die dunkelvioletten Früchte sind süß, bei Sämlingen mitunter leicht bitter. Die Früchte sind etwa 1,8 cm groß, sie besitzen einen großen Kern. Die Früchte reifen Mitte bis Ende Juli. Damit sie auch entsprechend reich fruchten, sollten zumindest zwei verschiedene Pflanzen (Sämlinge) ausgepflanzt werden.

Krankheiten und Schädlinge

Gelegentlich, insbesondere wenn der Sommer feucht und regnerisch ist, kann verstärkter Befall von Zweig-Monilia auftreten.

Standortansprüche und Pflege

In Kultur benötigt die Sand-Kirsche einen gut durchlüfteten Boden und vollsonnigen Standort. Nach einem kräftigen Rückschnitt ins gesunde Holz treibt sie wieder gut aus.

Vermehrung und Anzucht

Sand-Kirschen lassen sich leicht durch Samen vermehren (stratifizieren).

Verwertung

Sie eignen sich für den Rohgenuss, vorausgesetzt man mag den leicht bitteren Geschmack. Aber man kann aus den Früchten auch Marmelade herstellen oder die Früchte trocknen.

Prunus pumila Blüten

Prunus pumila Früchte

Sorten und Auslesen

'Black Beauty', **'Sioux'** und **'Hansen'** sind amerikanische Fruchtauslesen, die derzeit aber in Europa nicht erhältlich sind.

Mitschurin beschäftigte sich auch mit der Sand-Kirsche, denn er war der Meinung, dass diese sich leicht mit der Weichsel als auch mit Zwetschken und Marillen kreuzen lässt.

'Soneczko' (Züchter: V. Mezhenskyj, Ukraine): Diese Auslese der Westamerikanischen Sand-Kirsche wird etwa 1,5 m hoch. Sie produziert rundliche, gelbe, süße, jedoch leicht adstringierende Früchte. Das Fruchtgewicht beträgt etwa 3 g. Die Früchte lassen sich verarbeiten oder können roh gegessen werden.

***P. pumila* var. *depressa*:** Kriechende Sand-Kirsche. Ziersorte mit flach auf dem Boden aufliegenden Trieben, weißen Blüten und roter Herbstfärbung.

Prunus pumila Habitus

TRAUBENKIRSCHE

Prunus padus L. (*Rosaceae*, Rosengewächse)

Weitere Namen

Gewöhnliche Traubenkirsche, Elxn, Elsn, Elessn, Elese, Elze, Elchsen, Hexenbaum, Ölxn, Ölexn, Öjsn, Öxn; engl. European Bird Cherry; franz. Merisier á grappes.

Pflanzenmerkmale und Verbreitung

Die Traubenkirsche ist eine eurasische Gehölzart, die von Westeuropa bis nach Korea und Japan sowie von Skandinavien bis Norditalien verbreitet ist und in den Alpen vom Tiefland bis in Höhenlagen von 1.800 m vorkommt. Vielfach ist die Traubenkirsche ein mehrstämmiger Großstrauch oder kleiner Baum bis 10 m, mitunter sogar bis 15 m Höhe. Seine Krone ist oval bis rundlich. Die elliptisch-länglichen Blätter sind oberseits dunkel-, unterseits blaugrün und 6–10 cm lang, am oberen Blattstielende sitzt ein Paar Nektarien.

Die weißen, stark duftenden Blüten sind in hängenden Trauben mit je 10–20 Einzelblüten angeordnet. Sie erscheinen meist in großer Fülle im April/Mai und sind selbstfruchtbar. Die Bestäubung erfolgt durch Bienen und Fliegen, die allerdings nicht nur von den auffälligen Blüten, sondern auch von den Duftstoffen (Amine) angelockt wurden.

Prunus padus Blüten

Prunus padus Habitus mit Blüten

Eignung

Wird als Ziergehölz in großen Gärten und Parks, als starkwüchsiges Gehölz für hohe Abpflanzungen oder als Einzelbaum auch in halbschattiger Lage auf feuchten Standorten angepflanzt. Sie kann durch Wurzelausläufer im Garten lästig werden und ist deshalb vorwiegend als Landschaftsgehölz in Verwendung. Ökologisch ist die Traubenkirsche sehr wertvoll, denn sie fungiert als wichtiges Insekten- und Vogelnährgehölz.

Frucht

Die Früchte der Traubenkirsche sind rundliche, schwarze, glänzende Steinfrüchte von 6–8 mm Durchmesser. Sie reifen je nach Standort von Juli bis August, sind essbar (Liebhaber), das Fruchtfleisch ist allerdings bittersüß und der Steinkern (Same) giftig. An Inhaltsstoffen sind Vitamin C, Fruchtsäuren und Zucker sowie reichlich Mineralstoffe enthalten. Das giftige Blausäureglycosid 'Amygdalin' befindet sich im Samen (auch anderer Prunus-Arten), der Rinde, den Blättern und den Blüten. Die bittere, mandelartig riechende Rinde wurde früher als Abführmittel sowie gegen Rheuma und Gicht verwendet. Sie enthält ein weiteres Blausäureglycosid mit dem Namen 'Prunasin', das den Hustenreiz mindert und auch in der Homöopathie gegen Kopfschmerzen und Herzleiden zum Einsatz kommt.

Holz

Auch das Holz lässt sich verwerten: Es ist zwar weich, aber dauerhaft und gut polierbar, deshalb wird es für Einlege- und Drechselarbeiten verwendet. Aus der Holzkohle erzeugte man Schießpulver.

Verwertung

Die Früchte – sie sind nicht sehr wohlschmeckend – eignen sich (vorausgesetzt man entfernt die Steinkerne!) für eine Verarbeitung zu Saft, Erfrischungsgetränken, Mischmarmeladen, Kompotten und Likör. Allerdings sind sie sehr klein und nicht sehr ergiebig, darüber hinaus muss man den leicht bitteren Geschmack mögen. Man weiß, dass Traubenkirschen bereits in der Stein- und der Bronzezeit verzehrt wurden.

Prunus padus Früchte

Standortansprüche und Pflege

Traubenkirschen wachsen bevorzugt auf tiefgründigen, nährstoffreichen, lehmig bis sandig-steinigen Böden in voller Sonne bis lichtem Schatten. Sie sind sowohl sehr frosthart als auch wärmeverträglich und werden deswegen auch als Pioniergehölz an Bächen, Böschungen und im Dünenbereich verwendet. Schnittmaßnahmen sind nicht nötig, allerdings regenerieren sich die Pflanzen nach einem Rückschnitt sehr rasch.

Krankheiten und Schädlinge

Gelegentlich kann es zu einem Massenauftreten von Gespinstmotten kommen. Deshalb wird empfohlen, Traubenkirschen nicht in der Nähe von Obstanlagen zu pflanzen.

Vermehrung und Anzucht

Lässt sich leicht aus Samen heranziehen, Sorten (nur als Ziergehölze bekannt) werden veredelt.

Sorten und Auslesen

Es gibt von der Traubenkirsche keine Auslesen bezüglich der Früchte, jedoch einige Zierformen (**'Colorata'** rosablühend, **'Watereri'** starkwüchsige Sorte).

In Russland wird die Traubenkirsche für die Züchtung verwendet. Der Fruchtertrag dieser Sorten beträgt etwa 15–20 kg/Baum. Es werden neun verschiedenen Sorten aufgelistet, deren Früchte meist getrocknet, aber auch anderweitig verwertet werden.

SPÄTBLÜHENDE TRAUBENKIRSCHE

Prunus serotina Ehrh. (*Rosaceae*, Rosengewächse)

Weitere Namen

Späte Traubenkirsche; engl. American Bird Cherry, Black Cherry, Rum Cherry; franz. Cerisier tardif.

Die Späte Traubenkirsche stammt aus dem Osten Nordamerikas und wird dort als 'Black Cherry' bezeichnet. Sie ist in Europa teilweise eingebürgert. Sie ist der Traubenkirsche ähnlich, wird aber in ihrer Heimat bis 30 m, bei uns etwa 15 m hoch. Sie meidet stark kalkhaltige Böden in Kombination mit Trockenheit. Von *Prunus padus* unterscheidet sie sich durch die oberseits stark glänzenden Blätter und die um etwa 14 Tage bis 3 Wochen spätere Blüte. Ihre Früchte reifen im August/September, sie sind ebenfalls glänzend, größer als bei der heimischen Traubenkirsche und können wie diese auch verwertet werden. In Nordamerika wird aus den Früchten Kirsch-Sirup, Gelee, Likör, Wein und Rum hergestellt.

Prunus serotina Habitus

Prunus serotina Zweige und Früchte

Prunus serotina Früchte (S. Maksymiuk)

Internetseite

http://translate.google.at/translate?hl=de&sl=ru&u=http://www.vniispk.ru/felt_cherry.php&prev=/search%3Fq%3Dhttp://www.vniispk.ru/felt_cherry.php%26biw%3D2560%26bih%3D1250

WILDE BROMBEERE

Rubus fruticosus L. (*Rosaceae*, Rosengewächse)

Weitere Namen

Bramen, Brummelbeere, Kratzbeere, Krotzbeere; engl. Blackberry, Bramble; franz. Mure Sauvage, Mure de Ronce; ital. Mora die Rovo; span. Zarzamora; niederl. Braam; norweg. Björnbaer.

Pflanzenmerkmale und Verbreitung

Brombeeren sind eine sehr formenreiche Gruppe auf der nördlichen Halbkugel mit zahlreichen schwer unterscheidbaren Formen und Unterarten. Sie wachsen auf Kahlschlägen, an Waldrändern und auf Schutthalden vom Flachland bis in Höhenlagen von 1.700 m Seehöhe.

Bei der in Europa heimischen Wilden Brombeere handelt es sich um sommergrüne bis wintergrüne Halbsträucher, die mit bogig überhängenden Trieben vorwiegend kriechend oder mit ihren meist mit Stacheln bewehrten Trieben aufrecht (Spreizklimer) wachsen und dabei bis zu 3 m hoch und breit werden können. Sie bilden im ersten Vegetationsjahr Triebe ohne Blüten aus, erst im zweiten Jahr entwickeln sie an diesen Kurztriebe mit Blüten. Diese Triebe sterben, nachdem sie gefruchtet haben, ab. Ihre meist fünfzähligen Blätter sind oberseits glänzend oder mattgrün, unterseits graugrün bis weißfilzig.

Rubus fruticosus Früchte

Blüte

Von Juni bis Juli (August) entwickeln sich die selbstfruchtbaren, weißlichen bis hellrosa Blüten in vielblütigen Blütenrispen. Sie werden vor allem von Bienen und Hummeln bestäubt.

Eignung

Mit Wilden Brombeeren lassen sich Böschungen befestigen. Sie können für undurchdringliche Hecken verwendet werden und sind für sonnige bis halbschattige Standorte geeignet. Manche Typen sind allerdings wärmeliebend und frostempfindlich, andere wiederum gut frosthart. Bienenweide und Schutzgehölz für Kleintiere und Vögel.

Rubus fruticosus Brombeer-Plantage

Frucht
Die Früchte sind essbare, meist schwarz glänzende Sammelsteinfrüchte (bestehen aus 20–50 kleinen Einzelfrüchten), die sich bei der Ernte nicht vom kegelförmigen, zapfenartigen Blütenboden lösen. Brombeeren reifen von August bis Oktober und sind sehr saftig und wohlschmeckend.

Sie enthalten Provitamin A, Vitamin C, B_1, E, K und Fruchtzucker, aber auch Fruchtsäuren, Mineralstoffe, Pektine und Flavone.

Verwertung
Brombeeren sind als Naschfrüchte geeignet. Auch für die Verarbeitung zu Saft, Wein (auch zum Färben von Rotwein), Most, Likör sowie für die Kompott-, Marmelade-, Konfitüren- und Gelee-Herstellung sind sie geeignet. Sie werden auch als Zusatz zu Milchprodukten und zur Füllung von Backwaren verwendet.

Die Früchte wirken magenstärkend und blutbildend. Man sagt ihnen auch nach, dass sie rheumalindernd seien. Auch die Blätter werden verwertet, man bereitet daraus Kräuterteemischungen, die entzündungshemmend sind sowie gegen Fieber und Erkrankungen der Atemwege helfen sollen.

Standortansprüche und Pflege
Da Brombeeren wintergrün und deshalb nur mäßig frosthart sind, bevorzugen sie sonnige bis halbschattige Standorte in wintermilden Gebieten. Der Boden sollte mäßig nährstoffreich sein. Es werden kalkhaltige bis leicht saure Bodenverhältnisse toleriert.

Schnittmaßnahmen sind bei Wildformen in der Regel nicht notwendig, da man diese eher verwildern lassen wird. Abgetragene zweijährige Ruten entfernen.

Krankheiten und Schädlinge
Grauschimmel (*Botrytis cinerea*) der Früchte bei feuchter Witterung, Brombeermilbe (*Acalitus essegi*) und Brombeerblattlaus können auftreten. Brombeerrutenkrankheit (*Rhabdosperma ramealis*), Falscher Mehltau (*Peronospora sparsa*), Brombeerrost (*Phragmidium violaceum*) und Phytoplasma können auftreten.

Rubus fruticosus-Sorte Früchte

Vermehrung und Anzucht
Samenvermehrung ist möglich (Samen vor Vollreife ernten, stratifizieren), sonst Absenker, Ableger oder bewurzelte Ausläufer, auch eine Vermehrung durch Wurzelschnittlinge und Grünstecklinge ist möglich.

Sorten und Auslesen
Es gibt zwar Auslesen aus Wildformen (**'Darrow'**, **'Rangers'** u. a.), doch haben diese keine Bedeutung. In den Gärten werden zwecks Fruchtgewinnung vorwiegend Fruchtsorten (meist Hybriden, siehe Beerenobst) verwendet. Kultursorten gibt es seit etwa Mitte des 19. Jahrhunderts.

Kulturformen der Brombeere
An der Kulturform der Brombeere sind mindestens 16 verschiedene *Rubus*-Arten beteiligt. Deshalb werden die Kulturformen lat. nicht mehr *R. fruticosus*, sondern *Rubus* sect. *Rubus* genannt. Weltweit gibt es eine große Anzahl an Brombeerarten und -züchtungen. Mittlerweile sind weit mehr als 1.000 Sorten bekannt, jährlich kommen neue dazu. Es sind ausschließlich die ertragreichen und großbeerigen Sorten im Erwerbsobstbau in Verwendung.

Die einzelnen Sorten können je nach ihrer Abstammung mehreren Arten zugeordnet werden. Dies sind unter anderem *Rubus discolor* (z. B. **'Theodor Reimers'**) und *Rubus laciniatus* (z. B. **'Thornless Evergreen'**).

Brombeeren werden als Hecke mit einer Drahtrahmenunterstützung erzogen. Pflanzabstand ist abhängig von der Sorte und beträgt 1,5–4,0 m, Reihenabstand 2,5–3,0 m. An den

Pfählen zur Unterstützung werden 3–4 Drähte befestigt. Die Pflanzen können als Fächer (eher aufrecht wachsende Sorten) oder horizontal (eher rankende Sorten) gezogen werden.
'Loganbeere' und **'Boysenbeere'** sind Hybriden aus Himbeeren und Brombeeren, sie werden als Sammelart unter *Rubus loganobaccus* L. H. Baily zusammengefasst.
'Loganbeere', engl. Loganberry: Ist wahrscheinlich aus einer Kreuzung der amerikanischen Dewberry (*Rubus ursinus*) und der Himbeer-Sorte **'Red Antwerp'** in Santa Cruz, Kalifornien, im Garten des Richters J. H. Logan entstanden. Sie sind stark wachsend und bilden rankende, bestachelte Ruten aus. Für ein gutes Gedeihen ist ein kühler und halbschattiger Standort notwendig. Die etwa 5 cm großen Früchte sind länglich und dunkelrot. Sie sind selbstfruchtbar und reifen von Juli bis August. **'Loganbeeren'** werden vorwiegend in Großbritannien, den USA und Neuseeland kultiviert.
'Taybeere' (Züchter Dr. D. Jennings, Großbritannien): Sie entstand aus einer Kreuzung der Brombeersorte **'Aurora'** mit einer schottischen Himbeere. Sie ist stark bestachelt, wüchsig, Ruten bis 4 m lang, aber dünner und etwas frostempfindlich. Früchte sind purpurrot, sehr groß, 4–5 cm, länglich und schmecken leicht säuerlich, in vollreifem Zustand gut. Reifezeit Anfang bis Ende Juli. Werden aber meist zur Herstellung von Marmelade und Gelees verwendet.
'Buckingham Taybeere': Mit purpurroten Früchten, unterscheidet sich von der **'Taybeere'** nur durch die stachellosen Triebe.
'Boysenbeere': Wurde in den USA gezüchtet. Entstanden aus einer Vielfachkreuzung (Pflanze von Luther Burbank) und einer Loganberry. Der Elternteil von Luther Burbank enthält die Europäische Waldhimbeere (*Rubus ideaus*), die europäische Brombeere (*Rubus fruticosus*) und die amerikanische Kratzbeere (*Rubus arboriginum*). Es ist eine Rückkreuzung der **'Loganbeere'** mit Himbeere und Brombeere.

*Die dabei neu entstandene Beere fand wenig Beachtung und fiel schnell wieder in Vergessenheit. In den späten 1920er Jahren begann ein Mann namens Darrow im Auftrag des US-Agrarministerium mit der Suche nach neuen Beeren. Er wandte sich an den Farmer Knott, der für sein Fachwissen bezüglich Rubus bekannt war. Beide – Darrow und Knott – begaben sich zum Hof von Boysen, doch dieser hatte ihn bereits verkauft. Aber sie fanden noch einige wenige, stark vernachlässigte Pflanzen und retteten sie. Knott baute ein paar davon auf seiner eigenen Farm an und begann mit dem Verkauf der Beeren. Er merkte bald, dass die Menschen immer wieder die große, leckere Beere wollten. Auf die Frage, wie sie genannt werde, sagte Scott seinen Kunden **'Boysenberry'**, der Name war geboren. Die Beere wurde immer beliebter, so kochte man nun auch Früchte ein, um den Bedarf zu decken, was die Farm letztendlich berühmt machte* (Deaflora 2014).

Es gibt mehrere, auch stachellose Typen der **'Boysenbeere'**. Sie benötigt eher wärmere Gebiete mit milden Wintern. Die Früchte sind sehr groß, dunkel bis fast schwarz, weich und haben nur wenig Geschmack, weinsäuerlich. Sind eher Verarbeitungsfrüchte. In Neuseeland werden etwa 1.500 t/Jahr verbraucht sowie etwa 3.000 t jährlich exportiert.

Rubus 'Loganbeere' (A. Hellmich)

Rubus 'Tayberry'

Rubus 'Boysenbeere' (A. Hellmich)

Rubus parviflorus 'Dorman Red' Habitus mit Früchten

'Sunberry' *Rubus x* (Tayberry Group): Diese Sorte entstand aus einer Kreuzung zwischen *Rubus ursinus* (Kalifornische Brombeere) und einem Sämling der Himbeersorte **'Malling Jewel'** in Großbritannien um 1980. Es ist eine aromatische Sorte, die für den Frischverzehr und die Verarbeitung geeignet ist. Sie ist starkwüchsig und hat lange Ruten, die ein Spalier benötigen. Die großen, eiförmigen Früchte reifen recht früh (Anfang Juli) und ähneln der Tayberry. Sie ist unempfindlich gegen Krankheiten und Schädlinge wie z.B. der Brombeergallmilbe.

Weitere Kreuzungen aus dieser Gruppe sind **Laxtonbeere**, **Marionbeere**, **Youngbeere** und **Veitchbeere**, **Boatsberry**.

Rubus parviflorus 'Dorman Red'

'Dorman Red' (*Rubus*-Hybride, *Rubus parviflorus* x **'Dorsett'**): Diese Rubus-Hybride ist aus einer Kreuzung der amerikanischen Nutka-Himbeere (*R. parviflorus* Nutt.) mit der Himbeersorte 'Dorsett' hervorgegangen. Sie ist wie die Brombeere ein starkwüchsiger Ranker mit leicht bedornten Ruten und benötigt ein Gerüst. Sie bildet keine Ausläufer. Man kann sie an sonnigen bis halbschattigen Standorten pflanzen. Die Früchte sind saftig, hellrot und halbrund und sind in Dolden angeordnet. Ihr Geschmack ist angenehm süßsauer. Vollreif entfalten sie ihr volles Aroma und schmecken dann angenehm süß. Die Reifezeit ist Mitte Juli bis Mitte August. Damit sind sie eine interessante Ergänzung zu Taybeere, Japanischen Weinbeeren und Brombeeren. Sie kann als schmackhaftes Naschobst verwendet werden, dient aber auch als schöner Kuchenbelag oder man verarbeitet die Früchte zu Gelee und Marmelade. Man kann sie auch tieffrieren.

Schnitt und Pflege sind wie bei Brombeeren, die abgetragenen Ruten entfernt man am besten bodennah und zieht die neuen Ruten fächerförmig an einem Spalier hoch. 'Dorman Red' ist sehr gut winterhart und toleriert noch Temperaturen unter –20 °C. Bislang gibt es auch keine nennenswerten Probleme oder Pflanzenkrankheiten.

Literatur

NEDER, T., 2010: Rubus-Hybride "Dorman Red'.Verlag E. Ulmer. Gartenpraxis 05/2010, S. 38–39.

GEWÖHNLICHE HIMBEERE

Rubus idaeus L. (*Rosaceae*, Rosengewächse)

Weitere Namen

Wald-Himbeere; engl. Raspberry; franz. Framboise; ital. Lampone; span. Frambuesa; niederl. Framboos; norweg. Bringebaer.

Die Himbeere wurde zuerst in den Klöstern des Mittelalters kultiviert. Erst im 18. und 19. Jahrhundert wurde sie über die gesamte Nordhalbkugel verbreitet.

Pflanzenmerkmale und Verbreitung

In Europa heimisch, vor allem auf Lichtungen vom Flachland bis in 1.850 m Seehöhe. Himbeersträucher sind sommergrüne Halbsträucher mit starker Ausläuferbildung und bilden daher Dickichte (Wurzelbrut). Sie werden etwa 2 m hoch. Die aufrechten Triebe bilden erst im zweiten Jahr Blüten und Früchte und sterben anschließend ab. Die Triebe selbst sind borstig bestachelt. Die bis 10 cm langen Blätter sind drei- bis siebenzählig, die Blattoberseite ist hellgrün, die Unterseite dicht silbern- bis weiß- oder graufilzig.

Blüte

Je nach Höhenlage setzt ab etwa Ende Mai bis Juli die Blütezeit ein. Die kleinen weißen nickenden Blüten sind zwittrig und selbstfruchtbar. Sie entwickeln sich an Seitentrieben der vorjährigen Sprosse in rispigen Blütenständen.

Himbeer-Plantage Haschberg (Klosterneuburg)

Rubus idaeus am Naturstandort

Eignung

Wald-Himbeeren eignen sich besonders zur Begrünung und Befestigung von sonnigen bis halbschattigen Böschungen oder zum Verwildern in wenig genutzten Gartenbereichen auch im Halbschatten unter Bäumen. Ökologisch wichtige Pflanze für Vogelarten und Kleinsäuger, auch gute Bienenweide und Futterpflanze für Schmetterlinge.

Frucht

Purpurrote, saftreiche Sammelsteinfrüchte mit feiner Behaarung, die über einen längeren Zeitraum hindurch nach und nach reifen. Im Gegensatz zu den Brombeeren lassen sie sich leicht vom Zapfen lösen und sind innen hohl. Sie enthalten viel Zucker (ca. 7 %, Fructose, Glucose und Saccharose), Fruchtsäuren und Mineralstoffe, daneben noch die Vitamine C, B_1 und B_2 sowie Pektine und Flavone.

Verwertung

Himbeerfrüchte wurden an Wildstandorten bereits seit der Bronzezeit gesammelt. Sie eignen sich ausgezeichnet für den Frischverzehr, lassen sich auch tieffrieren und sind als Aromafrucht sehr vielseitig verwertbar. Verarbeitet werden sie zu Limonaden, Sirup, Konfitüre, für Torten- und Gebäckfüllungen, Eis, Grütze, Likör, Wein und Himbeergeist. Sie schmecken auch als Zusatz zu Milchprodukten hervorragend. Die Früchte sind nur wenige Tage gekühlt lagerfähig.

Rubus idaeus-Sorte Früchte

Die jungen Blätter und Triebe der Pflanzen enthalten ebenfalls Vitamin C und Gerbstoffe und werden für Teemischungen (mit Brombeere, Erdbeere, Lindenblüten und Waldmeister) verwendet.

Standortansprüche und Pflege

Sie bevorzugen mäßig feuchte, nährstoffreiche Böden mit pH-Werten zwischen 5,5 und 6,5 an sonnigen bis leicht schattigen Standorten. Wenn sie verwildern, sind keine Schnittmaßnahmen nötig, man kann die abgetragenen Ruten aber (wie bei den Kultursorten) nach der Ernte bodennah entfernen. Auf Staunässe reagieren sie schnell mit Wurzelschäden, wodurch das Auftreten von Wurzelfäule gefördert wird. Auf stark kalkhaltigen Böden reagieren Himbeeren mit Chlorose-Erscheinungen (Eisen- und Manganmangel).

Krankheiten und Schädlinge

Pflanzen von Wald-Himbeeren bzw. Wild-Himbeeren sind oft von Viren befallen und sollten daher nicht in der Nähe von Erwerbsanlagen gepflanzt werden. Daneben können noch die Rutenkrankheit (*Didymella applanata*), Wurzelfäule (*Phytophtora fragariae* var. *rubi*) und Graufäule (*Botrytis cinerea*) auftreten. An Schädlingen treten der Himbeerblütenstecher (*Anthonomus rubi*), der Himbeerkäfer (*Butyrus tomentosa*) sowie gelegentlich auch Spinnmilben (*Tetranychus urticae*) und Blattläuse (*Aphis* sp.) auf.

Vermehrung und Anzucht

Lassen sich leicht durch Wurzelausläufer, Grünstecklinge und Wurzelschnittlinge vermehren.

Sorten und Auslesen

Wald-Himbeeren sind besonders aromatisch und werden im Bayrischen Wald, in Polen, der Tschechien/Slowakei und in den Balkanländern gewerblich gesammelt. Die Selektionen und Auslesen (seit dem 16. Jahrhundert) werden als Kultursorten behandelt und sind in der Beerenobst-Literatur ausführlich beschrieben.

Kulturformen der Himbeere

Man teilt die Himbeeren aufgrund ihrer Fruchtbildung in Sommer-Himbeeren (nicht remontierende Sorten) und Herbst-Himbeeren (remontierende Sorten) ein.

Es gibt verschiedene Anbausysteme wie die Heckenerziehung, V-Systeme, Stabsysteme sowie die Drahtgittererziehung bei Herbst-Himbeeren. Ein Reihenabstand von 2–3 m, je nach System bzw. Pflanzabstand in der Reihe von 0,4–0,6 m werden empfohlen. Mit einem Ertrag von 100–130 kg/100 m² kann gerechnet werden.

SCHWARZE HIMBEERE

Rubus occidentalis L. (*Rosaceae*, Rosengewächse)

Weitere Namen

engl. Black Cap, Black, Blackcap, Black Raspberry; franz. Framboisier de Virginie; span. Frambueso negro.

Ein interessanter Hinweis auf die 'Schwarze Himbeere' findet sich bereit 1914 in Russland, wo dazu ein Beitrag in der Zeitschrift 'Sadwod' veröffentlicht wurde. Mitschurin beschreibt darin, dass die Sorten von *R. occidentalis* (**'Gregg'**, **'Ohio'**, **'Hilborn'**, **'Mills'** und Ähnliche) wenig saftige Beeren liefern, die sich nur zum Dörren eignen. Außerdem zeigte sich diese Art weniger widerstandsfähig als die Rote Himbeere. Mitschurin kreuzte die Schwarze mit der Roten Himbeere und beschreibt die Nachkommen als besonders gut winterhart und mit großen und saftigen Früchten. Seine beste Himbeer-Hybride nannte er **'Arabka'**. Die Früchte dieser Sorte sind völlig schwarz, angenehm süß, mit einem leicht säuerlichen Beigeschmack. Sie besitzen ein eigenartiges Aroma und liefern eine ausgezeichnete, von 'Kennern' geschätzte Konfitüre. Sie wurden auch auf den lokalen Märkten verkauft und erzielten den dreifachen Preis anderer Himbeeren.

'Arabka' zeigte ein gutes Wachstum, die Ruten erreichen eine Höhe von 3 Arschin (russisches Längenmaß, 1 Arschin = 0,71 m). Sie sind an der Basis 2,5 cm dick, glänzend hellgrün, färben sich gegen Herbst hin dunkelviolett mit weißlicher Bereifung. Die wenigen Dornen sind groß. Die Pflanzen produzieren keine Wurzelausläufer. Sie kommt mit allen Bodenbedingungen zurecht und fruchtet reich. Vermehrt wird diese Sorte durch Absenker Anfang August, die sich bis zum Herbstbeginn bereits bewurzeln (Mitschurin, 1950).

Rubus occidentalis 'Black Juwel'

Pflanzenmerkmale und Verbreitung

Die Schwarze Himbeere kommt in Kanada und den USA natürlich vor. Sie ist mit der Himbeere und der Brombeere zwar verwandt, aber dennoch eine eigene Art. Sie ist sommergrün und entwickelt sich zu einem 1,5–2,0 m hohen Strauch mit violettgrauen stacheligen Trieben. Die Pflanzen sind sehr widerstandsfähig und können wie Brombeeren als Fächer kultiviert werden.

Frucht

Die Früchte sind etwa 12–15 mm dick, rundlich und in lockeren großen Fruchtständen vereint. Unreif rot, färben sie sich zur Reifezeit im Juli schwarzlila. Sie enthalten viel Anthocyan (werden auch zum Färben verwendet) sowie Phenole und Organische Säuren. In den USA gibt es auch gelbfruchtige Auslesen, die in Privatgärten als Fruchtsträucher verwendet werden. Die Früchte haben ein kräftiges Aroma, welches sich doch deutlich von jenem der Himbeere und Brombeere unterscheidet. Zur Zeit wird die Sorte **'Black Juwel'** angeboten.

Verwertung

Die Beeren werden normalerweise getrocknet oder tiefgefroren. Man bereitet daraus Pürees, Säfte oder verkauft sie als Frischobst auf den Märkten. Auch Lebensmittel werden mit dem Saft der Schwarzen Himbeere gefärbt. Ein besonderer Likör wird ebenfalls daraus bereitet: in Frankreich **'Chambord Liqueur Royale de France'** und in Korea ein alkoholisches Getränk mit der Bezeichnung **'Bokbunja'**. Auch für medizinische Zwecke werden sie in den USA inzwischen eingesetzt.

Standortansprüche und Pflege

Die Kultur- und Pflegemaßnahmen sind wie bei Himbeere und Brombeere, sie fruchtet ebenfalls an den zweijährigen Ruten. Die Schwarze Himbeere ist wenig anfällig für Rutenkrankheiten und Wurzelsterben.

Plantagenmäßiger Anbau

In den USA werden im Willamette Valley in Oregon etwa 600 ha der Schwarzen Himbeere (Sorte **'Munger'**) kultiviert. Die Pflanzen werden im Sommer per Hand eingekürzt, im Winter mechanisch geschnitten und die Früchte maschinell geerntet. Der Ertrag ist nicht regelmäßig und auch nicht hoch.

Violette Himbeere 'Glen Coe'

Rubus × *neglectus* (SCRI 7751C4, engl. Purple Raspberry.

Diese violette Himbeere ist eine Züchtung des Schottischen Forschungsinstitutes SCRI aus dem Jahr 1989. Es ist eine Kreuzung zwischen stachellosen Abkömmlingen der schwarzen Himbeere **'Munger'** und stachellosen SCRI-Hybriden × **'Glen Prosen'**.

Der Wuchs ist stark, aber die Ruten sind dornenlos, blau bereift und sehr robust. Die rundliche Fruchtform ähnelt dem schwarzen Elternteil. Das Aroma ist sehr gut und liegt zwischen Him- und Brombeere. Die Reife der Früchte erfolgt ab Ende Juni. Diese intensiv gefärbten rosavioletten Himbeeren sind noch nicht so populär wie ihre roten oder schwarzen Verwandten, obwohl sie einen viel höheren Ertrag bringen und wie „normale“ Himbeeren für Frischverzehr, Marmeladen und Kuchen verwendet werden können.

Rubus 'Purple Royalty' (A. Hellmich)

Sorten und Auslesen

Weitere Sorten sind: **'John Robertson'**, **'Allen'**, **'Jewel'**, **'Blackhawk'**, **'Macblack'**, **'Plum Farmer'**, **'Dundee'**, **'Hanover'** und **'Huron'**.

Internetseiten

http://www.oregon-berries.com/pick-a-berry/black-raspberry/
http://en.wikipedia.org/wiki/Rubus_occidentalis
http://www.wundersgartenwelt.de/Rubus.htm

JAPANISCHE WEINBEERE

Rubus phoenicolasius Maxim. (*Rosaceae*, Rosengewächse)

Weitere Namen

Rotborstige Himbeere; engl. Wineberry.

Pflanzenmerkmale und Verbreitung

Diese Verwandte der Himbeere und Brombeere stammt ursprünglich aus Ostasien (China, Korea und Japan) und ist seit dem Ende des 19. Jahrhunderts in Kultur.

Die Pflanze selbst entwickelt sich zu einem 2–3 m hohen Strauch mit aufrechten Grundstämmen und überhängenden bis niederliegenden Seitentrieben. Alle Triebe sind dicht borstig behaart, dazwischen befinden sich wenige dünne Stacheln. Die Pflanzen entwickeln

Rubus phoenicolasius Früchte

Rubus phoenicolasius Blätter

Wurzelausläufer. Ihre sommergrünen, drei- bis fünfzähligen Blätter werden etwa 10 cm lang und sind unterseits weißfilzig.

Blüte

Von (Juni) Juli bis August erscheinen die hellrosa Blüten, die in kleinen Trauben angeordnet sind. Die Knospen sind auffällig rostrot und borstig behaart.

Eignung

Fruchtstrauch, der – ähnlich wie Brombeeren – an Klettergerüsten aufgebunden werden sollte. Eignet sich besonders für die Berankung von Mauern, Zäunen, als fruchttragende Hecke oder Abpflanzung. Auch zur Unterpflanzung im Halbschatten und für halbschattige Böschungen geeignet, dann allerdings ohne Klettergerüst und verwildern lassen. Einen interessanten Winteraspekt (Ziergehölz) stellen die rotborstigen Triebe dar.

Frucht

Halbkugelige, intensiv orangerot leuchtende Sammelsteinfrucht, die von einem rotborstigen Kelch umgeben ist. Die Früchte der Japanischen Weinbeere schmecken angenehm säuerlich. Die Früchte reifen von Juli bis August.

Standortansprüche und Pflege

Bevorzugt geschützte Lagen (Weinbauklima), eventuell Winterschutz (mit Reisig). Schnittmaßnahmen beschränken sich auf das Entfernen alter, trockener Triebe.

Krankheiten und Schädlinge

Resistent gegen Himbeerkäfer, Virusbefall möglich.

Vermehrung und Anzucht

Vermehrung durch Grünstecklinge, Wurzelausläufer, Absenker und Ableger.

Sorten und Auslesen

Keine bekannt.

Rubus phoenicolasius Zweigdetail

Rubus phoenicolasius Habitus mit Früchten

KRATZBEERE

Rubus caesius L. (*Rosaceae*, Rosengewächse)

Weitere Namen

Acker-Brombeere; engl. European Dewberry; franz. Ronce Bleautre.

Die Kratzbeere ist von Europa bis nach Westsibirien verbreitet. Sie ist ein kleiner, 30–60 cm, kaum 1 m hoher Strauch mit oft mehrere Meter langen, niederliegenden stacheligen Trieben, die sich an den Spitzen bewurzeln und dadurch Dickichte bilden. Dreizählige Blätter und weiße, wenigblütige Doldenblüten im Mai/Juni charakterisieren diese Pflanze. Es entwickeln sich schwarze, auffällig blau bereifte, aus wenigen Einzelfrüchten zusammengesetzte Sammelfrüchte mit saurem Geschmack (wohlschmeckend bis nicht besonders schmackhaft) von Juli bis Oktober.

Sorten und Auslesen

Keine bekannt.

Rubus caesius Blüte

Rubus caesius Früchte

ARKTISCHE HIMBEERE

Rubus arcticus L. (*Rosaceae*, Rosengewächse)

Weitere Namen

Schwedische Ackerbeere, Allackerbeere, Mamurabeere; engl. Arctic Bramble; schwed. Byttbär, Vikon; norweg. Akerbaer; dän. Bjornebaer; finn. Mesimarja.

Die Arktische Himbeere ist eine niedrigwachsende Staude der nördlichen Halbkugel und bildet gelbbraune, süße Früchte aus. Von ihr stammt die All-Ackerbeere (*R. arcticus* var. *stellarcticus*) ab. Diese ist eine niedrigwachsende, 10–30 cm hohe, sich stark ausbreitende Pflanze mit dreiteilig gefiederten Blättern. Ihre 15–25 mm großen rosaroten Blüten erscheinen im Mai/Juni. Sie entwickelt dunkelrote Früchte, die im Juni und Juli geerntet werden können und angenehm säuerlich und aromatisch schmecken. Sie eignet sich für Frischverzehr und Verarbeitung (Marmelade, Dessert etc.). Sie benötigt feuchte Böden mit saurer Bodenreaktion. Für einen sicheren Ertrag sollte man zwei Sorten pflanzen (zum Beispiel *R. arcticus* var. *stellarcticus* **'Linda'** und **'Beata'**). Die Pflanzen schließen bereits im August ab und ihre Blätter vergilben dann langsam.

Sorten und Auslesen

Es gibt mehrere Sorten, die in Mitteleuropa jedoch kaum erhältlich sind: **'Anna'**, **'Astra'**, **'Aura'**, **'Beata'**, **'Elpee'**, **'Linda'**, **'Mespi'**, **'Pima'**, **'Sofia'**, **'Valentina'**. Neue verbesserte finnische Sorten sind 'Muuruska', 'Susanna' und 'Alli'.

'SYSTRAR' (syn.: **'Arom'arctic Systrar'**, 'Lubera', Dt.): Zwei Sorten werden hier pro Topf gepflanzt, um die Befruchtung zu gewährleisten.

Rubus arcticus Frucht (F. Praskac)

MOLTEBEERE

Rubus chamaemorus L. (*Rosaceae*, Rosengewächse)

Weitere Namen

Arktische Brombeere, Moltebeere, Multebeere, Torfbeere, Kranichbeere; engl. Cloudberry.

Die Moltebeere kommt nur in Nordeuropa in den Torfmooren Norwegens und Finnlands vor. Es ist eine zweihäusige, etwa 20 cm hohe Staude mit dünnen, unbewehrten Trieben. Ihre weißen, etwa 30 mm großen Blüten erscheinen von Mai bis Juli. Daraus entwickeln sich im Spätsommer (Juni bis September) große, hell orangegelbe bis rote, wohlschmeckende (leicht bitterer, säuerlicher Geschmack) Sammelfrüchte mit großen Steinfrüchten.

Die Pflanze wächst auf sauren, moorigen Böden und meidet Kalk! In Nordskandinavien wächst sie häufig in den Moorgebieten, die Früchte und daraus bereitete Marmelade wird verkauft. Die Früchte enthalten viel Vitamin C und dienen als Vitaminspender. Die Früchte werden in der Volksmedizin bei Erkältungen und Halsschmerzen angewandt, sie haben auch antibakterielle und antibiotische Eigenschaften.

Sorten und Auslesen

NYBY (syn.: **Arom'arctic Nyby** Lubera, Dt.): Einhäusige Sorte mit zwittrigen Blüten, bis –25 °C winterhart, spätfrostgefährdet. Benötigt Winterschutz (Abdeckung mit Stroh), damit die Wurzeln gegen Frühjahrswärme und vorzeitigem Austrieb geschützt sind.

'Arom'artic Nyby' Frucht (Lubera Ag)

'Arom'artic Nyby' Blüte (Lubera Ag)

WEITERE RUBUS-ARTEN

AMERIKANISCHE HIMBEERE

Rubus strigosus Michx. (*Rosaceae*, Rosengewächse)

Weitere Namen

engl. Wild Red Raspberry.

Dies ist eine amerikanische Verwandte unserer Waldhimbeeren. Der Strauch wird nur etwa 0,5 m hoch und ist schwachwüchsig. Die aromatischen Beeren sind normalerweise rot, es wird eine Auslese mit violetten Beeren angeboten (Deaflora).

Rubus strigosus (A. Hellmich)

TANGUTISCHE HIMBEERE

Rubus cockburnianus Hemsl. (*Rosaceae*, Rosengewächse)

Die Chinesische oder Tangutische Himbeere ist eine Rubusart, die vor allem in Nordchina und Zentralchina vorkommt. Die Triebe sind leuchtend türkisgrün gefärbt. Ihre kleinen dunkelblauen Früchte schmecken sehr aromatisch.

'Ambra': Ist eine Sorte der Chinesischen Himbeere mit ambrafarbenen Früchten. Die unreifen Früchte sind wie die Triebe türkis gefärbt. Sie sind sehr wohlschmeckend und parfümartig duftend.

Chinesische Himbeere 'Ambra' (A. Hellmich)

Rubus cockburnianus (A. Hellmich)

JAPANISCHE HIMBEERE

Rubus illecebrosus Focke. (*Rosaceae*, Rosengewächse)

Auch als Erdbeer-Himbeere, ASTERIX, engl. Strawberry Raspberry, bekannt. Die Halbsträucher oder Stauden werden 0,9 m hoch und bilden kriechende Rhizome mit 0,2–0,6 cm langen, aufrechten Trieben. Die bis 4,5 cm breiten weißen Blüten sind zu 2–3 zusammen, Blütezeit ist Juli bis September. Die Früchte sind kugelig bis ellipsoid, bei der Wildform bis 3 cm dick und rot. Sie sehen Erdbeeren ähnlich. Bei den hier angebotenen Pflanzen können die Früchte bis 5 cm groß werden. Die Pflanzen fruchten bereits an einjährigen Trieben. Der Geschmack der Früchte wird als 'lieblich' bezeichnet.

Asterix Erdbeerhimbeere (Häberli Fruchtpflanzen AG)

Erdbeer-Himbeere (A. Hellmich)

OREGON-HIMBEERE

Rubus leucodermis Dougl. Ex Torr. et. A. Grey. (*Rosaceae*, Rosengewächse)

Die Oregon-Himbeere ist eine Wildart, die etwa 2 m hoch werden kann. Die Blüten (Juni) sind weiß und in behaarten und bestachelten Büscheln zusammengefasst. Ihre Früchte sind purpurschwarz. Das Aroma ist mild-fruchtig Ein Zufallssämling von *R. leucodermis* var. *alba* mit gelben Früchten wird inzwischen auch angeboten (Deaflora).

Rubus leucodermis Oregon-Himbeere (A. Hellmich)

NUTKA-HIMBEERE

Rubus parviflorus Nutt. (*Rosaceae*, Rosengewächse)

Weiße Zimt-Himbeere, engl. Thimbleberry. Stammt aus Nordamerika, ist von Alaska bis nach New Mexico beheimatet. Bis 2 m hoher, unbewehrter Strauch mit weich behaarten Jungtrieben. Die Blätter sind meist 5-lappig und 6–20 cm breit. Die 3–6 cm breiten weißen Blüten entwickeln sich zu 3–7 (–10) in kurzen, dichten Trugdolden. Blütezeit ist Juni, die Blüten duften leicht nach Zimt. Ihre Früchte sind 1,5–2,0 cm breit, halbkugelig und rot und schmecken aromatisch.

Rubus parviflorus 'Dorman Red' Detail mit Früchten

ZIMT-HIMBEERE

Rubus odoratus L. (*Rosaceae*, Rosengewächse)

Wohlriechende Himbeere; engl. Flowering Raspberry, Purple-flowered Raspberry, Virginia Raspberry; franz. Framboisier du Canada.

Heimat

Ostkanada bis Südost-USA. Die Zimt-Himbeere ist ein aufrecht wachsender, bis 3 m hoher, dickichtartig wachsender Strauch. Die Blätter sind 10–30 cm breit, die Lappen breit dreieckig zugespitzt, beiderseits behaart. Blüten rosa, duftend, 4–5 cm breit, in kurzen, vielblütigen Rispen, erscheinen im Juni.

Die Früchte sind halbkugelig, 1–2 cm dick, rot, ungenießbar bzw. schmecken scharf. Sie reifen vom späten Sommer bis zum frühen Herbst.

Rubus odoratus Frucht (A. Hellmich)

Rubus odoratus Detail mit Blüten

TIGERBEERE

Rubus mesogaeus (*Rosaceae*, Rosengewächse)

Die Tigerbeere stammt aus Ostasien und ist ein bis zu 2 m hoher, aufrecht wachsender Strauch mit feiner, dichter Bestachelung der Triebe. Die kleinen schwarzen Früchte sind etwa 1 cm groß, hängen in Trauben und zerfallen beim Pflücken in einzelne Segmente. Sie schmecken aromatisch und süß. Sie reifen im Juni, etwa zur gleichen Zeit wie die Himbeeren.

Rubus mesogaeus (A. Hellmich)

WEITERE RUBUS-ARTEN MIT ESSBAREN FRÜCHTEN

Rubus bifrons, Rubus caucasicus, Rubus nemerosus, Rubus nemoralis, Rubus spectabilis, Rubus trivialis, Rubus wahlbergii, Rubus xanthocarpus etc.

Rubus bifrons (A. Hellmich)

Rubus wahlbergii (A. Hellmich)

Rubus trivialis (A. Hellmich)

Rubus spectabilis Lachsbeere (A. Hellmich)

Rubus spectabilis 'Olympic Double' Lachsbeere (A. Hellmich)

Rubus xanthocarpus (A. Hellmich)

Internetseiten

http://en.wikipedia.org/wiki/Rubus_occidentalis
http://www.wundersgartenwelt.de/Rubus.htm
http://www.kuopionluonnontieteellinenmuseo.fi/mesimarja/mesimarjalajikkeet.htm

ERDBEERE

Fragaria L. (*Rosaceae*, Rosengewächse)

Erdbeeren sind krautige Pflanzen, sie zählen mit zu den beliebtesten Obstarten. Die 'Europäische Garten-Erdbeere' entstand wahrscheinlich im frühen 18. Jahrhundert in Versailles.

GARTEN-ERDBEERE

Fragaria x *ananassa* (Duchesne) (*Rosaceae*, Rosengewächse)

Weitere Namen

Ananas-Erdbeere, Kultur-Erdbeere; engl. Strawberry; franz. Fraisier, Fraise; ital. Fragola; span. resa; niederl. Aardbei; norweg. Jordbaer.

An der Entstehung der Garten-Erdbeere waren die großfruchtige Chile-Erdbeere (*Fragaria chiloensis*) aus dem westlichen Süd- und Nordamerika sowie die Virginische Erdbeere oder Scharlach-Erdbeere (*Fragaria virginiana*) aus Nordamerika beteiligt und sie ist durch eine zufällige Kreuzung im 18. Jh. in Versailles entstanden. Somit war die Urform der mittlerweile mehr als 1.000 Kultursorten, die heute weltweit angebaut werden, geboren. Sie hat einen achtfachen Chromosomensatz. Die Garten-Erdbeere zeichnet sich durch hohe Anpassungsfähigkeit aus und wird auf allen Kontinenten kultiviert und weitergezüchtet. Alle einmal- und immertragenden Kulturformen der Erdbeere werden unter *Fragaria* x *ananassa* zusammengefasst.

Im Ertragsanbau wird die großfruchtige Kultur-Erdbeere verwendet, aber es werden laufend Wildformen sowie verschiedene Kulturformen der Monats-Erdbeeren (*Fragaria vesca* var. *semperflorens*) eingekreuzt.

Weitere Informationen zur Kultur-Erdbeere siehe Fachliteratur „Beerenobst".

Fragaria x ananassa (A. Hellmich)

WALD-ERDBEERE

Fragaria vesca L. (*Rosaceae*, Rosengewächse)

Weitere Namen

Gewöhnliche Wald-Erdbeere; engl. Alpine Strawberry, Wild Strawberry; franz. Fraisier de bois.

Pflanzenmerkmale und Verbreitung

Die Wald-Erdbeere zählt zu den Rosengewächsen und kommt in den gemäßigten Zonen Eurasiens vor. Die Erdbeerpflanze ist eine 5–20 cm hohe Pflanze mit dickem Wurzelstock und grundständiger Blattrosette, ihre dreizähligen Blätter weisen gezähnte Blattränder auf. Sie entwickelt zahlreiche lange Ausläufer. Sie können sehr dichte Bestände bilden.

Blüte

Die fünfzähligen, weißen Blüten, meist sind es 3–10, sitzen an einem aufrechten Stiel.

Eignung

Wald-Erdbeeren kann man an sonnigen Gehölzrändern, entlang von Wegen und auf

Beerencocktail mit Wald-Erdbeeren und Heidelbeeren

Fragaria vesca Detail mit Früchten

Böschungen auspflanzen und verwildern lassen.

Frucht

Die „Erdbeere" ist eine Scheinfrucht (Sammelfrucht), die sich aus dem Blütenboden entwickelt, der nach dem Verblühen fleischig wird. Auf ihr sitzen die zahlreichen kleinen echten Nüsschen, die eigentlichen Früchte. Zur Reifezeit von Juni bis Ende Juli sind die Erdbeeren etwa 1–2 cm groß, rot und entfalten nun erst ihr unverwechselbares Aroma. Wertvolle Inhaltsstoffe, wie Mineralstoffe, Fruchtsäuren und lösliche Kohlenhydrate, aber auch Vitamin C (60 mg/100 g Früchte) sind in den schmackhaften Früchten enthalten.

Fragaria vesca Wald-Erdbeere Blüte

Verwertung

Wald-Erdbeeren sind köstlich schmeckende Wildfrüchte, man kann sie aber auch verschiedensten Verwertungen zuführen: gemeinsam mit Milchprodukten, als Marmelade und Gelee, Saft, Fruchtwein, Fruchtsekt, Sirup, Likör und Erdbeergeist, aber auch für Essig, Bowlen, Eis, Kompotte, als Kuchenbelag etc.

Die Blätter werden zur Bereitung von Tees verwendet. Extrakten aus Blättern, Früchten und dem Wurzelstock werden positive medizinische Wirkungen zugeschrieben. Manche Menschen sind allerdings gegen Erdbeeren allergisch und reagieren beim Genuss dieser Früchte mit einem Nesselausschlag.

Standortansprüche und Pflege

Sonnige Standorte auf mäßig feuchten bis mäßig trockenen, nährstoffreichen und etwas lehmigen Böden. Schwere und staunasse Böden fördern Wurzel- und Rhizom-Erkrankungen.

Krankheiten und Schädlinge

Treten bei Wald-Erdbeeren kaum auf, eventuell Grauschimmel und Mehltau.

Vermehrung und Anzucht
Erfolgt einfach durch Abtrennung der Ausläufer.

Sorten und Auslesen
'Kyriel': Sorte mit langgestreckten Früchten.
'Multiplex': Sorte mit gefüllten Blüten und guter Fruchtbildung.
'Ronja': Sorte mit rundlichen Früchten.
'Rosa Perle': Rundliche Früchte mit heller Rückseite, guter Geschmack.
'Schwarze Hubertus': Wald-Erdbeere mit sehr dunklen Früchten.
'Steves Plodgey': Sorte mit panaschierten Blättern und kleinen hellroten wohlschmeckenden Früchten.
'Blanc Amèlioré': Weißfrüchtige Wald-Erbeersorte.

MONATS-ERDBEERE

Fragaria vesca var. *semperflorens* (syn. *Fragaria vesca* var. *hortensis* (Duchesne), *Fragaria semperflorens*), (*Rosaceae*, Rosengewächse)

Weitere Namen
Kultur-Wald-Erdbeere

Die so genannten Monats-Erdbeeren haben eine gegenüber der gewöhnlichen Wald-Erdbeere verlängerte Blütezeit (var. *semperflorens* !) und bringen bis zum Einsetzen des Frostes Früchte hervor, die deutlich größer sind als jene der eigentlichen Art. Die meisten Sorten sind ohne Ausläufer, die stattdessen diese vieltriebige Krone mit zahlreichen Blütentrieben entwickeln. Sie müssen in regelmäßigen Abständen durch Teilung oder vorzugsweise durch Aussaat vermehrt werden, da die Vitalität der Pflanzen nach einigen Jahren nachlässt.

Fragaria x *vescana:* Hybriden aus Garten- und Wald-Erdbeeren, die zu starker Rankenbildung neigen, welche sich zur Anlage einer 'Erdbeerwiese' eignen. Sie sind bodendeckend und sehr widerstandsfähig. Ihre Früchte sind mittelgroß, weich und weisen ein intensives Wald-Erdbeeraroma auf, Reifezeit zwischen Juni und August.

Sorten und Auslesen
(inklusive *Fragaria* x *vescana*)

Rotfruchtende Sorten
'Déesse des Vallées': Sorte mit großen, anfangs rundlichen, später länglichen Früchten, immertragend.
'Golden Alexandria': Sorte mit goldgelbem Laub.
'Quarantaine de Prin': Wurde um 1890 in großem Umfang in der Gemeinde Prin nahe der französischen Atlantikküste kultiviert. Früchte extrem lang, Ausläufer, immertragend.
'Rosalie': Deaflora, Sorte mit rosa Früchten, immertragend, mit Ausläufer.

Weißfruchtende Sorten
'Weiße Baron Solemacher' (1935): Sorte mit wohlschmeckenden weißen Früchten.
'Weiße Hagmann' (B. Katja): Sorte mit großen weißen, eher rundlichen Früchten, fruchtet bis spät in den Herbst, mit Ausläufern.

Fragaria vesca (A. Hellmich)

ZIMT-ERDBEERE

Fragaria moschata L. (Duchesne) Weston, (*Rosaceae*, Rosengewächse)

Weitere Namen

Groß-Erdbeere, Moschus-Erdbeere; engl. Hautbois Strawberry.

Pflanzenmerkmale und Verbreitung

Die Zimt-Erdbeere ist in Europa heimisch. Die Erdbeerpflanze selbst ist mit etwa 40 cm Wuchshöhe etwas größer als die Wald-Erdbeere. Sie wächst bevorzugt entlang der Waldränder auf mäßig feuchten Böden an geschützten Standorten. Sie verträgt die starken Temperaturschwankungen im Frühjahr sowie Nachtfröste nicht gut. Die Zimt-Erdbeere wird in Europa seit dem Mittelalter kultiviert. Noch zu Beginn des 19. Jh.s war sie in Deutschland die häufigste in den Gärten (Deutschlands) kultivierte Erdbeere. Heute ist sie allerdings nur noch selten in Kultur und meist nur als Wildform bzw. als Wildobst anzutreffen.

Blüte

Die Zimt-Erdbeere ist zweihäusig (diözisch, es gibt also männliche und weibliche Pflanzen).

Frucht

Die Früchte sind größer als jene der Wald- und Monats-Erdbeeren und schmecken noch besser als diese. Die Früchte variieren je nach Sorte von hell- bis dunkelrot und zeichnen sich durch Süße und ein besonderes Aroma aus, nämlich den Duft nach Moschus, wonach sie auch benannt sind (Moschus-Erdbeeren)

Sorten und Auslesen

'Asungen' (syn. **'Oke'**): Dunkelrote Früchte mit intensiv parfümiertem Geschmack, teilweise selbstfruchtbar.

'Bauwens': Dunkelrote Früchte, intensiver Geschmack.

'Capron Commun' (Frankreich): Selbstfruchtbare Sorte mit hellroten Früchten und weißem Fruchtfleisch.

'Capron Royal': Selbstfruchtbar, zartrosa Früchte, intensiver Geschmack.

'Cotta': Männliche Befruchtersorte.

'Eva Liebmeister': Herausragend aromatische Erdbeersorte, reichtragend, große Früchte.

'Marie Charlotte' (Frankreich): Blassrosa bis dunkelrot, selbstfruchtbar.

'Profuma di Tortona' (Italien): Wird heute noch begrenzt im Piemont als 'Feinschmecker-Erdbeere' angebaut, duftend und von ausgezeichnetem Geschmack.

'Schöne Wienerin' (1889, G. Goeschke): Sehr dunkle Früchte, auffallend länglich. Farbe der Frucht glänzend dunkel braunrot, Fruchtfleisch cremeweiß, voll, schmelzend, honigsüß, von köstlichem Aroma. Reifezeit mittelfrüh. Von erstaunlicher, lang-anhaltender Tragbarkeit.

'Rote Laterne' (Graz): Sehr reich blühend und reichtragend, Früchte hellrot, rund bis länglich, nicht glänzend, außerordentlich guter Geschmack.

'Siegerland': Besonders reichtragende, parfümierte und wohlschmeckende Sorte, alte Moschus-Erdbeersorte aus dem Siegerland (Südwestfalen).

Fragaria moschata (A. Hellmich)

SCHARLACH-ERDBEERE

Fragaria virginiana Mill., (*Rosaceae*, Rosengewächse)

Die Virginische oder Scharlach-Erdbeere ist eine der Elternarten der Garten-Erdbeere.

Weitere Namen

Virginische Erdbeere; engl. Virginia Strawberry.

Pflanzenmerkmale und Verbreitung

Die Scharlach-Erdbeere ist in den USA, Kanada und Alaska heimisch und wächst hier vorwiegend in offenen Wäldern und auf Waldlichtungen in Seehöhen zwischen 1.200 und 3.300 m Seehöhe. Die Erdbeerpflanze bildet kurze Rhizome und lange Ausläufer. Sie hat im Vergleich zur Wald-Erdbeere größere Früchte.

Fragaria virginiana (A. Hellmich)

Sorten und Auslesen

'Groinsebeere', **'Jerome'** (Frankreich), **'Variegata'** (Blätter weiß gesprenkelt), **'Little Scarlet'** (seit 1750, Sorte stammt aus East Malling, England, seit 100 Jahren Sorte für Spezialmarmelade), **'Weiße Lößnitzer'** (Sorte mit weiß-orangeroten Früchten, vermutlich aus dem 18. Jh., Weinbergs-Erdbeere) und **'Domkapitel Wurzen'** (Weinbergs-Erdbeere).

APRIKOSEN-ERDBEERE

Fragaria nilgerrensis (*Rosaceae*, Rosengewächse)

Pflanzenmerkmale und Verbreitung

Die Aprikosen-Erdbeere stammt aus Asien, Himalaya und China. Die bis zu 2 cm goßen Früchte sind schneeweiß oder pink überhaucht und werden in großen Blütentrauben mit 7–10 Früchten gebildet. Sie sind weich und schmelzend, ihr Geschmack erinnert an süße Aprikosen oder Nektarinen.

Folgende Sorten werden angeboten: **'Apricot Chinoise'**, **'Bái Hóngsé'** und **'Fénhóng Sé'** (Deaflora).

Fragaria nilgerrensis (A. Hellmich)

Literatur

Wachsmuth, B., 2009: Monats-, Wald- und Moschus-Erdbeeren. In Gartenpraxis 04/2009, S. 4–28.

Internetseite

http://www.deaflora.de/Shop/Erdbeeren/

ROSEN, FRUCHTROSEN, VITAMINROSEN

Rosa sp. (*Rosaceae*, Rosengewächse)

Die Früchte von Wild-Rosen, insbesondere der Apfel- und der Kartoffelrose, wurden schon im vorigen Jahrhundert als „Obstsorten" kultiviert.

Pflanzenmerkmale und Verbreitung

Von den etwa 200 Wild-Rosenarten sind nur wenige für eine Fruchtverwertung geeignet. Vor allem in Europa heimische Arten oder Auslesen sollen hier vorgestellt werden. Die meisten dieser Rosen sind aufrecht bis überhängend wachsend, werden (1–) 2–3 m hoch und ebenso breit. Ihre Triebe sind mehr oder minder stark bestachelt. Die wechselständig angeordneten Blätter sind gefiedert.

Ihre 3–5 (–9) cm großen Schalenblüten stehen endständig an kurzen Seitentrieben und sind entweder einzeln, zu mehreren oder in Schirmrispen angeordnet. Sie sind selbstfruchtbar, benötigen also keine Fremdbestäuber.

Eignung

Frucht-Rosen eignen sich besonders gut für sonnige Hecken, Gruppen oder Böschungen. Sie benötigen unbedingt vollsonnige Standorte und ertragen keine Konkurrenz schattenwerfender Nachbarn. Wild- und Fruchtrosen lassen sich untereinander gut kombinieren. Es sind attraktive Blüten- und Fruchtschmucksträucher mit hohem Platzbedarf und ökologisch wertvolle Gehölze, die Insekten, Vögeln und Kleinsäugern als Nähr- und Schutzgehölze dienen.

Rosa canina Blüte

Frucht

Die Früchte sind Hagebutten. Es handelt sich dabei um Scheinfrüchte, so genannte 'Sammelnussfrüchte', die von stark fleischigen, innen oft stark behaarten Kelchblättern umschlossen sind. Sie können von rundlicher, ovaler oder flaschenförmiger Gestalt und 2–4 cm lang sowie zumeist glänzend rot oder orangefarben sein.

An Inhaltsstoffen ist insbesondere der hohe Vitamin-C-Gehalt (bei Vitaminrosen bis zu 2.000 mg/100 g Fruchtschalen) hervorzuheben, daneben sind weitere Vitamine (B_1, B_2, Provitamin A), Mineralstoffe, Fruchtsäuren (Äpfel- und Zitronensäure), Zucker sowie Pektin und Eiweiß enthalten.

Rosa canina Früchte

Rosa canina Früchte

Rosa Hagebutten-Marmelade und -Saft

Auch die Samen, Blüten- und Laubblätter enthalten zahlreiche verwertbare Inhaltsstoffe (Ölrosen z. B. ätherische Öle).

Verwertung

Die Früchte der Rosen (Hagebutten) lassen sich zu vielfältigen Produkten verarbeiten. Das Fruchtfleisch besteht aus dem fleischigen Blütenboden. Es ist süßsauer und sehr reich an Vitaminen, insbesondere Vitamin C. Die Nüsschen (Samen) der Hagebutten sind mit feinen Härchen bedeckt, die bei Hautkontakt Juckreiz hervorrufen können (das manchmal von Kindern als „Juckpulver" verwendet wird – Achtung: kann Allergien hervorrufen!).

Hagebutten in frischem Zustand eignen sich zur Bereitung von Mus, Marmelade (Hagebuttenmark), Saft, Most, Wein, Likör und als Desserts. Sie lassen sich auch zu Saucen und Chutneys als Fleischbeilagen sowie zu Bonbon- und Gebäckfüllungen verwenden. Das saftige Fruchtfleisch der Apfelrose kann man auch roh essen. In Schweden wird Hagebuttensuppe als süße Suppe genossen.

Getrocknete Früchte und Laubblätter dienen zur Teezubereitung. Ein daraus bereitetes Produkt soll auch die Beweglichkeit der Gelenke nahhaltig positiv beeinflussen.

Aus Blütenblättern einiger Arten/Sorten werden auch Essenzen für die Kosmetik- und Konfitüren-Herstellung gewonnen.

Standortansprüche und Pflege

Rosen bevorzugen vollsonnige Standorte und – je nach Art – mittelschwere, leicht kalkhaltige bis schwach saure Böden. Sie können vom Flachland bis in Höhenlagen von 2.000 m gedeihen. Schnittmaßnahmen sind an sich nicht notwendig. Um einen möglichst hohen Fruchtertrag zu erhalten, sollten zur Erhöhung der Blühwilligkeit abgetragene Fruchtäste auf Neuaustriebe abgesetzt werden, ein Verjüngungsschnitt in mehrjährigem Turnus ist möglich.

Krankheiten und Schädlinge

Es bestehen teils Anfälligkeiten für den Echten und Falschen Rosenmehltau, Rosenrost, Sternrußtau, gelegentlich treten noch Knospenfäule, der Rosentriebbohrer und oftmals Rosenblattläuse auf. Auch ein Befall mit Gallmücken, Blattwespen und der Kleinen Rosenzikade kann vorkommen.

Vermehrung und Anzucht

Die Vermehrung der Wildrosen erfolgt durch Aussaat (Samen stratifizieren), Sorten müssen veredelt werden (üblicherweise durch Okulation [Augenveredelung] auf aufgeschulte Unterlagen im Sommer). Prinzipiell ist auch eine Vermehrung durch Grünstecklinge im Sommer, bei einigen Arten sogar durch Steckhölzer (im Frühjahr) möglich.

Sorten und Auslesen

Prinzipiell lassen sich die Früchte von vielen Arten verwerten, praktisch kommen insbesondere die im Folgenden angeführten Wildarten und Auslesen in Betracht.

Frische Hagebutten werden vor allem aus Polen, der Slowakei und dem ehemaligen Jugoslawien gesammelt und in Kühlbehältern in einige nordeuropäische Länder exportiert, wo sie in Spezialbetrieben für die Musherstellung verwendet werden. In den ehemaligen östlichen Bundesländern Deutschlands wurden vor 1989 noch 700–1.000 t frische Hagebutten (= 300–400 t Trockenware) aus Wild-Rosen-Beständen gesammelt.

HUNDS-ROSE

Rosa canina L. (*Rosaceae*, Rosengewächse)

Weitere Namen

Hecken-Rose; engl. Common Briar, Dog Rose; franz. Eglantier commun, Rosier des Chiens

Namen der Früchte

Hagebutten, Hägen, Hiefe, Hiffen, Hiften, Rosenäpfel, Hetschiven, Hetscherln, Hiven, Hetschepetsche, Mehlbeere.

Rosa canina 'Lito' Plantage Ernte (Hyben Vital Aps)

Die Hunds-Rose ist von Europa über Nordafrika bis Westasien verbreitet und kommt in Höhenlagen bis 1.300 m vor. Sie wird 2–3 m hoch, entwickelt bogig überhängende Triebe und besitzt gekrümmte Stacheln. Sie breitet sich durch Wurzelausläufer aus. Die weißen bis blassrosa Blüten stehen meist zu 1–3 zusammen, sind 4–5 cm breit, duften und öffnen sich im Juni/Juli. Die scharlachroten ovalen Hagebutten von 2–3 cm Länge reifen von August bis Oktober und schmecken süß-säuerlich. Wegen des hohen Vitamin-C-Gehaltes (400–500 mg/100 g Frischsubstanz) sind sie besonders wertvoll. Bienenweide und Vogelschutzgehölz. Pioniergehölz, wärmeliebend und frosthart.

'Kiese': Große schalenförmige rote Blüten und besonders große verwertbare Hagebutten weist die Sorte 'Kiese' auf, sie ist auch sehr resistent gegenüber Pilz- und Rostkrankheiten.

Rosa canina 'Lito' Plantage in Blüte (Hyben Vital Aps)

Rosa canina 'Lito' Plantage fruchtend (Hyben Vital Aps)

Rosa canina 'Lito' Blüte (Hyben Vital)

Rosa canina 'Lito' Hagebutten (Hyben Vital)

'Lito' (Dänemark): Diese Rose ist eine Auslese aus *R. canina*, die in Dänemark vor allem hinsichtlich der Hagebuttenproduktion mit wertvollen Inhaltsstoffen selektiert wurde. Eine Firma in Dänemark begann 1997 mit einer kleinen Plantage von 6 ha. Mittlerweile wird *R. canina* 'Lito' in Dänemark und mehreren Ländern Nordeuropas auf mehr als 200 ha kultiviert.

Internetseiten

http://litoflex.de/
http://de.wikipedia.org/wiki/Hagebutte

PILLNITZER VITAMINROSE

Rosa 'Pi Ro 3' (*Rosa dumalis* x *Rosa pendulina* var. *salavensis*)

'PiRo3' (Züchter Rathlef/Stritzke, Sangerhausen & Institut für Obstbau, Pillnitz): Die Pillnitzer Vitaminrose ist eine Hybride, deren Eltern in Europa heimisch sind. Sie wird 2,5 m hoch und breit, ist locker aufgebaut, ihre Langtriebe sind fast unbestachelt. Im Juni

Rosa x *dumalis* PiRo3 Habitus mit Blüten Details von Blüte und Früchte

entfalten sich ihre großen, zartrosa Blüten. Die Früchte sind etwa 3 cm lang und 1,5 cm dick, walzen- bis flaschenförmig, ziegelrot und leicht zu pflücken. Diese Sorte ist sehr reichtragend, die Früchte reifen gleichmäßig und werden schnell weich. Fruchtreife ab August. Sie eignen sich sehr gut zur Verwertung. Der Vitamin-C-Gehalt beträgt 1.250 mg/100 g Frischsubstanz.

Die Pillnitzer Vitamin-Rose wurde zwischen 1976 und 1988 in Sachsen, Thüringen und bei Cottbus im Rahmen von Pflanzaktionen in größerer Anzahl ausgepflanzt. Sie wurde auch in Plantagen im Abstand von 4 x 4 m gepflanzt. Der Ertrag pro Pflanze (händische Ernte) betrug etwa 2–3 kg.

KARTOFFEL-ROSE

Rosa rugosa Thunb. (*Rosaceae*, Rosengewächse)

Weitere Namen

Apfel-Rose, Runzel-Rose; engl. Japanese Rose; franz. Rosier du Japon.

Die Kartoffel-Rose stammt aus Nordwest- und Ostasien, wurde aber bereits um 1854 nach Europa eingeführt und ist hier stellenweise eingebürgert und verwildert. Sie ist sehr frosthart, außerordentlich anpassungsfähig, robust und wenig anfällig für Krankheiten und wächst auch auf sandigen und salzbelasteten Böden, verträgt allerdings keinen Kalk bzw. keine hohen pH-Werte (pH-Wert von 4–5 wäre optimal), ansonsten tritt Kalk-Chlorose auf.

Die Kartoffel-Rose ist ein straff aufrecht wachsender, stark ausläufertreibender Strauch von 1–2 (–3) m Wuchshöhe, dessen dicke Triebe dicht borstig bestachelt sind. Die gefiederten Blätter sind derb, glänzend und dunkelgrün gefärbt.

Die duftenden, 6–9 cm breiten Blüten sind in kleinen, mehrblütigen Dolden angeordnet und öffnen sich von Mai bis August (Oktober). Ihre Blütenfarbe variiert von Weiß über Rosa bis Karminrot.

Daraus entwickeln sich von August bis Oktober nach und nach bis zu 2,5 cm große, flachkugelige, scharlachrote, fleischige Hagebutten mit bleibenden Kelchblättern. Die Hagebutten dieser Rose sind wegen des hohen Pektingehaltes gut im Haushalt verwertbar. Ein mehrmaliges Durchpflücken ist empfehlenswert. Die Früchte werden zu Mus, Marmelade, Likör oder für die Zubereitung von (Früchte-)Teemischungen verwendet.

Ist als Hecken- und Gruppenstrauch gut geeignet, bildet wegen der starken Ausläuferbildung mit der Zeit allerdings Dickichte.

Sorten und Auslesen

Zahlreiche Zierformen, aber auch Selektionen, speziell für die Fruchtnutzung gezüchtete Sorten (**'Besshipnyj'**, **'Nektar'**).

Rosa rugosa 'Foxy' Habitus mit Blüten

Rosa rugosa Früchte

APFEL-ROSE

Rosa villosa L. (syn.: *R. pomifera*) (*Rosaceae*, Rosengewächse)

Weitere Namen

engl. Apple Rose, Soft Leaved Rose.

Die Apfel-Rose kommt von Europa bis zum Kaukasus vor, tritt dabei vorwiegend in Gebirgsgegenden auf. Die Apfel-Rose ist ein dicht verzweigter, leicht Ausläufer treibender, etwa 1–2 (–2,5) m hoher Strauch, dessen Triebe mit dünnen, geraden Stacheln und Borsten besetzt sind. Die zartrosa, bis 3–5 (–7) cm großen Blüten stehen einzeln oder zu 2–3 zusammen und erscheinen im Juni/Juli. Recht auffällig sind die rundlich ovalen, 2–3 cm dicken, ziegelrot bis dunkelrot gefärbten Früchte, weil sie borstig behaart und die Kelchblätter bleibend sind. Sie reifen – im Gegensatz zu vielen anderen Arten – einheitlich ab August. Der Vitamin-C-Gehalt wurde mit 1.050 (–1.680) mg/100 g Frischsubstanz ermittelt. Der Fruchtfleischanteil beträgt 76 %. Das Einzel-Fruchtgewicht beträgt 4,6 g.

Die Apfel-Rose ist eine wirtschaftlich sehr wertvolle Rose (hoher Vitamin-C-Gehalt). Versuche am Institut für Gartenbauwissenschaften an der Humboldt-Universität zu Berlin ergaben, dass eine maschinelle Ernte der noch harten, aber bereits reifen, voll ausgefärbten Früchte möglich ist. Erträge von 0,5–2,5 kg pro Strauch wurden erzielt. Die Pflanzabstände betrugen 0,5–1 m in der Reihe, ein Reihenabstand von 3–4 m wurde gewählt.

Rosa pomifera Habitus mit Früchten

Die Früchte können vom Hagebuttenwickler und der Hagebuttenfliege befallen werden.

Die Apfel-Rose dient am natürlichen Standort als frosthartes Pioniergehölz.

Sorten und Auslesen

'Karpatia' (Züchter Simanek, Selektion des Institutes für Obstzüchtung in Bojnice, Slowakische Republik): Besonders Vitamin-C-reiche Sorte.

Rosa pomifera Blüte

Rosa pomifera Früchte

WEITERE ROSEN-ARTEN MIT ESSBAREN FRÜCHTEN

ESSIG-ROSE

Rosa gallica L. (*Rosaceae*, Rosengewächse)

Weitere Namen

Gallische Rose; engl. French Rose; franz. Rosier de Provins.

Diese Rose ist von Frankreich bis Vorderasien beheimatet. Die Essig-Rose ist ein bis 1 m hoher, gedrungener, aufrecht wachsender Strauch, der durch die Ausläuferbildung flächig wächst und Gruppen bildet. Ihre Blüten sind hellrot bis dunkelpurpurn mit heller Mitte, duftend, 4–6 cm breit. Sie blüht im Juni/Juli. Ihre Früchte sind kugelig bis birnenförmig, bis 1,5 cm lang, ledrig und braunrot, anfangs drüsig behaart. Aus ihren Blütenblättern werden in Bulgarien und Südfrankreich Konfitüren hergestellt.

ROTBLÄTTRIGE ROSE

Rosa glauca Pourr. (syn. *Rosa rubrifolia* Vill.) (*Rosaceae*, Rosengewächse)

Weitere Namen

Hecht-Rose, Bereifte Rose; engl. Rubrifolia; franz. Rosier glauque.

Die Heimat der Rotblättrigen Rose erstreckt sich von den Gebirgen Mitteleuropas südlich bis zu den Pyrenäen, Mittelitalien und Albanien. Der bis 3 m hohe Strauch hat glänzend kastanienbraune, im Alter weißgraue Äste mit rotblau überlaufenen Zweigen. Die jungen Triebe sind dunkel bläulichrot. Die Triebe sind nur gering bestachelt. Im (Mai) Juni bis Juli öffnen sich ihre karminrosa Blüten mit weißer Mitte. Ihre kugeligen, bis 1,5 cm dicken Früchte sind glatt, glänzend kirschrot und früh reifend.

ALPEN-ROSE

Rosa pendulina L. (*Rosaceae*, Rosengewächse)

Weitere Namen

Gebirgs-Rose, Gewöhnliche Alpen-Rose, Hängefrucht-Rose, Alpen-Hecken-Rose; engl. Alpine Rose; franz. Rosier des Alpes.

Die Alpen-Rose ist in den Gebirgen Mittel- und Südeuropas beheimatet. Sie ist ein 0,5–2,0 m hoher, locker aufgebauter Strauch mit zahlreichen Ausläufern und rötlichen Zweigen. 4–6,5 cm breite rosarote Blüten sitzen meist einzeln, Blütezeit ist Mai bis Juni. Die Früchte sind länglich mit flaschenförmigem Hals, etwa 2,0–2,5 cm lang, mit oder ohne Drüsenborsten, ziegelrot und meist hängend.

Rosa pendulina Blüte

DAMASZENER ROSE

Rosa x *damascena* 'Trigintipetala' (Kulturform, Historische Rose, vor 1867 entstanden, vermutlich Kreuzung aus mehreren Arten (*R. moschata*; *R. glauca*, *R. fedtschenkoama*)).

Die Damaszener Rose ist ein 1,5–2,0 m hoher, locker aufgebauter Strauch mit bogig abstehenden Trieben. Ihre Blüten sind hellrosa, halb gefüllt und hängen an dünnen Stielen übergeneigt oder leicht nach unten hängend. Blütezeit ist Mai bis Juni.

Bei der Damaszener Rose werden nicht so sehr die Früchte, sondern die Blüten verwertet. Sie enthalten wertvolle Inhaltsstoffe, weshalb sie schon in frühen Zeiten als Heilmittel verwendet wurde. Aus den Blütenblättern wird ein sehr wertvolles Rosen-Öl extrahiert. Es enthält über 350 Einzelsubstanzen. Für die Herstellung von 1 Liter Rosen-Öl benötigt man 4 Tonnen frische Blüten. Das Rosen-Öl wir sowohl für kosmetische wie pharmazeutische Zwecke eingesetzt. Aber auch in der Küche kommen Rosen-Öl und Rosen-Wasser zum Einsatz. Sie werden zur Herstellung von Süßigkeiten, Schokoladen, Mehlspeisen, Tees, Marmelade etc. genutzt.

Die Damaszener Rose wird in großem Maßstab in Bulgarien in der Region Kazanlak kultiviert. Hier stehen 3.500 ha 'Bulgarische Ölrosen' zur Beerntung bereit. Vor einigen Jahren wurden auch in der Steiermark (Österreich) auf einer Fläche von etwa 2 ha von 12 Rosen-Anbauern 7.000 Bulgarische Ölrosen ausgepflanzt. Die Pflanzweiten betragen 3,0 x 1,0 m. Die Blüten werden geerntet und unter dem Label 'Steirer-Rose' vermarktet.

Rosa damaszena 'Trigintipetala' (syn. Kazanlik)
Habitus mit Blüten

Literatur

Albrecht, H.-J., 1993: Anbau und Verwertung von Wildobst, Thalacker Verlag, Braunschweig.

Pelzmann, H., 2013: Damaszener-Rose, Heilpflanze des Jahrs 2013. Obst – Wein – Garten Nr. 3, S. 19.

DREIBLATT-ZITRONE

Poncirus trifoliata (*Rutaceae*, Rautengewächse)

Weitere Namen

Bitterorange, Winterharte Zitrone

Pflanzenmerkmale und Verbreitung

Die Heimat dieser winterharten Zitrone ist der Himalaja und China. Es ist ein dichtbuschiger, 2–4 m hoher Strauch mit auffallend dicken dunkelgrünen Trieben und 1–4 (–7) cm langen grünen Dornen. Die dreizähligen Blättchen sind verkehrt eiförmig und kaum 3–6 cm lang und durscheinend punktiert.

Blüte

Vor dem Laubaustrieb im Mai erscheinen die 3–5 cm großen, weißen, schalenförmigen Blüten mit ihren goldgelben Staubblättern. Die Blüten sitzen achselständig an den vorjährigen Zweigen. Sie verströmen einen feinen Orangenduft.

Frucht

Bis zum Herbst entwickeln sich 4–5 cm große, goldgelbe, sehr zartfilzig behaarte rundliche zitrusartige Früchte. Die angenehm duftenden Früchte enthalten zahlreiche Samen und ein stark säuerliches Fruchtfleisch mit etwas bitterem Beigeschmack. Sie sind ungenießbar. Eine Verwertung der Früchte ist schwierig, da diese vorwiegend aus Samen mit sehr wenig Fruchtfleisch bestehen. Der Saft ist stark 'harzig'. Der Saft bzw. die daraus bereitete Marmelade ist sehr sauer und kann als geschmacksintensive Zutat in der Küche verwendet werden. Man kann aber einen sehr wohlschmeckenden Likör aus den Früchten bzw. deren Saft bereiten.

Standortansprüche und Pflege

Die Dreiblatt-Zitrone benötigt einen geschützten Standort (ist bis etwa –15 °C ausreichend winterhart) sowie mäßig feuchten bis mäßig trockenen, gut durchlässigen Boden. Die Pflanzen werden in wärmeren Regionen bzw. in südlichen Ländern als undurchdringliche Heckenpflanze verwendet. Aus den Früchten wird teilweise Marmelade hergestellt oder sie finden als Küchengewürz Verwendung. Zu Dekorationszwecken verwendete Früchte verbreiten wochenlang einen angenehmen bergamottartigen Geruch.

Poncirus trifoliata Details von Blüten und Früchten

Poncirus trifoliata Habitus mit Früchten

CHINESISCHES SPALTKÖLBCHEN

Schisandra chinensis (Turcz.) Baill. (*Schisandraceae*, Spaltkölbchengewächse) (syn.: *Kadsura chinensis* Turcz., *Maximowiczia chinensis* Rupr., *Maximowiczia amurensis*, *Maximowiczia japonica*, *Polycarpa maximowiczii*). (Die Gattung Schisandra wurde früher der Familie der *Magnoliaceae*, Magnoliengewächse, zugeordnet)

Weitere Namen

Vitalbeere, Beerentraube, Fünf-Geschmacks-Frucht, Fünf-Aroma-Frucht, Chinesischer Loimonenbaum, Chianbeere, Liebesbeere; chin. Wu-Wei-Zi, übersetzt: Kraut der 5 Geschmäcker; korean. Omidja; engl. Chinese Magnolia Vine;

Schisandra chinensis Blüte

Pflanzenmerkmale und Verbreitung

Die Gattung *Schisandra* ist mit 26 Arten vertreten, darunter kommt nur eine Art in Nordamerika vor, die übrigen sind von Ost- bis Südostasien beheimatet. In Ostasien werden die Früchte einiger Arten für pharmazeutische Zwecke genutzt. Für Mitteleuropa hat nur *Schisandra chinensis* Bedeutung.

Schisandra am Naturstandort im Fernen Osten Russlands

Das Spaltkölbchen (*Schisandra chinensis*) ist in Korea, Japan (Hokkaido, Honshu) und dem Amur- und Ussurigebiet bis Sachalin und den südlichen Kurilen sowie von Nordchina bis Sichuan heimisch.

Das bis zu 10–15 m hoch wachsende, linkswindende Klettergehölz ist sommergrün und hat dünne, etwas kantige Triebe. Bei uns wird sie etwa 5 m hoch und kann im Laufe der Jahre ein Dickicht bilden, sie bildet Wurzelausläufer. Ihre wechselständigen Blätter sind 5–12 cm lang, eiförmig bis elliptisch, kurz zugespitzt, mit gezähntem Blattrand. Sie sind oberseits dunkelgrün, unterseits heller und weisen eine früh einsetzende, gelbe Herbstfärbung auf. Der Blattstiel von 1,5–3,5 cm Länge ist oft gerötet. Alle Pflanzenteile, insbesondere Rinde und Blätter, duften beim Zerreiben aromatisch.

Blüte

Die Blüten können zweihäusig (diözisch) oder einhäusig (monözisch) sein, gelegentlich treten auch zwittrige Blüten auf. Interessanterweise kann das Geschlecht auch von Jahr zu Jahr wechseln. Russische Wissenschaftler haben

Schisandra frisch geerntete Früchte am Naturstandort

Schisandra chinensis Früchte am Strauch (W. Palme)

beobachtet, dass vor allem junge Pflanzen eher männliche, ältere Pflanzen dagegen vermehrt weibliche Blüten produzieren. Dadurch erklärt sich auch, dass manche Pflanzen (vor allem wenn es sich um ein einzeln stehendes Exemplar handelt) mitunter nicht oder nur sehr unregelmäßig fruchten. Die duftenden, aber relativ unscheinbaren Blüten sind glockig bis trichterförmig, gelblich weiß bis blassrosa, etwa 1,5 cm breit und sitzen zu mehreren an 2–3 cm langen Stielen an Kurztrieben vorjähriger Langtriebe (seitliche Rosettentriebe). Die Blütezeit erstreckt sich von Mai bis Juni. Die Bestäubung der Blüten erfolgt durch Fliegen und Käfer.

Eignung

Das Spaltkölbchen lässt sich gut als Kletterpflanze für Pergolen und an Wandspalieren verwenden. Der Fruchtschmuck und die gelbe Herbstfärbung sind zierende Aspekte. Schisandra-Dickichte bilden gute Nistmöglichkeiten für Vögel.

Frucht

Die ährenartigen Fruchtstände (Sammelfrucht) bestehen aus bis zu 20–30 Einzelfrüchten. Dies sind kugelige bis ovale, 5–8 mm dicke scharlachrote beerenartige Früchte. Da sie an langen Stielen hängen, sind sie einer kleinen zylinderförmigen Weintraube ähnlich. Sie reifen bereits ab August, werden im September geerntet, können aber relativ lange an der Pflanze verbleiben. Die Früchte enthalten meist zwei gelblich braune nierenförmige Samen. Der Fruchtertrag kann zwischen 0,2 und 2,5 kg pro Pflanze betragen. Nach der Ernte sollten die Früchte getrocknet oder direkt zu Saft verarbeitet werden.

Schisandrabeeren sind süß, säuerlich, scharf, bitter und salzig sowie aromatisch, vereinen also alle 5 Geschmacksrichtungen. Deshalb auch der Name 'Wu-Wie-Zi', was so viel bedeutet wie 'Kraut der 5 Geschmacksrichtungen'.

Im Fruchtfleisch sind neben Kohlenhydraten, Faserstoffen, Proteinen auch Aminosäuren, Mineralstoffe und Spurenelemente (Kalium, Magnesium, Calcium, Phosphor, Eisen, Selen, Natrium und Jod) enthalten. Auch mehrere Vitamine, unter anderem Vitamin C und etwas Vitamin E, sind vorhanden. An organischen Säuren sind Zitronensäure (11 %) sowie Äpfelsäure (7–8 %) zu nennen, auch Pektin und Gerbstoffe sind enthalten. Die fettreichen Samen enthalten neben ätherischem Öl (2 %) Fettsäuren und Lignane, darunter den Wirkstoff Schisandrin und Schisandrin-Drivate.

Die Ernte erfolgt durch Pflücken und anschließendes Abrebeln. Die Früchte müssen schnell verarbeitet werden. Man kann sie auch in dünner einlagiger Schicht trocknen.

Verwertung

In Mitteleuropa ist die Schisandrabeere noch relativ unbekannt und zählt zu den so genannten 'Wunderpflanzen'. Man kann die Früchte

Schisandra chinensis Früchte, frisch geerntet

zwar roh verzehren, sie sind wegen des scharfen Geschmackes jedoch für Mitteleuropäer sehr gewöhnungsbedürftig. Sie haben einen sehr eigenartigen Geschmack, der sich mit keiner anderen Frucht vergleichen lässt. Die Früchte und daraus hergestellte Produkte wirken tonisierend.

In Ostasien werden Schisandrabeeren zur Herstellung von Marmeladen, alkoholfreien Erfrischungsgetränken, Sirup und Likör verwendet. Zur Saftbereitung benötigt man gerebelte Beeren. Dazu können diese kurz vor der Vollreife geerntet und zur Nachreife aufgelegt werden. Getrocknete Früchte dienen auch zur Herstellung von Tees, dafür werden auch junge Blätter und junge, frische Triebe verwendet. Der Wirkstoff Schisandrin ist auch in Blättern und Wurzeln enthalten.

In Korea, aber auch in China wird diese Frucht bereits seit Jahrhunderten in der Volksheilkunde genutzt und seit etwa 1860 gärtnerisch kultiviert. Aufgrund der kräftigen Wirkung wird das Spaltkölbchen in seiner Heimat auch heute noch für pharmazeutische Zwecke genutzt. Man bereitet daraus Sirup, Marmelade, Kompott, Tinkturen, Tee und Dragees. In China wird aus den getrockneten Beeren auch ein Pulver hergestellt. Sogar aus den Samen kann Öl für pharmazeutische Zwecke gewonnen werden.

Getrocknete Blätter können als Tee zubereitet werden. Der Tee schmeckt nach Grünem Tee mit Zitrone und hat eine tonisierende und adaptogene Wirkung für das Nerven- und Atmungssystem. Zubereitungen mit Extrakten aus Spaltkörbchen werden bei physikalischer und geistiger Ermüdung, Schlafsucht, Erschöpfung, Depression, Anämie, Lungen-, Leber- und Verdauungskanalerkrankungen und Sehschärfe empfohlen. Diese Zubereitungen dürfen bei Hyperaktivität, Schlaflosigkeit, Hypertonie und Herzkrankheit nicht eingenommen werden (siehe Baumschule Clematis).

Standortansprüche und Pflege

Das Spaltkölbchen stellt keine besonderen Ansprüche. Es bevorzugt halbschattige bis sonnige Lagen sowie frische, durchlässige und nährstoffreiche, schwach saure Böden. Wächst auch noch gut auf leichten, schwach humosen Sandböden und meidet Staunässe. Sehr frosthart, wegen des zeitigen Austriebs jedoch spätfrostempfindlich. Auf länger anhaltende Trockenheit im Sommer reagieren die Pflanzen mit Blattrandnekrosen. Nach Möglichkeit keine kalkhaltigen Dünger verwenden. Ältere Pflanzen bei Bedarf auslichten.

Krankheiten und Schädlinge

Sind bisher keine bekannt. Bei sommerlicher Trockenheit kann es zum Vertrocknen der Triebspitzen und Blätter kommen.

Vermehrung und Anzucht

Durch Abtrennung der Wurzelausläufer. Auch eine Vermehrung durch Aussaat (Samen auswaschen und stratifizieren) ist gut möglich. Bei Herbstaussaat wird eine Keimrate von etwa 70 % erreicht. Sämlingspflanzen fruchten nach 4–5 Jahren. Eine Stecklingsvermehrung ist allerdings schwierig.

Schisandra chinensis Früchte, getrocknet

Bei erwerbsmäßigem Anbau sollen die Pflanzen an Gerüsten oder Spalieren mit nach oben führenden Streben (z. B. Tonkinstäbe mit 2–2,5 m Höhe), die an Spanndrähten montiert worden sind, befestigt werden. Ein bis drei Triebe sollen hochgebunden werden. In den folgenden Jahren werden alle schwachen und kranken Triebe entfernt, die robusten Triebe oberhalb des 12.–15. Blattes eingekürzt. So gepflegte Sträucher fruchten im 4. bis 6. Jahr nach der Pflanzung und können dann 1–5 kg Früchte produzieren.

In Nordostchina und Korea wird Schisandra plantagenmäßig angebaut.

Sorten und Auslesen

Es gibt Auslesen im Fernen Osten Russlands und in der Ukraine.

'Eastern Prince': Diese Sorte wird in den USA gehandelt. Es ist eine Sorte mit besonders großen Früchten, die im Vavilov-Institut in Wladiwostock ausgelesen wurde.

VITALBEERE®: Die unter diesem Namen vertriebenen Pflanzen sind (lt. Züchter) selbstfruchtend und brauchen keine zweite Pflanze zur Befruchtung. Im ersten Jahr der Pflanzung kann es vorkommen, dass sich nur weibliche oder nur männliche Blüten bilden. Aber bereits im zweiten Standjahr fruchten die meisten Vitalbeeren.

'Sadova Nr. 1' (Kiew, Ukraine): Die Beeren sind fast doppelt so groß und die Trauben wesentlich größer als jene der Wildform.

'Take Five' (Lubera, Dt.): Sehr reichtragende Sorte mit frühem Ertragseintritt; Wuchs und Geschmack ähnlich jenem der anderen Typen und Sorten.

Schisandra chinensis 'Sadovyi 1' (S. Klymenko)

Weitere Sorten sind in Mitteleuropa nicht bekannt. Man sollte aber jeweils mehrere Exemplare auspflanzen, weil Zweihäusigkeit auftreten kann.

In Russland werden noch folgende starkwüchsige (bis 5 m) Sorten angeboten: **'Berg'** und **'Oltis'** (schwachwüchsig bis 2 m) sind großfrüchtige Sorten mit einem Einzelfruchtgewicht von mehr als 0,5 g; **'Erstgeborene'** ist etwas weniger winterhart und bringt auch geringere Erträge sowie **'Lila'**. Die Reifezeit der Früchte liegt zwischen Ende August und Anfang September. Frische Schisandrabeeren schmecken zitronig-sauer, die Pflanzen werden deshalb auch als Limonenbaum (in Russland Limonik) bezeichnet. Es wird eine Winterhärte bis –50 °C angegeben, allerdings können die Pflanzen auch durch Frühfröste geschädigt werden.

Zurzeit ist eine kleine Schisandra-Anlage in Deutschland im Entstehen.

Literatur

ALBRECHT, H.-J., 2013. Schisandra, persönliche Mitteilung.

Internetseiten

http://www.clematis.com.pl/de/pflanzen/andere-kletterpflanzen/788-schisandra-chinensis
http://www.hauenstein-rafz.ch/de/pflanzenwelt/pflanzenportrait/obst_beeren/Vitalbeere-Chinabeere-Schisandra-chinensis.php#.U3TNISjn3_Y
http://www.greeninfo.ru/fruits/schisandra_chinensis.html
http://translate.google.at/translate?hl=de&sl=ru&u=http://www.greeninfo.ru/fruits/schisandra_chinensis.html&prev=search
https://www.youtube.com/watch?v=QKbmp5dHmI0

GOJI-BEERE, WOLFSBEERE

Lycium barbarum L. (syn. *L. europaeum* HORT, *L. halimifolium*, *Solanaceae*, Nachtschattengewächse)

Weitere Namen

Bocksdorn, Gemeiner Bocksdorn, Gewöhnlicher Bocksdorn, Europäischer Bocksdorn, Teufelszwirn, Gemeiner Teufelszwirn, Bastard-Jasmin, Liebesbeere, Himalaja-Goji, Tibet-Goji, Filzkraut; engl. Box Thorn, Wolfberry, Matrimony Vine, Teaplant; franz. Lyciet commun.

Neben dem Gemeinen Bocksdorn wird gelegentlich auch noch der Chinesische Bocksdorn (*Lycium chinense*) genannt. Er ist dem Gemeinen Bocksdorn sehr ähnlich und wird von einigen Botanikern als Unterart von *L. barbarum* gesehen.

Die Goji-Pflanze wird in China bereits seit Jahrtausenden kultiviert und heute noch in der Provinz Ningxia in großen Plantagen für die Fruchtgewinnung angebaut. Der Name „Goji-Beere" ist eine freie Übersetzung der chinesischen Bezeichnung „Ningxiá gouqi", was so viel bedeudet wie „Gouqi aus Ningxiá".

Pflanzenmerkmale und Verbreitung

Die Heimat des Bocksdorns erstreckt sich von Zentralasien über China bis nach Europa und Nordafrika. Laut Zander ist *L. barbarum* in Europa eingebürgert.

Der Bocksdorn oder die Wolfsbeere wächst zu einem 2–3,5 m hohen Strauch heran und bildet Ausläufer bzw. im Laufe der Zeit auch Dickichte. Seine rutenartig überhängenden Zweige sind lang, bogig bis schleppenartig und oft spreizklimmend in andere Sträucher hineinwachsend. Die seitlichen Kurztriebe enden oft in Dornen. Die beiderseits graugrünen Blätter sind länglich lanzettlich, 3–10 cm lang, anfangs behaart, später verkahlend.

Goji-Pflanzen entwickeln die für Nachtschattengewächse typischen purpurnen bis violetten Blüten. Sie sitzen an etwa 1–2 cm langen Stielen, sind glockenförmig, etwa 1 cm lang. Ihre Blütezeit erstreckt sich über einen langen Zeitraum von Mai/Juni bis September.

Lycium barbarum Kultur im Freiland (H. Siegler)

Lycium barbarum Blüte

Goji-Pflanzen sind selbstfruchtbar. Sie werden von Insekten (Bienen) bestäubt oder die Befruchtung erfolgt durch Selbstbestäubung.

Eignung

Der Bocksdorn kommt natürlich an sehr trockenen Standorten, oft an Extremstandorten vor. Er ist in seiner 'wilden Form' vor allem in aufgelassenen Weinbergterrassen anzutreffen, findet sich aber auch oft als Pionierpflanze im Stadtgebiet (insbesondere in Baulücken). Er wurde früher auch gelegentlich zur Begrünung von Autobahnmittelstreifen verwendet.

Die heute angebotenen Sorten sind natürlich Auslesen mit verbesserten Eigenschaften bzw. mit inhaltsstoffreichen Früchten. Wird eher in extensiven Gärten als 'Fruchtstrauch' verwendet, lässt sich aber auch in großen Pflanzgefäßen kultivieren. Aufgrund der reichhaltigen Fruchtbildung und der guten Keimfähigkeit der Samen besteht auch die Gefahr einer unerwünschten Verbreitung dieser Pflanze.

Frucht

Etwa 1–2 cm große, längliche, glänzend orangerote bis scharlachrote, süßlich schmeckende Beere. Ihre Größe variiert von 0,4–2 mm Breite und 5–20 mm Länge. Neuere Sorten weisen teilweise auch eine walzenförmige Fruchtform auf. Die rundlicheren und meist etwas kleineren Beeren sind scharlachrot gefärbt und weisen einen etwas unangenehmeren Nachgeschmack auf. Dagegen fehlt den eher walzenförmigen, meist orangeroten Früchten diese unangenehme Eigenschaft. Die Früchte reifen von August bis Oktober.

Lycium barbarum Früchte der Wildform

Goji-Beeren sind inzwischen als 'Gesundheitsbeeren' allgemein bekannt. Sie enthalten aber auch Bitterstoffe und andere Wirkstoffe, die in größeren Mengen giftig sind. Deshalb wurde sie früher auch allgemein als 'nicht genießbar bis leicht giftig' eingestuft. Als Hinweis sollte vielleicht gelten, die sehr gehaltvollen Goji-Beeren nicht in größeren Mengen einzunehmen, sondern als Nahrungsergänzungsmittel zu betrachten.

Wie bereits erwähnt, sind die Früchte der Goji-Beere sehr reich an gesundheitsfördernden Inhaltsstoffen. Sie enthalten pro 100 g

Lycium barbarum Nr. 1 LIFEBERRY® (H.-R. Müller)

Lycium barbarum Nr. 1 LIFEBERRY® Früchte

Lycium barbarum Nr. 1 LIFEBERRY® Früchte aufgeschnitten

getrockneter Früchte 67,7 g Kohlenhydrate, 11,7 g Protein und 8,2 g Fett. Darüber hinaus enthalten sie noch viele Mineralstoffe: 112 mg Calcium, 29 mg Vitamin C, 11 mg Aminosäuren und 11,7 g Protein (nach anderen Angaben 42,0 % Kohlenhydrate, 15,6 % Proteine, 0,5 % Fett und 21 % Ballaststoffe). Sie enthalten auch noch viel Vitamin B, Selen, Mineralstoffe und Spurenelemente sowie Phenole und Antioxidantien.

Ernte

Die Ernte der Beeren erfolgt durch Pflücken per Hand. Für die Beerntung von einzelnen Sträuchern im Hausgarten kann man auch ein Tuch unter die Pflanze legen und die Zweige abschütteln. Die reifen Beeren fallen zu Boden.

Verwertung

In Asien sind Goji-Beeren Bestandteil der Traditionellen Chinesischen Medizin. In der Küche werden Reis-, Fleisch- und Geflügelgerichte mit Goji-Beeren verfeinert. Sie werden natürlich auch roh gegessen, sind aber auch getrocknet und kandiert sehr beliebt.

Die Beeren sind etwa von der Größe von Rosinen, von kräftig roter Farbe, schmecken süß mit einem schwer definierbaren, je nach Sorte leicht bis nicht unangenehmen Beigeschmack. Sie werden vor allem als getrocknete Früchte am Markt angeboten. Getrocknet sind sie etwa ein Jahr haltbar. Darüber hinaus werden die Früchte zu Saft, Wein, Essig, Likör, Tee, Marmelade, Schokolade, Müsliriegeln etc. verarbeitet. Die Goji-Beere hat sich inzwischen zu einer Wellness- und Lifestyle-Frucht entwickelt und wird dementsprechend in unzähligen Produkten als „gesundheitsfördernd“ angepriesen.

Standortansprüche und Pflege

Sehr anspruchslose und anpassungsfähige Pflanze, die stark wuchern kann. Sie bevorzugt jedenfalls einen vollsonnigen Standort sowie einen gut durchlässigen, humosen Boden mit ausreichender Bodenfeuchte. Sie kommen mit Frostperioden von –25 °C noch gut zurecht, ebenso mit sommerlichen Hitzeperioden. Da sie sehr tief wurzeln, können sie auch längere Trockenphasen gut überstehen.

Ein Standraum von mindesten 1 m^2 bzw. ein Pflanzabstand von 1–2 m sollte pro Pflanze vorgesehen werden. Wenn man sie zwecks Fruchtgewinnung anpflanzt, dann sollte sie entsprechend geschnitten werden. Die Pflanze ist sehr raschwüchsig. Am besten kürzt man die Triebe im ersten Standjahr bis auf 15–20 cm ein. Im Folgejahr lichtet man die Pflanze dann aus und belässt insgesamt etwa sechs Haupttriebe. Man lässt diese Triebe etwa bis auf 2 m Höhe wachsen, längere Triebe kürzt man wieder ein. Diese blühen dann ab etwa Anfang/Mitte Juli im oberen Bereich der Triebe. So geschnitten fruchten die Pflanzen ab dem dritten Jahr. Abgetragene vorjährige Triebe sollten regelmäßig nach dem Winter vollständig entfernt werden. Älteres Holz kürzt man ein. Ab dem 4.–5. Standjahr entfernt man dann jeweils die zwei ältesten Triebe bodennah und zieht dafür zwei neue Triebe heran.

Die Pflanzen sollten jedoch aus nicht mehr als 8–10 Trieben aufgebaut sein. So gezogen ähneln die Sträucher im Wuchs jenen der Johannisbeere.

Man kann Goji-Pflanzen auch an einem Spalier hochziehen oder man pflanzt sie einfach in große Pflanzgefäße.

Krankheiten und Schädlinge

Goji-Pflanzen sind stark mehltaugefährdet bzw. mehltauanfällig (*Arthrocladiella mougeotii*). Auch die Goji-Gallmilbe (*Aceria kuko*) – sie wurde mit einem Direktimport von Goji-Pflanzen aus China nach England eingeschleppt – lässt die Blätter unansehnlich erscheinen. Sie kann auch Paprika (*Capsicum anuum*) schädigen! Stark von Gallmilben und Mehltaupilzen befallene Pflanzen entwickeln kaum Blüten. Auch Spinnmilben können auftreten. In sehr regenreichen Jahren können die Früchte auch von Botrytis befallen werden. Ein weiterer Schädling, die Bocksdornminiermotte (*Scythris buszkoi*), kann die Blätter der Pflanze ebenfalls stark schädigen. Über die Biologie dieser Motte ist bislang noch wenig bekannt. Bei den Sorten ohne den bitteren Nachgeschmack können neuerdings auch Schäden durch Vogelfraß auftreten.

Vermehrung und Anzucht

Die Vermehrung erfolgt einfach durch Stecklinge oder Ausläufer. Die Pflanzen sind sehr rasch wüchsig.

Plantagenmäßiger Anbau

In China werden Goji-Pflanzen zur Fruchtgewinnung in großen Goji-Plantagen kultiviert. Von den etwa 45 Mio. Pflanzen werden zirka 42.500 Tonnen Goji-Beeren geerntet. Goji-Pflanzen werden inzwischen vereinzelt auch in Europa (Deutschland, Schweiz, Spanien) in Plantagen kultiviert. Zurzeit sind etwa 30 Plantagen mit einer Größe von 5.000 m^2 bis 9 ha über ganz Europa verteilt.

Bei der Anlage einer Goji-Plantage werden bei einem Abstand in der Reihe von ca. 50 cm etwa 6.000 bis 6.500 Pflanzen pro ha veranschlagt. Der Abstand zwischen den Reihen muss auf die spätere Ernte ausgelegt sein. Wird per Hand geerntet, dann wird ein Reihenabstand von 200 cm empfohlen. Bei Einsatz von Erntemaschinen (Maschinen, die über die

Lycium barbarum von Mehltau befallene (vorne) und gesunde Sorten (hinten) (H. Siegler)

Lycium barbarum Produktion im Folientunnel (Lackner, Stmk.)

Reihen fahren) wird ein Abstand zwischen den Reihen von max. 250 cm angestrebt. (Info: www.gojii-plantage.de)

Sorten und Auslesen

Goji-Beeren sind in Europa noch nicht sehr lange als (Wild-)Obstgehölze bekannt. Goji-Beeren, Goji-Produkte und Goji-Pflanzen wurden in Deutschland vor etwa 8 Jahren erstmals angeboten. Neben den inzwischen etablierten Sorten kommen laufend neue Sorten auf den Markt, wobei neben wertvollen Sorten oft auch Sämlingspflanzen mit unerwünschten Eigenschaften (Fruchtqualität, Krankheitsanfälligkeit etc.) angeboten werden.

Man kann Goji-Beeren in zwei Gruppen unterteilen: Die eher kleinfruchtigen Sorten mit rundlicheren bis spitzovalen, scharlachroten Beeren mit leicht bitterem pfeffrigem Nachgeschmack. Das Einzelfruchtgewicht beträgt 0,5–0,6 g, die Beeren sind 10–15 mm lang und nicht hohl. Sie bieten sich eher als Verarbeitungsfrüchte an.

Die zweite Gruppe umfasst Sorten mit eher zylindrischen, orangeroten, teilweise hohlen Beeren (ähneln einer Mini-Paprika) ohne den leicht bitteren Beigeschmack. Die Einzelfrüchte sind 0,7–1,0 g schwer und 15–20 mm lang. Sorten dieser Gruppe (No. 1 **LIFEBERRY** und **'Turgidus'**) mit größeren, orangeroten Früchten können auch als 'Naschfrüchte' angesprochen werden und sind für den Frischverzehr durchaus geeignet.

BIG LIFEBERRY (Chinesische Selektion): Wie die Art, jedoch stärkerer Wuchs mit größeren Blättern und Früchten, guter Geschmack. (Markenschutz).

No. 1 LIFEBERRY (= **'NQ1'**, Chinesische Selektion): Hochleistungssorte, selektiert nach Geschmack, Inhaltsstoffen und Ertrag. Die relativ großen Früchte schmecken mild und süß und enthalten keine Bitterstoffe, d. h., sie weisen nicht den etwas 'unangenehmen' Nachgeschmack auf. Sie hat einen geringeren Saftanteil und eignet sich ideal zur schnellen Trocknung, auch ohne spezielle Trocknungsgeräte. Die Früchte reifen folgernd von Ende Juli bis Ende September. Bislang spinnmilbenfrei.

Diese Sorte wird weltweit zum Anbau von Goji auf den Plantagen gepflanzt. Insbesondere wird diese Sorte in chinesischen Erwerbsplantagen, hauptsächlich in der Region 'Ningxia', angebaut (Markenschutz).

SWEET LIFEBERRY® (Chinesische Selektion): Wie die Art; aber der Wuchs ist kompakter, die Pflanze insgesamt feintriebiger, ihre Blätter sind ebenso wie die Früchte kleiner. Es werden zahlreiche süß schmeckende Früchte mit leicht pfeffrigem Ton produziert. Diese Sorte wird auch für den Ertragsanbau empfohlen.

'Instant Success'® (Lubera, Dt.): Kompakter Wuchs, robuste gesunde Pflanzen; Früchte reifen am diesjährigen Holz, hoher Ertrag, fruchtet bereits ab dem ersten Standjahr. Die spitz ovalen, scharlachroten Beeren weisen einen leicht bitteren, pfeffrigen Nachgeschmack auf (Markenschutz). Pflanzen können jedes Jahr bis zum Boden zurückgeschnitten werden, tragen zuverlässig an einjährigen Trieben. Ernte ab Ende August, die Sorte ist mäßig mehltauresistent.

'New Big'® (Marczinski, Pl): Sorte blüht und fruchtet bereits als junge Pflanze und reift früh. Die länglich ovalen, hellroten Beeren schmecken süßlich; hoher Ertrag bereits am einjährigen Trieb.

'Big and Sweet': Sorte, deren spitzovale, scharlachrote Beeren ebenfalls einen leicht bitteren pfeffrigem Nachgeschmack aufweisen.

TURGIDUS (= 'L 9', K. Umbach, Dt.): Diese Sorte zeichnet sich durch Gesundheit, frühen

Lycium barbarum 'Big Lifeberry'

Lycium barbarum 'Lhasa'

Lycium barbarum 'L22'

Lycium barbarum 'Instant Success'

Lycium barbarum 'Korean Big'

Lycium barbarum 'New Big'
(H.-R. Müller)

Lycium barbarum 'Sweet Lifeberry'

Lycium barbarum Nr. 1 LIFEBERRY®

Lycium chinense (H.-R. Müller)

und reichen Ertrag und besonders guten Geschmack aus. Hoher Öchslegehalt von bis zu 100° Oechsle. Ihre Beeren sind vergleichsweise groß. Die Früchte beginnen bereits Anfang Juli zu reifen, der Erntezeitraum erstreckt sich bis zum September. Darüber hinaus weist sie nur eine geringe Anfälligkeit gegenüber Mehltau und Gallmilben aus. Bislang spinnmilbenfrei.
'NQ1-Extra' (Chinesische Selektion): Die Früchte von 'NQ1-Extra' haben einen höheren Saftanteil und sind besonders für die Herstellung von Goji-Saft geeignet. Auch diese Sorte wird weltweit zum Anbau von Goji-Beeren in Plantagen gepflanzt.

Weitere Sorten

'Korean Big': Wie die Art, hat aber größere und süßere, scharlachrote bis ziegelrote Früchte
'Natascha' (Plattner, Dt.): Wie die Art, hat aber größere und süßere, scharlachrote bis

Lycium barbarum Fruchtvergleich 'Lhasa' 'Sweet Lifeberry' 'Big Lifeberry'

ziegelrote Früchte, Reifezeit früh (August/September), sehr stark fruchtend, wenig empfindlich gegen Pilzkrankheiten. (Sortenschutz angemeldet).

'Synthia' (Plattner, Dt.): Wie die Art, aber mit größeren, süßen, scharlachroten bis ziegelroten Früchten, spät reifend (Oktober), nur leichter bitterer Nachgeschmack, sehr starkfruchtend, bislang frei von Pilzkrankheiten. (Sortenschutz angemeldet).

'Lhasa': Diese Sorten zählen zur Gruppe mit den kleineren scharlachroten bis ziegelroten Früchten mit mehr oder minder leicht bitterem Nachgeschmack, reichfruchtend.

'Phoenix Tears': Aus Sämlingen selektierte Auslese (Phoenix, USA), deren Samen aus der Provinz Ningxia (China) stammen (Hauptexportgebiet getrockneter Goji-Beeren).

***Lycium chinense*:** Geschmacklich ähnlich wie **'Sweet Lifeberry'**.

Lycium barbarum, verschiedene Sorten getrocknete Früchte

Literatur

ALBERT, R., LTZ Augustenburg, 2012: Neuer Schädling in Baden-Württemberg Goji-Gallmilbe. Obst und Garten 4/2012, S. 136–138.

GANTAR, E. M., 2010: Die Goji-Beere, ein anspruchsloses und geheimnisvolles Früchtchen … Besseres Obst 3/2010, S. 21–22.

GUGENHAHN, E., 2014: Spezialisten profilieren sich. Gärtner & Florist 7/2014, S. 30–33.

Lycium sp. L. Bocksdorn, Teufelszwirn oder Goji-Beere. Infoblatt Lehr- und Forschungszentrum Wein- und Obstbau Klosterneuburg.

MÜLLER, H.-R., 2014: Goji-Beeren. Gartenpraxis 09-2014, S. 64–68.

SHARAMON, S., & BAGIBSKJ, B. J., 2012: Goji. Die ultimative Superfrucht mit dem großen Nährstoffprofil. Verlag Windpferd

Internetseiten

https://www.biogojipflanzen.de/tl_files/download/Goji_Gallmilbe.pdf

http://www.baumschule-plattner.de/de/goji_synthia.html

http://www.gartendatenbank.de/wiki/lycium-chinense

ECHTE PISTAZIE

Pistacia vera L. (*Anacardiaceae*, Sumachgewächse)

Weitere Namen

Pistazienmandel, Grüne Mandel; engl. Pistachio; franz. Pistachier.

Die Echte Pistazie ist in Syrien, im Irak, Iran und im Kaukasusgebiet heimisch. Sie wird aber auch in Italien und anderen Mittelmeerländern (Türkei) und in den USA plantagenmäßig angebaut. Unter mitteleuropäischen Klimaverhältnissen ist die Echte Pistazie nicht winterhart.

Pistazienbäume sind bis 10 m hohe, dichtkronige Bäume, die mehrere Jahrhunderte alt werden können. Sie sind mit der Cashewnuss verwandt und zählen zum Schalenobst. Die Schale springt zur Reife auf und lässt sich somit leicht öffnen. Die Pistazie ist ein 7–18 mm langer und 3–7 mm dicker, länglicher, abgerundet drei- oder vierkantiger, fast glatter, von einer dünnen Samenhaut umschlossener Kern. Er hat einen angenehmen, delikaten, aromatischen, nuss- oder mandelartigen Geschmack. An wertvollen Inhaltsstoffen sind 45 % fettes Öl, 22 % Eiweiß, zahlreiche Mineralstoffe sowie Provitamin A zu nennen. Pistazien werden als Trockenfrüchte gehandelt und werden – geröstet oder gesalzen – das ganze Jahr hindurch auf den Märkten angeboten. Es gibt zahlreiche Sorten.

Pistacia vera 'Napoletana' Früchte

Pistacia vera Detail Blätter

Pistacia vera Früchte

LITERATUR

ALBRECHT, H.-J., 1993: Anbau und Verwertung von Wildobst, Thalacker Verlag, Braunschweig.

ALBRECHT, H.-J., 1996: Wildobst – auch für Gärten interessant, Deutsche Baumschule 11/1996, S. 725–731.

ARON, A., MATHIAS, M., NEUNTEUFEL, H., 1998 : Wilde Früchte, Wildobst neu entdecken, Joanneum-Verein, Graz.

BARON, G., MENG, Q., 1990: Chinesischer Weißdorn, Flüssiges Obst, Jg. 57, Heft 7/90, S. 453–456.

BÄRTELS, A., & SCHMIDT, P. A., 2014: Enzyklopädie der Gartengehölze. E. Ulmer, Stuttgart

BÄRTELS, A., 2008: Gehölzvermehrung. Aussaat, Veredelung, Steckholz, Stecklinge, 5., aktualisierte Aufl., Verlag E. Ulmer, Stuttgart.

BEISSNER, L., 1909: Handbuch der Nadelholzkunde. Verlagsbuchhandlung Paul Parey, Berlin.

BAYRISCHE LANDESANSTALT FÜR WEINBAU UND GARTENBAU, 1996: Wildobst, LVG-Abteilung Gartenbau, Veitshöchheim.

BUNDESSORTENAMT 1999: Beschreibende Sortenliste: Wildobstarten, Landbuch Verlagsgesellschaft mbH, Hannover.

BUNDESSORTENAMT, 2006: Beschreibende Sortenliste 2006, Himbeere, Brombeere, Deutscher Landwirtschaftsverlag GmbH.

CORDES, J. H., & Sommer, N., 2006: BDB-HANDBUCH VI: Obstgehölze, Verlag Fördergesellschaft 'Grün ist Leben' Österreichischer Agrarverlag, Wien.

DIETRICH, G., 2015, Obstraritäten im naturnahen Garten, AV-Buch im Cadmos-Verlag, Schwarzenbeck.

DIE UMWELTBERATUNG, 2001: Wildobst, Köstliche Früchte wiederentdecken und genießen, Broschüre des Verbandes der österreichischen Umweltberatungsstellen.

DIPPEL, L., 1889: Handbuch der Laubholzkunde, Teil 1–3, Verlag Paul Parey.

ERHARDT, W., GÖTZ, E., BÖDEKER, N., SEYBOLD, S., 2008: Der große Zander, Enzyklopädie der Pflanzennamen, Band 1 & 2, Verlag E. Ulmer, Stuttgart.

FISCHER, M., ALBRECHT, H.-J., GEIBEL, M., THÖNGES, H., JAKUBIK, U., GROSSMANN, G., & WACKWITZ, W.-D., 2007: Obst kompakt, Schnitt, Sorten, Verwertung, Verlag E. Ulmer, Stuttgart.

FISCHER, M., ALBRECHT, H.-J., & GEIBEL, M., 2006: Taschenatlas Obst, Verlag E. Ulmer, Stuttgart

FRIEDRICH, G., SCHURICHT, W., 1989: Seltenes Kern-, Stein- und Beerenobst, Verlag J. Neumann-Neudamm GmbH & Co. KG, Melsungen.

FUNKE, W., 2006: Der Obstgehölzschnitt: Obstbäume und Beerensträucher zweckmäßig schneiden und erziehen, BLV Verlagsgesellschaft, München.

GANTAR, E.-M., 2014: Wild, selten und exotisch – womit Wildobst und seltene Obstarten überzeugen. Besseres Obst, 10–11/2014, S. 6–10.

GRASMANN, M., 2013: Die Kornelkirsche und ihre Vorzüge in Garten, Küche und Keller. Leopold Stocker Verlag, Graz, 155 S.

GRAU, J., JUNG, R., & MÜNKER, B., 1996: Beeren, Wildgemüse, Heilkräuter, Mosaik Verlag GmbH, München.

GUGGENBERGER, E., 2007: Kraftcocktail Kornelkirsche. Österreichischer Agrarverlag, Wien, 128 S.

HECKER, U., 1995: Bäume und Sträucher, BLV Handbuch, BLV Verlagsgesellschaft mbH, München.

HOFFMAN, M. H. A., 2010: List of names of woody plants. Applied Plant Research, The Netherlands.

HOFFMANN, M. H. A., 2010: Namenliste Gehölze 2010–2015, Applied Plant Research, Boskoop.

HÖHNE, F., & HORNIG, R., 2008: Weitere Ergebnisse aus dem deutschestnischen Sorten- und Anbauversuch zu Kultursanddorn, Obstbau Info-Blatt 1/2008.

HOP, M. E. C. M., 1999: Aronia, Dendroflora, Nr. 36/1999, S. 40–46.

KLEINZ, N., 2016: Ur-Obst. Wurzelecht und pflegeleicht. 200 Sorten. Leopold Stocker Verlag, Graz.

KLOCK, M., & KLOCK, P., 2011: Trendpflanzen – Stevia, Goji, Indianerbanane. Anbau, Ernte, Verwendung. Cadmos Verlag, Schwarzenbek.

KLYMENKO, S. V., & SKRIPPCHENKO, N. V., 2013: The cultivars of fruit and berry plants of selection of M.M. Grishko National Botanical Garden (ukrainisch), Kiev, Fitosociocentr, 104 S.

KUMMERT, F., 2002: Wildfrüchte – ein Überblick, Obst – Wein – Garten, Nr. 5/2002, S. 4–7.

KUMP, A., 1997: Schisandra chinensis (Turcz.) Baill. – Arzneipflanze und Beerenstrauch, in: Beiträge zur 1. Internationalen Wildfruchttagung, Berlin 18.–20. September 1997, Humboldt-Universität Berlin, Schriftenreihe des Fachgebietes Obstbau Nr. 11, Berlin.

LIEBSTER, G., 1988: Warenkunde Obst & Gemüse, Band 1, Morion Verlagsproduktion GmbH, Düsseldorf.

MAAG, T., & LÜSCHER, E., 2009: Wildfrüchte. Botanik – Anbau - Anbau – Rezepte. Fona Verlag, Lenzburg, CH.

MAYBEY, R., 2012: Essbar. Wildpflanzen, Pilze, Muscheln für die Naturküche. Haupt Verlag, Bern,

MEZHENSKIJ, V., MEZHENSKIJ, L. & YAKUBENKO, B., 2014: Rare Small Fruit Crops: recommendations on breeding and propagation 119 S. (ukrainisch). Kiev, CP Comprint.

MITSCHURIN, I. W., 1950: Ausgewählte Werke, Verlag für fremdsprachige Literatur, Moskau

PARDELLER, J., 1913: Die Beerenfrüchte Deutschlands und Österreichs. Ihre Verarbeitung und Bewertung in der Hauswirtschaft, Technik und Heilkunde, A. Hartleben's Verlag, Wien und Leipzig

PETER, T. S. E., & DYKEMAN, A.: Edible Wild Plants: A North American Field Guide to Over 200 Natural Foods.

PIRC, H., 1997: Wildfrüchte – voller Inhalt, Besseres Obst, 12/1997, S. 3–8.

PIRC, H., 2007: Exotisch und g´schmackig, Besseres Obst, 12/2007, S. 11–13.

PIRC, H., 2011: Alles über Gehölzschnitt, 2. Auflage, Verlag Eugen Ulmer KG, Stuttgart

PIRC, H., 2016: Wildobst und seltene Obstarten im Hausgarten, 3. Auflage, Leopold Stocker Verlag, Graz.

PIRC, H., 2014: Wildobst ist im Trend. Gärtner & Florist, 5/2014, S. 14–17.

REICH, L., 2004: Uncommon Fruits for Every Garden, Timber Press, Portland, London

SICKLER, J. B.; 1794–1804: Der teutsche Obstgärtner, Bd. 1–21, Verlag des Industrie-Comptoirs, Weimar.

SIEVERS, G. W., 2007: Genussland Österreich, Leopold Stocker Verlag, Graz.

STOLL, K., GREMMINGER, U., 1986: Besondere Obstarten, Verlag E. Ulmer, Stuttgart.

STRAUSS, E., & Novak, R.; 1998: Obstbau Praxis – Anlage, Pflege, Ernte, Lagerung, Sortenbeschreibung, Österreichischer Agrarverlag, Wien.

SZMIT, B., SZMIT, B. J., MYNETT, M., 2013. Drzewaikrzewy Lisciaste, Multico Veralg, Warschau.

TATSCHL, S., 2015: 555 Obstsorten für den Permakulturgarten und -balkon. Planen. Auswählen. Ernten. Genießen. Löwenzahnverlag, Innsbruck.

WARDA, H. D., 2001: Das große Buch der Garten- und Landschaftsgehölze, Bruns Pflanzen-Export GmbH, Bad Zwischenahn.

WEISS, H., GOSCH, A., FISCHERAUER, A., & Wiesenhofer, M., 2014: Beerenobst – Sorten, Pflanzung, Pflege Verarbeitung, Leopold Stocker Verlag, Graz.

WILLKOMM, M., 1875: Forstliche Flora von Deutschland und Österreich, Winter'sche Verlagshandlung, Leipzig und Heidelberg.

WURM, L., LAFER, G., KICKENWITZ, M., RÜHMER, T., & STEINBAUER, L., 2010: Erfolgreicher Obstbau, Österreichischer Agrarverlag, Wien.

ZEITLHÖFLER, A., 2002: Die Obstbauliche Nutzung von Obstgehölzen, Diplomarbeit.

ZEITLHÖFLER, A., 2008: Wildobst für den Hausgarten, Österreichischer Agrarverlag, Wien.

INTERNETSEITEN

http://www.kob-bavendorf.de/ueber-uns/front-page
http://www.macapunch.ch/links/The%20vitamin%20C%20content%20of%20fruit%20of%20the%20world..pdf
http://www.schreiber-baum.at/alternativ.htm
http://www.BaumschuleRitthaler.de
http://www.gartenakademie.rlp.de
http://steinschaler.dirndlwiki.at/index.php?title=Wildobstarten_im_Naturgarten
http://www.deaflora.de/info/Aromagaertnerei-Deaflora.html
http://kaki-info.de/photos/kaki-fruechte-iii--4-0064.html
http://www.treesofjoy.com
http://pflanzenseiler.eshop.t-online.de/
http://neckar-feigen.de/feigensorten/
http://www.lecooke.com/cms/fruit-trees/jujube-trees.html
http://www.obstsortendatenbank.de
http://www.lwg.bayern.de
http://www.biozac.de/biozac/capvil/Cvprun.htm
https://www.onegreenworld.com
http://demoerbeiboom.be/
http://books.google.at/books?id=bqJShX785dEC&pg=PT123&lpg=PT123&dq=pyronia+veitchii&source=bl&ots=D10ITXv9hv&sig=Mlhk5oVCYrOx1eDljTeuY77_JXE&hl=de&sa=X&ei=nD1VVIHKCorPaOOvgtgB&ved=0CCwQ6AEwAjgU#v=onepage&q=pyronia%20veitchii&f=false
http://www.agroforestry.co.uk/Catalogue201314.pdf
http://www.agroforestry.co.uk/plantorders.html
http://www.wundersgartenwelt.de
http://www.eggert-baumschulen.de
http://www.artner.biobaumschule.at
http://www.sornziger-wilde.de
http://www.agraria.org
http://midwesthazelnuts.org
http://www.ls.brandenburg.de/media_fast/4055/Wildobstkatalog%20Endfassung%2005_2011.pdf
http://www.thehoneytreenursery.com/Fruit--and--Nut.php
http://www.deaflora.de
http://www.ag-geobotanik.de/Kieler_Notizen/KN_39/KN39_054-065_%282013%29_Schlottmann_Prunus.pdf
http://ediblelandscaping.com
http://www.bundessortenamt.de/internet30/index.php?id=22
http://www.praskac.at
http://www.mercato-verde.ch/
http://www.raritätengärtnereimanfredhans.de

REGISTER – DEUTSCHE NAMEN

REGISTER – LATEINISCHE NAMEN

VIII. Die gemeine rothe Lamberts-Nuß

I. Die Hallische Riesennuß.

IV. Die Gunsleber Zeller-Nuß.

VII. Die gemeine weiße Lamberts-Nuß.

II. Große runde bunte Zellernuß.

III. Die gemeine Zellernuß.